WERTEorientierte Führung von Familienunternehmen

Nicolai Müller · Clemens Jäger
(Hrsg.)

WERTEorientierte Führung von Familienunternehmen

Springer Gabler

Herausgeber
Nicolai Müller
Straelen
Deutschland

Clemens Jäger
Essen
Deutschland

ISBN 978-3-658-09236-8
ISBN 978-3-658-09237-5 (eBook)
DOI 10.1007/978-3-658-09237-5

Die Deutsche Nationalbibliothek verzeichnet diese Publikation in der Deutschen Nationalbibliografie; detaillierte bibliografische Daten sind im Internet über http://dnb.d-nb.de abrufbar.

Springer Gabler

Lektorat: Eva-Maria Fürst
Buchillustrationen und Covergestaltung: Dewi van Meegen (welcome@dvm-design.de)
Portrait Dominik Brunner: SAXA | Dr. Sascha A. Lehmann

Gedruckt auf säurefreiem und chlorfrei gebleichtem Papier

Springer Fachmedien Wiesbaden ist Teil der Fachverlagsgruppe Springer Science+Business Media
(www.springer.com)

Inhaltsverzeichnis

Autorenverzeichnis

Maike Goldkuhle ist im elterlichen Bäckereibetrieb Dolhain & Goldkuhle GmbH aufgewachsen und hat dort nach dem Abitur erfolgreich ihre Lehre zur Bäckergesellin absolviert. Anschließend war sie dort als Assistentin des Geschäftsführers tätig und machte noch ihren Ausbilderschein und den Fachkaufmann. 2002 zog sie nach Bochum und studierte an der Ruhr Universität Bochum Betriebswirtschaftslehre und Spanisch. Parallel dazu betrieb sie leistungsmäßig Leichtathletik beim USC Bochum. Während dieser Zeit nahm sie an Länderkämpfen und dem Mehrkampfeuropacup teil. 2007 und 2008 gewann sie die Deutsche Mannschaftsmeisterschaft im 7-Kampf und wurde 2008 ebenfalls Deutsche Meisterin in der Einzelwertung.

Im Anschluss an ihre sportliche Karriere beendete sie in Köln ihr Bachelorstudium Business Administration mit Schwerpunkt International Business an der Fachhochschule Köln und der FOM – Hochschule für Oekonomie und Management. Ihre beruflichen Stationen waren in der Zeit Customer Consultant Largeorder bei der Goodyear Dunlop Tires Germany und Assistentin der Geschäftsleitung bei der ifp Personalberatung Managementdiagnostik. Seit 2010 ist sie Human Resources Manager bei der cleverbridge AG in Köln. Zeitgleich bildete sie sich weiter zum Certified Agile Human Resources Manager bei den HR Pioneers in Köln und absolviert seit 2013 ihr Masterstudium im Bereich Organisational Management an der Ruhr Universität Bochum. Sowohl beruflich als auch im Studium liegt ihr Schwerpunkt auf den Themen Change Management, Führungskräfteentwicklung, Unternehmensentwicklung und Unternehmenskultur.

Markus Haase ist Maschinenbau-Ingenieur und begann seine berufliche Karriere als Schulungs- und Pressereferent beim Anlagenbauer Samson. Zuvor war er zehn Jahre als freier Journalist bei der Deutschen Presse Agentur (dpa) und der Westdeutschen Zeitung tätig. Nach mehreren Leitungspositionen in den Kommunikationsabteilungen der TESSAG, RWE Solutions, RWE Transportnetzstrom und Weidmüller wechselte er 2011 als Marketingleiter zu Buchalik Brömmekamp.

Als interner Berater für Change Management unterstützte er den Umbauprozess des Industriedienstleisters des RWE-Konzerns (TESSAG). Beim Übertragungsnetzbetreiber RWE Transportnetzstrom war Haase neben der Unternehmenskommunikation für die Entwicklung und Implementierung des Krisenmanagements verantwortlich. Neben seiner Position als Marketingleiter bei Buchalik Brömmekamp führt Haase Mentaltraining für Turniersportler durch und begleitet Führungskräfte bei persönlichen Veränderungsprozessen.

Julia Hanisch arbeitete jahrelang als Tanzlehrerassistenz, bevor sie ihre Ausbildung zur Hotelfachfrau im Marriott Hotel und The Ritz-Carlton, Berlin, absolvierte. Seit 2004 betreut sie hochrangige Gäste bei verschiedensten Veranstaltungen und war später Mitgründerin eines Zeitarbeitsunternehmens nach § 1 AÜG für Servicepersonal.

Im Jahr 2010 machte sie sich als Trainerin für Motivation und Kommunikation selbstständig und ist seit 2011 auch als Co-Trainerin beim Institut B – E – S im Bereich der Weiterbildung tätig. Ihre Schwerpunkte sind: Kommunikation und Gesprächsführung, Moderne Umgangsformen, „Botschafter im Blaumann“ sowie Firmentrainings, Bewerbungstrainings, Moderner Schriftverkehr und Telefonetikette. Ihre Schulungen sind durch eine hohe Fachkompetenz und Praxisnähe geprägt. Sie ist motivierend, vermittelt Selbstkompetenz und schätzt den freundlichen sowie professionellen Umgang im Seminar und mit Kunden.

Katrin Horst legte an der Radboud Universität Nijmegen, Niederlande, den Bachelor Unternehmenskommunikation mit der Fremdsprache Spanisch, den Master Unternehmenskommunikation mit dem Schwerpunkt Journalismus und den Master Business Administration mit dem Schwerpunkt Strategic Human Ressource Management ab. Gleichzeitig arbeitete sie als Studienberaterin an der Universität und gab Trainings für neue Mitarbeiter. In der ersten Masterarbeit untersuchte sie bei der Rheinischen Post die Motivation von Lesern, online zu partizipieren und forschte für ihre zweite Masterarbeit mit dem Thema „Talent Management bei dem IT-Unternehmen Sogeti" in Vianen und der SNS REAAL Bank in Utrecht. Während des Studiums absolvierte sie ein Auslandssemester an der Universidad de Sevilla, Spanien, an der Management-Fakultät. Nach dem Studium war sie tätig bei der Sogeti High Tech GmbH in Hamburg im Bereich Personalmanagement und implementierte dort ein Talent-Management-Programm.

Durch ihr Studium, längere Auslandsaufenthalte und ihr Arbeitsumfeld ist sie es gewohnt, fließend in Englisch, Niederländisch und Spanisch zu kommunizieren.

2013 begann sie als Global Management Trainee bei der Anheuser-Busch InBev Germany Holding GmbH. Zurzeit ist sie Human Resources Managerin in der zu AB InBev gehörenden Diebels Brauerei, mit besonderem Interesse an der Mitarbeiter- und Führungskräfteentwicklung, Talent Management, Trainieren und Coachen.

Prof. Dr. habil. Clemens Jäger ist Professor und Dekan an der FOM – Hochschule für Oekonomie und Management in Essen. Ferner doziert er langjährig an Hochschulen und Universitäten in Australien, Bosnien, den Niederlanden, Spanien und Ungarn. In seinen Funktionen verantwortet er diverse nationale und internationale Kooperationen zwischen Unternehmen und Hochschulen. Speziell die Pflege und kontinuierliche Weiterentwicklung dieser Kooperationen ist eines seiner primären Betätigungsfelder. Im Rahmen seiner forschenden Tätigkeit beschäftigt sich der studierte Wirtschaftswissenschaftler und Informatiker unter anderem mit Frühwarnindikatoren im Rahmen der Restrukturierung und Sanierung von Unternehmen.

Prof. Dr. Mark Joób ist Titularprofessor an der Wirtschaftswissenschaftlichen Fakultät der Westungarischen Universität in Sopron, wo er mit dem Schwerpunkt Wirtschaftsethik auf Deutsch und Ungarisch lehrt. Er studierte Germanistik, Philosophie und Betriebswirtschaft an der Universität Zürich und hat ebendort im Bereich der Politischen Philosophie zum Thema „Globale Gerechtigkeit" promoviert. Er befasst sich in seiner aktuellen Forschung mit Freiheit und Verantwortung in der Ökonomie sowie mit der Funktion des Geldsystems. Er ist Mitherausgeber der ungarischen Zeitschrift Gazdaság és Társadalom/Journal of Economy and Society, Vorstandsmitglied des Schweizer Vereins Monetäre Modernisierung und gehört zu den Urhebern der Schweizer Vollgeld-Initiative. 2014 ist sein Buch „Grundlagen einer neuen Wirtschaftsethik und die Notwendigkeit einer Geldreform" erschienen.

SAXA | Dr. Sascha A. Lehmann (Portrait Dominik Brunner) liebt Worte, arbeitet konzeptuell und verbildlicht in seinen Werkzyklen WORTMALEREI und AUSSCHNITTE auf einzigartige Weise Lyrik, Biografien und Texte. Die Werke des Kölner Künstlers sind in zahlreichen Galerien und Sammlungen im In- und Ausland sowie auf bedeutenden internationalen Kunstmessen vertreten.

Dewi van Meegen (Illustratorin) studierte am Düsseldorfer Institut für Grafik Design und schloss an der Technischen Kunstschule Hamburg mit einem Diplom als Kommunikations-Designerin und Illustratorin ab. Im Anschluss an ihr Studium war sie bei der Werbeagentur Töpfer, Grenville und Crone als Junior Art Directorin und als Freelancer bei Locomotive in Hamburg tätig.

Anschließend lebte sie zwei Jahre in Valencia (Spanien) und arbeitete unter anderem für Antonio Miró, Estudio Mac Diego, Víctor Palau Communicación Gráfica und für Estudio ZYX. Im Anschluss lebte sie in Argentinien und arbeitete unter anderem für Antarpply Expeditions im Bereich Grafik und Web. Weitere Projekte führten sie in die Niederlande und anschließend zurück nach Deutschland. Dewi van Meegen ist Gründerin von DVM Design. Sie verfügt über langjährige und internationale Erfahrung in den Bereichen Web- und Grafikdesign, Art Direction und Illustration.

Dr. Thomas Merz studierte nach seiner Ausbildung zum Bankkaufmann an der Bankakademie Wuppertal. Im Anschluss daran absolvierte er das Studium der Wirtschaftswissenschaft an der FernUniversität Hagen und promovierte an der Universität Kassel.

Seit 1991 war er an der Privaten Bildungs- und Wirtschaftsakademie, Crimmitschau, als Dozent für Bankbetriebslehre, Buchführung und Kaufmännisches Rechnen tätig. Bei den Sparkassen Stollberg, Glauchau und Auerbach war er Dozent für Bankbetriebslehre und Buchführung sowie Auszubildenden- und Mitarbeiterschulungen und an der Bankakademie Wuppertal, Düsseldorf, Köln, Bonn, Koblenz – heute Frankfurt School of Finance and Management – Dozent für allgemeine Betriebswirtschaftslehre, Mentor im Managementstudiengang der Bankakademie sowie Mitglied der Prüfungsausschüsse in Düsseldorf, Köln.

Seit 1995 ist Thomas Merz bei der Fontys International Campus Venlo in den Niederlanden tätig. Er begann als Dozent für Kostenrechnung und Finanzierung, wurde Dekan des deutschsprachigen Studienganges, Koordinator für Praktika und Diplomarbeiten, Koordinator Unterrichtsentwicklung und Teamleiter, dann stellvertretender Direktor und im April 2012 Direktor der Fontys International Campus Venlo.

Dr. Leonhard von Metzler arbeitet seit 2009 beim Bankhaus Metzler in Frankfurt am Main. Seit 2013 ist er als Geschäftsführer im Geschäftsfeld Metzler Asset Management für die Betreuung von Unternehmenskunden zuständig. Zuvor war er im Geschäftsfeld Private Banking für die Niederlassungen Hamburg und Köln/Düsseldorf verantwortlich. Hier beriet er die Inhaber privater Vermögen beim Aufbau einer langfristig tragfähigen Vermögensstruktur.

Dr. von Metzler absolvierte ein Wirtschaftsingenieurstudium an der Technischen Universität Berlin und promovierte zum Thema Risikomanagement in Industrieunternehmen. Von 2002 bis 2004 arbeitete er im Konzerncontrolling der Schering AG. Im darauffolgenden Jahr absolvierte er ein MBA-Studium an der Business School INSEAD in Fontainebleau und Singapur. Von 2006 bis 2009 war Dr. von Metzler bei der Deutschen Bank im Bereich Global Markets in London tätig.

Katja Mögel arbeitete nach dem Studium International Business Studies vier Jahre im Bereich Jahresabschlussprüfungen bei KPMG in Dresden und Düsseldorf. Danach war sie für die Gerresheimer AG im Bereich Internal Audit in den weltweiten Produktionsstandorten tätig.

Seit 2011 gestaltet und leitet sie als Head of Business Excellence & Continuous Improvement bei der Gerresheimer AG das Gerresheimer Management System zur kontinuierlichen Verbesserung und Standardisierung der unternehmensweiten Prozesse.

Beim diesem Thema ist es ihr wichtig, kontinuierliche Verbesserung nicht als eine reine Anwendung von Werkzeugen zu verstehen. Ihr Ziel ist es, die für das Unternehmen passende Kultur der kontinuierlichen Verbesserung zu erheben. Die eingehende Situationsbetrachtung und Aufdeckung von Potenzialen auf Kultur- und Prozessebene zählt daher ebenso zu ihren Tätigkeitsfeldern, wie die Einführung von und Trainings zur kontinuierlichen Verbesserung. Zudem unterstützt sie bei der Steuerung und Begleitung systematischer Problemlösungsprozesse. Dabei liegt ihr besonders am Herzen, nicht aus Prinzip alles auf den Kopf zu stellen, sondern gemeinsam auf bestehenden Grundlagen aufzubauen.

Nicolai Müller absolvierte nach seinem Studium der Betriebswirtschaft am Fontys International Campus Venlo in den Niederlanden seine Mediatorenausbildung bei der Centrale für Mediation. Im Anschluss daran legte er seinen Master of Mediation an der FernUniversität Hagen mit der Masterthesis „Mediation in jungen Familienunternehmen. Chancen und Grenzen mediativer Begleitung im Rahmen der Unternehmensnachfolge" ab.

Seit 2008 ist er Gesellschafter-Geschäftsführer und Steuerberater bei der Dr. Müller, Hufschmidt Steuerberatungsgesellschaft mbH, deren Schwerpunkt die Beratung von Familienunternehmen darstellt. Seine Hauptaufgaben liegen in den Bereichen Personalentwicklung und werteorientierte Unternehmensführung. Hierzu hat er die Clever Führen GmbH gegründet.

Nicolai Müller ist externer Gutachter am Fontys International Campus Venlo, Kurator bei der Niederrheinischen Bildungs- und Forschungsstiftung sowie Mitglied beim BJU – Die Jungen Unternehmer.

Seinen Ansatz, gute Mitarbeiter an das Unternehmen zu binden, ihre Potenziale zu nutzen und ein angenehmes Arbeitsumfeld zu schaffen, in dem sich alle wohlfühlen, lebt Nicolai Müller im eigenen Familienunternehmen und entwickelt ihn stetig weiter. Sein Credo: Man muss Menschen mögen.

Bozidar Radner arbeitete nach dem Studium der Betriebswirtschaftslehre drei Jahre bei der KPMG Consulting AG in Berlin und Düsseldorf. Danach entwickelte er die Regionenorganisation des Bereiches Beschaffung bei der Bayer AG und verantwortete im Anschluss das Synergiemanagement des Konzerns für die Region Europa. Hiernach war er drei Jahre als persönlicher Assistent des Vorstandes der Bayer Material Science AG tätig.

Seit 2009 ist er Geschäftsführender Gesellschafter der Buchalik Brömmekamp Unternehmensberatung GmbH in Düsseldorf und Leiter des Bereiches Restrukturierung. Als Berater und Management-Coach begleitet er seit vielen Jahren Unternehmer und Führungskräfte bei der Optimierung, Restrukturierung und Sanierung von mittelständischen Unternehmen. Besonders wichtig ist ihm dabei, die zunächst entwickelten Konzepte mit dem Mandanten in die Tat umzusetzen. Seine Kompetenzschwerpunkte liegen in den Bereichen Strategie, Einkauf, Working Capital sowie Supply Chain Management.

Bozidar Radner ist Vorstandsmitglied des ASU – die Familienunternehmer und Referent an der SRH Heidelberg im Wahlfach Unternehmenssanierung und -restrukturierung.

Constantin von Rundstedt wurde 1974 in München geboren und ist seit demselben Jahr in Düsseldorf beheimatet. Als passionierter Fan von Fortuna Düsseldorf beschäftigt er sich seit 2005 mit dem Thema „Talente bewegen" und ist heute Geschäftsführer der von Rundstedt Executive Search GmbH. Nach seinem Jurastudium an der Humboldt Universität zu Berlin und einem Master an der ESCP Europe in Oxford und Madrid begann er seine berufliche Karriere als Unternehmensberater für die Einführung von „Lean Manufacturing"-Systemen bei Unternehmen und war europaweit im Einsatz. Mit seinem Wechsel ins Familienunternehmen begann er seine Human-Resources-Laufbahn zunächst in München. Nach Stationen dort und in Berlin ist er heute wieder in seine Heimat zurückgekehrt.

Constantin von Rundstedt ist verheiratet, lebt in Meerbusch und ist Vater von drei Töchtern sowie begeisterter Europäer.

Marcus Seidel sieht seine Laufbahn nicht als den klassischen Werdegang eines Gründers, Unternehmers oder Beraters. Direkt nach der mittleren Reife gründete Marcus Seidel mit seinem Bruder Oliver Seidel und drei weiteren Gesellschaftern die First Venture Internet GmbH und mit ihr das Projekt www.expertenseite.de.

Aufgrund der großen Dotcom-Krise erfolgte nach der Seed-Finanzierung des Unternehmens keine zweite Finanzierungsrunde und so verließ Marcus Seidel nach zwei Jahren das Unternehmen und konzentrierte sich auf sein Studium der Wirtschaftskommunikation an der FHTW Berlin.

Neben seinem Studium gründete Marcus Seidel zwei Unternehmen, welche noch heute zu seinem Portfolio zählen und in ihren Segmenten jeweils zu den Marktführern gehören.

Von Januar 2006 bis zum September 2008 arbeitete Marcus Seidel bei der wallstreet:online AG und der wallstreet:online capital AG in diversen Geschäftsführer- und Prokuristen-Funktionen und leitete erfolgreich die Vermarktung des eigenen Portals und zahlreicher Drittseiten.

Seit Oktober 2008 konzentriert sich Marcus Seidel auf seine Beteiligungen und die businessangels.de und damit auf die Unterstützung junger Unternehmen als Kapitalgeber, Berater und Unternehmer mit den Schwerpunkten Online- und Affiliate-Marketing sowie Monetarisierung und Vermarktung.

Zurzeit ist Marcus Seidel Gründer und Geschäftsführer der 100-prozentigen RTL-Tochter Gutscheine.de HSS GmbH sowie geschäftsführender Gesellschafter bei der Entsorgung Punkt DE GmbH und der Firstlead GmbH.

Frank Strüver absolvierte nach dem Jurastudium und dem anschließenden Referendariat eine betriebswirtschaftliche Zusatzausbildung mit dem Schwerpunkt Human Resource Management (HRM), sowie MBA-Seminare in Charlotte N.C. (USA). Ein Phd-Programm an der UCAM in Murcia, Spanien, ergänzt sein akademisches Profil.

Er verfügt über langjährige Berufserfahrung in der Unternehmensberatung sowie über viele Jahre Führungs- und Budgetverantwortung als Manager und Leiter der Geschäftsfeldentwicklung in international agierenden börsennotierten Dienstleistungskonzernen.

Als Berater bei der Krupsconsultants GmbH berät Frank Strüver sowohl Klienten aus der Industrie und dem Mittelstand, als auch aus dem Dienstleistungsbereich privater und öffentlicher Unternehmen. Zu den Beratungsfeldern zählen Restrukturierungen, Merger sowie die Entwicklung und der Ausbau strategischer Geschäftsfelder. Bei der Prozessberatung steht Lean Management als Führungsphilosophie im Vordergrund.

Darüber hinaus lehrt er an diversen Hochschulen als Lehrbeauftragter neben Arbeits- und Wirtschaftsrecht die Module Unternehmensführung, Human Ressource Management und Turnaround Management.

Alkje Vopersal, M.Sc. hat in Deutschland und den Niederlanden Wirtschaftspsychologie sowie Psychologie mit Schwerpunkt Arbeits- und Organisationspsychologie studiert. Bereits während des Studiums war sie im Bereich Human Resources bei namhaften internationalen Unternehmen aus dem Dienstleistungssektor sowie aus dem Luft- und Raumfahrt-Sektor tätig. Es folgten Weiterbildungen zur Mediatorin und zum Systemischen Business Coach. Aktuell ist sie im Personal- und Organisationsmanagement eines Familienunternehmens tätig und berät Führungskräfte aus mittelständischen Unternehmen.

Sie hat sich intensiv den Themen Soziale Erwünschtheit und Work-Life-Balance sowie Interpersonellen Konflikten gewidmet. Aktuell beschäftigt sie sich schwerpunktmäßig mit den Themen Employer Branding, Mitarbeiterführung, Mitarbeitermotivation, Personalentwicklung und Veränderungsmanagement.

Torsten Will ist Unternehmer, Erfolgstrainer, Redner und Autor. Im Alter von nur 18 Jahren startete er sein erstes eigenes Unternehmen. In weniger als drei Jahren baute er neben Abitur und Zivildienst ein Netzwerk in 19 Ländern mit Millionenumsätzen auf.

Seit 1992 inspiriert Torsten Will als Erfolgstrainer und Redner zehntausende Teilnehmer. Prominente Persönlichkeiten, darunter Politiker, TV-Moderatoren, Musiker und Spitzensportler besuchen seine Seminare für ihren dauerhaften Spitzenzustand. Internationale Konzerne und Organisationen nutzen sein Expertenwissen für Motivation, Kommunikation und Erfolg. Laut Umfragen von Business For Home in den USA zählt Torsten Will zu den fünf einflussreichsten Erfolgstrainern weltweit. Er ist als renommierter Sprecher in das Deutsche Rednerlexikon aufgenommen worden. In nur zehn Jahren nahmen über 250.000 Teilnehmer in 19 Ländern an Veranstaltungen mit Torsten Will teil.

David Zimmer, Jahrgang 1973, Gründer und persönlich haftender Gesellschafter der inexio Informationstechnologie und Telekommunikation KGaA. Er ist seit 1990 Unternehmer und baute verschiedene Unternehmen in der Medien-, IT- und Telekommunikationsbranche sowie der Unternehmensberatung auf. Unter anderem auch im Bereich der Sanierungs- und Gründungsberatung im In- und Ausland. David Zimmer wurde mehrfach ausgezeichnet, unter anderem viermal bei Deloitte Technology Fast50, für Beste Finanzkommunikation im Mittelstand und im Jahr 2012 als Deutschlands „Entrepreneur des Jahres". Daneben ist er ehrenamtlich in verschiedenen Gremien unter anderem bei Die Familienunternehmer ASU/BJU und bei der IHK und im DIHK tätig. Er ist außerdem Mitglied in verschiedenen Aufsichts- und Beiräten. David Zimmer verantwortet die strategische Geschäftsentwicklung und Unternehmenskommunikation sowie den Vertrieb der TK-Infrastruktur innerhalb der inexio.

Einleitung 1

Nicolai Müller und Clemens Jäger

Haben Sie sich schon einmal gefragt, wieso an der jährlichen Weihnachtsfeier so viele Mitarbeiter und Kollegen teilnehmen oder gegebenenfalls auch fernbleiben? Vielleicht nimmt in Ihrem Unternehmen die Hälfte der Belegschaft teil, vielleicht auch weniger oder etwas mehr. Oder macht jede Abteilung für sich ihre eigene Weihnachtsfeier, weil das immer schon so war? Möglicherweise nehmen sogar alle an einer gemeinsamen Weihnachtsfeier teil. Dann dürfen wir Sie an dieser Stelle beglückwünschen.

Wahrscheinlich werden Sie sich jetzt fragen: Was hat das alles mit werteorientierter Führung zu tun? Mehr als Sie vermutlich auf Anhieb gedacht haben. Denn gerade die Weihnachtsfeier ist ein Stimmungsbarometer für Ihr Unternehmensklima und oft Ausdruck dafür, wie gut Werte und eine konfliktfeste Unternehmenskultur in Ihrem Unternehmen verankert sind.

Gerade in der heutigen Wirtschaftswelt nimmt die Bedeutung von Werten stetig zu. Dies zeigt auch die öffentliche Diskussion, die sich in den letzten Jahren verstärkt hat. Diese offenbart neben der steigenden Bedeutung von Werten aber auch eine damit einhergehende Unsicherheit. Es stellen sich Fragen wie:

1. Welche Werte möchten wir leben?
2. Stehen meine Werte nicht im Widerspruch zu meinen wirtschaftlichen Zielen?

N. Müller (✉)
Zeppelinstraße 34, 47638 Straelen, Deutschland
E-Mail: n-mueller@stb-straelen.de

C. Jäger
Leimkugelstraße 6, 45141 Essen, Deutschland
E-Mail: clemens.jaeger@fom.de

N. Müller, C. Jäger (Hrsg.), *WERTEorientierte Führung von Familienunternehmen*,
DOI 10.1007/978-3-658-09237-5_1

3. Kann mein Unternehmen vielleicht vollständig auf Werte verzichten?
4. Wie kann ich meine Werte den Mitarbeitern, Kollegen, Kunden und Geschäftspartnern erfolgreich vermitteln?

Intuitiv machen wir und speziell Familienunternehmer meist schon sehr viel richtig. Es ist aber darüber hinaus wichtig, sich bewusst mit werteorientierter Führung zu beschäftigen und die bereits angesprochenen Fragen zu beantworten. Denn in Zeiten zunehmenden Wettbewerbs und immer vergleichbarer Produkte spielen die Werte eines Unternehmens eine immer größere Rolle. Werte wie Vertrauen, Wertschätzung und Verantwortungsbewusstsein werden zu strategischen Erfolgsfaktoren, ohne die eine langfristige Unternehmensfortführung schwierig werden kann. Die Relevanz dieses Themas kann wohl von keinem Familienunternehmen bestritten werden.

Aber was macht Familienunternehmen in diesem Zusammenhang so besonders? Was unterscheidet sie von anderen Unternehmen?

Familienunternehmen bilden das Rückgrat der deutschen Wirtschaft. Wenn wir in diesem Buch von Familienunternehmen schreiben, dann meinen wir Unternehmen, in denen der Unternehmensgründer oder dessen nahe Angehörige die mehrheitlichen Entscheidungsrechte haben. Auf diese Weise bestimmt die Eigentümerfamilie, direkt oder indirekt, maßgeblich über die Geschicke des Unternehmens, selbst wenn das Unternehmen von Fremdgeschäftsführern geleitet wird.

Für die Inhaber bedeuten Familienunternehmen eine Reihe von Herausforderungen, die es zu bewältigen gilt. Aufgrund flacherer Hierarchien sind sie oft stark in das Tagesgeschäft eingebunden und müssen den Spagat zwischen operativem und strategischem Handeln meistern. Die Inhaberfamilie ist durch die regionale Verwurzelung, die häufige Haftung mit Privatvermögen und der Vermischung von Betrieb und Familie emotional stärker involviert als das Management in Großkonzernen. Dies bringt zugleich ein hohes Maß an Verantwortung mit sich. So muss der Unternehmer viele Schauplätze im Blick haben: das Unternehmen erfolgreich auf die Zukunft ausrichten, der nächsten Generation den Weg bereiten und sozial verantwortlich handeln – darüber hinaus ein harmonisches Miteinander in der Familie erhalten und unternehmerische sowie familiäre Interessen unter einen Hut bringen. Allesamt Aufgaben, die viel persönliches Engagement und Geschick erfordern.

Das Buch „WERTEorientierte Führung von Familienunternehmen" richtet sich an Unternehmerfamilien, Mitarbeiter und an alle, die darüber hinaus mit Familienunternehmen in Verbindung stehen, wie Berater, Kunden und Lieferanten, die für und mit Familienunternehmen arbeiten.

Wir möchten Ihnen helfen, Antworten auf die vielen Fragen zu finden, die sich im Unternehmensalltag ergeben. Sicherlich gibt es kein Patentrezept, wie sich ein Unternehmen erfolgreich und werteorientiert führen lässt. Aber es gibt eine Reihe von Ansätzen, die einen Weg zu einer erfolgreichen Umsetzung ebnen können.

17 Autorinnen und Autoren werden Ihnen aus verschiedenen Bereichen der Wirtschaft und Wissenschaft ganz unterschiedliche Werteperspektiven aufzeigen. Jeder der Autoren arbeitet entweder selbst in einem Familienunternehmen oder hatte bereits intensive Berührungspunkte mit Familienunternehmen.

Zur besseren Orientierung ist jedem Kapitel eine Zusammenfassung der wichtigsten Inhalte vorangestellt. Die Kapitel sind in sich abgeschlossen. Das heißt, Sie können das Buch sowohl durchgehend von vorne bis hinten als auch kapitelweise lesen. Alle Kapitel enthalten Beispiele und Übersichten sowie Illustrationen, so dass Sie sich schnell in die Thematik einlesen können und konkrete Tipps im Umgang mit Kollegen, Mitarbeitern und Kunden erhalten.

Zur besseren Lesbarkeit haben wir in diesem Buch von einer geschlechterspezifischen Schreibweise abgesehen. Wir wollen aber gleichermaßen männliche und weibliche Personen ansprechen.

Dankesworte

Ein Buch zu erstellen ist nicht nur eine sehr spannende Aufgabe, sondern ist vor allem eine Teamleistung. Daher ist es uns wichtig, einigen Menschen zu danken, die einen wertvollen Beitrag zur Entstehung des Buches geleistet haben.

Unser Dank gilt Dewi van Meegen für die Gestaltung der zahlreichen Illustrationen und des Buchcovers. Sie hat mit ihren Illustrationen den praxisnahen Beispielen und geschilderten Situationen noch mehr Leben verliehen.

Weiterhin möchten wir Alkje Vopersal und Hellena Ahls danken, deren engagierte Arbeit den Entstehungsprozess des Buches maßgeblich unterstützt hat. Ebenso möchten wir unseren Autoren und allen Beteiligten danken. Sie haben mit großem Engagement und Freude einen von uns sehr geschätzten Beitrag zur Entstehung und Vermarktung des Buches geleistet.

Darüber hinaus haben sich alle am Buchprojekt mitwirkenden Personen bereit erklärt, sämtliche Bucherlöse an gemeinnützige Organisationen zu spenden. Unser besonderer Dank gilt in diesem Zusammenhang dem Künstler SAXA | Dr. Sascha A. Lehmann, der uns das – wie wir finden – sehr gelungene Portrait von Dominik Brunner gestiftet hat, welches Sie im Kap. 18 dieses Buches finden können.

Nun wünschen wir Ihnen viel Spaß beim Lesen und Sammeln von WERTvollen Anregungen.

Von Nicolai Müller

Mein besonderer Dank gilt meiner Familie. Ohne ihre Unterstützung und das Verständnis für viele Stunden Arbeit am Buchprojekt, wäre die Erstellung nicht möglich gewesen. Insbesondere möchte ich meinen Eltern Uschi und Rainer Müller danken. Sie sind stets ein Vorbild für mich und haben mir viele Werte vermittelt, die die heutige Basis meines Handelns bilden. Meine Mutter hat bereits vor vielen Jahren erkannt, wie wichtig es ist, eine Arbeitsatmosphäre zu schaffen, in der man sich wohlfühlt und damit ein Fundament gelegt, auf das ich zusammen mit meinen Geschwistern in der nächsten Generation aufbauen darf.

Von Clemens Jäger

Ich danke meiner Frau Tina und meinen Söhnen Alexander und Maximilian für die tägliche Liebe, Unterstützung, für ihr Verständnis und vor allem für den persönlichen Verzicht auf gemeinsame Zeit, die ich in Projekte wie dieses Buch investiert habe. Ohne diesen Rückhalt wäre mir meine tägliche Arbeit in dieser Form nicht möglich. Ferner gilt mein Dank meinen Eltern Petra und Hans-Joachim Jäger. Wie alle Eltern wissen, ist das „Elternsein" eine ganz besondere Herausforderung mit vielen schönen und wertvollen Momenten, aber auch mit vielen Sorgen und persönlichen Ängsten. Dieser Dank ist nur schwer in Worte zu fassen.

Werte – woran wir uns orientieren

2

Clemens Jäger und Mark Joób

Inhaltsverzeichnis

Zusammenfassung

Das folgende Kapitel hat sich zum Ziel gesetzt, den theoretischen Rahmen um das Thema Werte und Wertorientierung zu setzen. Es greift dabei die aktuelle Wertediskussion in unserer Gesellschaft und im Speziellen in der Wirtschaft auf. Dieses Kapitel ist im Vergleich zu den nachfolgenden Kapiteln deutlich theoretischer geschrieben und

C. Jäger (✉)
Leimkugelstraße 6, 45141 Essen, Deutschland
E-Mail: clemens.jaeger@fom.de

M. Joób
Bergstrasse 5, 8103 Unterengstringen, Schweiz
E-Mail: mark@joob.org

N. Müller, C. Jäger (Hrsg.), *WERTEorientierte Führung von Familienunternehmen*,
DOI 10.1007/978-3-658-09237-5_2

soll Ihnen, lieber Leser, die Hintergründe und Begrifflichkeiten so eingängig wie möglich vermitteln. Sollten Sie direkt in die „Wertorientierung" von Familienunternehmen einsteigen wollen, empfehlen wir Ihnen einen Sprung zu Kap. 3. Falls Sie aus theoretischer Sicht etwas „dickere Bretter" bohren möchten, lesen Sie gerne hier weiter. Wir haben uns bemüht, die wissenschaftliche Ausdrucksweise auf ein Minimum zu reduzieren. Dies fiel uns naturgemäß nicht immer leicht, da dadurch auch die gewollte Präzision ein wenig leidet. Wie bei allen anderen Kapiteln wurde auf die Setzung von Fußnoten verzichtet. Die verwendeten Quellen sind am Ende summarisch aufgelistet. Der guten Ordnung halber und zur akademischen „Selbstverteidigung" weisen wir darauf hin, dass das vorliegende Kapitel keinem wissenschaftlichen Anspruch gerecht werden soll. Dies würde weder der Zielgruppe noch dem Charakter dieses Buches entsprechen. Aber schon die Praxisempfehlungen in Abschn. 2.1.1 sind aus unserer Sicht die Lektüre WERT. In diesem Sinne wünschen wir Ihnen viel Freude an diesem Kapitel!

Die Bedeutung unterschiedlicher Werte für die unternehmerische Praxis wird in letzter Zeit zunehmend thematisiert. In einer Studie der Wertekommission zur „wertebewussten Unternehmensführung" wird das „wertegetriebene Unternehmen" zum Vorbild erhoben und das Deutsche Zentrum für Wirtschaftsethik bietet Unternehmen ein Werte-Management-System als Orientierungsgrundlage für Entscheidungen und zur Stärkung ihrer Identität an.

In diesem Zusammenhang fällt auf, dass es hierbei immer um die Werte und nicht um den einen ultimativen Wert geht. Der Shareholder Value beispielsweise ist somit nicht der einzige Wert, der in Unternehmen eine Rolle spielt. Vielmehr muss dieser um moralische Werte ergänzt werden, die gerade für Familienunternehmen von großer Bedeutung sind.

Die Berücksichtigung moralischer Werte wie Fairness und Ehrlichkeit ist das Novum der aktuellen ökonomischen Wertediskussion. Dies ist aus Sicht der Autoren ein Indiz für die Unsicherheit, die es in Bezug auf Werte innerhalb unserer Gesellschaft gibt. Speziell in Deutschland waren die „Deutschen Tugenden" lange eine unumstößliche Orientierungshilfe innerhalb der Gesellschaft. Aufgrund der gesellschaftlichen und speziell der ökonomischen Veränderungen in den letzten Jahren ist es aber augenscheinlich notwendig, moralische Werte erneut in dem Wirtschaftsgeschehen zu verankern.

Aus diesem Grund sollen im nächsten Abschnitt die folgenden Fragen beantwortet werden:

1. Warum haben wir überhaupt eine Wertediskussion in unserer Gesellschaft?
2. Weshalb ist eine Rückbesinnung auf Werte in der Wirtschaft sinnvoll oder notwendig?
3. Was sind Werte und welche Werte brauche ich für mein Familienunternehmen?
   und als Aspekt für die Zukunftsfähigkeit Ihres Familienunternehmens:
4. Ist die Ausbildung meiner Kinder im Studium ausreichend, um mein Familienunternehmen in die Zukunft zu „tragen"?

2.1 Die Aktualität der Wertethematik

Das neu erwachte Interesse an Werten im wirtschaftlichen Kontext hängt mit der Suche nach einer Lösung auf drei miteinander verknüpften Problemfeldern zusammen:

1. das Defizit der konventionellen Wirtschaftswissenschaften,
2. der Wertekonflikt zwischen Unternehmen und anderen gesellschaftlichen Gruppen,
3. die Orientierungslosigkeit des Managements.

Diese drei Problemfelder sollen im Weiteren kurz skizziert werden.

2.1.1 Das Defizit der konventionellen Wirtschaftswissenschaften

Die ökonomischen Turbulenzen der vergangenen Jahre und ihre sozialen Auswirkungen haben uns einmal mehr bewusst gemacht, dass die konventionelle Wirtschaftswissenschaft in eine Sackgasse führt. Die Wirtschaft wird darin auf mathematische Formeln reduziert und die Menschen werden unter dem Etikett „Homo oeconomicus" als eine Nutzenmaximierungsmaschine betrachtet.

Diese einseitige Sicht kommt in der viel zitierten Behauptung von Milton Friedman exemplarisch zum Ausdruck: „Die einzige soziale Verantwortung von Unternehmen besteht darin, ihren Profit zu steigern." Eine so beschränkte Sichtweise verfehlt nicht nur den Sinn des Wirtschaftens, sondern kann auch großen individuellen sowie gesellschaftlichen Schaden anrichten. Dies geschieht gerade dann, wenn die Gewinnmaximierung auf Kosten wichtiger Werte, wie einer intakten Natur, einem sicheren sozialen Umfeld oder der persönlichen Entfaltung geschieht. Die Wirtschaft als ein selbstständiges und geschlossenes System zu behandeln und ihr dementsprechend jede moralische Verantwortung abzusprechen, ist völlig verfehlt. Die Wirtschaft ist immer in eine Umwelt eingebettet, die Ressourcen dieser Umwelt verwendet und diese Umwelt durch ihre Aktivitäten entscheidend mitprägt. Diese Erkenntnis ist für viele Familienunternehmen eine Selbstverständlichkeit. Sie ist jedoch in der öffentlichen Diskussion der letzten Jahre vermehrt abhanden gekommen.

Wirtschaften ist kein Selbstzweck! Genauso wenig wie das Wirtschaftssystem an sich kein Selbstzweck sein kann. Dieser Sachverhalt lässt sich – wie sich im Folgenden zeigen wird – mit Rückgriff auf moralische Werte überzeugend begründen.

Ein weiteres Problem, dem sich Familienunternehmer bei der Ausbildung ihrer Kinder bewusst sein sollten, ist die Tatsache, dass die Business Schools dieser Welt das Ziel der Professionalisierung des Managements verfehlt haben. Vielmehr dienen diese Business Schools als Lieferant für MBA und Master-Abschlüsse, bei denen der Student mehr als Konsument anstatt als Auszubildender betrachtet wird. Hierbei wird den Studenten hauptsächlich vermittelt, dass der Manager ein reiner Vertreter der Eigentümer ist und nur auf den Shareholder Value ausgerichtet sein sollte. Was auch hier zu einer starken Fokussierung auf kurzfristige Renditesteigerungen führt und moralische Aspekte fast gänzlich ausblendet. Die Studenten in MBA- und Master-Studiengängen fokussieren sich verstärkt auf die Netzwerke und Kontakte, die ihnen die jeweilige Universität liefert, anstatt auf die wissenschaftliche Ausbildung. Studien belegen, dass Studenten der Wirtschaftswissenschaften eine deutlich geringere Kooperationsbereitschaft zeigen als Studenten in anderen Fachbereichen. Auch dies kann dazu führen, dass der „ehrbare Kaufmann" immer stärker zu einem Relikt der Vergangenheit wird und die moralischen Fähigkeiten von Managern im Zeitverlauf kontinuierlich abnehmen.

Moralische Fähigkeiten von Managern

Die Studie von Grunwald zeigt, dass sich auf Basis von Befragungen nur fünf bis zehn Prozent der Manager moralisch (Moral = Was ist gut, was ist schlecht?), 15 bis 20 % unmoralisch und die Verbleibenden amoralisch verhalten. Wir sprechen hier ganz bewusst von Managern und setzen diesen Begriff nicht mit dem des Unternehmers gleich.

„Unmoralisch" setzt dabei voraus, dass man eine Moral besitzt. „Amoralisches" Verhalten unterstellt hingegen, dass man ein Begriffsverständnis von Moral besitzt. Beide Begriffe unterstellen somit, dass man zwischen moralischen und nicht-moralischen Aspekten unterscheiden kann.

Handeln Manager amoralisch, sind sie für Werte wie Rücksichtnahme, Fairness, Wahrheit kaum empfänglich. Für Amoralisten ist es undenkbar, andere Menschen daran zu hindern, eigennützigen Interessen zu folgen. Der Amoralist benötigt für sein Handeln eine Gesellschaft und er nutzt in dieser Gesellschaft konsequent bestehende moralische Regeln zu seinem persönlichen Vorteil aus.

Warum handeln viele Manager so? Sicherlich ist eine Ursache die mangelhafte Ausbildung, die bereits thematisiert wurde. Um einen besseren Einblick in die Denkstrukturen der Manager zu erhalten, hat Leisinger die Begründungen der Manager wie folgt dokumentiert:

1. Die Manager waren der Überzeugung, dass die Handlungen gerade noch dem ethischen und juristischen Rahmen entsprachen.
2. Die Manager hatten die Überzeugung, dass die Handlung von ihnen erwartet wurde.
3. Die Manager gingen davon aus, dass die Handlung unentdeckt blieb.
4. Die Manager erwarteten, dass das unmoralische Verhalten vom Unternehmen akzeptiert beziehungsweise gedeckt werden würde.

Auch hier zeigt sich, dass Unternehmen klare Werte benötigen, damit solchen Begründungen direkt die Grundlage entzogen wird. Was kann ich aber nun konkret als Familienunternehmer tun, um den Entscheidungsträgern eine praktische Hilfestellung an die Hand zu geben? Hierbei haben sich die folgenden drei Fragen nach Leisinger etabliert, die sich jeder Unternehmer, Manager oder Mitarbeiter vor (schwierigen) Entscheidungen stellen sollte:

1. Kann ich meine Entscheidung ohne Mühe und kosmetische Korrekturen meiner Familie oder guten Freunden plausibel erklären?
2. Würde ich mich wohlfühlen, wenn über meine Entscheidung sowie deren Hintergründe und Auswirkungen offen in einem Nachrichtenmagazin der Presse oder des Fernsehens berichtet würde?
3. Könnte ich die von mir gefällte Entscheidung auch als gerecht und angemessen akzeptieren, wenn sie von meinem Vorgesetzten gefällt worden wäre und ich selbst von deren Auswirkungen betroffen wäre?

Die Verneinung einer dieser Fragen sollte dazu führen, dass Sie sich gegen diese Option entscheiden und Ihr Handeln nochmals kritisch hinterfragen.

2.1.2 Wertekonflikte in der Gesellschaft

Das zweite Problemfeld bilden die in der Gesellschaft mehr oder weniger offen zutage tretenden Wertekonflikte zwischen Wirtschaftsvertretern und anderen Interessengruppen. Einerseits gehören Werte- und Interessenkonflikte zum Wesen freiheitlicher Gesellschaften. Andererseits haben die folgenden Entwicklungen zu einer erheblichen Zuspitzung des Wertekonflikts zwischen privaten Unternehmen und gesellschaftlichen Anspruchsgruppen geführt:

1. fehlerhafte Annahmen der konventionellen Wirtschaftstheorie und der darauf aufbauenden Ausbildung künftiger Manager,
2. massive weltweite Liberalisierung in der Wirtschaftspolitik,
3. Globalisierung der Märkte und des Wettbewerbs.

Dieser Wertekonflikt wird durch den internationalen Standortwettbewerb sowie die Verlagerung der Produktion in Niedriglohnländer und durch den daraus resultierenden Spardruck auf die sozialen Absicherungssysteme der Wohlfahrtsstaaten zusätzlich verschärft.

Die Ansprüche gegenüber Unternehmen, in einem über ihre gesetzlichen Verpflichtungen hinausgehenden Maß zur Verwirklichung moralischer Werte beizutragen, sind in letzter Zeit auch deshalb gewachsen. Im Gegenzug entziehen sich speziell mehr und mehr Großkonzerne dieser Verantwortung. Das Prinzip der Gewinnmaximierung bringt Konzerne dazu, ihre steuerlichen Belastungen im Heimatland auf ein Minimum zu reduzieren und hunderte von Milliarden in steuerfreundlichen Ländern zu lagern. Wenn Großkonzerne legal eine Steuerquote von unter 25 % erreichen, sinken damit automatisch die Möglichkeiten des Staates, seinen Verpflichtungen gegenüber den Bürgern, beispielsweise im Bereich der Gesundheits- und Altersvorsorge, nachzukommen. Dieses Beispiel zeigt, dass legal nicht immer legitim ist!

Insbesondere multinationale Unternehmen haben den Charakter von „quasi-öffentlichen Institutionen“ angenommen, indem sie das Leben des Einzelnen und die Gesellschaft als Ganzes in einem noch nie dagewesenen Ausmaß bestimmen. Dies erfolgt unter anderem mittels Lobbying, welches einen enormen Einfluss auf die Wirtschaftspolitik ausübt.

Wer muss also die Belastung vermehrt tragen? Mittelständler und damit automatisch ein großer Teil der Familienunternehmen.

Dabei stellt sich jedoch die Frage, welche Ansprüche der vielen verschiedenen Anspruchsgruppen „gegen" Familienunternehmen berechtigt sind und welche nicht. Um diese Frage zu beantworten, ist eine entsprechende Orientierung, ein Wertmaßstab zwingend notwendig.

2.1.3 Die Orientierungslosigkeit des Managements

Fassen wir zusammen:

1. Unternehmen und gerade Großkonzerne sind bedeutende gesellschaftliche Akteure.
2. Unternehmen müssen sich unterschiedlichen Ansprüchen und verschiedenen Interessengruppen (Staat, Arbeitnehmer etc.) stellen.
3. Weder die konventionelle Wirtschaftstheorie noch die aktuelle Wirtschaftspolitik geben dem Unternehmer ausreichend Orientierung.

Aus diesen Gründen fühlen sich viele Unternehmer zwangsläufig orientierungslos: Welche gesellschaftlichen Ansprüche muss ich erfüllen, welche möchte ich erfüllen und welche kann ich überhaupt erfüllen?

Die Antworten lassen sich nur durch eine gründliche Auseinandersetzung mit den innerhalb und außerhalb des Unternehmens vorzufindenden Wertestrukturen lösen. Denn ein zentraler Teil der gesellschaftlichen Verantwortung von Familienunternehmen ist es, den Verfall wichtiger sozialer Werte bei der Verfolgung ihrer ökonomischen Ziele nicht in Kauf zu nehmen, sondern im Rahmen eines wertebewussten Managements zur Festigung dieser Werte beizutragen.

Schließlich sei darauf hingewiesen, dass es auch Stimmen gibt, die eine über ihre gesetzlichen Verpflichtungen hinausgehende Verantwortung von Unternehmen grundsätzlich ablehnen. Diese Stimmen sprechen sich für eine Dominanz des Shareholder Values und gegen die Berücksichtigung anderer Ansprüche aus. Dies wird damit begründet, dass die Interessen der Arbeitnehmer, Lieferanten und anderer gesellschaftlicher Anspruchsgruppen durch die bestehende Rechtsordnung bereits genügend geschützt seien und eine weitergehende Rücksicht Ansprüche der Eigentümer aushöhlen und im Endeffekt die gesamte Marktwirtschaft schädigen könnte.

Diese Argumentation verkennt jedoch, dass Gesetze und auch Märkte kaum dazu in der Lage sind, moralische Werte zu gewährleisten. Oder sind Sie der Meinung, dass Gerichtsurteile immer gerecht sind und es am Markt fair zugeht?

Ohne eine moralisch motivierte Bereitschaft der Unternehmen und der Mitarbeiter, die Gesetze zu befolgen, Verträge einzuhalten und einen rücksichtsvollen Umgang mit anderen zu pflegen, stößt die Rechtsstaatlichkeit schnell an ihre Grenzen und die Wirtschaft wird zum Austragungsort eines brutalen Kampfes jeder gegen jeden.

Moralische Werte wie Ehrlichkeit und Zuverlässigkeit können weder durch Gesetze noch durch finanzielle Belohnungen erzeugt werden. Diese Werte stellen vielmehr das Fundament des guten Unternehmertums und überhaupt jeder guten Rechts- und Wirtschaftsordnung dar.

2.2 Moralische Werte in der Wirtschaft

Eine kritische Auseinandersetzung mit moralischen Werten ist Sache der Ethik. Warum diese Auseinandersetzung mehr denn je notwendig ist, zeigt Abschn. 2.1. Als rationale Wissenschaft nimmt die Ethik auf die unterschiedlichen, in der Gesellschaft vorhandenen moralischen Wertvorstellungen Bezug und untersucht, welche dieser Wertvorstellungen vernünftig begründet werden können und dementsprechend allgemeine Geltung beanspruchen dürfen. Zur Aufgabe der Ethik gehört es zudem, das Verhältnis verschiedener moralischer Werte zueinander zu klären und ein möglichst widerspruchsfreies Wertesystem, das als Orientierung für die Praxis dienen kann, aufzustellen. Aus dieser ethischen Perspektive müssen auch die Wertschöpfung und alle Werte, die in und für Unternehmen von Bedeutung sind, unter die Lupe genommen und in einen Gesamtzusammenhang gestellt werden. Zunächst muss jedoch die Frage beantwortet werden, was unter Werten genau zu verstehen ist.

2.2.1 Der Charakter moralischer Werte

In der Gesellschaft werden höchst unterschiedliche Dinge als Werte betrachtet. Man sagt zum Beispiel, dass sauberes Trinkwasser, eine Wohnung in guter Lage, Vertrauen und politische Stabilität Werte sind. Und natürlich stellen auch Wertpapiere und Geld Werte dar. Wenn man diese Dinge als Werte bezeichnet, meint man damit eigentlich, dass sie unter bestimmten Umständen wertvoll sind. Gerade Wertpapiere und Geld können ja ihren Wert schnell verlieren. Dinge sind also grundsätzlich nicht von vorneherein und an sich wertvoll, sondern werden lediglich aufgrund einer positiven Bewertung durch Personen als wertvoll erachtet. Dementsprechend drücken Werte eine spezielle Beziehung zwischen bewertenden Personen und bewerteten Dingen aus.

Somit kann jede Person zu einer Wertquelle werden, indem sie den Dingen einen Wert zuspricht.

Das Zusprechen eines Werts kann sich auf konkrete Gegenstände (z. B. moderne Maschinen), Eigenschaften (Fleiß), Zustände (wirtschaftliche Stabilität) oder Ereignisse (Erfolg) beziehen und durch die betreffende Person eher rational oder emotional, bewusst oder unbewusst erfolgen.

Abb. 2.1 Werte basieren auf Bedürfnissen

▶ **Werte** stellen ihrer Struktur nach eine dreistelliges Verhältnis dar: Ein bewertetes Objekt (Wertträger) ist für ein bewertendes Subjekt (Wertquelle) aufgrund eines Bedürfnisses (Wertmaßstab) wertvoll.

Damit erklärt sich auch, warum der Verdurstende in der Wüste einem Kasten Wasser einen deutlich höheren Wert beimisst als der Kunde im Supermarkt (Abb. 2.1).

Hinsichtlich ihrer Funktion können Werte nach Dyllik und Probst beschrieben werden als „Orientierungsmaßstäbe für das soziale Handeln. Sie stellen Sinngebungs- und Bewertungsmuster für soziale Realität dar und zeichnen Ideales, Wünschbares und Erstrebenswertes aus.“

Zu unterscheiden sind die hier beschriebenen moralischen Werte von Werten, die als Ergebnisse naturwissenschaftlicher Messungen entstehen, wie etwa der Wert eines Erdbebens auf der Richter-Skala. Solche Messwerte geben Fakten wider, während moralische Werte subjektiv-soziale Werturteile zum Ausdruck bringen.

Auch ökonomische Werte und insbesondere die Preise auf dem Markt, denen in unserem Wirtschaftssystem die wichtigste Steuerungsfunktion zukommt, stellen moralische Werte dar und zwar in zweifacher Hinsicht:

1. Einerseits sind Märkte und das gesamte Wirtschaftssystem nicht von Natur aus gegeben, sondern sozial konstruiert.
2. Andererseits sind die Akteure in der Wirtschaft letzten Endes immer Menschen, die aufgrund ihrer Fähigkeiten und Wünsche als Produzenten das Angebot und als Konsumenten die Nachfrage auf den Märkten und damit die Preise bestimmen.

Es ist wichtig, sich vor Augen zu halten, dass sich moralische Werte nicht auf einen Nenner bringen lassen. Den Trägern moralischer Werte können, da sie von höchst unterschiedlicher Art sind, keine exakten Nutzen- oder Geldwerte zugeordnet werden. Jede einheitliche Skala wäre somit rein willkürlich. Aus diesem Grund ist es unzulässig, moralische Werte miteinander zu verrechnen. Moralische Werte sind nicht quantifizierbar und folglich nicht vergleichbar oder verrechenbar. Deshalb ist auch die Rede von Humankapital und Sozialkapital irreführend und tendenziell schädlich. Denn sie erweckt den falschen Anschein, als würden Menschen und die Gesellschaft tatsächlich Kapital verkörpern, das sich mit dem Finanzkapital verrechnen lässt. Der Umgang mit moralischen Werten verlangt ein Umdenken von Ökonomen, die sich daran gewöhnt haben, alle für sie relevanten Zusammenhänge der Welt mittels mathematischer Formeln und in Geldwerten auszudrücken. Ökonomische Werte sind zwar moralische Werte, aber moralische Werte umfassen weit mehr als nur ökonomische Werte.

Moralische Werte treten – wie die Moral im Allgemeinen – auf drei verschiedenen Ebenen in Erscheinung:

1. auf der individuellen Ebene des persönlichen Gewissens,
2. auf der gesellschaftlichen Ebene,
3. auf der wissenschaftlich-rationalen Ebene der Ethik.

Auf der individuellen Ebene stellt sich für Personen die Frage, ob sie sich beim Handeln an den von ihrem Gewissen vorgegebenen Werten orientieren. Auf der gesellschaftlichen Ebene sind sie mit der Frage konfrontiert, inwiefern ihre persönlichen Werte mit denen ihrer sozialen Bezugsgruppe übereinstimmen. Auf der Ebene der Ethik müssen sie sich schließlich die Frage nach der vernünftigen Begründbarkeit ihres persönlichen Wertesystems stellen. Dabei besteht immer die Möglichkeit, dass sie ihre Werte beziehungsweise ihr Wertesystem aufgrund von sozialem Druck anpassen.

Gerade dieser Anpassungsprozess ist bei Mitarbeitern in Unternehmen häufig anzutreffen. Laut Hirschmann haben individuelle Akteure in Unternehmen drei Handlungsoptionen, wenn es um Werte geht. Diese sind: Exit (=Ausscheiden aus dem Unternehmen), Voice (=Auflehnung gegen die wahrgenommenen Missstände) oder Loyality (=Akzeptanz der Gegebenheiten) (Abb. 2.2).

Sofort wird deutlich, dass die Optionen „Exit" und „Voice" häufig nur schwer durchgesetzt werden können. Die möglichen negativen wirtschaftlichen Konsequenzen sind für den betroffenen Mitarbeiter einfach zu hoch. Zur Durchsetzung seiner individuellen Werte kann somit von ihm nicht erwartet werden, dass er sich für einen negativen Nutzen entscheidet. Damit wird die Bedeutung von Werten innerhalb von Unternehmen noch deutlicher, da die Unternehmer aufgrund wirtschaftlicher Abhängigkeit ihrer Mitarbeiter einen Konformitätszwang und eine Beschränkung der Mitarbeiter auslösen.

Damit die Mitarbeiter mit einer Abweichung zwischen ihren eigenen Werten und den Unternehmenswerten leben können, versuchen sie eine Harmonie zwischen ihren eigenen Überzeugungen und denen des Unternehmens herzustellen. Die Veränderung der Werte

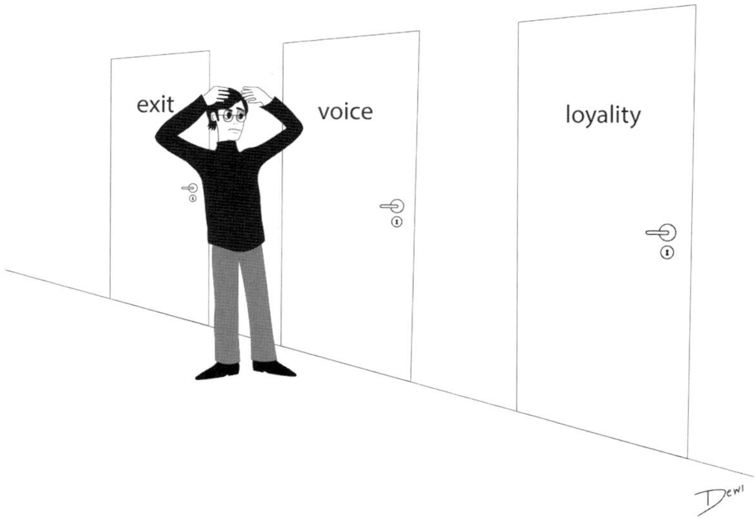

Abb. 2.2 Sich für ein persönliches Wertesystem entscheiden

des Unternehmens ist dem Mitarbeiter regelmäßig unmöglich, dafür fehlt es ihm am notwendigen Einfluss. Deshalb passt er seine eigenen Überzeugungen im Nachhinein an oder hält diese für falsch. Dieser Anpassungsprozess basiert auf unbewussten Manipulationen der eigenen Überzeugungen, die nur in Ausnahmefällen unwiderruflich feststehen. Gerade auch neue Mitarbeiter orientieren sich in ihrem Verhalten regelmäßig an Mitarbeitern, die dem Unternehmen lange angehören und übernehmen pragmatisch Überzeugungen von Menschen, die sie in der neuen Organisation umgeben. Mitarbeiter umgehen Konflikte mit den eigenen Wertvorstellungen beispielsweise dadurch, dass moralische Fragen ausgelassen werden und sie sich als reine Befehlsempfänger wahrnehmen. Mitarbeiter können sich somit nur dann wirklich mit ihrem Unternehmen identifizieren, wenn sie jederzeit ihre Meinung äußern können, ohne direkte negative wirtschaftliche Konsequenzen fürchten zu müssen.

Im Ergebnis dominieren die Unternehmen die Werte ihrer Mitarbeiter und die Geschäftsführung muss sich gut überlegen, für welche Werte ihr Unternehmen stehen möchte.

2.2.2 Der moralische Eigenwert der Person

Die Diskussion von moralischen Werten hat zum Ziel, ein Wertesystem zu entwerfen, das den gesunden Menschenverstand überzeugen und somit als Orientierungsmaßstab dienen kann. Dabei bedeutet die ethische Perspektive, dass die Frage nach den richtigen moralischen Werten unparteiisch zu betrachten ist.

Bereits die oben beschriebene Struktur moralischer Werte legt nahe, dass bei der Ermittlung moralischer Werte der Mensch im Mittelpunkt stehen muss. Denn nur der Mensch kommt als Wertquelle in Frage. Dem Menschen fällt als vernünftiges und moralisches Wesen ein herausragender Status in der Welt zu. Dieser besondere Status wird üblicherweise als Würde bezeichnet und verleiht dem Menschen einen alles andere übertreffenden moralischen Wert. Der Philosoph Immanuel Kant schreibt in diesem Zusammenhang: „Was einen Preis hat, an dessen Stelle kann auch etwas anderes, als Äquivalent, gesetzt werden; was dagegen über allen Preis erhaben ist, mithin kein Äquivalent verstattet, das hat eine Würde." Aufgrund dieser Würde stellt der Mensch das zentrale Kriterium der Ethik bei der Beurteilung von Handlungen und Zuständen dar. Auch wirtschaftliche Strukturen und unternehmerische Aktivitäten sind ausschließlich unter der Voraussetzung ethisch vertretbar, dass sie für die betroffenen Menschen gut sind und als gerecht empfunden werden.

Kant konkretisiert dies mit seiner Selbstzweckformel:

> „Handle so, dass du die Menschheit, sowohl in deiner Person, als auch in der Person eines jeden andern, jederzeit zugleich als Zweck, niemals bloß als Mittel brauchest."

Diese Regel besagt, dass Personen unter keinen Umständen lediglich als Mittel zur Verwirklichung beliebiger Zwecke behandelt werden dürfen. Es geht also um das Verbot einer unbeschränkten Instrumentalisierung von Personen, was im heutigen Wirtschaftsgeschehen von besonderer Aktualität und Relevanz ist, weil Mitarbeiter in Unternehmen ihrer ökonomischen Funktion nach nur ein Mittel zur Verwirklichung der Unternehmensziele verkörpern. Natürlich gilt das Verbot einer unbeschränkten Instrumentalisierung von Personen auch für die Eigentümer von Unternehmen in Bezug auf das durch sie eingesetzte Management. Die Manager sind nicht ausschließlich als Mittel zum Zweck der Gewinnsteigerung zu sehen, sondern auch als Träger einer moralischen Verantwortung. Daher sollte ihnen die Beachtung moralischer Werte bei der Führung des Unternehmens zumindest erlaubt, wenn nicht sogar zur Aufgabe gemacht werden. Welche Grundrechte den Mitarbeitern wegen ihres Eigenwerts zustehen und welche moralischen Werte das Management beachten muss, soll im Folgenden erörtert werden (Tab. 2.1).

Gerade die führungstechnische Perspektive wird heute von jungen Mitarbeitern (ab Generation Y) nicht mehr akzeptiert. Auch wenn sie sich der dahinterliegenden Logik nicht immer bewusst sind.

2.2.3 Menschenrechte als ethische Grundwerte

Nachdem der Eigenwert der Person als höchster ethischer Wert bestimmt worden ist, stellt sich die Frage nach dem ethischen Rang einzelner, in der Gesellschaft auffindbarer mora-

Tab. 2.1 Mitarbeiterführung

Führungstechnische Perspektive:	Führungsethische Perspektive:
Mitarbeiter als Rollenträger	Mitarbeiter als Person
Mitarbeiter = Mittel zum Zweck	Mensch = Zweck an sich selbst
Führung als effiziente Erreichung der Unternehmensziele	Wahrung des humanen Eigenwerts, der Menschenwürde

lischer Werte. Moralische Werte sind zwar in einem gewissen Grad relativ, doch sind sie bei Weitem nicht beliebig. Bestimmte moralische Werte, wie eine gesunde Ernährung und Vertrauen lassen sich durchaus als universelle ethische Werte begründen, während Dinge wie beispielsweise Drogen, obwohl sie von gewissen Personen als wertvoll erachtet werden, kaum als Träger ethischer Werte gelten können. Die Frage, welcher ethische Rang einzelnen moralischen Werten zusteht und mit welchen ethischen Werten ein individuelles oder soziales Wertesystem eventuell ergänzt werden muss, kann mit Bezug auf menschliche Bedürfnisse geklärt werden. Die physischen und psychischen Bedürfnisse der Menschen sind zu einem großen Teil durch die Natur vorgegeben und folglich nicht beliebig. So sind die elementaren Grundbedürfnisse der Menschen an der Erhaltung und Entfaltung ihres Lebens praktisch immer identisch und nur die Art und Weise, wie sie befriedigt werden, variiert von Mensch zu Mensch je nach Kultur und persönlichen Präferenzen.

Die universalen Grundbedürfnisse der Menschen liefern die ethische Begründung für die Menschenrechte, die zugleich als die wichtigsten Werte betrachtet werden können, die in jeder Gesellschaft zu verwirklichen sind. Der Menschenrechtskatalog umfasst:

- Freiheitsrechte zum Schutz der Unversehrtheit und der Selbstbestimmung von Personen,
- Sozialrechte zur Versorgung der Menschen mit den lebensnotwendigen und für ihre Gesellschaft erforderlichen Gütern,
- Teilnahmerechte zur Ermöglichung der politischen Mitsprache für alle Mitglieder einer Gesellschaft.

Das Spezielle an den Menschenrechten ist, dass sie als solche nicht einklagbar sind, weil kein globaler Rechtsapparat zu ihrer Durchsetzung existiert und nicht einmal genau feststeht, wer für ihre Gewährleistung verantwortlich ist; deshalb stellen sie lediglich moralische Rechte dar, die durchaus den Charakter moralischer Werte haben.

Den Werten, die sich in den Menschenrechten widerspiegeln, muss auch im wirtschaftlichen Kontext Priorität eingeräumt werden, weil sie der Befriedigung fundamentaler Bedürfnisse dienen und für das menschliche Wohlergehen allgemein von zentraler Bedeutung sind. In Bezug auf Unternehmen bedeutet dies, dass es zur Aufgabe des Managements gehört, sicherzustellen, dass die Menschenrechte der Mitarbeiter und der betroffenen Stakeholder geachtet werden.

Das heißt unter anderem, dass das Management den Schutz der Mitarbeiter vor gesundheitlicher Schädigung, vor sexueller Belästigung, Willkür und übermäßigem Stress sowie den Schutz ihrer Privatsphäre gewährleisten muss.

Unverzichtbarer Bestandteil einer wertebewussten Unternehmensführung ist es zudem, dass sich das Management in seinem gesamten Umfeld – d. h. bei Zulieferern, Wirtschaftsverbänden, Politikern usw. – für eine möglichst umfassende Verwirklichung der den Menschenrechten entsprechenden Grundwerte einsetzt. Die ethische Verpflichtung, sich für die Grundwerte einzusetzen, betrifft nicht nur multinationale Unternehmen, die in Ländern präsent sind, wo die Menschenrechte systematisch missachtet werden, sondern auch Unternehmen, die Geschäftsbeziehungen zu Partnern in solchen Ländern pflegen. Sie betrifft eigentlich alle Unternehmen, weil die Verwirklichung der Grundwerte auch in demokratischen Rechtsstaaten nur dann gewährleistet werden kann, wenn alle wichtigen Akteure regelmäßig ihren Beitrag dazu leisten.

2.2.4 Weitere moralische Werte

Neben den zwingend zu schützenden Grundwerten gibt es eine Reihe weiterer moralischer Werte, die zum Wohlbefinden und zur Entfaltung der Menschen beitragen. Es handelt sich um moralische Werte, die zwar nicht der Befriedigung so elementarer Bedürfnisse wie den Grundwerten dienen, aber die als Bestandteile der Unternehmenskultur sowohl für ein gutes Klima im Unternehmen als auch für den Erfolg des Unternehmens eine zentrale Voraussetzung darstellen. Die Forschung im Bereich der Arbeitspsychologie hat gezeigt, dass die Motivation und die Zufriedenheit von Mitarbeitern nur teilweise von materiellen Faktoren wie Gehalt und Belohnungen abhängen und durch eine Erweiterung der persönlichen Verantwortung, des Aufgabenbereichs, des Interaktions- und Entscheidungsspielraums der Mitarbeiter sowie durch einen offenen, ermunternden und partizipativen Führungsstil der Vorgesetzten wesentlich erhöht werden können. Dieser Umstand stellt die Unternehmensführung vor die Aufgabe, die moralischen Werte zu ermitteln, die für Arbeitnehmer im Berufsleben generell und folglich auch für eine gelingende Zusammenarbeit zwischen Mitarbeitern und Vorgesetzten bei der Beförderung der Unternehmensziele wichtig sind. Dabei geht es darum, bestehende Wertvorstellungen aufzudecken und bewusst werden zu lassen – Wertvorstellungen, die aber nicht einen realen Zustand beschreiben, sondern etwas Erstrebenswertes zum Ausdruck bringen.

Einen guten Ausgangspunkt für die Bestimmung der wichtigsten Werte im unternehmerischen Kontext bildet die Verbindung der Ergebnisse zweier, auf Umfragen basierender Studien. Im Rahmen der ersten IHK-Studie wurden Führungskräfte in der Region Stuttgart nach ihren Wertvorstellungen befragt und die folgenden moralischen Werte wurden von den meisten Führungskräften als wichtig bezeichnet (Top 10):

1. Ehrlichkeit
2. Zuverlässigkeit
3. Vertrauen
4. Verantwortung
5. Gesundheit
6. Loyalität/Treue
7. Gerechtigkeit
8. Authentizität
9. Offenheit
10. Wertschätzung

Die zweite Studie der Wertekommission ging bei Unternehmen in verschiedenen europäischen Ländern der Frage nach, welche Werte für den ökonomischen Erfolg eine zentrale Rolle spielen. Von den befragten Unternehmen wurden dabei die folgenden moralischen Werte am häufigsten genannt (Top 10):

1. Kundenbindung
2. Qualität
3. Innovationsstärke
4. Mitarbeiterzufriedenheit
5. Transparenz im Inneren
6. Zusammenarbeit
7. Soziales Engagement
8. Glaubwürdigkeit
9. Professionalität
10. Kundenzufriedenheit

Durch Verbindung der von den beiden Studien aufgedeckten Werte entsteht eine Liste moralischer Werte, die sowohl die persönlichen Bedürfnisse der Arbeitnehmer und Kunden als auch das unternehmerische Bestreben nach ökonomischem Erfolg abdecken.

Eine einfache Liste moralischer Werte ist jedoch in der unternehmerischen Praxis, die von ständigen Wertekonflikten geprägt ist, nur beschränkt in der Lage, als Orientierung zu dienen. Dass es sich bei den aufgelisteten Werten, jeden für sich betrachtet, um zustimmungswürdige Werte handelt, dürfte außer Zweifel stehen. Wenn aber Wertekonflikte auftreten – zum Beispiel zwischen Ehrlichkeit und Kundenbindung, weil ein ehrlicher Hinweis auf Mängel bei einem Produkt gewisse Kunden zur Konkurrenz treiben würde – dann ist die Beurteilung der Situation häufig nicht mehr so einfach. Dann kommen gegebenenfalls wieder die in Abschn. 2.1.1 gestellten Fragen zur Lösung solcher Situationen zum Tragen. Um einen weiteren Orientierungsmaßstab zu erhalten, der zur Lösung von Wertekonflikten taugt, muss die Beziehung der verschiedenen moralischen Werte zueinander geklärt werden.

2.2.5 Ein hierarchisches Wertesystem

Wie zwischen erstrebenswerten Zielen im Allgemeinen, sind auch zwischen moralischen Werten grundsätzlich vier verschiedene Beziehungen möglich. Zwei moralische Werte können:

- substituierbar sein, wenn sie einander ohne Verlust von inhaltlichen Elementen ersetzen können (z. B. Ehrlichkeit und Aufrichtigkeit);
- indifferent sein, wenn die Verwirklichung des einen Werts die Verwirklichung des anderen nicht beeinflusst (z. B. Vertrauen und Fleiß);

- konkurrieren, wenn die Verwirklichung des einen Werts der Verwirklichung des anderen abträglich ist (z. B. Umweltqualität und Profitabilität);
- komplementär sein, wenn die Verwirklichung des einen Werts zur Verwirklichung des anderen beiträgt (z. B. Kundenbindung und Unternehmenswert).

Dabei ist die Konkurrenz- und die Komplementaritätsbeziehung zwischen moralischen Werten von besonderer Bedeutung, weil Konkurrenzbeziehungen in der Regel zu Wertekonflikten führen. Komplementaritätsbeziehungen ermöglichen die Aufdeckung von hierarchischen Mittel-Zweck-Zusammenhängen, die zur Lösung der Wertekonflikte beitragen. Zur Beantwortung der Frage, welche Werte als Mittel zum Zweck der Verwirklichung von welchen übergeordneten Werten dienen, muss auf die oben bereits formulierte Erkenntnis zurückgegriffen werden, dass dem Menschen der höchste moralische Wert zusteht. Aus dieser Vorrangstellung des Menschen folgt auch der Grundsatz, dass moralische Werte einen umso höheren Platz in der Wertehierarchie einnehmen müssen, je elementarer die menschlichen Bedürfnisse sind. Die so gewonnenen obersten moralischen Werte können wegen ihres fundamentalen und universalen Charakters auch als unveräußerliche Menschenrechte aufgefasst werden. Diese sind unter allen Umständen zu beachten.

Durch die Einordnung der moralischen Werte in eine Wertehierarchie lässt sich ein Wertesystem herleiten, das für die Unternehmensführung in allen Handlungszusammenhängen als Orientierung dienen kann.

Als Beispiel für ein ethisch sehr überzeugendes hierarchisches Wertesystem sei hier das Konzept des Vereins Deutscher Ingenieure zur Technikbewertung angeführt (siehe Abb. 2.3). Von den im VDI-Achteck aufgeführten Begriffen ist Wohlstand gesamtwirtschaftlich als Wirtschaftswachstum, Vollbeschäftigung und Bedarfsdeckung zu verstehen. Das VDI-Achteck ist nicht nur deshalb vorbildlich, weil es eine für den technisch-ökonomischen Kontext sinnvolle Auswahl an moralischen Werten enthält, sondern auch deshalb, weil die Konkurrenz- sowie Ziel-Mittel-Beziehungen der verschiedenen Werte klar dargestellt werden. Das erleichtert den Überblick über die komplexe Wertethematik, regt zum Nachdenken über moralische Zusammenhänge an und trägt nicht zuletzt zu einer ethisch vertretbaren Lösung von Wertekonflikten durch das Management im unternehmerischen Alltag bei. Dabei können Wertesysteme nur dann gut funktionieren, wenn sie operationalisiert, d. h. konkretisiert und auf die verschiedenen Ebenen, Prozesse und Aktivitäten im Unternehmen und Umfeld bezogen werden.

Bezüglich der Art und Weise der Umsetzung rechtlicher und moralischer Normen durch die Unternehmensführung wird üblicherweise zwischen zwei Ansätzen unterschieden: dem Compliance-Ansatz und dem Integritäts-Ansatz. Während der Compliance-Ansatz mithilfe materieller Anreize und der Einschränkung von Handlungsspielräumen durch strenge Vorschriften, Kontrollen und Strafen Regelverstöße zu verhindern versucht, zielt der Integritäts-Ansatz darauf ab, die Eigenverantwortung und das Wertebewusstsein von Mitarbeitern zu stärken. Das sozial erwünschte Ergebnis wird um seiner selbst verfolgt.

Der Compliance-Ansatz geht also den Weg der extrinsischen Motivation, während der Integritäts-Ansatz auch der intrinsischen Motivation eine bedeutende Rolle zuspricht. Einerseits muss die Unternehmensführung immer Compliance-Maßnahmen einsetzen, weil damit schwere Regelverstöße und dauerhaftes parasitäres Verhalten verhindert werden. Andererseits darf das Management die intrinsische Motivation der Mitarbeiter nicht vernachlässigen, weil nur diese Motivation in der Lage ist, über die obligatorischen Grundwerte hinaus auch moralische Werte wie Ehrlichkeit und Vertrauen hervorzubringen, die zum individuellen und sozialen Wohlbefinden der Menschen sowie zum langfristigen ökonomischen Erfolg des Unternehmens unabdingbar sind. Dies trifft nicht nur auf die Mitarbeiter, sondern auch auf das Management selbst zu: Ein wirklich wertebewusstes und dialogorientiertes Führungsverhalten ist durch die Einsicht motiviert, dass es sich um das ethisch richtige Verhalten handelt.

Legen Sie Ihre Werte fest

Wählen Sie sechs Werte aus, die für Ihr Unternehmen von zentraler Bedeutung sind. Schreiben Sie diese sechs Werte analog zum VDI-Achteck unter die beiden wichtigsten Werte „Persönlichkeitsentfaltung“ und „Gesellschaftsqualität“ auf. Markieren Sie die Konkurrenz- und Ziel-Mittel-Beziehungen zwischen den insgesamt acht Werten – wie im VDI-Achteck – mit entsprechenden Pfeilen (Abb. 2.3). Nehmen Sie dann eine Konkretisierung der sechs von Ihnen gewählten Werte vor, indem Sie einen davon nach oben schreiben und sechs neue Werte darunter aufführen, die in irgendeiner Weise als Mittel zur Verwirklichung des oben stehenden Wertes beitragen. Markieren Sie wieder die Konkurrenz- und Ziel-Mittel-Beziehungen zwischen den insgesamt sieben Werten.

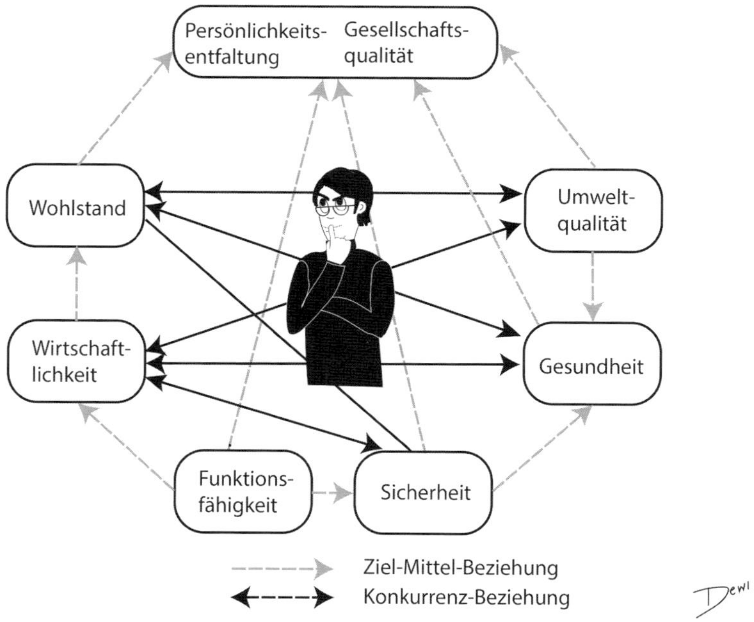

Abb. 2.3 Das VDI-Achteck: Werte verknüpfen

Wiederholen Sie das Vorgehen, bis Sie alle sechs, ursprünglich gewählten Werte konkretisiert haben. Wenn Sie nun alle sieben Achtecke miteinander verknüpfen, erhalten Sie ein komplexes Wertesystems für Ihr Unternehmen.

Weiterführende Literatur

Albert E (2008) Zur Konzeption des Wertebegriffs in den Sozialwissenschaften. Sociology in Switzerland: Contributions to General Sociological Theory. Online Publications. http://socio.ch/general/t_albert1.pdf. Zugegriffen: 6. Feb. 2015

Anzenbacher A (1992) Einführung in die Ethik. Patmos, Düsseldorf

Bechmann A, Hartlik J (2004) Die Bewertung zur Umweltverträglichkeitsprüfung – ein methodischer Leitfaden. Verlag Edition Zukunft, Barsinghausen

Birnbacher D (2007) Analytische Einführung in die Ethik. Walter de Gruyter, Berlin

Bleicher K (2009) Unternehmensphilosophie: Visionen und Missionen eines normativen Managements. In: Korff W et al (Hrsg) Handbuch der Wirtschaftsethik, Bd. 3, Berlin University Press, Berlin, S 165–187

Bowles S (2014) Welche Güter soll in Märkten gehandelt werden? – Was Märkte können – und was nicht. In: Herzog L, Honneth A (Hrsg) Der Wert des Marktes – Ein ökonomisch-philosophischer Diskurs vom 18. Jahrhundert bis zur Gegenwart. Suhrkamp, Berlin, S 470–484

Conrad P, Trummer M (2005) Unternehmungs- und Führungsethik. Discussion-Paper No. 4/2005, Institut für Personalmanagement, Helmut-Schmidt-Universität Hamburg

Crouch C (2013) Das befremdliche Überleben des Neoliberalismus. Suhrkamp, Berlin

Dyllick T, Probst G (1983) Lebensgrundlagen und Werthaltungen im Wandel. In: Siegwart H, Probst G (Hrsg) Mitarbeiterführung und gesellschaftlicher Wandel: die kritische Gesellschaft und ihre Konsequenzen für die Mitarbeiterführung. Haupt, Bern, S 17–48

Festinger L (1957) A Theory of Cognitive Dissonance. Stanford University Press, Stanford

Friedman M (13. September 1970) The social responsibility of business is to increase its profits. The New York Times Magazine, 32–33, 124, 126

Grundwald W (2005a), Soziale Vergleichsprozesse in krisenhaften Zeiten: Wie Führungskräfte ihre Mitarbeiter/innen besser verstehen können. Organisationsentwicklung 24(2):52–61

Habisch A (2009) Sozialkapital. In: Korff W et al (Hrsg) Handbuch der Wirtschaftsethik, Bd. 4, Berlin University Press, Berlin, S 472–509

Haeffner G (2000) Philosophische Anthropologie. Kohlhammer, Stuttgart

Hirschmann AO (1970) Exit, voice, and loyality. Responses to decline in firms, organizations and states. Harvard University Press, Cambridge

Höffe O (1987) Politische Gerechtigkeit. Grundlegung einer kritischen Philosophie von Recht und Staat. Suhrkamp, Frankfurt a. M.

https://www.alumni.hbs.edu/careers/career-resources/Pages/networking.aspx, Zugegriffen: 28. Juli 2014

Industrie- und Handelskammer Region Stuttgart (2007) Ehrlich währt am längsten. Umfrage zum Werteverständnis bei Führungskräften in der Region Stuttgart. IHK, Stuttgart

Joób M (2008) Globale Gerechtigkeit im Spiegel zeitgenössischer Theorien der Politischen Philosophie. Christian Academic Press, Ödenburg

Joób M (2014) Grundlagen einer neuen Wirtschaftsethik und die Notwendigkeit einer Geldreform. Books on Demand, Norderstedt

Kant I (1956) Grundlegung zur Metaphysik der Sitten. In: Werkausgabe Bd. 4. Insel Verlag, Wiesbaden, S 9–102

Knoll L, Wenger E (2009) Shareholder Value. In: Korff W et al (Hrsg) Handbuch der Wirtschaftsethik, Bd. 4, Berlin University Press, Berlin, S 433–454

Korff W et al (2009) Handbuch der Wirtschaftsethik, Bd. 1–4. Berlin University Press, Berlin

Koslowski P (2009) Ethik der Banken, Folgerungen aus der Finanzkrise. Wilhelm Fink, München

Kreikebaum H (2009) Arbeit – Zukunft der Arbeitsgesellschaft. In: Korff W et al (Hrsg) Handbuch der Wirtschaftsethik, Bd. 4, Berlin University Press, Berlin, S 48–68

Kube S (2007) Homo oeconomicus vs homo aequus – Experimentelle Untersuchung zu sozialen Präferenzen. Winter Industries, Berlin

Küng H (2010) Anständig wirtschaften – Warum Ökonomie Moral braucht. Piper, München

Kustermann B, Steinmann H (2009) Unternehmensethik und Management: Überlegungen zur Integration der Unternehmensethik in den Managementprozess. In: Korff W et al (Hrsg) Handbuch der Wirtschaftsethik, Bd. 3, Berlin University Press, Berlin, S 210–231

Leisinger K M (2010) Unternehmensethik und Managerethik. In: Küng H, Leisinger KM, Wieland J (Hrsg) Manifest Globales Wirtschaftsethos, Deutscher Taschenbuch Verlag, München, S 48–75

Lenk H, Ropohl G (Hrsg) (1993) Technik und Ethik. Philipp Reclam jun., Stuttgart

Mintzberg H (2004) Managers not MBAs, Berrett-Koehler Publishers, London

Neuhäuser C (2011) Unternehmen als moralische Akteure. Suhrkamp, Berlin

Nida-Rümelin J (2011) Die Optimierungsfalle – Philosophie einer humanen Ökonomie. Random House, München

Palazzo G (2006) Die Rückkehr des Individuums in die Governanceethik – Polylingualität als Einfallstor der Tugend. In: Wieland J (Hrsg) Die Tugend der Governance, Bd. 4. Metropolis, Marburg, S 31–50

Sacconi L et al (2003) Developing a CSR Framework to integrate Q-RES and other social and ethical standards, Final Report, December 2003. CELE – Centre for Ethics, Law & Economics, Castellanza

Ulrich P (1977) Die Grossunternehmung als quasi-öffentliche Institution. Eine politische Theorie der Unternehmung. C.E. Poeschel Verlag, Stuttgart

Ulrich P (2008) Integrative Wirtschaftsethik. Grundlagen einer lebensdienlichen Ökonomie. Haupt, Bern

Ulrich P (2009) Führungsethik. In: Korff W et al (Hrsg) Handbuch der Wirtschaftsethik, Bd. 3, Berlin University Press, Berlin, S 230–248

Verein Deutscher Ingenieure (VDI) (1991) Richtlinie VDI 3780, Technikbewertung: Begriffe und Grundlagen.

Wertekommission (2007) Letztlich machen Werte Strategien wirksam, Studie über wertegetriebene Unternehmen in Europa. Initiative Werte Bewusste Führung e. V., Bonn

Wettstein F (2009) Multinational Corporations and Global Justice. Human Rights Obligations of a Quasi-Governmental Institution. Stanford Business Books, Stanford

Wieland J (2005a) Normativität und Governance – Gesellschaftstheoretische und philosophische Reflexionen der Governanceethik, Metropolis, Marburg

Williams B (1986) Der Begriff der Moral – Eine Einführung in die Ethik, Philipp Reclam jun., Stuttgart

Wiswede G (2007) Einführung in die Wirtschaftspsychologie. Ernst Reinhardt, München

Zentrum für Wirtschaftsethik (2007) Leitfaden zum WerteManagementSystem. Deutsches Netzwerk Wirtschaftsethik – EBEN Deutschland e. V., Berlin

Das werteorientierte Unternehmen: Erfolgsgarant oder esoterischer Blödsinn?

3

David Zimmer

„Es geht nicht darum, Kennzahlen zu verdoppeln, sondern Werte zu schaffen." Per Ledermann, Vorstand edding

Inhaltsverzeichnis

Zusammenfassung
Was passiert, wenn Unternehmen den Schwerpunkt auf leistungsbezogene Merkmale anstatt auf Werteorientierung legen, hat uns die Finanzkrise vor Augen geführt. Werte gibt es in jedem Unternehmen. Sie sind mit einem Eisberg vergleichbar: Einige Werte sind sichtbar, andere nicht. Aber wie lassen sich diese versteckten Werte aufdecken?

D. Zimmer (✉)
Am Tocksberg 1a, 66663 Merzig, Deutschland
E-Mail: info@davidzimmer.info

N. Müller, C. Jäger (Hrsg.), *WERTEorientierte Führung von Familienunternehmen*,
DOI 10.1007/978-3-658-09237-5_3

Das Kapitel gibt einen Einblick, wie Sie Werte erlebbar machen, was für eine Rolle dabei Authentizität und Vorbilder spielen und warum der Fisch immer vom Kopf stinkt.

Erfahren Sie weiterhin, wie Sie Familienunternehmen emotional aufladen können und wie positiv sich Emotionen auf Ihre Mitarbeiter, deren Leistungspotenziale und damit auf den gesamten Unternehmenserfolg auswirken können. Das Kapitel zeigt anhand von Praxisbeispielen, wie Sie auch in schwierigen Situationen stets nach Ihren Unternehmenswerten handeln und dadurch langfristig erfolgreich sein können.

3.1 Einleitung

Im letzten Jahrhundert haben sich in der Management- und Führungslehre immer mehr Konzepte durchgesetzt. Diese basieren ausschließlich auf Leistungsorientierung und Messbarkeit verschiedener, mehr oder weniger wichtiger, Kennzahlen. Die Aufgabe von Inhabern und Führungskräften wurde dabei auf die Priorisierung von Kennzahlen und deren Einhaltung reduziert. Diese Sichtweise wird in dem Satz: „Was du nicht messen kannst, kannst du nicht lenken." zusammengefasst.

Gerade die letzte Finanzkrise hat der Welt jedoch vor Augen geführt, wie limitiert diese einseitige, alleine auf messbaren und (be-)rechenbaren Kennzahlen basierende Denkweise ist. Nach Meinung der meisten Fachleute hat es sich bei der Finanzkrise letzten Endes um eine Vertrauenskrise gehandelt. Das fehlende Vertrauen der Marktteilnehmer hat die Krise erst so richtig angeheizt. Aber ist Vertrauen im Sinne dessen, was die Literatur und die Experten uns in den vergangenen Jahrzehnten gelehrt haben, überhaupt messbar?

Ich selbst habe die Erfahrung gemacht, dass Organisationen, die sehr einseitig auf das Thema Leistungsorientierung setzen und die Werteorientierung darüber entweder ganz vergessen oder vernachlässigen, nicht (mehr) funktionieren. Nachdem ich mir dies für mehrere Jahre in einem Konzern, an den ich mein vorheriges Unternehmen verkauft hatte, angeschaut und am eigenen Leib erfahren habe, bin ich – für mich persönlich – zu dem Ergebnis gekommen, dass ich in einer solchen Organisation nicht bis zur Rente arbeiten möchte und habe meine Konsequenzen daraus gezogen. Ich habe den Konzern verlassen, um wieder ein eigenes Unternehmen zu gründen und dort vieles anders und hoffentlich besser zu machen. Dieses Kapitel beschreibt einige der Erfahrungen und Beobachtungen, die ich in dieser Zeit gemacht habe.

3.2 Kann man Unternehmen ohne Werte führen?

Jede Zusammenkunft von Menschen benötigt ein Korsett von Regeln, Normen und Werten, damit die Gemeinsamkeit funktioniert. Stellen Sie sich nur ein Fußballspiel ohne Regeln vor. Nach welchen Kriterien sollte ein Schiedsrichter eingreifen? Und wenn er denn eingreifen würde, wie groß wäre das Verständnis bei den Spielern und Zuschauern für die getroffene Entscheidung? Würde diese nicht immer als falsch und nicht nachvollziehbar ausgelegt werden? Das Resultat wäre verheerend und würde sowohl bei den Mitspielern als auch bei den Zuschauern, angesichts der anarchischen Zustände auf dem Platz, für wenig Freude sorgen.

In Unternehmen beobachte ich jedoch oft, dass Führungskräfte und Chefs glauben, dass ein Unternehmen ohne Werte funktionieren kann oder dass Werte von Marketing-Abteilungen auf bunten Plakaten abgedruckt werden, die dann anschließend auf Fluren, in Konferenzräumen oder sonst irgendwo im Unternehmen „aufgehängt“ werden – im wahrsten Sinne des Wortes. Dabei weiß jeder Mitarbeiter, dass diese Werte keineswegs mit der Realität im Unternehmen übereinstimmen. Entsprechend gering ist die Wertschätzung dieser Werte durch die Mitarbeiter.

Erst im vergangenen Jahr konnte ich einen solchen Fall wieder hautnah miterleben, als ich Zeuge einer Firmenübernahme für einen sehr hohen Geldbetrag wurde. Wenige Tage nach der Übernahme wurde die Weihnachtsfeier in eben diesem Unternehmen, die nur einen winzigen Bruchteil des Übernahmepreises gekostet hätte, aufgrund von Einsparzwängen und daraus resultierender fehlender Mittel abgesagt. Gleichzeitig propagierten die Führungskräfte, wie wichtig die Mitarbeiter und das Team für den weiteren Unternehmenserfolg seien. Das Handeln muss zur Rhetorik passen, ansonsten fühlen sich die Mitarbeiter nicht ernst genommen und wertgeschätzt. Aber dazu später mehr.

Selbst wenn die Führungsebene auf die bewusste Kommunikation von Werten verzichtet, entstehen in der Zusammenarbeit der Menschen automatisch Normen und Werte. Ob wir das möchten oder nicht, Menschen können in einem System von Anarchie nicht dauerhaft existieren. Als Folge ergreifen sie entweder die Flucht, was sich im Unternehmenskontext in einer hohen Fluktuationsrate niederschlägt oder sie fangen an, eigene Normen und Werte aufzustellen, um die Zusammenarbeit in irgendeiner Form erträglich zu gestalten. Gerade hier beobachte ich in der Praxis von Familienunternehmen immer wieder Probleme. Die Unternehmenswerte entwickeln sich oft über Generationen. Meist werden die Werte durch die besonders charismatische Person des Gründers verkörpert, sind aber nirgendwo explizit kommuniziert worden und werden es auch zukünftig nicht. Dies führt bei wachsenden Unternehmen oder solchen, die in Umbruchsituationen stecken, wie beispielsweise Generations- oder Gesellschafterwechsel, Umstrukturierung oder Sanierung, oftmals zu unnötigen Konfliktsituationen, die vielleicht schon durch die klare Dokumentation und Kommunikation der Unternehmenswerte hätten vermieden werden können.

Werte aus meinem Unternehmen

- Loyalität: Wir sind loyal zum Unternehmen und zu unseren Kollegen. Es gibt keinen Platz für Intrigen und politische Ränkespiele.
- Teamgeist: Wir arbeiten im Team; Miteinander und Füreinander. „Einer für alle, alle für einen.“
- Lösungsorientierung: Wir suchen nach Lösungen für unsere Probleme und die unserer Kunden. „Geht nicht, gibt’s nicht.“

- Verantwortlichkeit: Wir übernehmen mutig die Verantwortung für unser Handeln und stehen für die Konsequenzen ein. Fehler sind menschlich und dienen dazu, uns noch besser zu machen.
- Unabhängigkeit: Wir treffen unsere Entscheidungen selbst und lassen uns nicht von Banken, Kunden oder Lieferanten hineinreden.
- Sicherheit: Wir riskieren die Existenz unseres Unternehmens nicht, gehen aber gleichzeitig bewusst Risiken ein, die wir für beherrschbar halten, wenn die Dinge nicht so laufen, wie geplant.
- Widerstandsfähigkeit: Wir geben nie, nie, nie auf. „Unternehmen ist wie Fahrradfahren. Wer aufhört zu strampeln, fällt um."

Werte und Normen innerhalb eines Unternehmens erinnern mich an einen Eisberg: Der sichtbare Teil des Eisbergs, der über dem Wasser schwimmt, ist bekanntlich wesentlich kleiner als der Teil, der unter der Wasseroberfläche verborgen ist und zusammen mit dem oberen Teil den gesamten Eisberg ausmacht. Ähnlich verhält es sich in vielen Unternehmen mit der Kommunikation der Unternehmenswerte. Klar kommunizierte Werte und Regeln machen dabei den sichtbaren Teil – die sprichwörtliche „Spitze des Eisberg" aus, während informelle und gelebte Werte unterhalb der sichtbaren Oberfläche „wabern" und dort eine nicht immer positive Eigendynamik entwickeln können (Abb. 3.1).w

Abb. 3.1 Versteckte Werte aufdecken

Versteckte Werte

Versuchen Sie doch einmal, in Ihrem Unternehmen oder Ihrer Organisation den versteckten Teil des Eisbergs zu lokalisieren und zu definieren. Ich habe gute Erfahrungen damit gemacht, meinen Mitarbeitern einfache und direkte Fragen zu stellen, was das Unternehmen genau ausmacht, warum sie sich gerade in unserem Unternehmen wohlfühlen und warum sie gerne zur Arbeit kommen.

Oder Sie befragen Mitarbeiter, die relativ neu dabei sind: „Was macht Ihrer/Deiner Meinung nach die Seele unseres Unternehmens aus?“ Wichtig dabei ist, dass Sie die Fragen offen formulieren. Hören Sie genau zu und Sie werden viel über Ihren „Eisberg“ lernen.

Was wenig bringt, sind standardisierte Umfragen mit Fragen wie „Welche Werte schätzen Sie an Ihrem Arbeitgeber?“ oder noch schlimmer: Multiple-Choice-Fragen.

Ein sehr gutes Beispiel, wie Unternehmenswerte für alle Mitarbeiter zugänglich gemacht werden können, sind die so genannten „Rules of the Garage“ der beiden Gründer von Hewlett-Packard, heute bekannt unter HP, Bill Hewlett und Dave Packard. Die beiden haben das Unternehmen im Jahr 1939 in einer Garage in Palo Alto, dem heutigen Zentrum des Silicon Valley in Kalifornien, gegründet und bereits im Jahr 1941 erkannt, wie wichtig es ist, die ethischen Grundsätze ihrer Unternehmung zu formulieren und allen Mitarbeitern zugänglich zu machen. Die von den beiden formulierten elf Grundsätze der Garage („Rules of the Garage“) lauten:

1. Glaube daran, dass Du die Welt verändern kannst. (Believe you can change the world.)
2. Arbeite schnell, halte Deine Werkzeuge ständig bereit und arbeite wann immer du möchtest. (Work quickly, keep the tools unlocked, work whenever.)
3. Erkenne, wann Du allein und wann Du im Team arbeiten sollst. (Know when to work alone and when to work together.)
4. Teile Deine Werkzeuge und Deine Ideen. Vertraue Deinen Kollegen. (Share tools, ideas. Trust your colleagues.)
5. Keine Politik. Keine Bürokratie. (Das wäre auch lächerlich in einer Garage.) (No Politics. No bureaucracy. [These are ridiculous in a garage.])
6. Der Kunde entscheidet, ob die Arbeit gut gemacht wurde. (The customer defines a job well done.)
7. Radikale Ideen sind keine schlechten Ideen. (Radical ideas are not bad ideas.)
8. Erfinde verschiedene Arten zu arbeiten. (Invent different ways of working.)
9. Steuere jeden Tag etwas bei; wenn es keinen Mehrwert beisteuert, dann verlässt es die Garage nicht. (Make a contribution every day; if it doesn’t contribute, it doesn’t leave the garage.)
10. Glaube daran, dass wir gemeinsam alles erreichen können. (Believe that together we can do anything.)
11. Erfinde etwas. (Invent.)

Sie werden sich jetzt sicher fragen, warum ich hier ein Beispiel eines Großkonzerns anführe und warum ausgerechnet HP, die bekanntlich seit einigen Jahren in großen Schwierigkeiten stecken?

Zum einen sind diese Werte bereits im Jahr 1941 formuliert worden. Damals war HP noch ein klassisches Familienunternehmen mit zwei charismatischen Gründern und Führungspersönlichkeiten und noch kein Weltkonzern. Zum anderen lässt sich daran erkennen, wie wichtig den Gründern schon damals, vor knapp 75 Jahren, das Thema Werteorientierung war. Vielleicht hängen die aktuellen Probleme des Unternehmens auch damit zusammen, dass sich das Unternehmen immer weiter hiervon entfernt hat? Im Ergebnis halte ich diese elf Grundregeln für ein exzellentes Beispiel, wie Werte so griffig und anschaulich formuliert werden können, dass sie für Menschen im Unternehmen begreifbar und verständlich sind (Abb. 3.2).

Werte gibt es in jedem Unternehmen. Genauso wie in meinem Beispiel mit dem Eisberg stellt sich lediglich die Frage, wie viel sich davon im sichtbaren und wie viel im unsichtbaren Bereich abspielt. Ich vertrete die Auffassung, dass Führung umso einfacher wird, je klarer diese Werte herausgearbeitet und kommuniziert werden.

► Arbeiten Sie daran, Ihren Eisberg möglichst klar zu definieren und achten Sie darauf, dass sich möglichst viel davon – am besten alles – im sichtbaren Bereich oberhalb der Wasseroberfläche abspielt. Stellen Sie den Eisberg quasi auf den Kopf!

Abb. 3.2 Rules of the Garage

3.2.1 Werte im Wandel der Zeit

Unter „normalen" Umständen sind Werte innerhalb der Unternehmenskultur stabil und werden von den Menschen innerhalb der Organisation anerkannt und gelebt. Ändert sich die Unternehmenskultur durch Führungs- oder Generationswechsel oder durch besondere exogene Ereignisse wie Sanierung oder Übernahme, treten Veränderungen auf. Aber auch die Globalisierung und der damit einhergehende Wettbewerbsdruck sind Faktoren, die den Wandel von Werten in der Praxis beeinflussen.

Gerade bei Generationswechseln innerhalb von Familienunternehmen habe ich schon mehrfach beobachten können, wie unterschiedliche Wertvorstellungen aufeinanderprallen. Die abgebende Generation versucht dabei oftmals, die Übergabe so zu gestalten, dass sich möglichst nichts im Unternehmen und damit auch nichts in der Kultur ändert. Die übernehmende Generation hat hingegen, dem Zeitgeist entsprechend, eigene Ideen und Wertvorstellungen, die sie etablieren möchte. Hier sind Konflikte vorprogrammiert.

Wenn beispielsweise der Senior großen Wert auf Loyalität und Folgsamkeit in seinem Unternehmen gelegt hat und die Nachfolgegeneration nun mehr Kreativität und damit Auflehnung gegen vorhandene Strukturen fordert, führt dies unweigerlich zu Konflikten zwischen Senior und Junior. Darüber hinaus führt es aber auch zu Konflikten zwischen jedem der beiden und jedem einzelnen Mitarbeiter. Deswegen ist es unabdingbar, in solchen Situationen zwischen den Generationen nicht nur die Modalitäten der Übernahme wie Kaufpreis, Besicherung, Erbregelungen etc. zu klären, sondern auch darüber zu sprechen, wie und mit welchen Werten das Unternehmen weitergeführt wird. Bleibt alles beim Alten oder wird es überarbeitet? Und wenn es überarbeitet wird, steht der Senior dazu und lebt diesen Wandel mit? Wenn sich hier am Ende zeigt, dass dies nicht so ist, dann müssen die Entscheidung und deren Durchführung dringend überdacht werden.

Unternehmen entwickeln sich ständig weiter. Ein Startup benötigt, um erfolgreich zu sein, meist ein anderes Wertegerüst als ein bereits etabliertes Unternehmen. Besonders intensive Wertekonflikte können auf dem Weg vom Startup-Unternehmen zum Großunternehmen auftreten.

Als ich mein neues Unternehmen, gemeinsam mit meinem Bruder, im Jahr 2007 in einer Einliegerwohnung – unserer sprichwörtlichen Garage – gegründet habe, standen unsere Vision und unser Pioniergeist im Vordergrund. Bedenken oder Risikobetrachtungen waren zweitrangig. Wir hatten unternehmerisch nichts zu verlieren. Heute sieht das etwas anders aus. Wir haben in unserer Nische und den von uns versorgten Regionen eine sehr starke Marktstellung und sind profitabel. Bei jeder Entscheidung, die wir heute treffen, hat sich der Fokus von „Wir haben nichts zu verlieren" zu „Wir haben einiges zu verlieren" gewandelt. Warum riskieren wir überhaupt noch neue Geschäfte? Wir könnten den Status quo doch einfach weiterlaufen lassen. Hier führen wir ständig Diskussionen, ob wir das Gaspedal weiter durchtreten oder einfach gemütlich weiterfahren sollen. Diese Situation ist oftmals nicht einfach und keineswegs frei von Konflikten. Eine Entscheidungsfindung erfordert manchmal sehr viel Zeit und Nerven sowie unzählige Gespräche und Diskussionen. Der Vorteil aber ist, dass wenn eine weitreichende Entscheidung erst einmal getroffen ist, alle dahinter stehen und mitziehen.

Weiterhin sollten Sie Vorgehensweisen in Ihrem Unternehmen haben, um Entscheidungen, die gefällt werden müssen, auch schnell treffen zu können. Besonders dann, wenn Gefahr im Verzug ist. Allerdings ist dies bei Werten und Unternehmenszielen eher selten der Fall. Hier lohnt es sich mehr Zeit in die gemeinschaftliche Ausarbeitung und Diskussion zu investieren, um möglichst viele Menschen im Unternehmen einzubinden. Es ist nicht ratsam eigenständig Entscheidungen zu treffen, die andere dann umsetzen müssen. Das gilt besonders dann, wenn sich Entscheidungen als fehlerhaft oder suboptimal herausstellen. Dann ist es von unschätzbarem Vorteil, wenn die Entscheidung auf einer breiten Basis getroffen worden ist. In besonderen Einzelfällen haben wir auch schon externe Experten als Moderatoren oder Mediatoren hinzugezogen, um wichtige Entscheidungen mitzugestalten und zu entwickeln. Die Erfahrungen, die ich hier gewonnen habe, sind durchweg positiv. Ein externer Vermittler hat die Möglichkeit, mit einem neutralen Blick auch verfahrene Situationen zu erkennen und in die richtige Bahn zu lenken.

► Aufgrund der genannten Faktoren empfehle ich Ihnen, die Unternehmenswerte, ähnlich einer betriebswirtschaftlichen Mittelfristplanung, regelmäßig, mindestens alle fünf bis zehn Jahre, einer kritischen Überprüfung zu unterziehen und sie gegebenenfalls zu verändern und anzupassen.

Tritt eine der genannten besonderen Situationen ein, sollten Sie Ihren Wertekatalog umgehend prüfen, eventuell verändern und die Änderungen umgehend kommunizieren. Sie sollten hierzu feste Termine mit Ihrer Führungsmannschaft einplanen. In meinem Unternehmen trifft sich die Geschäftsleitung zweimal pro Jahr an einem externen Ort, frei von Einflüssen im Tagesgeschäft, zu einer Strategieklausur. Hier werden Planungen, Ziele, Vorgaben und auch die Werte mitunter kontrovers diskutiert und weiterentwickelt. Diese Diskussionen bringen das Unternehmen extrem nach vorne, da hier alle ihre Meinung und ihre Sichtweisen einbringen können. Selbst wenn nicht immer eine einheitliche Meinung gefunden werden kann, wird dadurch das Verständnis und Vertrauen untereinander massiv gestärkt.

Bei uns haben sich insbesondere zwei Methoden bewährt. Zum einen das Brainstorming, um besprechungswürdige Themen zu identifizieren und das so genannte „Mindstorming", um Lösungen und neue Gedanken für bestehende Problem zu finden. Beim Mindstorming muss jeder Teilnehmer getrennt 20 Lösungsvorschläge oder Gedanken zu einem Problem auf ein Blatt Papier schreiben. Bei einer, wie in meinem Fall, Gruppe von sieben Personen, entstehen so 140 Gedanken und Ideen, mit denen dann gearbeitet werden kann. Mit zunehmender Anzahl der Vorschläge werden diese zwar immer skurriler, aber es wird ein enormes kreatives Potenzial erreicht. Im Anschluss werden die 140 Vorschläge gemeinsam diskutiert. Ich habe in vielen Fällen miterlebt, wie wir so auf ganz neue Gedanken und Lösungsansätze gestoßen sind, die in einem normalen Arbeitskreis nie zustande gekommen wären.

3.2.2 Werte versus Trends

Einen Fehler kann ich immer wieder und leider auch immer öfter beobachten: Unternehmen laufen in die „Trendfalle“. Anstelle von konstanten Werten werden Trends, die positiv aufgeladen sind, zu Werten für das Unternehmen (v)erklärt. Ich möchte dabei nicht verschweigen, dass Trends oftmals Wertvorstellungen darstellen, die von einer breiten Masse angenommen und positiv wahrgenommen werden. Wem kann es übel genommen werden, diese Werte für sein Unternehmen nutzen und auf dieser positiven Trendwelle mitreiten zu wollen?

Diese Entwicklung birgt zwei fatale Nebenwirkungen. Zum einen sind diese externen Trends meist nicht authentisch auf das Unternehmen zu übertragen und zum anderen erfordert dies eine regelmäßige und zumeist kurzfristige Änderung der Wertestruktur.

Im Ergebnis werden die Werte – weil nicht authentisch und dauerhaft – von den Mitarbeitern nicht gelebt, was mich wieder zu meinem Beispiel mit dem Eisberg führt. Was nicht dauerhaft sowie klar und transparent dokumentiert ist und dann entsprechend im Tagesgeschäft umgesetzt wird, ist nicht glaubhaft und wird von Ihren Mitarbeitern nicht angenommen. Als Folge bilden sich eigene Normen, der unsichtbare Teil des Eisbergs.

► Achten Sie immer darauf, dass die Unternehmenswerte für Ihre Mitarbeiter eindeutig und nachvollziehbar sind. Sprechen Sie Ihre Mitarbeiter konkret an und diskutieren Sie mit ihnen, warum genau diese Werte für das Unternehmen wichtig sind.

Sie dürfen Ihren Mitarbeitern an der Stelle auf keinen Fall die Deutungshoheit überlassen, da sie ansonsten wieder genau bei dem Teil des Eisbergs sind, der unter der Wasseroberfläche liegt.

Seit einigen Jahren ist der Begriff „Nachhaltigkeit“ im Trend. Alles muss nachhaltig sein, damit es einen „positiven Anstrich“ bekommt und eine politisch korrekte und verantwortungsbewusste Darstellung möglich ist. Aber was bedeutet eigentlich Nachhaltigkeit?

In der engeren Wortdefinition beschreibt Nachhaltigkeit ein Handlungsprinzip zur Ressourcennutzung, bei der die natürliche Regenerationsfähigkeit des jeweiligen Systems im Vordergrund steht. Aber für wie viele Unternehmen trifft das tatsächlich zu? Wie viele Unternehmen richten ihr Geschäft daran aus, dass die „natürliche Regenerationsfähigkeit“ gegeben ist. Für einige Branchen scheint mir das nachhaltige Wirtschaften unmöglich zu sein. Nehmen wir beispielsweise Energiekonzerne, die noch Stromproduktion mit Gas, Kohle und Atom betreiben. Laut Definition kann es hier keine Nachhaltigkeit geben, da die Ressourcen endlich sind und zumindest in einem überschaubaren Zeitraum von einigen Generationen nicht nachwachsen werden. Oder Banken und Industriebetriebe: Alle sprechen von Nachhaltigkeit, aber leben sie auch wirklich alle in ihren Unternehmen?

Leider handelt es sich bei diesen Beispielen keinesfalls um den Wert der Nachhaltigkeit, sondern um einen Trend, der rein gar nichts mit den Werten innerhalb der betroffenen Unternehmen zu tun hat.

► Wenn Sie einen Wert in Ihrem Unternehmen als solchen definieren, dann achten Sie genau darauf, Ihr gesamtes Geschäftsmodell auf diesen Wert auszurichten. Laufen Sie einem Trend nicht hinterher.

Zu einem nachhaltigen Unternehmen gehören zum Beispiel eine nachhaltige Bilanz-, Finanzierungs- und Personalpolitik sowie nachhaltige Produkte. Achten Sie daher genau darauf, dass die Werte, für die Ihr Unternehmen stehen sollen, in allen Bereichen Ihres Unternehmens Einzug halten und auch (vor-)gelebt werden. Nur dann ist Ihre Wertekultur authentisch und wird von Ihren Mitarbeitern getragen. Ob Ihre Mitarbeiter die Wertekultur Ihres Unternehmens verinnerlicht haben und vorleben, können Sie an ihren Handlungen erkennen. Ich habe vor einigen Jahren eine sehr positive Erfahrung in meinem Unternehmen gemacht, die ich gerne mit Ihnen teile.

Wertekultur

Wir fahren regelmäßig mit einer Gruppe skibegeisterter Mitarbeiter zu einem gemeinsamen Firmen-Ski-Ausflug. Hier sind alle unsere Mitarbeiter eingeladen teilzunehmen, vom Auszubildenden bis hin zur Geschäftsleitung. Ich selbst lege großen Wert darauf, so oft wie möglich, also eigentlich immer, daran teilzunehmen. Die Stimmung bei solchen Veranstaltungen ist üblicherweise deutlich lockerer und entspannter als innerhalb des Unternehmens, auch wenn der Chef oder eine Führungskraft daran teilnimmt.

Später ist mir dann über den „Flurfunk" zugetragen worden, dass einer der Azubis im Nachgang dieser Reise ein Problem damit hatte, wie er nun, nach der Lockerheit des Ausflugs, mit mir als Chef umgehen sollte. Daraufhin erklärte ihm ein anderer Mitarbeiter, dass diese Lockerheit auf dem Ausflug in keinem Zusammenhang mit der Arbeit stehe. Er müsse weiterhin im Betrieb seine volle Leistung bringen und habe durch den Ausflug keinen „Bonus" beim Chef.

Besser hätte ich es dem Auszubildenden nicht erklären können. Als ich von dieser Sache hörte, war ich sehr stolz auf meinen Mitarbeiter und wie es uns gelungen ist, die Kultur so fest zu verwurzeln, dass oftmals gar kein Einschreiten seitens der Geschäftsleitung notwendig ist, um Dinge zu klären.

Sie können, um das Beispiel mit der Nachhaltigkeit wieder aufzugreifen, nicht auf der einen Seite Nachhaltigkeit als Wert formulieren, wenn Sie gleichzeitig in konkreten Einzelentscheidungen immer der kurzfristigen Zielerreichung Vorzug geben. Ihre Handlungen und Entscheidungen müssen mit den definierten Werten im Einklang stehen. Nur dann erreichen Sie die Authentizität, die notwendig ist, um die definierte Wertekultur in Ihrem Unternehmen zu etablieren.

3.3 Werte als Basis für das emotionale Unternehmen

Im Jahr 1995 veröffentlichte der US-Psychologe und Verhaltensforscher Daniel Goleman ein beachtenswertes Buch mit dem Titel „EQ. Emotionale Intelligenz“ beziehungsweise im englischen Originaltitel „Emotional Intelligence: Why It Can Matter More Than IQ“. In seinem Werk stellt Goleman das Konzept der so genannten Emotionalen Intelligenz (EQ) einer breiten Öffentlichkeit vor und kommt empirisch unterlegt zu dem Ergebnis, dass Intelligenz im traditionellen Sinne kein Indikator für Erfolg im Berufsleben ist. Goleman definiert dabei das Konzept des EQ, in Anlehnung an vorherige Forschungsergebnisse von Peter Salovey und John D. Mayer, mit den Fähigkeiten, eigene Emotionen zu kennen, diese zu beeinflussen und in die Tat umzusetzen sowie die Fähigkeit zur Empathie und zum Umgang mit Beziehungen.

Er führt in seinem Werk aus, dass die Auswirkungen fehlender Emotionaler Intelligenz, die im Übrigen von anderen Forschern auch als „soziale“ Intelligenz bezeichnet wird, bis weit in das Berufsleben hinein zu sehen sind. Der Mangel an Emotionaler Intelligenz im Berufsleben lässt sich, seiner Meinung nach, unter anderem an den folgenden Symptomen festmachen:

- verminderte Produktivität,
- versäumte Fristen,
- Häufung von Fehlern und Pannen,
- Abwandern unzufriedener, aber eigentlich unverzichtbarer Mitarbeiter.

In Zeiten, in denen der Unternehmenserfolg in einer immer größeren Abhängigkeit zu den Leistungen der Mitarbeiter steht, stellen Rückmeldungen der Personalführung an die Mitarbeiter einen wesentlichen unternehmerischen Erfolgsfaktor dar.

Sie werden sich jetzt sicher fragen, was meine obigen Ausführungen zu Emotionaler Intelligenz mit Werten im Unternehmen zu tun haben? Zunächst einmal habe ich mir die Frage gestellt, was Emotionale Intelligenz einzelner Menschen grundsätzlich mit Unternehmen zu tun hat. Dabei bin ich zu folgendem Schluss gekommen: Wenn die Emotionale Intelligenz einen wesentlichen – wenn nicht gar höheren – Einfluss auf den Erfolg eines Einzelnen hat als der Intelligenzquotient (IQ), ist es naheliegend, dass dies auch für Unternehmen gelten dürfte. Denn ein Unternehmen ist im Kern nicht mehr als eine Ansammlung von Individuen. Das bedeutet in letzter Konsequenz, dass Unternehmen mit einem höheren EQ auch erfolgreicher sind (oder sein dürften), als solche mit einer geringeren Emotionalen Intelligenz.

Wenn Sie meine Schlussfolgerung teilen, stellt sich unweigerlich die nächste Frage: Wie kann diese Emotionalität gefördert und in die richtige Richtung kanalisiert werden? Hier kommen die Unternehmenswerte ins Spiel. Durch eine klare Wertekultur bekommen leistungsbasierte Ziele einen Sinn, der emotional aufgeladen werden kann. Denken Sie an das Beispiel der Firma HP mit ihren „Rules of the Garage“. Hier sind die Unternehmenswerte nicht steif in Form einzelner Wertdefinitionen dargestellt und kommuniziert, sondern durch kurze, einfach und verständliche Sätze beziehungsweise Begrifflichkeiten beschrieben worden. Darunter können sich die Mitarbeiter etwas Konkretes vorstellen. So fällt es Ihnen leichter, die Werte in die praktische Arbeit zu integrieren. Ich habe weiterhin positive Erfahrungen mit einfachen Metaphern oder Bildern gemacht, die plastischer und damit einprägsamer und verständlicher sind als fachlich ausformulierte Sätze.

Firmen, die sich ausschließlich über leistungsorientierte Ziele definieren und ihre Führung daran ausrichten, blenden die Dimension der werteorientierten (Sinn-)Ziele vollkommen aus und agieren damit eindimensional.

Schauen Sie sich die großen Erfolgsgeschichten vieler Unternehmen der letzten Jahre an. Sei es der Turnaround von Apple unter Steve Jobs, der Aufstieg von Starbucks, die Erfolgsgeschichten von Google, Facebook und die vielen sogenannten „Hidden Champions" aus dem deutschen Mittelstand. Sie können klare Muster erkennen. Diese Erfolgsgeschichten konnten nie nur anhand leistungsorientierter Ziele erfolgen, sondern sind immer enorm emotional aufgeladen und aus Sicht der jeweiligen Unternehmen einfach „sinnvoll" gewesen.

So ist auch das Phänomen des deutschen Mittelstands in der Finanzkrise zu erklären. Es wurden nicht nach – meist kurzfristig angelegten – leistungsorientierten Kennzahlen Arbeitsplätze vernichtet, sondern auf Basis eines breiten gesellschaftlichen Wertekonsens, andere Entscheidungen gegen den weltweiten Trend des Gesundschrumpfens getroffen, die sich schlussendlich als goldrichtig erwiesen haben. Hier hat der auf Werten basierende EQ den IQ geschlagen.

Ich selbst habe eine solche emotional geprägte, wichtige Entscheidung vor einigen Jahren im Zusammenhang mit dem geplanten Einstieg eines Private–Equity-Hauses in mein Unternehmen getroffen. Obwohl alle sachlichen Faktoren wie Bewertung, Mitspracherechte usw. entweder positiv für uns gestaltet werden konnten oder „branchenüblich" waren, hatte ich nach jeder Verhandlungsrunde ein schlechtes Bauchgefühl. Die Art und Weise der Verhandlungsführung, die Aussagen der Verhandlungspartner zwischen den Zeilen und andere Faktoren haben bei mir kein stimmiges Gesamtbild hinterlassen. Schlussendlich habe ich drei Tage vor dem geplanten Unterzeichnungstermin meinen Anwalt angerufen und diesem von meinen Gefühlen berichtet. Sein Kommentar dazu war: „Manchmal sollte man sich einfach auf sein Bauchgefühl verlassen." Dieser Rat war wohl der wertvollste in meiner Unternehmerkarriere, denn wir haben die Beteiligung danach abgesagt. Unsere Kunden, Lieferanten, Mitarbeiter und insbesondere Hausbanken haben wir unseren Rückzug in einem emotionalen Satz erklärt: „Wir verkaufen unsere Seele nicht, lieber backen wir kleinere Brötchen." Weitere Erklärungen für unsere Entscheidung waren nicht notwendig.

► Suchen Sie in Ihrem Unternehmen Felder, die sich emotionalisieren lassen. Motivation lässt sich in allen Unternehmensbereichen, sei es bei den Mitarbeitern, Kunden und sogar bei Kapitalgebern, viel einfacher über emotional aufgeladene Themen erzeugen, als auf einer rein sachlichen Ebene.

Abb. 3.3 Emotionalisieren Sie Ihr Unternehmen

Sie können fast jedes Thema emotional aufladen, sei es noch so trocken. In meinem eigenen Unternehmen, das sich mit dem Aufbau von Glasfasernetzen für schnelles Internet befasst, habe ich das Problem, dass die Erklärung unserer Leistung rein faktenbasiert keine Begeisterung bei den Kunden erzeugt: „Wir realisieren Breitband-Anschlüsse bis 100 MBit/s." Die emotional geprägte Aussage: „Wir schließen Ihre Gemeinde an die Zukunft an." versteht zum einen jeder und zum anderen kann sie auch weitergetragen werden. Oder einfacher ausgedrückt: Erklären Sie Ihren Mitarbeitern und Kunden den Nutzen Ihres Unternehmens beziehungsweise Ihrer Produkte und nicht die Leistungsmerkmale (Abb. 3.3).

Über Emotionen können Sie Werte in Ihrem Unternehmen von der abstrakten Ebene auf die konkrete, verständliche, nutzbare und umsetzbare Ebene transportieren. Kein Unternehmen sollte heute darauf verzichten, sich zu emotionalisieren und damit sich selbst sowie seine Kunden, Lieferanten und Kapitalgeber zu begeistern. Erinnern Sie sich noch an mein vorstehendes Beispiel mit den „Regeln aus der Garage" von HP? Keine trockenen und abstrakten Schlagworte wie Fleiß oder Kreativität, sondern konkrete und aktiv formulierte Handlungs- und Verhaltensregeln. So einfach können Werte mit einer emotionalen Komponente dargestellt werden.

Ich weiß nicht, wie es Ihnen geht, aber ich selbst fahre nicht jeden Morgen ins Büro und freue mich darauf, wie viel Geld (=leistungsorientiertes Ziel) ich heute wieder verdiene (oder nicht). Ich motiviere mich vielmehr über die Emotionen, die mich an dem Tag erwarten. Der Auftrag, der heute abgeschlossen oder das Problem, das heute gelöst wird.

Es gibt immer auch leistungsorientierte Ziele, die einzuhalten sind, das Haus, das abbezahlt werden muss, die Studiengebühren, Hobbies für die Kinder usw. Aber motiviert Sie das nachhaltig? Und glauben Sie, dass Ihre Mitarbeiter nur deswegen jeden Morgen mehr oder weniger motiviert zur Arbeit erscheinen?

Ich habe die Erfahrung gemacht, dass leistungsorientierte Ziele eher belastend wirken und nur selten motivieren. Alle Dinge, die Sie machen „müssen", sind nur eingeschränkt motivierend. Natürlich gibt es Aufgaben, die erledigt werden müssen. Aber daraus eine besondere Motivation zu beziehen? – Ich habe da meine Zweifel.

Dauerhafte und intrinsische Motivation wird nur dann erreicht, wenn der Wunsch besteht, etwas zu tun und darin ein Sinn gesehen wird.

Intrinsische Motivation

Stellen Sie sich vor, dass es zwei gleich bezahlte Jobs gäbe. Ihren aktuellen und einen neuen. Was würde Sie motivieren, zu wechseln, wenn das Thema Geld keine Rolle spielt? Wenn Sie diese Frage für sich beantwortet haben, dann gehen sie auf die Suche: nach der Aufgabe (Job, Kunde, Auftrag, Projekt…), die Sie motiviert und bei der Sie die gleichen Verdienstmöglichkeiten haben wie jetzt.

Oder: Stellen Sie sich die Frage, wenn Sie ohne Ballast noch einmal 15 Jahre alt wären. Was würden Sie mit dem heutigen Wissen anders machen?

Oder: Was wollen Sie bis zur Rente noch erreichen? Beruflich, privat, mit Ihrer Familie.

Die gleichen Fragen können und müssen Sie nicht nur sich persönlich stellen sondern auch für das Unternehmen beantworten. Wo wollen wir in x Jahren stehen? Welche Maßnahmen sind dazu notwendig? Daraus entwickeln Sie dann Ihre Vision für das Unternehmen und aus der Vision leiten Sie konkrete Einzelschritte, für den Weg dorthin ab. Was müssen wir konkret tun, um unsere Ziele zu erreichen? Heute? Morgen? Nächstes Quartal? Nächstes Jahr?

Zu guter Letzt eignen sich solche Fragen auch für Mitarbeitergespräche. Stellen Sie Ihren Mitarbeitern diese Fragen, insbesondere denjenigen, die Karriere in Ihrem Unternehmen machen möchten und sich aktiv darum bemühen.

3.4 Authentizität und Vorbilder

Der nächste Schritt zu einer nachhaltigen Wertekultur in Ihrem Unternehmen ist die nachvollziehbare und vor allem regelmäßige Umsetzung von Werten im Tagesgeschäft Ihres Unternehmens. Hierbei spielt das Thema Authentizität und Vorbildfunktion eine sehr wichtige Rolle.

Das beste Wertesystem wird nur dann funktionieren, wenn dieses authentisch im Unternehmensalltag vorgelebt wird. Dem täglichen Handeln der Unternehmensleitung und der nachgeordneten Führungsebenen kommt dabei ein sehr hohes Maß an Verantwortung für die tatsächliche Umsetzung zu. Je größer Ihr Unternehmen ist und je mehr Hierarchieebenen Sie haben, desto wichtiger ist es, dass nicht nur Sie persönlich authentisch sind, sondern auch Ihre gesamte Führungsmannschaft.

Authentizität bedeutet in diesem Zusammenhang, dass zwischen dem Anspruch der Unternehmenswerte und dem täglichen Handeln eine möglichst geringe, im Idealfall überhaupt keine Diskrepanz besteht.

▶ Mein diesbezüglicher Grundsatz lautet: „Sage, was du tust beziehungsweise tun wirst, und tue dann, was du gesagt hast."

Dieser Satz birgt jedoch großes Konfliktpotenzial. Denn, was sich so einfach anhört, ist in der Praxis extrem schwer durchzuhalten. Täglich wird man mit Anfragen, Hinweisen oder vermeintlichen Notwendigkeiten konfrontiert, die das, was man vorher gesagt hat, infrage stellen. Hier gilt es ganz besonders, Führungsstärke zu zeigen und auch Widerstände zu überstehen. In einem Fall, wo es gute Argumente gibt, seine Meinung und damit sein Handeln zu ändern, ist es unabdingbar, diese Veränderung direkt und offen zu kommunizieren, um seine Glaubwürdigkeit und Authentizität nicht zu verlieren.

Für jede Wertekultur ist es fatal, wenn Ihre Mitarbeiter erkennen, dass die Werte das Papier nicht „wert" sind, auf dem sie niedergeschrieben sind und Sie nicht danach handeln. Beispiele hierfür gibt es genug. Sei es die Politik, die dem Wähler Dinge verspricht, die nachher nicht eingehalten werden oder das Top-Management, das in harten Zeiten allen eisernes Sparen auferlegt, aber sich selbst beim Sparen vergisst.

Erwarten Sie von Ihren Mitarbeitern nie mehr, als Sie selbst vorleben. Wenn Überstunden gemacht werden müssen, um ein Projekt termingerecht zum Abschluss zu bringen, lege ich großen Wert darauf, regelmäßig auch länger zu bleiben, um den Teamgeist zu unterstützen. Selbst dann, wenn ich nichts für das Projekt beisteuern kann.

▶ Ich bin davon überzeugt, dass der „Fisch immer am Kopf zu stinken beginnt". Achten Sie bei sich selbst darauf, dass es nicht zu stinken beginnt (Abb. 3.4).

Abb. 3.4 Der Fisch stinkt vom Kopf

In meinem Unternehmen wirke ich dem „Fischproblem“ wie folgt entgegen: Ich gehe mir meinen Kaffee oder Tee selbst holen und lasse ihn mir nicht bringen. Bei uns gibt es keinen „Chef“-Parkplatz, sondern derjenige, der morgens zuerst kommt, bekommt den besten Parkplatz. Ich habe mich bewusst für das kleinste Büro in unserem Gebäude entschieden, um ein Zeichen zu setzen, dass Statussymbole und Oberflächlichkeit bei uns keine Rolle spielen.

► Gerade wegen dieser enorm wichtigen Vorbildfunktion erachte ich das Thema Werte als absolute Kernkompetenz des Inhabers, Unternehmenslenkers beziehungsweise der Führungskräfte und als nicht oder eingeschränkt delegierbar.

Wie soll das in der Praxis auch funktionieren? Ein Berater erarbeitet ein Wertesystem und alle sollen sich daran halten? Hier ist die Chefetage gefordert, diese Werte federführend unter Einbeziehung möglichst vieler Mitarbeiter zu erarbeiten und innerhalb des Unternehmens zu kommunizieren, zu etablieren und schlussendlich „zu verkaufen“. Wobei ich verkaufen im Sinne von überzeugen verstehe. Nur dann ist es authentisch.

Die Umsetzung des Wertesystems in den Unternehmensalltag wird am Vorbild aller Führungskräfte und nicht nur an dem des Chefs bewertet. Es hilft Ihnen nicht, wenn Sie als Unternehmenslenker oder Führungskraft Werte predigen und vorleben, also authentisch sind, während die nachgelagerte Führungsebene diese Werte nicht annimmt und sie nicht ins Unternehmen trägt.

Für diese Führungskräfte gilt noch mehr als für einzelne Mitarbeiter der Grundsatz: Einzelne faule Äpfel müssen sofort entfernt werden, bevor der ganze Korb faul wird. Wenn Sie bei sich das Gefühl haben, dass Ihre Werte von einzelnen Führungskräften oder Mitarbeitern nicht unterstützt oder sogar torpediert werden, dann müssen Sie sofort handeln. Sie müssen die betroffene Person entweder auf Ihre Werte einschwören und sie mit ihren Taten daran messen oder sich von ihr trennen. Es gibt keinen größeren Konfliktherd als Mitarbeiter, die gegen die Werte des Unternehmens handeln. Bei Führungskräften potenziert sich dieses Problem, denn hier ist nicht nur eine einzelne Person betroffenen, sondern gleich ganze Abteilungen oder Unternehmensbereiche.

Einschwören setzt bei den betroffenen Führungskräften natürlich die Kenntnis und die Transparenz der Werte und Unternehmensziele voraus. Ich empfehle bei allen Entscheidungen, die Auswirkungen auf die Kultur in Ihrem Unternehmen haben, mit den betroffenen Führungskräften sehr intensive Gespräche zu führen und Entscheidungen sehr transparent zu kommunizieren. Äußern Sie offen Lob oder Kritik über Entscheidungen Ihrer Führungskräfte, die im Zusammenhang mit der Wertekultur in Verbindung mit den Unternehmenszielen stehen.

► Sprechen Sie konkret aus, warum Sie eine Entscheidung getroffen haben beziehungsweise für gut oder schlecht halten und warum Sie die Dinge so sehen und wie diese Entscheidungen zu Ihrer Wertekultur passen.

Dabei sollten Sie wesentlich mehr Zeit auf „schlechte“ Entscheidungen und Kritikgespräche verwenden. Leider erfolgt dies in der Praxis zu selten, da konstruktive Kritik oftmals unterdrückt wird und insbesondere eigene Fehler gerne unter den Teppich gekehrt werden. Wer spricht schon gerne über eigene Fehler? Leider ist ein solches Verhalten nicht zielführend.

Eine immense Rolle spielt dabei der Umgang mit Ihren eigenen Fehlern. Menschen machen Fehler. Nur diejenigen, die nichts machen, machen nichts falsch. Das gilt natürlich auch für Sie als Chef beziehungsweise Führungskraft. Dies müssen Sie unbedingt akzeptieren und auch vorleben. Das Klima in einem Unternehmen wird durch nichts so vergiftet, wie durch Vorgesetzte, die angeblich immer alles richtig machen und die bei Fehlern die Schuld stets bei ihren Mitarbeitern suchen.

Im Umkehrschluss kann das klare und bewusste Eingestehen von Fehlern, die Moral und die Motivation nachhaltig positiv beeinflussen. Geben Sie klar und unmissverständlich Ihre eigenen Fehler, Irrtümer und Fehleinschätzungen zu und erläutern Sie diese, wenn Sie es für notwendig halten. Beobachten Sie danach einmal genau die Reaktionen Ihrer Mitarbeiter. Meine Erfahrungen sind durchweg positiv. In den meisten Fällen führt ein solches Handeln zu einer höheren Souveränität und Glaubwürdigkeit bei den Mitmenschen.

Auch hier habe ich, vor nicht allzu langer Zeit, eine im Nachhinein sehr positive Erfahrung machen dürfen. Neben meinen beruflichen Tätigkeiten arbeite ich seit über zehn Jahren ehrenamtlich im Vorstand unseres lokalen Triathlon-Vereins. Während unserer letzten Mitgliederversammlung, die recht hitzig war, bin ich mit einer Idee vorgeprescht, die im Vorfeld mit niemandem abgestimmt war. Weder mit Vorstandskollegen noch mit den Mitgliedern, sondern nur mit denjenigen Personen, die Nutznießer meines Vorschlags geworden wären. Nachdem ich die Idee geäußert hatte, verlief die Diskussion noch hitziger. Und was meinerseits gut gemeint war, entpuppte sich als Brandbeschleuniger. Die Versammlung drohte aus den Fugen zu geraten und konnte nur mit Mühe und Not ordentlich beendet werden. Während sich die Stimmung immer weiter aufheizte, realisierte ich, dass ich einen riesengroßen Fehler gemacht hatte. Und das vor fast 100 Mitgliedern und vor meinen Vorstandskollegen. Die Sache war mir wahnsinnig peinlich. Ich habe mich für diese unbedachte Vorgehensweise geschämt. Entsprechend nervös war ich vor der nächsten Vorstandssitzung. Dort habe ich mich dann direkt zu Beginn der Sitzung für meinen Auftritt entschuldigt und meinen Fehler ohne Umschweife zugegeben. Das Ergebnis war für mich überraschend. Ich wurde von allen Vorstandskollegen nach dem Motto „Jeder macht schließlich mal Fehler“ aufgemuntert. Im Gesamtergebnis hat dieser Vorfall mich als Person eher gestärkt als beschädigt. Selbstverständlich wurde im Nachgang das von mir vorgebrachte sachliche Thema nochmal kontrovers aber konstruktiv diskutiert. Dabei habe ich mich gerne eingebracht.

Wenn Sie bei Ihren Führungskräften Widerstände trotz Gesprächen und Diskussionen nicht überwinden können, dann bleibt kein anderer Weg, als sich von der entsprechenden Führungskraft zu trennen. Dauerhaft werden Sie mit einer Führungskraft, die nicht bereit ist, am gleichen Ziel und auf Basis der gleichen Werte zu arbeiten, nicht erfolgreich zusammenarbeiten können. Sie setzen damit Zeichen, wie wichtig Ihnen die Wertekultur in Ihrem Unternehmen ist.

3.5 Unternehmer (und Führungskraft) im Spannungsfeld zwischen Zielerreichung und Vorbildfunktion

Die werteorientierte Unternehmensführung stellt insbesondere an die Führungsebenen erhöhte Anforderungen. Diese müssen den Zielkonflikt zwischen leistungsorientierter Zielerreichung und Einhaltung der Werte vorleben und beides soweit wie möglich in Einklang bringen. Wenn solche Konflikte nicht lösbar sind, ist es sehr wichtig, dass Entscheidungen, die vor dem Hintergrund des Dilemmas getroffen werden, direkt, klar und unmissverständlich an die Mitarbeiter und Kollegen kommuniziert werden.

Kompetenzüberschreitung

Durch den Fehler eines Mitarbeiters hatten wir eine fast zweistündige Störung unseres gesamten Telekommunikationsnetzes zu verzeichnen. Unsere Kunden waren alles andere als begeistert und verlangten von mir eine Stellungnahme, warum es zu einem solchen Ausfall kommen konnte. Sie wollten wissen, was wir unternehmen wollen, damit ein solcher Vorfall nicht erneut passiert. Ich war in der Bedrängnis, zu entscheiden, wie ich mit dem Kollegen, der den Fehler verursacht hatte, umgehen sollte. Sollte ich ihm kündigen? Oder ihn zumindest abmahnen?

Ich tat nichts dergleichen, sondern führte ein langes Gespräch mit ihm und wies ihn darauf hin, dass ich unsere Werte der Eigenverantwortung im Handeln, der Selbständigkeit und unsere Fehlerkultur als deutlich höher empfinde als das Ziel der Netzstabilität. Dabei habe ich ihm aber auch klar gemacht, dass das eine das andere nicht ausschließt. Vielmehr wollte ich seine Sensibilität dafür schärfen, zu erkennen, wo seine Grenzen in der Selbstständigkeit und Fehlerkultur liegen. Er sollte erkennen, dass es notwendig ist, um Rat zu fragen, wenn er alleine nicht mehr weiterkommt, anstatt selbstständig Experimente am „offenen Herzen“ durchzuführen.

Was geschah nach diesem Gespräch? Der Mitarbeiter sah seinen Fehler ein und wollte auf keinen Fall den gleichen Fehler noch einmal machen. Er war weiter, vielleicht auch wieder, voll motiviert bei der Arbeit. Er gehörte nach unserem Gespräch zu den absoluten Leistungsträgern, sowohl in menschlicher als auch in fachlicher Hinsicht. Der Mitarbeiter ist heute Teil der Geschäftsleitung in meinem Unternehmen und wir haben gemeinsam mit unseren anderen Kollegen große Erfolge feiern dürfen. Könnten Sie sich eine solche Entwicklung nach einer Abmahnung oder gar einer androhenden Kündigung vorstellen?

Bei diesem Vorfall stand ich vor der Gefahr, die Unternehmenswerte „Teamgeist“ und „Loyalität“ einem unternehmerischen Ziel unterzuordnen. Zusätzlich hätte ich auch noch eine falsche Entscheidung, in Bezug auf die Wertekultur, getroffen. Die mögliche Trennung von einem ansonsten guten Mitarbeiter, wegen eines wenn auch weitreichenden „Fehlers“, wäre ein Verstoß gegen die Wertekultur gewesen und so auch bei den übrigen Mitarbeitern angekommen. Sie werden sicherlich in Ihrem Unternehmen vor ähnlich schwierigen Entscheidungen gestanden haben und auch weiter stehen, da sich dieser Wert-Ziel-Konflikt nicht bei jeder Entscheidung vollständig auflösen lässt. Ich habe mir eine

Tab. 3.1 Wert-Ziel-Konfliktmatrix

Vereinfachte Wert-Ziel-Konfliktmatrix: Stellen Sie sich die Frage: Wird der Wert beziehungsweise das Ziel erfüllt?

Wert	Ziel	Handlungsempfehlung
Ja	Nein	Relativ einfach, klar kommunizieren, dass langfristige Werte vor kurzfristigen Zielen stehen
Nein	Ja	Ganz schwierig, sofern möglich am besten auf solche Geschäfte verzichten und Entscheidung korrigieren. Wenn nicht vermeidbar, die Entscheidungsgründe genauestens erläutern und für Verständnis werben
Nein	Nein	Einfach, solche Entscheidungen nicht treffen oder umgehend korrigieren
Ja	Ja	Einfache Entscheidung, diese ergibt sich in aller Regel von selbst

Matrix erstellt (Tab. 3.1), mit deren Hilfe ich meine Entscheidungen und die Handlungen einordne.

In Diskussionen und offener Kommunikation steckt enormes Motivationspotenzial, selbst wenn sie in einem negativen Gesamtzusammenhang stattfinden. Die Gründe für eine Entscheidung, basierend auf einem bekannten und nachvollziehbaren Wertesystem, müssen allerdings umfassend erläutert werden. Dabei stellt die offene Kommunikation große Herausforderungen an die Chef- und Führungsetage eines Unternehmens. Offene Kommunikation bedeutet gegenteilige Meinungen und Sichtweisen anzuhören, zu diskutieren und gemeinsam zu bewerten.

Leider findet dies allzu selten statt. Spätestens, wenn man selbst oder eine Führungskraft unter Druck gerät, wird allzu oft der Weg des geringsten Widerstands gewählt, anstatt für das Wertesystem einzustehen und dafür zu kämpfen. In dem Beispiel, in dem mein Mitarbeiter seine Kompetenzen überschritten hat, wäre es viel bequemer gewesen, den Mitarbeiter abzumahnen oder zu kündigen. Stattdessen habe ich den unbequemen Weg gewählt und dadurch den Mitarbeiter und das gesamte Unternehmen gestärkt.

Es gibt große Lieferanten, die das ganze Jahr versuchen, keine Rabatte zu gewähren, zum Ende eines Quartals oder Geschäftsjahres jedoch um Aufträge betteln und dabei hohe Rabatte einräumen. Auch dort wird der Weg des geringsten Widerstands eingeschlagen. Diese Bequemlichkeit gilt im Übrigen nach unten wie nach oben. Nach oben ist es jedoch noch schwieriger, durchzuhalten, wird aber von den Mitarbeitern logischerweise noch genauer beobachtet. Wenn Sie sich also Ihrem Chef gegenüber kritisch äußern, weil Sie glauben, dass die Dinge falsch laufen, sollten Sie starke Argumente haben. Wenn das Gespräch erfolgreich verläuft, gewinnen Sie dabei so viel Vertrauen und Kompetenz, wie es mit kaum einer anderen Maßnahme möglich ist.

Gerade beim Thema Fehlerkultur scheitern viele Unternehmen. Michael Jordan, der berühmte Basketballspieler, hat einmal gesagt: „Ich kann Fehler akzeptieren, jeder macht irgendwann einmal Fehler. Aber was ich nicht akzeptieren kann, ist wenn man es nicht wenigstens versucht."

Stellen Sie sich vor, wie langweilig es wäre, ein Basketballspiel anzuschauen, bei dem alle Spieler auf dem Feld vor lauter Angst, einen Fehlwurf zu machen, nicht mehr auf

Abb. 3.5 Keine Angst vor Fehlwürfen

den Korb werfen würden und sich stattdessen nur den Ball und damit die Verantwortung gegenseitig zuspielen würden (Abb. 3.5)? Wenn ich dieses Beispiel analog auf Unternehmen anwende, dann stelle ich mir oft die Frage, wo die Werte abgeblieben sind, wenn ein „Fehlwurf" passiert. Die meisten mir bekannten Unternehmen investieren Unsummen in Controlling und Null-Fehler-Produktion, ohne dabei bereit zu sein, auch in Fehler der Mitarbeiter zu investieren. Sie haben richtig gelesen: Für mich stellen Fehler, sofern sie nicht dauerhaft und gehäuft auftreten, eine Investition dar. Eine Investition in das Humankapital des einzelnen Mitarbeiters und die damit verbundene Hoffnung oder besser die konkrete Erwartung, dass die gemachten Fehler zu besseren Leistungen in der Zukunft führen.

▶ Unternehmen, unabhängig von der Branche und Größe, leben von Entscheidungen. Je größer Ihr Unternehmen wird, desto mehr müssen Sie dazu bereit sein, Entscheidungskompetenzen auf nachgelagerte Hierarchieebenen zu delegieren.

Eine nicht vorhandene Fehlerkultur ist hierfür fatal, weil diese immer dazu führt, dass Entscheidungen nach oben zurück delegiert werden. Dies stellt ein enormes Wachstums- und Entwicklungshindernis dar. Im Zweifel entscheiden sich Ihre Mitarbeiter lieber für die Delegation der Verantwortung zurück nach oben, als das Risiko einzugehen, einen Fehler zu machen und dafür im Anschluss bestraft zu werden.

Authentische Vorbilder schaffen es, Entscheidungen nach unten wie nach oben, basierend auf dem bekannten Wertesystem, zu treffen und auch gegen Widerstände durchzuhalten.

3.6 Konsequenzen für die Mitarbeiterentwicklung und Personalführung

Werteorientierte Führung stellt eine enorme Herausforderung an die menschlichen und charakterlichen Eigenschaften aller Mitarbeiter dar. Sie lässt sich nicht praktizieren, wenn das Konzept nicht von ganz oben vorgelebt und authentisch unterstützt wird. Das heißt, die Entscheidung für diese Art der Führung können Sie nur auf oberster Ebene treffen und müssen sie dann top-down in Ihr Unternehmen hereintragen.

Handelt es sich bei Ihrem Unternehmen um ein Startup, fällt dies noch relativ leicht, weil Sie keine unterschiedlichen Hierarchieebenen durchdringen müssen. Sie erreichen Ihre Mitarbeiter in aller Regel auf dem direkten Weg und ohne Streuverluste. Das vereinfacht die Kommunikation erheblich und minimiert Missverständnisse. Je größer Ihr Unternehmen ist, desto schwieriger wird es für Sie, diese direkte und relativ reibungsfreie Kommunikation beibehalten zu können. Sie müssen sich dann auf Ihre Führungskräfte verlassen, dass diese Ihre Werte ins Unternehmen hineintragen.

▶ Trotzdem sollten Sie Wert darauf legen, einen direkten Draht zu Ihren Mitarbeitern aufrechtzuerhalten. So können Sie Missstände und Fehlentwicklungen direkt und „unverblümt" erkennen. Dabei sollten Sie genau darauf achten, die Hierarchie in Ihrem Unternehmen nicht zu unterlaufen.

Eine Methode, die sich dazu sehr gut eignet, ist das „Management by walking around". Diese Methode ist detailliert im Buch „In Search of Excellence: Lessons from America's best run companies" von Tom Peters beschrieben und lässt sich bis zu Abraham Lincoln zurückverfolgen. Durch zufällige und ungeplante Besuche und Gespräche in allen Abteilungen und Hierarchiestufen eines Unternehmens können Sie direktes Feedback zu den Problemen im Unternehmen und der Moral der Mitarbeiter bekommen. Wann haben Sie das letzte Mal nicht einen Bericht Ihrer Führungskräfte abgewartet, sondern haben sich selbst auf den Weg in die Abteilung gemacht und gefragt, was los ist und was besser laufen könnte/müsste/sollte? In meinem Unternehmen versuche ich, wenn ich im Haus bin, morgens gegen 8:30 Uhr an der Kaffeemaschine zu sein, da hier zu dieser Zeit ein großer Teil der Mitarbeiter vorbeikommt und ich so Gelegenheit habe, mit vielen ein paar Worte zu wechseln und außerhalb von formalisierten Berichten und Reports zu hören, was im Unternehmen passiert.

Je größer Ihr Unternehmen wird, desto wichtiger werden Ihre Führungskräfte bei der Etablierung Ihrer werteorientierten Unternehmenskultur. Daher lege ich allergrößten Wert auf die Auswahl von Führungskräften. Hier darf es bei mir keinen Zweifel geben, dass die Führungskraft die Vorgabe der werteorientierten Führung lebt und auch im Tagesgeschäft unter Druck durchhalten kann. Hier eignen sich starke Persönlichkeiten, die ihre Meinung auch nach oben verteidigen können und wollen, eher als solche, die zu allem, was von oben kommt, „Ja" und „Amen" sagen.

Dabei habe ich in den letzten fast 25 Jahren Unternehmertum gelernt, ein größeres Augenmerk bei der Auswahl von Mitarbeitern auf die Bewertung charakterlicher Eigenschaften wie Selbstständigkeit, Lern- und Teamfähigkeit, Empathie oder Gewissenhaftigkeit zu legen, als auf die spezifische Fachkompetenz. Mir ist es bisher nur in Ausnahmefällen gelungen, Menschen in ihrem Charakter zu verändern. Und wenn es mir gelungen ist, dann meistens bei sehr jungen und noch formbaren Menschen, die noch nicht von anderen beruflichen Erfahrungen sozialisiert wurden.

Ein mit mir befreundeter Unternehmer vertritt die Meinung, dass jemand, der bei ihm als Geschäftsführer anfangen möchte, nicht älter als 30 Jahre sein darf. Diese Sichtweise ist zugegebenermaßen ziemlich radikal. Je öfter ich aber darüber nachdenke, desto weniger Gründe sehe ich dagegen. Mit 30 Jahren ist klar, ob jemand führen kann oder nicht. Wenn er es bis dahin nicht kann, wird er es nach meiner Erfahrung auch nicht mehr lernen.

Haben Führungskräfte hingegen fachliche Defizite, so habe ich diese meistens mit Schulungsmaßnahmen und entsprechenden Zielvereinbarungen in den Griff bekommen können. Bei charakterlichen Eigenschaften ist mir dies grundlegend und nachhaltig allerdings noch nie gelungen. Oder um es einmal ganz extrem auszudrücken: Sie werden es kaum schaffen, aus einer extrem introvertierten Person einen begnadeten Rhetoriker zu formen, egal wie viele Schulungsmaßnahmen Sie in diesen Menschen investieren.

► Stattdessen empfehle ich Ihnen, Stärken bei den Kandidaten zu suchen, die zu Ihren Werten passen und diese gezielt zu fördern, anstatt die Schwächen verbessern oder abstellen zu wollen.

Oftmals werden Sie dann mit der Frage konfrontiert, was mit einem Mitarbeiter passieren soll, der auf der einen Seite fachlich hoch kompetent ist, auf der anderen Seite jedoch in der Führung große Schwächen aufweist. Leider ist es in vielen, wahrscheinlich sogar in den meisten Unternehmen so, dass Karriere mit Führung und Personalverantwortung in Verbindung gebracht wird und daher viele Menschen genau darauf hinarbeiten, obwohl sie aufgrund ihrer Kompetenzen und Stärken dafür nicht oder nur eingeschränkt geeignet sind. Hier liegt es an Ihnen, ein Vergütungsmodell auszuarbeiten, das nicht einseitig Führungskompetenz in den Vordergrund stellt, sondern auch Fachkompetenz entsprechend honoriert. Insbesondere wenn die betroffenen Mitarbeiter in der Hierarchie auf unteren Ebenen verharren, aber aufgrund ihrer Fachkompetenz für Ihr Unternehmen schwer ersetzbar sind und daher unbedingt gehalten werden sollen. Es obliegt Ihrer Kreativität, besondere Stellen oder Titel zu schaffen, die einen höheren Stellenwert im Unternehmen genießen und gegebenenfalls auch besser vergütet sind, im Organigramm aber keine Führungsverantwortung mit sich bringen. Weiterhin können bestimmten Personen größere Entscheidungsfreiheiten eingeräumt werden, die normalerweise auf einer bestimmten Ebene nicht oder noch nicht vorgesehen sind.

▶ **Wichtig ist dabei, dass die Wertschätzung, die Sie Ihren Mitarbeitern entgegenbringen, nicht einhergeht mit ihrer Ebene im Organigramm, sondern mit ihrer Leistung beziehungsweise einem für Sie wichtigen Wert.**

In meinem Unternehmen haben wir daher Gehaltsbestandteile eingeführt, die unabhängig von Hierarchie-Ebenen zur Anwendung kommen und dabei nur auf die tatsächlichen Qualifikationen eines Mitarbeiters abzielen. Das kann zum Beispiel mit externen und internen Zertifizierungen geschehen, die eine besondere Qualifikation, Kenntnisse oder eine Weiterbildung dokumentieren oder indem Sie funktionelle Zulagen außerhalb von Führungsfunktionen gewähren.

Weiterhin lege ich großen Wert darauf, mit allen Mitarbeitern im Dialog zu stehen und ihnen Wertschätzung entgegenzubringen, egal auf welcher Hierarchiestufe im Unternehmen sie sich befinden. Das geht einfach durch kurze Gespräche und Fragen im informellen Rahmen. Sei es an der Kaffeemaschine, im Treppenhaus oder auf dem Parkplatz. Kurze Fragen „wie es geht" oder „was die Familie und Kinder machen" wirken manchmal Wunder. Ich versuche auch allen Mitarbeitern, sofern zeitlich möglich, persönlich zum Geburtstag zu gratulieren und wenn es nicht möglich ist, dann versuche ich es telefonisch oder per individueller E-Mail.

Bei der Führung, die rein auf leistungsbasierten Kennzahlen beruht, können Sie relativ einfach nach dem Konzept „Zuckerbrot und Peitsche" für mehr Leistung sorgen, zumindest kurzfristig. Dies ist bei der werteorientierten Führung nicht möglich. Entsprechend müssen Sie Ihren Führungskräften auch mehr Zeit einräumen, Aufgaben umzusetzen und positiv zu gestalten.

Mitarbeiterentwicklung

Ich empfehle folgende Themen bei der Mitarbeiterentwicklung in den Vordergrund zu stellen:

- Stellen Sie charakterliche Eigenschaften bei der Anstellung beziehungsweise Beförderung in den Vordergrund.
- Zeigen Sie mögliche Karrierewege außerhalb von Hierarchieebenen auf.
- Entfernen Sie nicht zur Kultur passende Mitarbeiter, insbesondere Führungskräfte, sofort aus Ihrem Team, anstatt zu versuchen, deren Schwächen auszumerzen.
- Befördern Sie junge Menschen, die über entsprechende Stärken verfügen, bereits in jungen Jahren in Führungspositionen. Lebensalter und Betriebszugehörigkeit sollten bei Beförderungen keine Kriterien sein.
- Entwickeln Sie mit Ihren Mitarbeitern und Führungskräften langfristige Perspektiven innerhalb Ihres Wertesystems und Ihrer unternehmerischen Vision.

Dabei müssen die Mitarbeiterentwicklung und Personalführung zwingend im Einklang mit Ihrem Wertesystem stattfinden.

3.7 Werteorientierung als – wertmäßiger – Erfolgsfaktor für den Unternehmenserfolg oder: Kann Werteorientierung messbar mit dem Unternehmenserfolg korrelieren?

An dieser Frage scheitern viele Unternehmer, die mit ihren üblichen Management-Methoden wie einem „Kennzahlen Cockpit" – neudeutsch „Balanced Scorecard" – oder ähnlichen Instrumenten versuchen, Werte zu messen oder messbar zu machen. Ich vertrete die Auffassung, dass dieser Ansatz zum Scheitern verurteilt ist.

Leiten Sie stattdessen konkrete messbare Ziele aus den Unternehmenswerten ab. In meinem Unternehmen sind dies zwei Werte: Teamgeist und Loyalität. Diese sind als Werte nicht messbar. Es können aber messbare Ziele wie ein „geringer Krankenstand" und eine „geringe Fluktuation" daraus abgeleitet werden. Die Variable „gering" kann durch konkret messbare Zahlen ersetzt werden.

Oder der Wert „Sicherheit", der bei uns in mehreren Kontexten eine große Relevanz hat. Im Kontext der materiellen Sicherheit haben wir daraus verschiedene Kennzahlen abgeleitet, nach denen wir unser Unternehmen betriebswirtschaftlich steuern. Zum Beispiel haben wir, basierend auf diesem Wert, im Wesentlichen nur langfristige Finanzierungen mit festem Zinssatz über die gesamte Laufzeit von üblicherweise zehn Jahren abgeschlossen. Das war betriebswirtschaftlich in den letzten Jahren nicht besonders sinnvoll, da die Zinsen kontinuierlich gesunken sind. Hätten wir eine variable Verzinsung gewählt, dann hätten wir in diesen Jahren deutliche Einsparungen realisieren können. Allerdings mit dem Risiko, dass die Zinsen auch hätten steigen können und das wiederrum zu Problemen geführt hätte. Unsere Sicherheit war uns wichtiger als die kurzfristige Ertragsoptimierung.

Genau so, wie Sie Ihre Werte mit konkreten Handlungen im Tagesgeschäft mit Leben füllen müssen, so sollten Sie auch konkrete Ziele, die in Einklang mit den Werten stehen, definieren und darauf achten, dass diese messbar sind.

Ich stelle mir bei vielen Unternehmen und Unternehmern die Frage, wieso es in gleichen oder zumindest vergleichbaren Branchen teilweise zu vollkommen unterschiedlichen Ergebnisse in der Unternehmensentwicklung kommt. Fast immer komme ich dann bei näherer Betrachtung oder in Gesprächen dahinter, dass bei den weniger erfolgreichen Unternehmen keine klare Ausrichtung vorhanden ist und entsprechend auch kein klares Handeln in eine gewisse Richtung erkennbar ist. Dabei fällt mir immer wieder auf, welchen Einfluss in diesem Kontext die Unternehmenswerte haben. Sie sind der „Kompass jedes Unternehmens". Ist dieser nicht vorhanden, lässt sich nur schwer ein klarer und einheitlicher Kurs verfolgen. Und das schlägt sich auch immer in den Ergebnissen nieder.

Als wir vor sieben Jahren mit dem Unternehmen gestartet sind, hat niemand außer uns damit gerechnet, dass wir erfolgreich sein werden. Heute stellt dies niemand mehr infrage. Stattdessen wird mir oft die Frage gestellt, wie wir das hinbekommen haben. Und je häufiger ich über diese Frage nachdenke, desto häufiger komme ich zu dem Schluss, dass es ausschließlich unserer Wertekultur zu verdanken ist. Wir hatten weniger Ressourcen als unsere Wettbewerber, weniger Geld und einen geringeren Bekanntheitsgrad. Wir hatten einfach weniger von allem. Und trotzdem haben wir es geschafft. Mit unserer Werteorientierung sowie unserer Unternehmens- und Führungskultur konnten wir authentisch Kapitalgeber, Mitarbeiter und schlussendlich auch Kunden überzeugen.

▶ Daher zum Schluss meine Empfehlung: Versuchen Sie nicht, Ihre Werte in ein messbares Korsett zu zwängen. Das geht in aller Regel schief. Leiten Sie Ihre Unternehmenswerte lieber aus konkreten messbaren Zielen ab.

So erreichen Sie eine mittelbare Messbarkeit Ihrer Werte. Viel Spaß und Erfolg dabei.

Weiterführende Literatur

Henzler H (2005) Das Auge des Bauern macht die Kühe fett: Ein Plädoyer für Verantwortung und echtes Unternehmertum. Carl Hanser Verlag, München
de Posada J (2010) Don't eat the marshmallow… Yet!. GABAL, Offenbach
Sprenger R (2004) Mythos motivation. Campus Verlag, Frankfurt a. M.
Sprenger R (2012) Radikal führen. Campus Verlag, Frankfurt a. M.
Tracy B (1998) Thinking big. GABAL, Offenbach
Taylor W, LaBarre P (2008) Mavericks at work. Harper Collins, New York

Werteorientierte Unternehmensführung – ein Erfahrungsbericht

4

Marcus Seidel

„Die Erfahrung lässt sich ein furchtbar hohes Schulgeld bezahlen, doch sie lehrt, wie niemand sonst!"
Thomas Cartyle

Inhaltsverzeichnis

Zusammenfassung

Familienunternehmen, bei denen sich Mitarbeiter und Führungskräfte in ihrem täglichen Handeln an Werten orientieren, generieren Wettbewerbsvorteile und sind dadurch langfristig erfolgreicher. In Zeiten von Wirtschafts- und Finanzkrisen sowie massiven psychischen und physischen Belastungen haben Werte bei vielen Menschen einen hohen Stellenwert und sind mit Geld nicht aufzuwiegen.

Der Suche nach geeigneten Mitarbeitern in Familienunternehmen kommt daher eine besondere Bedeutung zu und sollte Chefsache sein. Das Kapitel zeigt Ihnen, warum Sie bei der Beurteilung eines Bewerbers das Vorhandensein von Werten, für die Sie und Ihr

M. Seidel (✉)
Rosenfelder Straße 15-16, 10315 Berlin, Deutschland
E-Mail: m.seidel@businessangels.de

N. Müller, C. Jäger (Hrsg.), *WERTEorientierte Führung von Familienunternehmen*,
DOI 10.1007/978-3-658-09237-5_4

Unternehmen stehen, über das vorhandene Fachwissen stellen sollten. Denn Lücken im Fachwissen lassen sich schließen, fehlende Werte jedoch kaum nachträglich vermitteln.

Erfahren Sie, wie eine richtig gelebte Wertekultur bewirkt, dass Mitarbeiter und Führungskräfte gerne zur Arbeit kommen, gute Leistungen erbringen und die Fluktuation verringert wird.

4.1 Werteorientierte Unternehmensführung – ein Erfahrungsbericht

Wäre ich am Anfang meiner beruflichen Laufbahn gefragt worden, was ich für den Schlüssel zum Aufbau eines erfolgreichen mittelständischen Unternehmens hielte, hätte ich sicher nicht die werteorientierte Unternehmensführung genannt. Den Stellenwert werteorientierten Handelns und die Rolle von Unternehmenswerten als wesentliches Führungsinstrument machte ich mir damals nicht bewusst. Vielmehr setzte ich als selbstverständlich voraus, dass Führungskräfte stets wertebasiert handeln würden und sich damit quasi nebenbei auch bei den Mitarbeitern eine entsprechende Unternehmenskultur herausbildet. Die Erfahrungen in meinem frühen Berufsleben haben mich jedoch eines Besseren belehrt.

Als Jungunternehmer war ich unvorbereitet und ganz praktisch mit den Hürden der alltäglichen Mitarbeiterführung konfrontiert. Inzwischen leite ich ein wirtschaftlich solides und am Markt etabliertes mittelständisches Unternehmen mit 50 Mitarbeitern. Die Mitarbeiter sind motiviert und arbeiten gern und engagiert im Unternehmen, was sich nicht zuletzt in der geringen Fluktuation und dem fast zu vernachlässigenden Krankenstand ausdrückt. Der Weg hierher war alles andere als einfach, zumal mir stets die Zeit fehlte, meinen Führungsstil von akademischen Konzepten abzuleiten. Fehler waren sozusagen vorprogrammiert, aber nützlich. Denn die harte Schule der Erfahrung hat mich auf meinem Weg vom Einzelkämpfer zum Mittelständler zu, im wahrsten Sinne des Wortes, „wertvollen" Einsichten geführt. Werteorientierte Führung ist mir heute wichtiger denn je und – davon bin ich überzeugt – sie ist eine permanente Aufgabe, die man als Führungskraft und Unternehmer keinesfalls vernachlässigen darf.

Der vorliegende Beitrag stellt keine theoretische Erörterung zum Thema dar. Es handelt sich vielmehr um einen Erfahrungsbericht. Ich möchte an Praxisbeispielen skizzieren, welche Schlüsselerlebnisse in den zurückliegenden zehn Jahren meinen heutigen werteorientierten Führungsstil geprägt haben.

Harte Unternehmensziele zu setzen und damit zu definieren, was erreicht werden soll, ist für ein Unternehmen von existenzieller Bedeutung. Aber ein Unternehmen kann langfristig nur erfolgreich am Markt bestehen, wenn die Mitarbeiter von den Führungskräften Orientierungshilfen erhalten, auf welchen Wegen und mit welchen Mitteln diese Ziele erreicht werden sollen. Und noch wichtiger: welche Wege für sie tabu sind. Es geht mir insbesondere um Werte wie Disziplin, Respekt, Zuverlässigkeit, Teamgeist, Ehrlichkeit, Loyalität, Höflichkeit und Rücksichtnahme. Solche Werte als Unternehmenswerte zu etablieren und täglich zu leben, entscheidet nach meiner festen Überzeugung über einen dauerhaften Unternehmenserfolg und schafft zugleich einen wichtigen Wettbewerbsvorteil. Die Mitarbeiter erhalten Freiraum zum Handeln und zugleich klare Regeln für die Umsetzung der inhaltlichen Ziele. Das kann allerdings nur funktionieren, wenn die Mitarbeiter diese Werte nicht leben, weil sie vorgegeben wurden, sondern weil diese vielmehr ihrem innersten Wesen entsprechen. Wenn ich heute Bewerbergespräche führe, stellt das Thema Werteorientierung für mich ein wichtiges Kriterium für die Eignung eines Bewerbers dar.

Die nachfolgenden Praxisbeispiele entnehme ich vor allem meiner Tätigkeit als Jungunternehmer beim Aufbau eines mittelständischen Unternehmens. Zuvor konnte ich allerdings auch während eines Praktikums sowie während des Zivildienstes einige prägende Erfahrungen als Arbeitnehmer gewinnen.

4.2 Erfahrungen als Arbeitnehmer mit werteorientiertem Führen

Was Werte im Berufsleben bedeuten oder ob ihnen überhaupt Bedeutung beigemessen wird, bemerkte ich schon bei meinem ersten Job als Zeitungsjunge. Hier wurde mir zum ersten Mal bewusst, dass man einen Job oder eine Aufgabe auf mehreren Wegen erledigen kann.

Beim besten Willen komme ich nicht umhin, das Resümee zu ziehen, dass bei dieser Art von Tätigkeiten im Regelfall wohl nur sehr wenig geführt wird, geschweige denn, jemand darüber nachdenkt, Werte zu vermitteln. Das liegt aber nicht daran, dass das nicht gehen würde, sondern dass der Job des Zeitungsausteilers selbst von dem Disponenten und wahrscheinlich auch von der Leitung des Verlages als nicht „so relevant“ angesehen wird. Dass dies falsch ist und derjenige, der die Zeitung in den Briefkasten wirft oder der Oma und Opa die Zeitung in die Hand „drückt“, derjenige ist, der die Zustell- und auch Lesequoten maßgeblich beeinflusst, wird komplett ausgeblendet und so meist gar nicht erst versucht, eine Identität mit dem Job oder ein Wir-Gefühl auszubilden (Abb. 4.1).

Meine ersten intensiveren Berührungspunkte mit dem Thema „Werteorientiertes Führen“ hatte ich vor dem Studium im Rahmen eines Praktikums in einer Berliner Kommunikationsagentur.

Meine Ansprechpartnerin wurde die Projektleiterin der Agentur, welche mich an Messen teilnehmen ließ und mir Verantwortung übertrug. Sie bewegte sich mit Verstand, dem richtigen Augenmaß und Mut in einer von Männern dominierten Agenturlandschaft und war die gute Seele der Agentur. Sie führte ihre Mitarbeiter wertebetont und arbeitete zuverlässig. Sie zeigte Respekt gegenüber Mitarbeitern und Kunden und bildete einen Puffer zwischen dem Geschäftsführer und den Mitarbeitern. Den Abschluss meines Praktikums sollte eine Messe in Hamburg bilden, zu welcher ich das Team mit dem neuen VW-Bus des Geschäftsführers fahren sollte. Meine Projektleiterin übertrug mir die Verantwortung für den sicheren Transport von Team und Material. Nur etwa drei Meter hinter der Ausfahrt des Firmengebäudes setzte ich den Bus gegen einen Betonpoller. Was nun? Die Projektleiterin kommentierte den Vorfall überlegt und kurz: „Wir fahren jetzt besser weiter und klären alles, wenn wir zurück sind.“ Als sie während der Messe bemerkte, dass ich mir Sorgen wegen des Vorfalls machte, nahm sie mich beiseite und redete zwei Stunden mit

Abb. 4.1 Bote mit Außenwirkung

mir. Sie sprach von Unternehmenswerten, die ich ihrer Ansicht nach während der sechs Monate meines Praktikums sehr gut adaptiert hatte und dass sie das Pech mit dem Unfall gut davon abgrenzen könnte. Als 18-Jähriger konnte ich mit der Wertediskussion noch nicht sehr viel anfangen. Aber mir ist in dankbarer Erinnerung geblieben, dass die Agentur den Schaden vollumfänglich trug und sich der Chef trotz des vierstelligen Schadensbetrages persönlich bei mir für das sehr gute Praktikum bedankte, auch wenn es einen etwas unglücklichen Abschluss gefunden hatte (Abb. 4.2).

► Rückblickend hat mich das Praktikum Folgendes gelehrt:
- Übertrage Verantwortung an die Mitarbeiter und kalkuliere ein, dass Fehler passieren können.
- Wenn Unternehmenswerte etabliert und anerkannt sind, lernen die Mitarbeiter aus diesen Fehlern und zugleich wird das Vertrauensverhältnis zu den Führungskräften gefestigt.

Der Zivildienst in einem Pflegestift für Senioren – meine Aufgabe umfasste die logistische Betreuung der Bewohner vom Essen ausfahren bis zur Arztbegleitung – gehört in puncto Werteformung zur prägendsten Zeit meines Lebens. Er lehrte mich vor allem, Demut vor dem Alter zu empfinden. Zugleich war es auch ernüchternd, zu erleben, dass die Heimleitung Mitarbeitern und Heimbewohnern gegenüber nicht konsequent genug notwendige Grundwerte vorlebte und vermittelte. So blieb es dem Zufall überlassen, inwiefern die ein-

Abb. 4.2 Wertvolles Praktikum

zelnen Stationsleiterinnen ihre Arbeit mit persönlichem Einsatz und Respekt gegenüber den Bewohnern erledigten und darauf achteten, dass ihre Mitarbeiter es ihnen gleichtun.

Erfahrungen mit werteorientiertem Führen

- Wenn eine werteorientierte Führung fehlt, erfolgt die Umsetzung der Unternehmensziele auf zufälligen Wegen.
- Da den Mitarbeitern die Orientierung fehlt, wird Potenzial verschenkt und das Vertrauen in die Unternehmensleitung geschwächt.
- Werden von Einzelnen Wege beschritten, die mit gesellschaftlich etablierten Werten kollidieren und nicht von der Unternehmensleitung geahndet, kann das zum Vertrauensverlust der Kunden in das Unternehmen führen.

Meine nächsten und zugleich bislang letzten Erfahrungen als Mitarbeiter gehen auf meine Anstellung in einem jungen Internet-Unternehmen zurück. Während meines Studiums lernte ich meinen bis heute wichtigsten Mentor und späteren Freund Thomas (alle Namen geändert) kennen. Thomas war eines der Internet-Wunderkinder, die Deutschland hervorgebracht hatte. Er etablierte nach seinem Abitur 1998 sein Unternehmen mit einem Börsenportal. Während der Zeit der großen „Internetblase" zählte das Unternehmen um das Jahr 2000 dank umfangreicher Investorengelder bis zu 200 Mitarbeiter. Als ich Thomas im Jahr 2004 kennenlernte, befand er sich mit einer auf acht Mitarbeiter gesundgeschrumpften Firma eher in der Konsolidierungsphase.

Thomas ist praktisch veranlagt, ein Kämpfer, ein Umsetzer – von Theorie hält er wenig. Als ich im Jahr 2005 meine Arbeit bei ihm aufnahm, war ich faszinierend, wie engagiert und effizient seine Mitarbeiter agierten. Das Team erweckte den Eindruck einer Familie, die für und mit dem Ideengeber und Lenker Thomas gerne arbeitete. Thomas war stets Vorbild und lebte streng nach seinen Werten, die vor allem aus Fleiß, Loyalität, Kämpfergeist und Ideenreichtum bestanden. Er führte nicht des Führens Willen, sondern seine Mitarbeiter folgten ihm, weil er den Masterplan entworfen hatte, an dessen erfolgreiche Umsetzung alle glaubten. Thomas baute ein beachtliches Unternehmen auf, welches er im Jahr 2006 mit ca. 100 Mitarbeitern an die Börse führte.

Ich konnte mir aus dieser Zeit einige Dinge abschauen, die heute auch in meinem Unternehmen gelebt und von den Führungskräften weiterentwickelt werden.

Wertvolle Erfahrungen

- Jeder Mensch braucht eine Idee, für die er jeden Tag aufsteht, arbeitet und kämpft. Die Mitarbeiter für die Idee und zugleich für die grundlegenden Werte dieser Idee zu begeistern, ist eine wichtige Führungsaufgabe.
- Für die Führung ist nicht der Titel ausschlaggebend, sondern das Können.
- Gute Ideen können nur mit „guten" Mitarbeitern umgesetzt werden, die die vorgegebenen grundlegenden Unternehmenswerte aus Überzeugung teilen.
- Stelle als Geschäftsführer „gute Mitarbeiter" an, wenn du sie findest, auch wenn du gar nicht gesucht hast.
- „Gute Mitarbeiter" empfehlen oft „gute Mitarbeiter".
- Übertrage den Mitarbeitern Verantwortung, unabhängig von ihrer Ausbildung, ihrem Alter oder ihres Werdegangs.

4.3 Warum der erste Mitarbeiter der wichtigste ist

Neben meiner Zeit als Vertriebsleiter, Geschäftsführer und Prokurist bei der Börsenportal AG und einigen Tochterfirmen wuchsen auch meine eigenen Internet-Unternehmen, die Firstlead GmbH und die Entsorgung Punkt DE GmbH, auf eine interessante Größe heran. Es war für mich der Zeitpunkt gekommen, Mitarbeiter einzustellen, um das tägliche Arbeitsaufkommen noch bewältigen zu können. Auf Grundlage meiner Erfahrungen bei der Börsenportal AG wollte ich meinen ersten Mitarbeiter unbedingt selbst suchen. Ich entschied mich dafür, meinen Freundes- und Bekanntenkreis als Kandidatenpool „auf gute Leute" hin zu durchforsten.

Wir hatten in unserer Montags-Fußballrunde einen Bekannten, der in seinem Leben nach diversen Stationen im Lebensmittelhandel und Vertrieb bereits auf zwei Jahre Selbstständigkeit zurückblickte. Obwohl er ausgezeichnete Voraussetzungen mit sich brachte, kam er nicht so voran, wie er es sich wünschte. Die harte Schule der Selbstständigkeit hatte ihn gelehrt, worauf es in einem Unternehmen ankam. Zudem hatte er als ehemaliger Leistungssportler eine Menge Biss und war hartes, zielstrebiges und ehrliches Arbeiten gewohnt. Er ging auf mein Angebot ein und wurde der erste Mitarbeiter meiner Firstlead GmbH. Schnell erwies sich diese Entscheidung als Glücksfall. Er arbeitete strukturiert und effektiv das ab, was im Unternehmen anfiel und brachte Innovationen und eigene Ideen ein. So verschaffte er mir die nötigen Freiräume für andere Projekte und meinen Job bei der Börsenportal AG.

Die Frage, warum ausgerechnet dieser Mitarbeiter so gut geeignet war, lässt sich heute, da ich die Relevanz einer konsequenten Werteorientierung in der Kultur meiner Unternehmen verinnerlicht habe, sehr einfach beantworten:

Mein erster Mitarbeiter, der heute als Prokurist in einem meiner Unternehmen arbeitet und noch immer zu meinen wichtigsten Mitarbeitern zählt, brachte vollumfänglich die Werte in mein Unternehmen ein, die für ein stabiles und auf Wachstum ausgerichtetes Unternehmen wichtig sind. Intelligenz und Disziplin waren wesentlich, aber ich musste mich von Anfang an zugleich auf seine Ehrlichkeit und Loyalität verlassen können, da er viele Aufgaben selbstständig zu bewältigen und entscheiden hatte. Im Interesse der Kunden und Partner und natürlich auch in meinem eigenen Interesse brauchte ich einen Mitarbeiter, der kommunikativ ist sowie sensibel und feinfühlig auf die Hinweise und Wünsche seines Gegenübers eingeht. Da die Einstellung weiterer Mitarbeiter bevorstand, sollte er teamfähig und in der Lage sein, auch andere Mitarbeiter zu motivieren. All diese Voraussetzungen brachte mein erster Mitarbeiter mit. Gäbe es einen Moral-Headhunter, so würde ich Personen suchen lassen, die genau die geistigen und sittlichen Werte dieses Mitarbeiters erfüllen und all diese Kandidaten ungesehen einstellen (Abb. 4.3).

Einige Verallgemeinerungen konnte ich für die Bewertung von Kandidaten bei nachfolgenden Einstellungsgesprächen treffen:

Wertevorstellungen

- Selbstständige sind in der Regel das eigenverantwortliche Arbeiten gewohnt und teilen oft die Wertevorstellungen, die man sich als Unternehmer von jedem Mitarbeiter wünscht.
- Loyalität ist bei stark familiärgeprägten Menschen oft höher als bei Einzelgängern.
- Sportliche Menschen und solche, die Organisationstalent besitzen, bringen oft den erforderlichen unternehmerischen „Biss“ mit.
- Wenn man als Unternehmer mit dem ersten Mitarbeiter, den man eingestellt hat, gute Erfahrungen gemacht hat, wird man weitere Mitarbeiter einstellen.

Zu Beginn der Unternehmerkarriere ist es schwierig, unter vielen Bewerbern den richtigen auszuwählen. Es fehlt an Erfahrung und meistens erliegt man der Versuchung, allein auf Wissen und Intelligenz des Bewerbers zu schauen. Aber ein nachhaltig orientierter Unternehmer wird diese Denkweise nach ersten Alltagserfahrungen schnell ablegen.

Abb. 4.3 Der Moral-Headhunter

Gerade in Zeiten der Informationstechnologie, in der Wissen nur noch eine geringe Halbwertzeit aufweist und aktuelle Informationen über das Internet schnell abrufbar sind, stellt Wissen nicht mehr das alleinige und aus meiner Erfahrung auch nicht mehr das wichtigste Auswahlkriterium dar. Vielmehr wird in der modernen Arbeitswelt eine größere Bandbreite an Werten benötigt. Das gilt umso mehr, wenn sich Kandidaten um Führungspositionen bewerben oder solche in absehbarer Zeit einnehmen sollen. Ein Wissensträger, der sein Wissen nicht an seine Mitarbeiter weitergeben und diese nicht motivieren kann, wird an Aufgaben scheitern, die Teamarbeit und eine gemeinsame Suche nach der besten Lösung erfordern. Ich erlebe es häufig, dass ich fachlich guten und auch sehr guten Bewerbern absagen muss, weil ihnen die soziale Kompetenz fehlt. Dieser Mangel würde in meinem inzwischen mittelständischen Unternehmen fatale Folgen haben und letztlich das Erreichen der Unternehmensziele gefährden.

▶ Bei der Auswahl meiner Mitarbeiter setze ich in erster Linie auf das Vorhandensein von Grundwerten und erst in zweiter Linie auf Fachwissen.

Aus Erfahrung kann ich sagen, dass es viel einfacher ist, Mitarbeitern im Nachhinein für den Unternehmensalltag fehlendes Fachwissen als fehlende Werte zu vermitteln. Nicht selten scheitert der Versuch, Menschen in einem gewissen Alter noch an Werte heranzuführen, welche sie in ihrem bisherigen Leben nicht verinnerlicht haben.

Für den unternehmerischen Erfolg ist es in meinen Augen wichtig, sich seiner Stärken bewusst zu werden. Als ein in der Internet-Branche tätiger Unternehmer liegt meine Stärke weder im Programmieren noch darin, Grafiken zu entwickeln. Meine Stärke ist es, die richtigen Mitarbeiter für meine Unternehmen auszuwählen. Ich habe inzwischen gelernt, Menschen in kurzer Zeit nach meinen Kriterien zu testen und zu entscheiden, ob sie für meine Unternehmen geeignet sind oder nicht. Ich führe jedes Bewerbungsgespräch selbst durch. Zahlreiche Coachings und Fortbildungen im Bereich der Mitarbeiterpsychologie und die praktischen Erfahrungen aus Hunderten von Einstellungsgesprächen lassen mich meine Entscheidung für einen geeigneten loyalen Bewerber heute relativ zielsicher treffen.

Natürlich schaue ich mir auch heute noch Bewerbermappen oder Online-Bewerbungen an. Aber das dient in erster Linie dem Zweck, erste Informationen über den Bewerber zu gewinnen. Im Grunde wird alles erst im Bewerbungsgespräch entschieden. Ich kann rückwirkend sagen, dass etwa zwei Drittel meiner besten Mitarbeiter einen eher ungewöhnlichen Lebensweg genommen haben und von anderen Unternehmen aus diesem Grund gar nicht erst eingeladen wurden. Was alle meine Mitarbeiter eint und weshalb sie so gut in mein Unternehmen passen, sind ihre Werte und Wertvorstellungen. Die Grundlage dafür, diesen Weg bei der Auswahl der Bewerber zu gehen und anhand von Werten zu entscheiden, ist zum großen Teil auf die positive Erfahrung mit meinem ersten Mitarbeiter und die Erfahrungen bei der Börsenportal AG zurückzuführen.

Mehrere meiner Freunde und Bekannten, darunter Dienstleister, die mit ihren ersten Mitarbeitern leider andere Erfahrungen gemacht haben, wagten nach diesen wenigen falschen Personalentscheidungen keine neuen Einstellungsversuche mehr und führen ihr Unternehmen jetzt alleine weiter.

Ich bin meinem ersten Mitarbeiter deshalb sehr dankbar für die positive Erfahrung und setze weiterhin auf Wachstum durch das Gewinnen geeigneter Mitarbeiter. Meinen besonderen werteorientierten Weg der Personalsuche werde ich auch künftig konsequent weiterverfolgen.

4.4 Es geht auch anders – oder auch nicht. Was ich als Berater sah

Im Jahr 2008 beendete ich meine Tätigkeit bei der Börsenportal AG, um mehr Zeit in den Aufbau meiner eigenen Unternehmen zu investieren. Um mir ein gesichertes Einkommen, Zugriff auf spannende Investment-Cases und ein gutes Netzwerk in dem stark wachsenden Startup-Umfeld in Berlin aufzubauen, arbeitete ich zugleich als externer Berater für eine Gruppe junger Berliner Online-Unternehmen.

Diese Episode als Berater war kurz, aber lehrreich.

Bereits bei den ersten Gesprächen bemerkte ich, dass die meisten dieser Unternehmen auf eine ähnliche, mit meinen Wertvorstellungen aber nicht zu vereinbarende Weise, geführt wurden. Die Führungspositionen waren oft von Menschen besetzt, die anders aufgewachsen waren als ich. Während ihrer Ausbildung, die häufig an europäischen Elite-Universitäten erfolgt war, hatten sie Gehorsam, autoritäres Denken und einen sehr starken Siegeswillen verinnerlicht. In Symbiose mit dem jungen Alter und der geringen Praxiserfahrung setzten viele dieser Unternehmer bei der Personalsuche auf den kostengünstigen Mitarbeiter, der ein hohes Wissen mitbrachte und am besten den Verzicht auf ein eigenes soziales Umfeld direkt hinnahm.

Natürlich gab es auch Ausnahmen und herausragende Persönlichkeiten, aber im Regelfall waren es doch eher die elitären, analytisch geprägten Unternehmertypen, die ihre Mitarbeiter mit der Brille des kühlen Controllers führten. Praktikanten und Mitarbeiter waren eher Nummern, die ein Maximum an Leistung bei einem Minimum an Kosten erbringen sollten. Den Mitarbeitern wurden Höchstleistungen abverlangt, ohne dass sie im Gegenzug als Menschen wertgeschätzt wurden. Keine persönlichen Gespräche, keine Freizeitaktivitäten, keine gemeinsamen Mittagessen – alles „straight forward". Diese nicht werteorientierte, sondern allein an Leistungsparametern ausgerichtete Mitarbeiterführung hatte letztlich ihren Preis: Unzufriedenheit, Krankheit und Fluktuation der Mitarbeiter waren an der Tagesordnung.

Meine Episode als Berater beendete ich nach nur sechs Monaten nach einem einprägsamen Erlebnis.

Im Auftrag einer Investorengruppe sollte ich ein junges Unternehmen hinsichtlich der Vermarktung und des Onlinemarketings beraten.

Ich lernte einen sehr engagierten jungen Gründer mit einem tollen Produkt kennen. Der junge Mann hatte gerade sein Universitätsstudium beendet und es in Windeseile geschafft, ca. 15 Praktikanten um sich zu scharen, die allesamt hochmotiviert waren und für viel zu wenig Geld viel zu viel arbeiteten. Das war aber nicht verwunderlich, da ihr Chef es verstanden hatte, ein sehr gutes Vorbild zu sein, die Teams passgerecht zusammenstellte und vor allem den Druck und Stress, der vonseiten der Investoren ausgeübt wurde, nicht an seine Mitarbeiter weitergab. Im Gespräch mit ihm stellte ich schnell fest, dass das Unternehmen etwa zwei Jahre bis zur Marktdurchdringung und zum Break Even benötigen würde. Als die Investoren das hörten, saß ich schneller als gedacht mit dem Geschäftsführer, seinen Investoren und meinen Auftraggebern an einem Tisch. Der von mir genannte Zeitraum bis zum Erreichen des Break Even war den Investoren viel zu lang. Innerhalb der nächsten sechs bis zwölf Monate sollte ein Exit von ca. zehn Millionen Euro erreicht werden – aus meiner Sicht eine völlig unrealistische Vorgabe. Das Unternehmen bestand damals bereits sechs Monate und erzielte kaum fünfstellige monatliche Umsätze. Der von mir betreute Geschäftsführer kehrte in sein Unternehmen mit der Aufgabe zurück, auf Geheiß seiner Investoren „Vollgas" zu geben.

Mich selbst erreichte in den Folgetagen irgendwann am frühen Abend ein Anruf von einem der Geschäftsführer der Investorengruppe. Er ließ mir ausrichten, dass man das von mir betreute Unternehmen gerade abwickeln würde und ich mich nunmehr um die anderen Investments kümmern sollte.

Innerhalb weniger Tage hatten die Investoren den engagierten und hoch motivierten Gründer seiner Idee und seines Unternehmens beraubt. Ich fuhr am nächsten Tag zu ihm ins Büro – was ich vorfand, war ein leerer Raum. Die Mitarbeiter waren entlassen, die Büromöbel bereits an ein befreundetes Startup verkauft. Der Gründer selbst, ein Mann, den ich heute sofort einstellen würde, musste zu allem Überfluss auf Geheiß der Investoren sein Büro weißen und wurde ohne eine Option auf ein neues Unternehmen vor die Tür gesetzt.

Dieses Vorgehen hat mich auf das Tiefste beschämt und stellt für mich bis heute einen Wendepunkt in der Zeit als Berater dar.

Wer auf schnelle unternehmerische Erfolge aus ist, mag wie diese Investoren handeln. Aber eine solche Art der Führung, die keine Fehler zulässt und keine Korrekturen ermöglicht, wird auf Dauer nicht erfolgreich sein.

Ich habe für meine Mitarbeiterführung sowohl aus dem Verhalten der Investoren als auch aus der Arbeitsweise des motivierten Geschäftsführers eine Menge gelernt:

Mitarbeiterführung

- Auch die besten Führungskräfte benötigen ein gutes Produkt, um erfolgreich zu sein. Werteorientierte Führung allein reicht nicht aus.
- Eine in erster Linie zahlengetriebene Führung mit stark monetär geprägten Werten verlangsamt beziehungsweise verhindert einen langfristigen Teamaufbau.
- Die Erfahrung, Fehler zu machen, ist für jeden Mitarbeiter und für jede Führungskraft wichtig. Mitarbeiter wie Führungskräfte müssen die Chance erhalten, daraus zu lernen und die nächste Aufgabe besser zu realisieren.
- Langfristige und nachhaltige Erfolge erfordern eingeschworene Teams, welche nach moralisch anerkannten und im Unternehmen etablierten Werten handeln.
- Passgerechte Teams reißt man nicht auseinander, wenn eine Aufgabe beendet ist oder abgebrochen wird, sondern man gibt ihnen eine neue Aufgabe.
- Führungskräfte sollten Druck nur gemildert an ihre Mitarbeiter weitergeben, um Letztere nicht zu demotivieren.

Das einschneidende Beispiel des Umgangs der Investoren mit Mitarbeitern war ein wesentlicher Grund dafür, meine Tätigkeit als Berater nach sechs Monaten zu beenden. Ich wollte mich von nun an voll und ganz auf meine eigenen Unternehmen konzentrieren und noch größeres Gewicht auf eine werteorientierte Mitarbeiterführung legen.

4.5 Unternehmenswachstum mit werteorientierter Führung

Hochmotiviert kehrte ich 2009 in meine eigenen Unternehmen zurück. Ich wollte meine neuen Ideen umsetzen und die bereits bestehenden Unternehmen vergrößern.

Zunächst betrachtete ich mit einem kritischen Blick meine alten Büros, die noch ein Überbleibsel der Gründungsphase darstellten. Die wenigen Räume waren schon jetzt fast zu klein. Ich wollte unternehmerisch wachsen und weitere motivierte Mitarbeiter mit kreativen Ideen gewinnen. Wie sollte das in Büroräumen funktionieren, unter deren Enge ich bei näherer Betrachtung selbst schon zu leiden begann? Für einen Moment dachte ich wehmütig an die schönen großen Büros in Berlins Mitte, in denen ich zuvor gearbeitet hatte. Und kurzerhand fiel die Entscheidung. Wir brauchten größere und freundliche Büros und das bedeutete: Umzug.

Dieser Umzug in neue Büros brachte einige interessante Erfahrungen mit sich. Die Mitarbeiter, die mich vorher fast nur aus Videokonferenzen kannten, lernten mich durch die praktischen Tätigkeiten während des Umzugs intensiv kennen und auch ich konnte an meinen Mitarbeitern neue Seiten entdecken, welche in ihrer täglichen Arbeit im Büro bisher nicht abgefordert worden waren. Ein Umzug bedeutet auch immer, sich von Dingen zu trennen. Einfach deshalb, weil sie unter neuen Bedingungen nicht mehr benötigt werden. Umziehen heißt, Veränderungen anzunehmen. Das fällt nicht allen gleichermaßen leicht. Und so verließ uns leider auch ein Mitarbeiter. Während sich die anderen auf die Chancen freuten, die mit neuen Büros verknüpft waren, gelang es mir nicht, diesen Mitarbeiter zu motivieren. So musste ich mit Bedauern seine Kündigung zur Kenntnis nehmen.

Davon abgesehen wurde der Umzug zu einem Gemeinschaftserlebnis. Er bot die Möglichkeit, durch gemeinsame, wenn auch schweißtreibende, Arbeit den Mitarbeitern auf einer gleichen Hierarchieebene zu begegnen. Sofort entstanden gute Ideen, wie Büros eingerichtet, Wege optimiert, Räume verschönert oder welche Geräte zusätzlich angeschafft werden sollten.

Der Umzug hat der Teambildung insgesamt gutgetan. Die Vorfreude war allen schon Wochen vor dem Umzug anzumerken. Während des Umzugs konnte sich jeder außerhalb des Arbeitsalltags und seiner Teamrolle in die gemeinsame Arbeit einbringen. Im Ergebnis sind die neuen Büroräume nach gemeinsamer Abstimmung eingerichtet worden. Damit entstand eine große Akzeptanz und die Freude über die neuen Räume hielt an.

▶ Ein effektiver Weg zur Rekrutierung von neuen Mitarbeitern können Empfehlungen aus der eigenen Belegschaft sein. Bei diesen Empfehlungen handelt es sich meist um Menschen mit ähnlichen Wertvorstellungen, sodass sie gut in das Team passen. Ermuntern Sie Ihre Mitarbeiter, in ihrem Freundes- und Bekanntenkreis für das Unternehmen zu werben. Der Mitarbeiter, der die Empfehlung ausgesprochen hat, fühlt sich verantwortlich für den „Neuen" und hilft ihm bei der Integration in das Team.

Um ein werteorientiertes Unternehmenswachstum zu erreichen, stellte ich einige Regeln für die Mitarbeitersuche auf:

- Nicht der eingereichte Lebenslauf entscheidet über die Eignung, sondern die Person, die sich im Vorstellungsgespräch präsentiert. Dabei spielt die Deckungsgleichheit mit den in meinen Unternehmen etablierten Werten eine wichtige Rolle.
- Empfehlungen von Bewerbern durch die besten Mitarbeiter im Unternehmen sind willkommen und werden honoriert.
- Die Bewerber sollen an einer langfristigen Tätigkeit im Unternehmen interessiert sein. Im Gegenzug versuche ich, den Mitarbeitern ein zweites Zuhause mit einem Arbeitsklima zu bieten, in dem sie sich wohlfühlen. Deshalb: Keine Job-Hopper und keine Headhunter.

- Keine Altersgrenzen. Verschiedene Generationen bringen unterschiedliche und zugleich wertvolle Erfahrungen in das Team ein.
- Sollte nur ein Job zu vergeben sein und es stellen sich zwei exzellente Bewerber vor, dann werden beide eingestellt. Richtig gute Leute kann man nie genug haben.
- Es werden weder „Egomanen" noch Selbstdarsteller eingestellt. Sie verhindern Kreativität und Teamarbeit.

Mit dieser Formel gelang es mir, mein Unternehmen organisch wachsen zu lassen. Ich erläuterte jedem Bewerber bereits im Vorstellungsgespräch, worauf ich besonderen Wert legen würde. Auch heute noch gebe ich am Ende des Gesprächs dem Bewerber Folgendes mit auf den Weg:

„Wir sind ein Familienunternehmen und sehen den Mitarbeiter im Fokus. Wir bieten ihm ein tolles Umfeld, flache Hierarchien und maximale Freiheiten, wenn es um selbstständiges Arbeiten geht. Dafür erwarten wir eine hohe Einsatzbereitschaft, Loyalität und fleißige Mitarbeiter, die gerne arbeiten und etwas bewegen wollen."

Ich hätte es nicht für möglich gehalten, aber mehr als 25 % der Bewerber melden sich danach kein zweites Mal, obwohl Sie zuvor diesen Job unbedingt haben wollten. Die Akzeptanz dieser Grundsätze bildet für mich heute mehr denn je den Lackmustest für die Eignung eines Bewerbers. Ich musste leidvoll erfahren, was es heißt, von diesem Grundsatz abzurücken.

Nachdem meine Belegschaft auf etwa 30 Mitarbeiter angewachsen war und das werteorientierte Handeln relativ konfliktfrei funktionierte, beging ich einen strategischen Fehler: Ich gab die Personalsuche partiell an eine Assistenz ab, die ich für diese Aufgaben einstellte. Ich übertrug die Suche nach Praktikanten und die Vorbereitung und Durchführung von Bewerbungsgesprächen für klar umrissene Positionen an diesen Mitarbeiter, der selbst neu im Unternehmen war. Bei der Auswahl der Praktikanten hatte ich zuvor stets ebenfalls großen Wert auf die Akzeptanz der beschriebenen Werte gelegt, welche bei den jungen Leuten während des Praktikums weiter ausgeformt wurden. Auf diese Weise ergab es sich fast von selbst, dass wir nach Anschluss des Praktikums etwa die Hälfte der Praktikanten in gegenseitigem Einverständnis in ein festes Arbeitsverhältnis übernehmen konnten.

Nachdem von der Assistenz vier bis fünf Mitarbeiter und Praktikanten eingestellt worden waren, stellte ich erschrocken fest, dass wir in unserem Unternehmen plötzlich Menschen beschäftigten, die nicht in das Team passten. Sie hatten die uns so wichtigen Unternehmenswerte wie Ehrlichkeit, Loyalität, Respekt, Kooperation und Pünktlichkeit ebenso wenig verinnerlicht wie Freude bei der Arbeit.

Um der Sache auf den Grund zu gehen, nahm ich persönlich an den von der Assistenz geführten Einstellungsgesprächen teil und bemerkte schnell, dass dort andere als die von mir intendierten Schwerpunkte gesetzt wurden. Die Bewerber wurden nicht mit unserem „Unternehmensvirus" infiziert (Abb. 4.4). Vielmehr dominierte der Abgleich der fachlichen Voraussetzungen, die ein Bewerber für die ausgeschriebene Stellen mitbrachte, die Entscheidung für eine Einstellung. Niemand klärte ihn über die herrschenden Unternehmenswerte auf und prüfte seine Reaktion.

Abb. 4.4 Den Unternehmensvirus verbreiten

Ich war schockiert, dass ich diesem bereits als wichtig erkannten Bereich zu wenig Aufmerksamkeit geschenkt hatte. Intuitiv war ich davon ausgegangen, dass die Auswahl der Bewerber nach Übertragen der Aufgabe nach den gleichen Kriterien erfolgen würde, die ich in den von mir durchgeführten Gesprächen setzte. Meine Assistenz war durch meine fehlende Führung und mangelnde Einarbeitung in den wichtigsten Tätigkeitsbereich meines Unternehmens komplett auf sich allein gestellt. So setzte sie bei der Auswahl der Bewerber Schwerpunkte, die mit meinen sorgsam etablierten Unternehmenswerten nicht übereinstimmten. Mit meinen 30 Jahren hatte mir offensichtlich die Erfahrung gefehlt, dass ein Übertragen von Personalverantwortung ein immens sensibles Unterfangen darstellt und einer intensiven und langfristigen Vorbereitung bedarf.

Personalverantwortung

- Wenn man als Geschäftsführer die Personalverantwortung auf andere Mitarbeiter überträgt, muss dieser Prozess vom Geschäftsführer intensiv vorbereitet und begleitet werden.
- Der Personalverantwortliche muss mit den Unternehmenswerten vertraut gemacht werden und sie selbst verinnerlicht haben, um dem Bewerber authentisch entgegenzutreten.
- Wann immer es möglich ist, sollte der Geschäftsführer oder Inhaber des Unternehmens die Personalverantwortung selbst übernehmen, weil er so die Personalentwicklung seines Unternehmens am besten nach seinen Vorstellungen gestalten kann.

Abb. 4.5 Der Wertecheck

Ich habe nach dieser Erfahrung für mich entschieden, wieder alle Personalgespräche selbst durchzuführen, ganz gleich, ob es um eine Praktikanten- oder Prokuristen-Stelle geht. Andere Bereiche habe ich abgegeben, um mich voll und ganz auf die Personalführung und -entwicklung konzentrieren zu können. Als Unternehmensinhaber sehe ich das große Potenzial darin, ausschließlich Mitarbeiter einzustellen, die die Wertvorstellungen des Unternehmens teilen. Zugleich habe ich aus der Erfahrung gelernt, dass Mitarbeiter, die nicht die im Unternehmen herrschenden Wertvorstellungen teilen, eine Gefahr für die Unternehmenskultur insgesamt und damit auch für die Leistungsfähigkeit des Teams darstellen. Ich nehme diese Verantwortung gern wahr, weil ich Menschen aufgeschlossen begegne und es als spannende Aufgabe ansehe, Potenziale von Bewerbern zu erkennen. Das gilt umso mehr, wenn andere zuvor dieses Leistungsvermögen übersehen haben (Abb. 4.5).

► Frei nach dem Eisenhower-Prinzip: „Ist es wichtig, muss man es selbst machen."

Es ist mein Wunsch, den Personalbereich so lange, wie irgend möglich, selbst zu gestalten. Dass unsere Personalpolitik eher als unkonventionell bezeichnet werden muss, ist mir bewusst. Die werteorientierte Ausrichtung hebt sich strikt von konventionellen Bewerbungsverfahren oder denen eines Assessment-Centers ab. Während des Einstellungsgesprächs stelle ich häufig fest, dass der Kandidat zwar nicht auf die gesuchte Position passt, aber für eine andere geeignet ist. Das erfordert ein schnelles Umdenken und einen Plan der künftigen Personalentwicklung im Unternehmen.

Wenn ich feststelle, dass Bewerber für das Team gut geeignet sind, gelingt es mir in mehr als 90 % der Fälle, ihn auch für unser Unternehmen zu gewinnen. Die Kandidaten spüren während des Gesprächs, dass wir sie wollen. Hat ein Bewerber zugesagt, führen wir nach seiner Einstellung in kurzen Abständen Feedbackgespräche durch, um den neuen Mitarbeiter weiter zu integrieren.

Mein Ziel besteht darin, so persönlich und individuell wie möglich zu führen und den Mitarbeiter dabei zu unterstützen, das Unternehmen, die Teams und unsere Werte kennen- und schätzen zu lernen. Dabei ist die Hilfe der Führungskräfte und jeden Mitarbeiters gefragt. Wenn die Wertvorstellungen übereinstimmen, gelingt es in der Regel schnell, den neuen Mitarbeiter in das Team zu integrieren. Die Auszubildenden partizipieren dabei sehr stark von der Vorbildfunktion unserer Ausbilder.

▶ Neue Mitarbeiter und Praktikanten sollten in der Einarbeitungsphase gründlich betreut werden.

Neue Mitarbeiter, ganz gleich, ob es sich um einen Praktikanten oder eine Führungskraft handelt und unabhängig davon, in welchem Bereich oder in welcher Firma sie arbeiten – müssen betreut werden, damit die Integration gelingt. Betreuung und Fürsorge werden allen Mitarbeitern zuteil. Alle sechs Wochen gibt es ein lockeres Beisammensein. In diesem Rahmen feiern wir Firmenjubiläen. Zu Weihnachten und zum Geburtstag erhalten die Mitarbeiter jeweils persönliche Zeilen vom Chef und individuelle Geschenke. In solchen Aktivitäten spiegeln sich die Unternehmenswerte sowie die Wertschätzung wider, die wir unseren Mitarbeitern entgegenbringen.

Das wirkt sich unmittelbar auf das Unternehmensklima und die Freude an der Arbeit aus. Mit einer Fluktuation von unter zehn Prozent jährlich und einer Quote von weniger als 1,5 % Krankheitstagen befinden wir uns für ein Unternehmen im Bereich der Neuen Medien auf einem guten Weg.

Ein weiteres Indiz für eine richtige Personalpolitik ist der Fakt, dass etwa die Hälfte der Mitarbeiter, die zur Gründungszeit in unser junges Unternehmen eingestiegen sind, noch immer bei uns arbeitet. Die anderen pflegen noch immer ein freundschaftliches Verhältnis zu uns. Sie sind heute entweder erfolgreich für andere Unternehmen tätig oder haben selbst inzwischen Unternehmen gegründet. Einige sind inzwischen auch zu uns zurückgekehrt. Wir erhalten auch immer wieder die Rückmeldung, dass die Arbeit in unseren Unternehmen eine schöne und lehrreiche Zeit war. Mitunter reizte das finanzielle Angebot, in eine andere Firma zu wechseln, manchmal auch die neuen Arbeitsaufgaben. Wenn Mitarbeiter den Weg zu uns zurückfinden, so fühlen sie sich im Regelfall von dem durch Sicherheit und Zusammengehörigkeitsgefühl geprägten Arbeitsplatz eines Familienunternehmens angezogen.

▶ In Zeiten von Wirtschafts- und Finanzkrisen sowie massiven psychischen und physischen Belastungen, denen Arbeitnehmer heute vielfach ausgesetzt sind, genießen ein sicherer Arbeitsplatz und eine angenehme Arbeitsatmosphäre bei vielen Menschen einen hohen Stellenwert und sind mit Geld nicht aufzuwiegen.

4.6 Werteorientierte Führung bei starkem Wachstum

Um die familiäre Unternehmenskultur zu bewahren, versuche ich, die Mitarbeiter möglichst direkt zu führen. In dem Maße, in dem das Unternehmen und damit auch die Größe der Belegschaft wachsen, stößt eine solche direkte Führung der Mitarbeiter durch den Geschäftsführer an ihre Grenzen.

In Phasen starken Wachstums und zahlreicher Neueinstellungen gelingt das Prinzip der werteorientierten Auswahl und Führung der Mitarbeiter am besten, wenn dieses Wachstum organisch erfolgen kann. In Phasen, in denen aufgrund äußerer Faktoren Stellen kurzfristig besetzt werden müssen, besteht hingegen die Gefahr, bei der Prüfung der Werteorientierung eines Bewerbers oberflächlicher vorzugehen. Auf diese Weise können schwere Fehlentscheidungen getroffen werden, die das Team und dessen Leistungsfähigkeit empfindlich zurückwerfen können. Erschwerend kommt hinzu, dass bei einer größeren Anzahl an Mitarbeitern die Wege zwischen der Belegschaft und dem Geschäftsführer länger werden und damit wertvolle Zeit für korrigierende Maßnahmen verloren geht.

Ich erinnere mich sehr genau an einen solchen Fall in meinem Unternehmen.

Meine Firma war gerade in starkem Wachstum begriffen und ich musste dringend eine Stelle besetzen. Da kam es mir gerade recht, dass ich eine Personalempfehlung von einem Bekannten erhielt. Die Frau mittleren Alters kam aus einer Festanstellung zu uns und wirkte fachlich kompetent. Heute weiß ich, dass ich meine eigenen Prinzipien für die Auswahl eines Mitarbeiters an dieser Stelle missachtet hatte. In erster Linie hätte ich prüfen müssen, ob die Bewerberin die in meinen Unternehmen etablierten Werte auch selbst für wichtig hält. Dieses Versäumnis hatte seinen Preis: Das Team, in dem sie arbeitete, bestand vor allen aus jungen Frauen. Bereits nach kurzer Zeit war Unruhe aufgekommen. Mich erreichte allerdings erst nach zwei Wochen die Nachricht, dass in der Abteilung etwas schieflaufen würde. Es stellte sich heraus, dass die neue Mitarbeiterin ihre Kolleginnen öffentlich danach bewertete, welche Kleidung sie trugen und wie intelligent (oder meistens eben nicht) sie in ihren Augen waren. Es wurde bald klar, dass sie die im Unternehmen gelebten Werte nicht teilte. Es halfen weder intensive Aussprachen noch Abmahnungen. Nach kurzer Zeit musste ich mich von dieser Mitarbeiterin trennen.

Personelle Fehlentscheidungen

- Personelle Fehlentscheidungen stören die Werteordnung und damit die Regeln der Zusammenarbeit im Unternehmen empfindlich.
- Möglichst frühzeitige Korrekturen seitens der Unternehmensleitung müssen darauf gerichtet sein, das Team in seiner Leistungsbereitschaft und -fähigkeit wiederherzustellen.
- Personelle Fehlentscheidungen beschädigen das Vertrauen in den Chef, da die Korrekturen nie schnell genug erfolgen. Dieser Vertrauensverlust muss wieder ausgeglichen werden.
- Wertvolle Arbeitszeit geht verloren, der erwünschte Wachstumserfolg tritt in diesem Bereich nicht ein und die Stelle muss neu besetzt werden.

In diesem Fall waren „nur“ wenige unmittelbare Mitarbeiter von dieser Störung in der Unternehmenskultur betroffen.

Viel gravierender wirken sich personelle Fehlentscheidungen im Führungskräftebereich aus. Eine Fehlbesetzung in diesem Bereich kann deutlich mehr kosten als nur Geld. Es kann im schlechtesten Fall das gesamte Unternehmen kosten. Das Handeln der Führungskraft ist das Aushängeschild der Firma – nach innen wie nach außen. Mitarbeiter wollen durch Lob und Kritik Rückmeldung zu ihrer Arbeit bekommen, um sich selbst, ihre Persönlichkeit und ihr Wissen weiterzuentwickeln. Wenn dies nicht mehr gegeben ist, werden sie kündigen, ob innerlich oder durch Verlassen des Unternehmens. Wenn eine Führungskraft etabliert wird, für die es sich aus Sicht der Mitarbeiter nicht lohnt, zu arbeiten, dann werden genau die beschriebenen Folgen eintreten und dem Unternehmen erwächst daraus ein großer Schaden.

Wenn das Unternehmen eine bestimmte Größe erreicht hat, müssen Führungsstrukturen etabliert werden, die darauf ausgerichtet sind, Kommunikationswege zu verkürzen und die Führung, die zuvor in einer Hand lag, nach gleichen Prinzipien auf mehrere Schultern zu verteilen.

► Wenn ein Unternehmen auf eine kritische Größe anwächst, müssen neue Strukturen geschaffen werden, die eine weiterhin familiäre und unmittelbare Führung der Mitarbeiter auf Grundlage des etablierten Wertesystems ermöglichen.

Das setzt voraus, dass die Führungsriege nach gleichen Grundsätzen handelt und selbst die Unternehmenswerte in vollem Umfang mitträgt.

Bei steigender Beschäftigtenzahl bilden sich mehr und mehr unterschiedliche Mitarbeitergruppen mit jeweils spezifischen Interessenlagen heraus. All diese Gruppen – Alleinerziehende mit kleinen Kindern, ältere Mitarbeiter, solche, die noch nebenbei Familienangehörige pflegen oder gesellschaftlich engagiert sind, um nur einige zu nennen – müssen zu einem gemeinsamen großen Team geformt werden, das nach gleichen Unternehmenswerten handelt. Das kann nur gelingen, wenn vonseiten der Unternehmensführung Verständnis für die Besonderheiten und Problemlagen der unterschiedlichen Gruppen entwickelt und Hilfe angeboten wird, um Problemlagen abzumildern. Das setzt insbesondere von Führungskräften ein ehrliches Interesse an den Nöten der Mitarbeitergruppen voraus. Das wirkliche Verständnis bringt auch bei den Führungskräften häufig erst derjenige auf, der selbst ähnliche Situationen erlebt hat. Ich selbst kann von mir sagen, dass ich durch die Geburt meiner Tochter mit Sicherheit die Sorgen und Nöte unserer Mitarbeiter mit kleinen Kindern sehr viel besser verstehen kann. Alleinerziehende oder Eltern, die ihren Alltag auch bei plötzlicher Krankheit ihrer Kinder managen müssen, haben meinen Respekt.

Auch Themen wie Work-Life-Balance werden mit zunehmendem Alter wichtiger. Verständnis für die unterschiedlichen Lebenssituationen der Mitarbeiter aufzubringen und mit ihnen gemeinsam nach einer Problemlösung zu suchen, schafft Vertrauen und fördert Toleranz für die Lebenslagen anderer Mitarbeiter und Hilfsbereitschaft im Team.

Ich führe heute aufgrund meiner gewonnenen praktischen Erfahrungen meine Unternehmen bewusster als vor zehn Jahren, als ich meinen ersten Mitarbeiter einstellte. Wir sind als Unternehmen größer, sozial kompetenter und erwachsener geworden. Werteorientierte Führung bedeutet nicht, dass wir Geld zu verschenken haben oder Arbeitsplätze für unmotivierte Mitarbeiter bereithalten.

Die konsequente Ausrichtung auf eine werteorientierte Führung der Mitarbeiter bewirkt vielmehr, dass wir genau die Mitarbeiter finden, die zu unserem Unternehmen passen. So kommen Mitarbeiter und Führungskräfte gerne zur Arbeit.

Ich bin davon überzeugt, dass meine bewusste Entscheidung für eine werteorientierte Führung der richtige Weg ist, um nachhaltig unternehmerisch erfolgreich zu sein und zugleich Rahmenbedingungen für eine optimale Persönlichkeitsentwicklung der Mitarbeiter in einem sozialen Arbeitsumfeld zu schaffen.

Der Wert des Andersseins – Kulturen als Herausforderungen in Unternehmen

5

Thomas Merz und Katrin Horst

Inhaltsverzeichnis

Zusammenfassung

In der heutigen Zeit kommt nahezu kein Familienunternehmen mehr ohne internationale Kontakte aus. Allerdings gibt es in der Zusammenarbeit mit anderen Nationen

T. Merz (✉) · K. Horst
Fontys International Business School, 5900 AC Venlo, Niederlande
E-Mail: T.Merz@fontys.nl

K. Horst
E-Mail: Horst.Katrin@googlemail.com

N. Müller, C. Jäger (Hrsg.), *WERTEorientierte Führung von Familienunternehmen,*
DOI 10.1007/978-3-658-09237-5_5

zahlreiche Fallstricke. Was passiert, wenn unsere Kollegen oder Geschäftspartner „stereountypisch" sind, also anders, als wir es von ihnen erwarten? Was bedroht eine erfolgreiche Zusammenarbeit? Und wie weit geht Akzeptanz? Welche Rolle spielen räumliche Distanz, Kontakthäufigkeit, unterschiedliches Verhalten und Kommunikation in interkulturellen Teams?

Für eine erfolgreiche Zusammenarbeit sollten Führungskräfte die verschiedenen Kulturen und ihre jeweiligen Wertvorstellungen berücksichtigen. Andersartige Werte werden nicht automatisch von jedem akzeptiert. Dennoch gilt es für alle Beteiligten, einen einheitlichen Handlungsrahmen festzulegen. Dazu bedarf es Kooperationsbereitschaft als auch Verständnis und Offenheit für andere Kulturen. Das Kapitel zeigt Ihnen, wie Sie es schaffen, Unterschiede positiv erlebbar zu machen und Gemeinsamkeiten zu betonen. Erfahren Sie, wie Sie mit Humor auch schwierige Situationen meistern, Unterschiede überbrücken und Ihre interkulturelle Kompetenz verbessern können.

5.1 Einleitung

„Treffen sich ein Deutscher, ein Franzose und ein Holländer …". So oder so ähnlich beginnt eine Vielzahl von Witzen, bei denen die klassischen Stereotypen von Nationalitäten als Ausgangspunkt genommen werden.

Diese Verhaltensweisen verschiedener Nationalitäten finden wir auch im Alltag wieder. Vielleicht verwenden wir Stereotypen sogar im Umgang mit Mitarbeitern, Kollegen und Kontakten. Vielleicht möchten wir sie auch einfach nur sehen, um uns selbst, mit unserer Nation und unserem kulturellen Hintergrund von anderen abzugrenzen (Abb. 5.1).

Abb. 5.1 Stereotypen

Wozu dienen Stereotypen? Sie beschreiben zusammenfassend, wie eine bestimmte Gruppe Menschen gesehen wird und geben somit einen schnellen Überblick. So sagt man zum Beispiel den Deutschen Pünktlichkeit, Sorgfältigkeit, aber auch Humorlosigkeit nach. Wenn wir die Aussage hören: „Das ist ein Computerfreak", dann stellen wir uns einen mickrigen Jungen mit Brille vor, der Tag und Nacht vor dem PC sitzt. So nutzen wir Stereotypen, um Menschen zu kategorisieren. Eventuell nehmen wir sie auch als Leitfaden für unseren eigenen Führungsstil. Schemata und Gleichförmigkeit geben uns aber auch ein Gefühl von Sicherheit, in einer Welt, die immer schnelllebiger und internationaler wird und dadurch immer unbekannter.

► Wir nutzen Stereotypen, um Menschen zu kategorisieren.

In der heutigen Berufswelt ist es beinahe unmöglich, ohne internationale Kontakte auszukommen. Waren es früher die multinationalen und großen Unternehmen, die über weltweite Dependancen verfügten, so sind heute auch Familienunternehmen im internationalen Wettbewerb. Auf den ersten Blick handelt ein mittelständisches Unternehmen im eigenen Bundesland und in Deutschland. Vielleicht können wir uns auch noch vorstellen, dass ein Mittelständler einen Absatzmarkt in den Nachbarländern Deutschlands hat. Bei genauerer Betrachtung stellt sich heraus, dass auch mittelständische Unternehmen ihre Produkte weltweit ausliefern und internationale Geschäftsbeziehungen pflegen.

In der heutigen Wirtschaft sind wir umgeben von Interkulturalität. Um erfolgreich am Markt tätig zu sein, müssen sich Unternehmen der interkulturellen Herausforderung stellen. Was heißt Interkulturalität genau? Damit sind das Aufeinandertreffen und der Austausch von verschiedenen Kulturen gemeint. Kulturen bestehen aus Aspekten, wie Werten und Normen oder Ritualen, die Menschen mit einem ähnlichen kulturellen Hintergrund verbinden und von anderen Gruppen unterscheiden.

In der Vergangenheit ist eine Schulung der englischen Sprache häufig das Patentrezept gewesen, um Mitarbeiter auf internationale Kontakte vorzubereiten. Falls es dann wirklich zu einem physischen Kontakt mit ausländischen Partnern gekommen ist, wurde darauf hingewiesen, vorsichtig mit kulturellen Unterschieden umzugehen. Solche Standardrezepte greifen heute nicht mehr. Vielmehr müssen wir davon ausgehen, früher oder später in Kontakt mit Kollegen zu kommen, die über einen anderen kulturellen Hintergrund verfügen. Dann ist es keine Frage mehr, ob, sondern nur noch wie wir zusammenarbeiten.

In Familienunternehmen ergeben sich dabei im Wesentlichen zwei Aspekte der Zusammenarbeit, die Ihre Führungsaufgabe beeinflussen können. Arbeiten Ihre Mitarbeiter in Teams, am gleichen Ort und können somit unmittelbar auf- und miteinander reagieren? Oder führen Sie Mitarbeiter beziehungsweise Teams aus verschiedenen Nationen und Kulturen, die über eine große Entfernung zusammenarbeiten und wenig oder gar keinen persönlichen Kontakt haben?

Wir zeigen Ihnen, welchen Einfluss die Art der Zusammenarbeit auf die Führung von Familienunternehmen haben kann, aber auch, wie Sie mit auftretenden Herausforderungen umgehen können. Lassen Sie sich durch das Kapitel dazu anregen, die für Sie passenden Lösungen zu entwickeln.

Um die kulturellen Unterschiede besser sichtbar zu machen, nehmen wir die Managementstudie des Niederländers Geert Hofstede zur Hilfe. Er hat kulturvergleichend, empirisch sechs Kulturdimensionen definiert und verschiedene Länder auf einer Skala von 0 bis 100 einsortiert, um zu erkennen, ob die beschriebenen Eigenschaften in geringem (Wert 0) oder in starkem Ausmaß (Wert 100) vorhanden sind. Im Folgenden werden wir die Dimensionen kurz vorstellen, näher betrachten und mit persönlichen Erfahrungen und Beobachtungen der Autoren anreichern. Das Kapitel schließt mit fünf konkreten Empfehlungen, wie Sie mit interkulturellen Herausforderungen umgehen können.

Vielleicht fragen Sie sich jetzt, was eigentlich die Relevanz für Sie, beziehungsweise für Ihr Unternehmen ist? Die Antwort ist relativ einfach:

1. Wissen, in diesem Fall über die Eigenheiten von anderen Kulturen, gibt Menschen Sicherheit im Leben. Hierdurch können Routinen und gefühlte Normalität entstehen.
2. Diese Normalität wiederum macht die Zusammenarbeit in Teams einfacher. Dadurch werden nachweislich bessere Leistungen im Team erbracht.
3. Wenn etwas als „normal" erfahren wird, ist die Gefahr von Intoleranz und Ablehnung erheblich geringer. Dadurch verbessert sich die Atmosphäre in einem Team.
4. Die Fragen, die sich hieraus ergeben sind: Was kann ich selber tun? Was kann ich überhaupt beeinflussen? Und wie kann ich als Führungskraft eine Arbeitsumgebung schaffen, in der sich Menschen aus verschiedenen Kulturen wohlfühlen?
5. Aber es kann noch besser kommen. Häufig gilt: $1+1=3$. Was das heißt? Bei der Zusammenarbeit zweier Menschen aus verschiedenen Kulturkreisen ist es nicht nur so, dass das Beste aus beiden Welten übernommen wird, sondern auch etwas Neues entsteht. Es lässt eine neue Qualität sichtbar werden: im Team, in einem Prozess oder an einem konkreten Produkt.

Eine Erfolgsregel – vielleicht die wichtigste überhaupt – möchten wir Ihnen direkt zu Anfang an die Hand geben: Als Führungskraft ist es wichtig, seinen eigenen Stil zu finden. Einen Stil, der zum Unternehmen, zum jeweiligen Team und zu sich selber passt. Denken Sie einmal darüber nach: Was macht Sie als Führungskraft aus? Was macht Ihr Team aus? Was gibt es überhaupt für interkulturelle Unterschiede und Herausforderungen? Dieses Kapitel soll Sie dabei unterstützen, Fragen auf diese Antworten zu geben, eine gewisse Antenne für interkulturelle Unterschiede zu entwickeln und ihren individuellen Führungsstil zu finden.

5.2 Die Kulturdimensionen nach Hofstede

Kultur ist nur schwer greifbar und erklärbar. Viele Dinge empfinden wir als normal, weil wir selbst und unser direktes Umfeld diese so handhabt, wir damit aufgewachsen sind und uns daran orientieren. Manchmal sehen wir dabei nicht, dass die gleichen Dinge und Situationen durch eine Person aus einem anderen Kulturkreis oder einer anderen Nation vollkommen anders wahrgenommen werden und diese Person daraufhin anders handelt, als wir es gewohnt sind.

Die sechs Dimensionen von Geert Hofstede helfen ein Stück weit zu verstehen, warum Mitarbeiter oder Kollegen aus anderen Kulturen Dinge anders angehen, als wir selbst es tun.

Zu den sechs Dimensionen gehören:

1. Machtdistanz
2. Kollektivismus versus Individualismus
3. Maskulinität versus Femininität
4. Ungewissheitsvermeidung
5. Lang- oder kurzfristige Ausrichtung und
6. Nachgiebigkeit und Beherrschung.

Im Rahmen des Kapitels werden wir die ersten fünf Dimensionen betrachten, da das sechste Kriterium für Familienunternehmen wenig interessant ist.

Ziel dieses Unterkapitels ist es, Ihnen die Dimensionen näher zu bringen und anhand von Beispielen und erlebten Situationen zu verdeutlichen, wie die Dimensionen unseren Alltag beeinflussen können.

5.2.1 Machtdistanz

Machtdistanz beschreibt die Verteilung und die Wahrnehmung von Macht. Wie ist Macht im Unternehmen verteilt? Welche Hierarchie herrscht vor? Haben wenige Personen an der Spitze des Unternehmens das Sagen? Oder hat jeder Mitbestimmungsrechte und verteilt sich Macht auf das Unternehmen als Ganzes? Nicht nur diese Verteilung spielt eine Rolle, sondern auch inwieweit die jeweilige Verteilung akzeptiert und als normal angesehen wird.

Ein typisches Beispiel sind Gehälter. Ist es normal, dass Führungskräfte ein höheres Einkommen haben als einfache Angestellte – oder verdienen alle mehr oder weniger dasselbe? Ist es ein Statussymbol, als Chef ein teures Auto zu fahren oder nicht zwingend notwendig? Traut sich ein Mitarbeiter, Initiative zu zeigen, eigene Vorschläge zu machen und vielleicht sogar seinem Vorgesetzten zu widersprechen? Oder kommt beides nicht infrage, da der Vorgesetzte eine Autoritätsperson ist und andere Meinungen nicht erwünscht sind?

Fällt es Niederländern zum Beispiel relativ leicht, ihre Meinung und Ideen kundzutun, haben ihre Nachbarn in Belgien einen wesentlich formelleren Ansatz. Auch in arabischen Ländern gibt es starke hierarchische Strukturen, die es zu kennen gilt, wenn geschäftliche Kontakte gepflegt werden. Im alltäglichen Umgang miteinander ist es vorteilhaft, auf die Gepflogenheiten der anderen Kulturen Rücksicht zu nehmen.

► Machtdistanz lässt sich an der Unternehmenshierarchie, aber auch an der verwendete Sprache erkennen.

Machtdistanz lässt sich auch sprachlich gut erkennen. Im internationalen Kontext wird Englisch oft als Geschäftssprache verwendet. Die englische Sprache kann ausgesprochen höflich sein. Das können Sie zu Ihrem Vorteil nutzen, um auch Kritik zu übermitteln, die auf die typisch deutsche Art viel zu direkt ankommen und Ihnen damit womöglich Chancen verbauen würde. Um Beispiele für diese höfliche Ausdrucksweise zu erhalten, suchen Sie im Internet einmal folgendes: „Was der Engländer sagt und was er wirklich meint."

Vielleicht denken Sie jetzt: „Mit dieser geheuchelte Ausdrucksweise kann ich mich nicht identifizieren. Wenn ich ehrlich und direkt sage, was ich meine, kann der Mitarbeiter gar nicht anders, als es zu verstehen." Das ist leider ein Irrtum. Ihr Mitarbeiter kann Sie sehr wohl falsch verstehen, verletzt sein und das Gespräch im schlechtesten Fall nicht so schnell vergessen. Der Ton macht die Musik. Manchmal können wir mit Umschreibungen und freundlichen Worten dieselbe Nachricht überbringen, wie mit unserer deutschen Ehrlichkeit, vermeiden beim Gegenüber aber einen Gesichtsverlust. Das heißt, durch eine angepasste Kommunikation, stellen Sie Ihr Gegenüber mit Ihrer Kritik nicht bloß und lassen ihm einen Rückzugsweg. Wenn Ihre Kommunikation also manchmal aus dem Ruder läuft oder Sie merken, dass Ihnen Ihre Worte verübelt werden, egal ob von Mitarbeitern oder von Geschäftspartnern, probieren Sie einmal die „politisch korrekte" Ausdrucksweise.

Sprache kann zu Unsicherheit führen. Haben Sie schon einmal erlebt, dass Sie selbst oder einer Ihrer Mitarbeiter sich nicht mitteilen konnte und Sie das verlegen gemacht hat? Ist die Situation dadurch nur noch unangenehmer geworden, weil sich keiner getraut hat, etwas zu sagen, aus Angst vor Fehlern? In dem Fall hilft es, klein anzufangen. Lernen Sie Höflichkeitsfloskeln oder typische Wörter wie: Bitte, Danke und Guten Tag. Damit zeigen Sie Einsatz und den Willen, auf andere zuzugehen. Einsatz wird von anderen stets geschätzt, denn es wird deutlich, dass Sie sich Gedanken gemacht haben. Es zeigt Ihrem Gegenüber gleichzeitig, dass auch er sich trauen darf und sich damit nicht lächerlich macht.

Was bedeutet das konkret für Sie? Auf der einen Seite, dass Ihr Unternehmen durch einen (Führungs-)Stil geprägt ist, der mehr oder weniger hierarchisch ist und an den sich Mitarbeiter gewöhnen und anpassen müssen, wenn sie einen anderen Hintergrund haben. Auf der anderen Seite, dass Sprache eine extrem wichtige Komponente im täglichen Leben ist, die Sie nicht unterschätzen sollten. Sie kann nicht nur eine große Hürde für die Kontaktaufnahme sein, sondern wenn es um die Formulierung von Feedback und Kritik geht, falsch angewendet, auch bedeutende Türen verschließen.

5.2.2 Kollektivismus versus Individualismus

Kollektivisten richten ihre Identität nach den Handlungen, Werten und Normen der Gruppe aus, zu der sie gehören. Individualisten dagegen beziehen ihre Identität aus eigenen Werten, Normen und Taten. Kulturen, in denen erwartet wird, dass jeder für sich selbst sorgt und die Beziehungen untereinander lockerer sind, sind individualistische Kulturen. Gruppen, in denen ein starkes „Wir"-Gefühl vorherrscht, erwarten, dass alle Gruppenmitglieder versorgt werden und die Mitglieder den Werten und Normen der Gruppe treu sind. In diesem Fall ist von kollektivistischen Kulturen die Rede.

Individualistisch verankerte Aussagen sind zum Beispiel: „Ich bin lieber selbstständig und unabhängig" oder „Ich bin selbst verantwortlich für meine Taten". Dem stehen Aussagen wie „Ich bleibe auch in schwierigen Zeiten bei der Gruppe" und „Ich respektiere Entscheidungen, die in der Gruppe getroffen worden sind" gegenüber. Dieser Faktor hilft Ihnen, zu erkennen, auf welche Art Mitarbeiter instruiert werden können oder müssen.

Auch wenn vieles zentral gesteuert und ausgegeben wird, ist es wichtig, sich auf den Empfänger einer Nachricht einzustellen. Während in Russland detailreiche Instruktionen, die als Gruppe ausgeführt werden, als normal gelten, können diese Mitteilungen in Deutschland zu Stirnrunzeln und Unmut führen. Das reine Ausführen von Anweisungen wird dann schnell als Einschränkung der eigenen Handlungsfreiheit empfunden.

Wird in Ihrem Unternehmen füreinander gesorgt und ist die Gruppe nur so stark wie das schwächste Glied? Oder kämpft jeder im Team für sich alleine? Gibt es klare Aufgabenverteilungen und jeder weiß zu jeder Zeit, wer wofür verantwortlich ist und wer woran arbeitet?

Das hat insofern Einfluss auf Ihr Unternehmen, als dass Sie vielleicht auf der Suche nach individuell starken Mitarbeitern sind, die kein Problem damit haben, Entscheidungen alleine zu treffen und diese durchzuziehen. Was aber, wenn Ihr Mitarbeiter fachlich alle Kompetenzen besitzt, aber ein Herdentier ist, sich in der Gruppe am wohlsten fühlt und Ihre gerade beschriebenen Erwartungen nicht erfüllen kann? Dann sind Ihre Führungskompetenzen gefragt. In der Konsequenz kann es dazu führen, dass Sie den Mitarbeitern Aufgaben geben, bei denen diese sich wohler fühlen. Vielleicht führt es aber auch zu einer Restrukturierung Ihres Teams, damit das Team den Aufgabenstellungen und der Ausrichtung des Unternehmens entspricht.

5.2.3 Maskulinität versus Femininität

Was vermuten Sie als Leser hinter der Dimension Maskulinität beziehungsweise Femininität? Vielleicht gehen Ihre Gedanken in Richtung Machoverhalten und einem weicheren Ansatz als Gegenpart?

Der Name lässt nicht direkt auf den Inhalt schließen. Grundlegend geht es um die Fragen: „Was motiviert den Menschen?" und „Arbeiten wir, um zu leben oder leben wir, um zu arbeiten?". Auf der einen Seite stehen Kulturen, die auf Impulse und Bedürfnisse reagieren, auf der anderen Seite Kulturen, die zielgerichtet arbeiten. In einer femininen Kultur ist Arbeit wichtig, aber Familie, Freunde und Freizeit ebenso. Das Ziel ist, ein angenehmes Leben zu führen und die Arbeit das Mittel, um dies zu erreichen. Eine maskuline Kultur zeichnet sich dadurch aus, dass nach einem konkreten Ziel, wie einer gut bezahlten Anstellung, einem großen Haus oder einem teuren Auto gestrebt wird. Es zählen vor allem materielle Werte, Statussymbole und Durchsetzungsvermögen, während in einer femininen Kultur Beziehungen, Qualität und Fürsorge im Fokus stehen.

Skandinavische Länder sind weitaus femininer als zum Beispiel deutschsprachige Länder. Im Geschäftsleben kann sich das bei der Personalsuche oder in der heutzutage so häufig genannten Work-Life-Balance, dem Gleichgewicht zwischen dem Arbeits- und Privatleben, äußern. In Dänemark oder Schweden ist es üblicher als in Deutschland, dass auch Frauen mit Familie arbeiten und dafür unterstützende Maßnahmen, wie Kinderbetreuung oder Teilzeitmodelle, angeboten werden.

Die Autoren nehmen allerdings wahr, dass in Deutschland ein Wandel zu mehr Femininität stattfindet. Ein Beispiel ist die Generation Y: Mitarbeiter, die in den 1990er-Jahren im Teenageralter waren und heute oftmals gut ausgebildet sind. Die Generation Y ist damit die Nachfolgegeneration der Baby-Boomer und der Generation X. Der Name ist darauf zurückzuführen, dass nach X im Alphabet der Buchstabe Y folgt. Der Buchstabe „Y" wird im Englischen „Why" (= Warum?) ausgesprochen, was auf das charakteristische Hinterfragen der Generation Y verweist. In dieser Generation findet auch in Deutschland ein Wandel zu mehr Femininität statt. Sie fordert die oben erwähnte Work-Life-Balance. Diese Generation strebt weniger nach Statussymbolen als nach Verwirklichung sowie Freude im Beruf und in der Freizeit. An diesem Beispiel lässt sich erkennen, dass Kultur immer auch dynamisch ist. So charakteristisch manche Merkmale auch sind, können sie sich dennoch mit der Zeit verändern.

Jetzt ist vielleicht der Zeitpunkt gekommen, an dem Sie denken werden: „Ja, alles schön und gut, aber die Politik kann ich nicht beeinflussen." Aber, was würde Ihren Mitarbeitern helfen? Wodurch hätten Sie als Arbeitgeber wirklich etwas zu bieten und würden sich von der Konkurrenz abheben?

Wir möchten noch kurz bei der Generation Y bleiben. Die Erwartungen und Ansprüche dieser Generation sind von entscheidender Bedeutung für Sie und Ihr Unternehmen. Die Y-Arbeitnehmer orientieren sich stark daran, was sie erreichen möchten und zwar zu ihren eigenen Konditionen. Sie möchten alle Chancen wahrnehmen, die ihnen geboten werden. Hart arbeiten ist weniger der Knackpunkt, als das, was dem gegenüber steht. Denn eine gute Bezahlung allein reicht nicht aus. Es gehören Schulungen, Entwicklungsmöglichkeiten und Herausforderungen dazu. Wenn das Gesamtpaket nicht stimmt, haben die Mitglieder der Generation Y das Selbstvertrauen, sich zügig nach etwas anderem umzusehen. Zwangsläufig bedeutet dieser Generationenwechsel eine Veränderung für Ihr Unternehmen, auf den Sie sich einstellen müssen. Wenn Sie auch für die Arbeitnehmer, die jetzt auf den Arbeitsmarkt strömen, interessant und attraktiv sein möchten und es auch bleiben wollen, müssen Sie sich etwas einfallen lassen (Abb. 5.2).

Auch wenn wir in Deutschland vielleicht eher maskuline Unternehmensumfelder kennen, der Wandel kommt und es stellen sich die Fragen: Wie kann auf den Bedarf an Teilzeitstellen und dem Wunsch nach mehr Flexibilität eingegangen werden? Welche Schulungsmöglichkeiten können angeboten werden? Viele Unternehmen arbeiten schon mit Gleitzeitmodellen und Arbeitsmitteln wie Laptops, mit denen man von jedem Ort aus seine Arbeit erledigen kann. Beispiele aus dem Ausland zeigen, dass es immer öfter Heim-Arbeitstage, sowohl für Frauen als auch für Männer, gibt. Manche Unternehmen bieten auch Betreuungsmöglichkeiten für die Kinder der Beschäftigten an. Welchen Einsatz können Sie sich vorstellen, um Ihre Mitarbeiter zu unterstützen?

Abb. 5.2 Generation Y

5.2.4 Unsicherheitsvermeidung

Unsicherheits- oder Ungewissheitsvermeidung betrifft den Umgang mit Risiken sowie die Toleranz gegenüber Veränderungen und Unsicherheiten. Wird versucht, Risiken zu vermeiden? Wird eher nach einer stabilen Karriere gesucht? Wird sich konsequent an Regeln gehalten? Werden fachkundige Meinungen eingeholt? Oder werden eher eine gewisse Neugierde und Risikobereitschaft sowie Flexibilität und Offenheit für Neues gezeigt?

Ein klassisches Beispiel hierfür ist der Unterschied zwischen deutschen und niederländischen Packungsbeilagen, die den Medikamenten beiliegen. Während der niederländische Zettel kurz und prägnant gehalten ist, erhält der deutsche Konsument oft eine seitenlange Abhandlung, die auch Eventualfälle und das Verhalten in einem solchen abdeckt. Auch in privaten Situationen kann das Wissen über Ungewissheitsvermeidung von Vorteil sein. Stellen Sie sich vor, Sie sind mit Freunden unterschiedlicher Herkunft in einem Mietwagen unterwegs. Sie würden gerne auf Nummer sicher gehen und noch einmal tanken, Ihre Freunde jedoch wollen so wenig Geld wie möglich ausgeben und den Wagen auf Risiko bis zum letzten Tropfen ausfahren. Was für ein Gefühl ruft das bei Ihnen hervor? Unwohlsein? Sorge?

Es ist vorteilhaft, zu wissen, zu wie viel Risiko unser Gegenüber bereit ist. Das hilft uns, auf die jeweiligen Bedürfnisse einzugehen und Verständnis zu entwickeln. Für Ihre Führungsaufgabe ist es wichtig, zu wissen, ob Sie mit einem „extremen Angsthasen“ oder einer risikobereiten Person arbeiten. Auch Ihre eigene Einstellung spielt eine Rolle. Wie fangen Sie die Ängstlichen auf und bremsen die Risikobereiten? Und wenn Sicherheit für Sie selber eine große Rolle spielt, wie gehen Sie dann mit der Leichtfertigkeit des Risikobereiten um? Gegensätzliche Einstellungen führen schnell zu Unverständnis und Missstimmungen. In der interkulturellen Arbeit gibt die Risikobereitschaft auch einen Anhaltspunkt, inwieweit Aufgaben heruntergebrochen und im Detail erklärt werden müssen. Während der eine Mitarbeiter lieber sehr genau gesagt bekommt, was er wie zu tun hat, ist ein anderer mit einer kurzen Aufgabenstellung bereits zufrieden. Es ist also ein großer Vorteil, die Einstellung seiner Mitarbeiter zu kennen und die eigenen Erwartungen klar zu kommunizieren.

5.2.5 Lang- oder kurzfristige Ausrichtung

Mit dieser Dimension beschreibt Hofstede den Planungszeitstrahl von Kulturen. Langfristig ausgerichtete Kulturen orientieren sich daran, aktuell hart zu arbeiten, dies aber in Voraussicht auf spätere Resultate zu tun. Sie sind zukunftsorientiert und sehen Zeit als linear fortschreitend an. Der Blick geht eher in die Zukunft, als in der Gegenwart oder in der Vergangenheit zu verharren. Langfristig planende Kulturen passen ihre Traditionen an die moderne Umgebung an. Sie zeichnen sich durch Sparsamkeit und einen wirtschaftlichen Umgang mit Grundstoffen aus. Kurzfristig ausgerichtete Kulturen setzten sich zum Ziel, für die jetzige Arbeit auch zeitnahe Resultate zu erreichen. Sie betrachten Zeit als zirkulär. Vergangenheit, Gegenwart und Zukunft hängen für sie eng zusammen.

Diese Dimension ist in asiatischen Ländern entdeckt worden. Gerade in Asien finden sich viele langfristig orientierte Kulturen, wie in China, Hongkong und Japan. Diese Länder sind bekannt für ihr schnelles ökonomisches Wachstum und ihr zukunftsgerichtetes Handeln. Pakistan, die Vereinigten Staaten und Großbritannien sind Beispiele für Kulturen mit kurzfristiger Ausrichtung. Bei Geschäftsbeziehungen mit Ländern, die eine andere Ausrichtung haben als das eigene Land oder die eigene Unternehmenskultur, ist besonders bei Veränderungsprozessen Vorsicht geboten. In einem Unternehmen, in dem sich verschiedene Geschäftsbereiche in die gleiche Richtung entwickeln sollen, muss bereits im Vorfeld überlegt werden, wie die Veränderungen angegangen und alle Mitarbeiter mit einbezogen werden.

Langfristige Ausrichtung

Eine langfristige Orientierung liegt in der Regel vor, wenn:

a. Ziele mit hoher Ausdauer verfolgt werden.
b. Rangordnung und Status akzeptiert werden.
c. Eine hohe Sparquote und Investitionstätigkeit sichtbar wird (das ist an sich keine Überraschung, denn dann werden die Mittel nicht „kurzfristig zum Spaß ausgegeben“, sondern es liegt anscheinend eine planerische Absicht zugrunde).

Wie steht es mit der Orientierung in Ihrem Unternehmen? Haben Sie einige charakteristische Züge der langfristigen Ausrichtung in Ihrem eigenen Unternehmen wiedererkannt? Wie sehen die Dimensionen in Ihrem Unternehmen aus? Sehen Sie dieses Kapitel als Hilfsmittel an, um den Ist-Zustand zu ermitteln und dann im weiteren Verlauf zu sehen, wie Sie damit umgehen können. Weitere Hilfestellungen hierzu finden Sie in Abschn. 5.3.

Wenn Sie selber eine Auslandsreise planen oder wenn Sie sich mit den Nationalitäten und Kulturen in Ihrem Team beschäftigen, führen Sie zunächst eine Inventarisierung gemäß den Dimensionen nach Hofstede durch. Ein Hauptaugenmerk sollte darauf liegen, wie Sie sich selber einschätzen. Dies ist ein wichtiger Ausgangspunkt, um zu sehen, wo sich Übereinstimmungen, aber auch Unterschiede ergeben können. Und noch etwas: Denken Sie daran, dass Ihr Gegenüber Sie vielleicht für einen typischen Deutschen hält. Dann würden Sie genau dem Profil des Deutschen nach Hofstede entsprechen. Sollte dies nicht der Fall sein, können sich ebenfalls Herausforderungen ergeben.

▶ Gehen Sie generell vorsichtig vor und sehen Sie diese Gedanken als eine Aufwärmübung an. Sie können nie genau wissen, wer tatsächlich welchem Kriterium entspricht, denn jeder von uns ist anders und individuell. Daher stellen Sie am besten Fragen, um Ihr Gegenüber besser einschätzen zu können.

5.3 Empfehlungen für eine interkulturelle Unternehmensführung

Wie schon in der Einleitung erwähnt, gibt es nicht die optimale interkulturelle Unternehmensführung. Umso sinnvoller ist es, sein Team näher zu betrachten.

Zusammensetzung eines Teams

Sehen Sie sich die Zusammensetzung Ihres Teams genau an.

1. Welche Nationalitäten sind in meinem Team?
2. Welche Merkmale und Ausprägungen beinhalten diese Nationalitäten?
3. Auf welche „heiklen" Punkte muss ich besonders Rücksicht nehmen?
4. Und nicht zu vergessen: Wie kann ich die bestehenden Unterschiede so sinnvoll nutzen, dass ein Mehrwert für das Unternehmen entsteht?

Wir haben unsere persönlichen Erfahrungen in fünf konkreten Empfehlungen zusammengefasst, wobei diese sich an der bekannten Regel orientieren: vom Allgemeinen zum Besonderen. Wünschenswert wäre eine Realisierung in zeitlicher Reihenfolge, was sich im Alltag häufig als nicht durchführbar herausstellt. Als Führungskraft beginnen Sie bereits mit einem bestehenden Team, in dem verschiedene Nationalitäten arbeiten und es muss „Hands on" losgehen. Dennoch kann es hilfreich sein, sich die einzelnen Schritte vor Augen zu führen, um das übergeordnete Ziel – ein funktionsfähiges Team, welches erheblich zum Unternehmenserfolg beiträgt – zu erreichen.

5.3.1 Allgemeine kulturelle Werte nicht mit der Brechstange festlegen

Kulturelle Werte

Ein amerikanischer Manager hat in einem deutschen Unternehmen eine Abteilung übernommen. Es handelt sich um ein Team, welches größtenteils aus Deutschen, aber auch anderen Nationalitäten besteht. Nach einiger Zeit ist eine Veranstaltung geplant, an der alle Mitarbeiter teilnehmen. Zu Beginn der Veranstaltung stellt sich der Manager vor sein Team, um seine Vision und Strategie zu präsentieren. Dabei kommt ihm die Idee, auch den kulturellen Rahmen näher festzulegen: „Ich halte es in einem international tätigen Unternehmen und in einem internationalen Team für eine gute Sache, dass wir uns alle duzen!"

Was glauben Sie, wie die Teammitglieder in dem Beispiel reagiert haben? Die meisten deutschen Mitarbeiter sind beinahe sprichwörtlich vom Stuhl gefallen. In Deutschland ist es bis heute noch nicht üblich, dass eine Unternehmenskultur von oben definiert wird und nach der sich alle Mitarbeiter in allen Ebenen duzen. Daher ist es nicht so einfach möglich, einen solch heiklen Punkt als Führungskraft zu definieren. In gemischten Teams führt dies zu erheblichen Widerständen und kann schlimmstenfalls im Konflikt enden.

Während es in den Niederlanden durchaus üblich ist, im ersten oder zweiten Gespräch auszutesten, ob geduzt wird, gibt es in Deutschland nach wie vor deutliche Regeln: Der Ältere beziehungsweise Ranghöhere bietet das „Du" an. Dies wird auch nicht, wie in den Niederlanden, ausprobiert, sondern es wird eine Frage gestellt. Auch heute noch ist es vielen deutschen Mitarbeitern unangenehm, jeden Kollegen oder den Vorgesetzten zu duzen.

Wie kann eine Lösung aussehen? Grundsätzlich gibt es (mindestens) zwei Lösungsansätze.

Die erste Lösungsmöglichkeit heißt: Herantasten. Gemeint ist, dass die Führungskraft das (zum Teil informelle) Gespräch sucht, um herauszufinden, inwiefern die Teammitglieder für eine solche kulturelle Veränderung offen sind. Hat sich aus einer Vielzahl von Einzelgesprächen ein deutliches Bild ergeben, stellt sich immer noch die Frage, ob so eine Entscheidung von oben kommuniziert werden kann oder Mitarbeiter bei der Entscheidungsfindung einbezogen werden. Insbesondere durch den zweiten Lösungsansatz entsteht in der Organisation mehr Rückhalt für eine solche Veränderung.

Die zweite Lösungsmöglichkeit lautet: Festlegen. Hier bietet sich, wie in Abschn. 5.2 beschrieben, der Übergang zur englischen Sprache an. Im Englischen ist es üblich, sich mit dem Vornamen und „you" anzusprechen. Aber auch hierbei können sich skurrile Situationen ergeben.

Vom Du zum Sie

Auf einem internationalen Kongress in Österreich lernen sich ein deutscher und ein österreichischer Unternehmer kennen. Alle Gespräche während des Kongresses werden grundsätzlich in englischer Sprache geführt. Es wird sich somit geduzt. Nach einiger

Zeit zeigt sich im Einzelgespräch, dass beide Unternehmer Deutsch als Muttersprache haben und das Gespräch wird auf Deutsch weitergeführt. Hierbei wechselt der deutsche Unternehmer wie selbstverständlich in die Sie-Form. Das führt zur Irritation bei dem Österreicher.

Was können Sie für Ihr Unternehmen und Ihr Team mitnehmen? Es empfiehlt sich, die Dinge zunächst laufen zu lassen und sich langsam heranzutasten. Eine Top-down-Definition der Unternehmenskultur ist praktisch unmöglich und kann sich mittelfristig sogar negativ auf die Teamdynamik auswirken.

5.3.2 Grenzen setzen

Kristina Schröder, die ehemalige deutsche Familienministerin, sagte einmal: „Interkulturelle Kompetenz heißt nicht, Verständnis für alles und jeden zu haben." Jeder hat Verhaltens- und Kommunikationsformen, die er als unhaltbar und unakzeptabel empfindet.

► Was sind für Sie Dinge, die im täglichen Umgang miteinander keinen Platz haben?

Stellen Sie sich vor, in Ihrem Unternehmen würde eine der folgenden Verhaltensformen gezeigt werden:

- Rassistische Äußerungen
- Diskriminierung von Minderheiten
- Religiöse Intoleranz
- Frauenfeindlichkeit

Diese Aufzählung lässt sich noch fortsetzen, aber der Grundgedanke ist stets derselbe: Intoleranz, egal auf welchem Gebiet, erschwert die Zusammenarbeit im Team oder macht sie gar unmöglich. Die oben genannten Punkte haben alle etwas gemeinsam: Sie verletzen tief verankerte Werte von Mitmenschen. Deshalb ist es von elementarer Bedeutung, Grenzen zu setzen.

Dabei ist es nachrangig, aus welchem Beweggrund das jeweilige Weltbild eines Menschen entstanden ist. Es muss deutlich werden, dass die (definierten) Wertvorstellungen, die keine Diskriminierung zulassen, Bestandteil der Team- beziehungsweise Unternehmenskultur sind. Ziel muss es sein, zusammen etwas zu bewirken und nachhaltig zusammenzuarbeiten, ohne ein Teammitglied auszuschließen.

Projektarbeit

In einem Unternehmen gibt es Mitarbeiter aus mehr als 50 Nationen, die jeden Tag zusammenarbeiten. Die Arbeit im Unternehmen ist durch häufige Projektarbeit geprägt.

Nach einiger Zeit wird deutlich, dass es in einigen Ländern Usus ist, dass weibliche Mitarbeiter die Arbeit erledigen und ihre männlichen Kollegen die Leitung einer solchen Projektgruppe übernehmen. Hierdurch haben sich erhebliche Probleme in der Zusammenarbeit und dem Gruppenresultat ergeben.

Das Unternehmen hat das beschriebene Problem gelöst, indem ein Verhaltenskodex entwickelt wurde. Dieser Kodex macht deutlich, welche Grundwerte in der Zusammenarbeit in einem westlich geprägten Team wichtig sind. Die internationalen Mitarbeiter bekommen diese Regeln bei Eintritt in das Unternehmen ausgehändigt und sie werden ihnen ausführlich erläutert. Nach der Einführung des Kodexes zeigt sich ein signifikanter Erfolg: Es gibt weniger Beschwerden auf diesem Gebiet.

▶ Um Schwierigkeiten zu erkennen, ist es wichtig, die unterschiedlichen Werte der Kulturen zu kennen und sich bewusst zu machen.

Jeder denkt anders und fokussiert sich auf unterschiedliche Werte. Das ist vollkommen normal. Für die Zusammenarbeit ist jedoch ein gemeinsamer Ausgangspunkt essenziell. Daher muss ein passendes Regelwerk entworfen und dieses durch Kommunikation und Offenheit gelebt werden.

Außerdem ist es wichtig, „Zero Tolerance" beim Überschreiten der festgelegten Spielregeln zu zeigen. Spricht es sich im Team erst einmal herum, dass das Einhalten von Regeln nicht so eng gesehen wird, ist es im Nachhinein sehr schwer, das Vertrauen und die Glaubwürdigkeit wiederherzustellen. Ein geeignetes Mittel ist hier das persönliche Gespräch mit dem Mitarbeiter. Nur so kann der Beweggrund für ein regelwidriges Verhalten herausgefunden werden. Durch das Gespräch sollten dem Teammitglied die Grenzen vor Augen geführt werden. Sollte dies nicht zum gewünschten Erfolg führen, ist über weitergehende Konsequenzen nachzudenken (Abb. 5.3).

Abb. 5.3 Zero Tolerance

Das kann im extremsten Fall auch eine Entlassung sein. Es stellt sich immer die Frage: Wie wichtig ist diese individuelle Person für das Unternehmen und wie sehr hat sie gegen die herrschenden Regeln verstoßen? Wenn diese Punkte zu stark voneinander abweichen, löst der Regelverstoß nur neue Probleme aus. Dies wiederum hat Einfluss auf andere Mitarbeiter. Sie werden unzufrieden oder fühlen sich verletzt, sodass ein friedliches und erfolgreiches Zusammenarbeiten nicht mehr gegeben ist.

5.3.3 Nutzen Sie Teamaktivitäten

„Alle Kultur kommt aus dem Magen", sagte einmal Friedrich II. Dieses Zitat ist nur bedingt wörtlich zu nehmen, aber ein gemeinsames Essen ist ein gutes Beispiel für eine Teamaktivität. Durch gemeinsame Erlebnisse entstehen Vertrauen und Bindungen. Zudem ist Essen ein wesentlicher Bestandteil jeder Kultur.

Schaffen Sie eine gemeinsame Erlebniswelt für die Teammitglieder. Ein Erlebnis verbindet, bietet Themen für gemeinsame Unterhaltungen und schafft die Möglichkeit, sich und seine Kultur ungezwungen vorzustellen. Im besten Fall werden so positive Erinnerungen geschaffen. Die organisatorisch einfachste Lösung ist ein gemeinsames Essen in einem Restaurant (Abb. 5.4). Hierbei können sich in ungezwungener Atmosphäre persönliche Gespräche ergeben, die ohne kulturellen Druck von außen, zu einem besseren gegenseitigen Verständnis der Gruppenmitglieder führen. Noch interessanter, aber schwieriger zu planen, sind Essen, bei denen einige Kollegen zusammen für das Team ein Essen aus ihrer Kultur vorbereiten. Hierdurch wird beinahe automatisch über die typischen Eigenheiten eines Landes gesprochen, was wiederum zu einem höheren Verständnis füreinander führt.

Abb. 5.4 Kulturen erleben

Aber auch, wenn ein gemeinsames Essen eine gute Option ist, um einander kennenzulernen, sind Überraschungen nicht ausgeschlossen. Was, wenn das Gegenüber mit den Fingern isst oder unfassbar laut schmatzt und einem beides furchtbar unanständig und unhygienisch erscheint? Dann denken Sie vielleicht gerade in Stereotypen und dichten dem dunkelhäutigen Gegenüber eine mangelnde Erziehung an. Bleiben Sie offen und stellen Sie Fragen zur Esskultur und der Stellung von Essen. In Europa haben wir den Luxus, genug davon zu haben. Andere Menschen müssen mit weniger Essen und einer geringeren Vielfalt auskommen. Dadurch kommt ihnen unsere Esskultur vielleicht verschwenderisch vor.

Die Möglichkeiten sind aber nicht nur auf den Nahrungsgenuss beschränkt. Auch andere gemeinsame Aktivitäten, wie Sport, können zum gewünschten Erfolg führen. Hierbei können auch interkulturelle Teams gebildet werden. Aber müssen es immer interkulturelle Teams sein? Insbesondere in Organisationen und Teams, die bereits über ein hohes interkulturelles Toleranzlevel verfügen, kann es interessant sein, nationale Teams zu bilden. Hier ist aber Vorsicht geboten. Ist der Erfahrungsschatz im gemeinsamen Umgang noch niedrig oder sind Tendenzen von Intoleranz erkennbar, macht es wenig Sinn, gerade die kulturellen Bindungen gegeneinander abzugrenzen. Wichtig ist immer: Nichts sollte erzwungen werden und ein gewisses Risikobewusstsein in der Planungsphase kann hilfreich sein.

Eine weitere Idee ist, ein Fest für Familien zu organisieren. Gerade Familien mit jungen Kindern sind häufig froh, wenn sie einmal etwas unternehmen können und mit Gleichgesinnten zusammenkommen. Bei solchen Aktivitäten, zum Beispiel dem Besuch eines Freizeitparks oder aber der Organisation einer Kinderolympiade, werden die Kinder eingebunden, die Partner der Mitarbeiter können sich kennenlernen und letztendlich besteht die Möglichkeit, sich über die Erziehung zu unterhalten. Damit sind wir wieder beim Thema. Denn gerade durch Erziehung werden die kulturellen Eigenarten stark geprägt.

Die oben genannten Vorschläge zielen mehr auf den privaten Bereich ab und sind leichter auszuführen, wenn sich alle an einem Ort befinden. Geschäftlich gesehen kann es auch sinnvoll sein, geografisch getrennte Mitarbeiter näher zusammenzuführen. Oft wird länderübergreifend, von Mitarbeitern verschiedener Nationalitäten, mit verschiedenen Funktionen, aus unterschiedlichen Abteilungen zusammen an einem Prozess gearbeitet. In so einem Fall kann es hilfreich sein, deutlich zu machen, was die jeweiligen Aufgaben sind und wie sie ausgeführt werden, um das Vorgehen des entfernten Kollegen zu verstehen und nachzuvollziehen. Auch eine Geschäftsreise, verbunden mit lockeren Abendveranstaltungen im anderen Land, hilft auf der einen Seite, die Prozesse und Aufgaben der Kollegen und auf der anderen Seite die Kultur kennenzulernen. Empfehlenswert ist es, Mitarbeiter, die die Chance bekommen haben, beides kennenzulernen, als Botschafter zu nutzen und eine aktive Brücke zwischen den Geschäftsbereichen entstehen zu lassen.

Teamaktivitäten

Bei allen Teamaktivitäten ist wichtig:

- Haben Sie keine zu hohe Erwartungshaltung. Eventuell werden Ihre gut gemeinten Ideen nicht positiv aufgenommen oder eine Veranstaltung läuft nicht, wie erwartet, ab.
- Seien Sie nicht zu zielgerichtet. Kommunizieren sie nicht, dass Sie bei einem Event über kulturelle Eigenarten reden wollen. Es muss sich ergeben.
- Versuchen Sie sich ein Bild darüber zu verschaffen, was die Bedürfnisse und Wünsche in Ihrem Team sind. Gleichen Sie diese anschließend mit den Unternehmens- und Teamzielen ab und entscheiden so, was eine geeignete Veranstaltung ist.

5.3.4 Lachen Sie gemeinsam

Humor, Witz und Lachen sind ein wesentlicher Bestandteil unserer Kommunikation. Ähnlich wie gemeinsame Aktivitäten schaffen diese Dinge Vertrauen und Bindungen. Nicht zu vergessen, dass Lachen erheblich zum Stressabbau beitragen kann.

Aber auch hier besteht eine große Herausforderung, da jedes Land eine eigene Witz- und Humorkultur hat. Diese Witze aus ihrem Kontext zu reißen oder Personen mit anderem kulturellen Hintergrund zu erzählen, kann nicht nur Unverständnis hervorrufen, sondern auch zu großem Unmut führen.

▶ Insofern gilt: Erst wenn sich die Gruppe besser kennt, sollte ausgetestet werden, ob es möglich ist, derartige Witze zu erzählen.

Beispielsweise ist es zu Beginn unglücklich, Witze wie die nachfolgenden zu erzählen: „Was macht ein Holländer, wenn sein Land die WM gewinnt?" – „Die Playstation aus!" oder „Was ist das dünnste Buch der Welt?" – „Ein Buch über deutschen Humor!". Sie verletzen das Gegenüber, weil sie scheinbare Schwächen so offen ansprechen.

Im Laufe der Jahre kann aber ein Vertrauensverhältnis entstehen, bei dem deutlich wird, dass die (kulturellen) Unterschiede häufig weniger groß sind als anfangs erwartet. Gleichzeitig erkennen viele Kollegen, dass sie in einem Umfeld kontinuierlicher Vorurteile über die Einwohner eines fremden Landes groß geworden und viele Meinungen einfach überholt sind. Dies erleichtert es, Witze über den Landesnachbarn zu erzählen. So hat sich beispielsweise das Bild der Niederländer über die Deutschen, was in den 1990er-Jahren noch sehr negativ war, positiv verändert. Deutsche werden nun als weniger humorlos und lockerer angesehen. Insbesondere die WM 2006 in Deutschland mit dem Slogan „Zu Gast bei Freunden!" und allen Feiern rund um diesen Event hat zu dem Stimmungsumschwung beigetragen. So ist es natürlich erheblich leichter, sich über die sprichwörtliche Humorlosigkeit der Deutschen zu amüsieren.

Es ist sehr interessant, sich zu diesem Thema einen Überblick im Internet zu verschaffen. Hier finden sich viele wissenschaftliche Artikel zum Thema Witze und Kultur, aber wenig konkrete Beispiele und Handlungsempfehlungen für internationale Teams. Ein Anzeichen dafür, dass die Thematik sehr risikobehaftet ist. Nichtsdestotrotz ist es sicherlich möglich, auch hier die Situation im Team auszutesten. Wie bei allen anderen Ideen kann es auch hier keine Top-down-Verordnung geben.

► Unser persönlicher Tipp: Wenn beispielsweise Deutsche und Niederländer zusammenarbeiten, kann es dienlich sein, wenn eine dritte Nationalität, zum Beispiel ein Brite, das Team verstärkt. Wahrscheinlich wird dann Englisch gesprochen. Das löst das Duz-Problem und es kommt britischer Humor ins Team.

5.3.5 Vom Nebeneinander zum Miteinander

Im Optimalfall hätten Sie nun, nachdem Sie beziehungsweise Ihr Team sich mit den ersten vier Punkten beschäftigt haben, ein Niveau erreicht, um mit dem Tagesgeschäft zu beginnen. Dies ist in den meisten Fällen leider nur die Theorie. In der Praxis durchlaufen Sie gewollt oder ungewollt bereits alle Ebenen und das meistens auch noch gleichzeitig. Daher sind zur Teambildung nachfolgende Aspekte wichtig.

Kontakthäufigkeit
Haben die Teilnehmer sehr häufig oder eher selten Kontakt miteinander? Haben sie viele Möglichkeiten, einander und somit die andere Kultur kennenzulernen? Haben sie die Möglichkeit, aufeinander zuzugehen und sich einander anzupassen?

Prinzipiell lässt sich feststellen, dass interkulturelle Zusammenarbeit in Projektgruppen und Teams am besten funktioniert, wenn Spielregeln, das Ziel und gegebenenfalls auch Umgangsformen deutlich festgelegt sind. Jeder nimmt seine Aufgaben auf eine eigene Art und Weise wahr. Wichtig ist, dass allen klar ist, welches Ziel angestrebt wird und in welcher Qualität dieses ausgeführt werden soll. Nur so kann am Ende das erwünschte Resultat zustande kommen. Teams, die viel im täglichen Kontakt zusammenarbeiten, neigen dazu, sich aneinander anzugleichen und eine besondere Art der Zusammenarbeit zu entwickeln, die die verschiedenen Besonderheiten in die Arbeitsweise integriert. Damit Sie lernen, Ihr Team optimal einzuschätzen, hilft beobachten. Anders sieht es bei Teams mit geringem direktem Kontakt aus. Hier ist es schwieriger, sich aufeinander einzustellen und einander einschätzen zu lernen, sodass interkulturelle Missverständnisse wahrscheinlich häufiger auftreten.

Dominante Kultur
Gibt es eine dominante Kultur im Team? Gehört die Mehrheit derselben Nationalität oder demselben Kulturkreis an? Dies erschwert und erleichtert die Situation gleichzeitig. Auf der einen Seite gibt es so eine Leitkultur im Team. Die anderen Teammitglieder müssen dann mehr über die Eigenheiten dieser Kultur erfahren, um sich darauf einstellen zu können. Gleichzeitig besteht aber das Risiko, dass Minoritäten ausgegrenzt werden bezie-

hungsweise die Situation als Ausgrenzung interpretieren. In der Folge werden sich diese Personen zurückziehen und der Unternehmenserfolg ist gefährdet. Nur wenn es Raum für alle Beteiligten gibt, kann das Ergebnis positiv ausfallen. Hilfreich kann es sein, Aufgaben atypisch zu verteilen. Fordern Sie gerade die Personen, die eine Aufgabe vielleicht nicht automatisch angenommen hätten.

Stärken der Einzelnen

Nutzen Sie individuelle Stärken der Gruppenmitglieder. Beispielsweise sind Deutsche dafür bekannt, dass sie ein Projekt strukturiert und mit Liebe für Details angehen. Gleichzeitig gibt es andere Nationalitäten, bei denen diese Eigenschaft nicht so stark ausgeprägt ist oder vielleicht sogar als lästig erfahren wird. Niederländer gelten häufig als sehr kommunikativ und empathisch im Umgang mit ihren Partnern, was sich unter anderem im Zuhören zeigt. Gelingt es jetzt, eine Gruppe zu formieren, in der beide Personenkreise ihre Stärke einbringen können und komplementäre Kompetenzen jeweils als Bereicherung erfahren werden, ist ein wesentlicher Schritt in Richtung gut funktionierender Projektgruppe gemacht.

Verhalten

Verurteilen Sie keine Verhaltensformen. Wir haben bereits gezeigt, warum es klare Regeln geben muss. Wenn außerhalb dieser Regeln Verhaltensformen gezeigt werden, die für Sie zwar ungewohnt sind, diese aber nicht gegen Absprachen verstoßen, dann nutzen Sie das als Kontaktpunkt. Das Thema Alkoholkonsum kann da als Beispiel dienen. Stellen Sie sich eine Gärtnerei mit Mitarbeitern verschiedener Herkunft vor. Um mit Stereotypen zu arbeiten, trinken die Polen regelmäßig eine Flasche Wodka nach dem Arbeitstag. Man kann das verurteilen. Es gibt aber auch Betriebe, die diese kulturelle Gegebenheit aufgreifen und ein jährliches Fest für ihre und die Mitarbeiter der umliegenden Betriebe organisieren. Die Chefs bezahlen jeweils den Eintritt, in dem eine Flasche Wodka enthalten ist. Es mag befremdlich klingen, gerade weil Alkohol in diesem Beispiel eine große Rolle spielt. Aber es zeigt, dass das Unternehmen in diesem Fall auf die Besonderheiten seiner Mitarbeiter eingeht und alle in einem Fest zusammenbringt, statt schulmeisterhaft zu belehren. Es signalisiert: Alle sind willkommen und dürfen mitfeiern, egal ob Angestellte, Chefs oder Familienmitglieder.

Sicherlich gibt es auch hier Grenzen. Haben Sie neben den osteuropäischen Mitarbeitern auch noch Muslime in Ihrem Unternehmen, werden diese sicherlich größte Mühe haben, eine solche Betriebsfeier als angemessen zu empfinden. Aber auch hier gilt: Verschaffen Sie sich einen Überblick über die Interessenlage und prüfen Sie im Vorfeld die Optionen.

5.4 Von uns für Sie – eine Checkliste

Sie, lieber Leser, haben nun viel über kulturelle Dimensionen, Unterschiede zwischen verschiedenen Nationalitäten und auch einige Verhaltensregeln im Umgang mit anderen Kulturen erfahren.

Einen wichtigen Aspekt möchten wir noch erwähnen: Kultur hat sehr viel mit Kommunikation zu tun. Es beginnt damit, dass jede Kultur eine Art kollektives Gedächtnis hat. Vielleicht ist es Ihnen so oder ähnlich im Geschichtsunterricht ergangen: Wir haben sehr ausführlich die Zeit des Dritten Reiches besprochen und uns Schülern ist unzählige Male deutlich gemacht worden, dass wir als Deutsche eine besondere Rolle haben. Dies sollten wir uns stets im Umgang mit anderen Kulturen und Nationen vor Augen führen. Durch diese Kommunikation der Lehrer, aber auch der Presse und des Fernsehens, sind wir stark geprägt worden und werden es immer noch. Eigentlich gilt das für alle wesentlichen geschichtlichen, politischen, aber auch religiösen Ereignisse, die uns von Generation zu Generation beigebracht worden sind. Hieraus erklärt sich auch vielfach, was wir als normal oder abnormal verstehen.

Ein zweiter wichtiger Aspekt zur Kommunikation ist die Tatsache, dass es nicht nur um das geschriebene oder gesprochene Wort geht. Auch die Körperhaltung und Gestik können verschieden gedeutet werden. So ist es in einigen Ländern verpönt, die Beine übereinander zu kreuzen, da dies ein Zeichen der Verschlossenheit und Ablehnung ist. Selbst Farben haben eine unterschiedliche Bedeutung. Während in unserer westeuropäischen Welt die Farbe Weiß für einen festlichen Anlass steht und häufig von Frauen bei Hochzeiten getragen wird, symbolisiert diese Farbe in Japan Trauer. Die Farbe Grün ist in unserem Kulturkreis die Farbe der Hoffnung. In islamischen Ländern stellt sie die Farbe des Propheten dar. Daher sollte sehr genau überlegt werden, wann welche Farbe zum Einsatz kommt.

► Kommunikation und Kultur sind untrennbar miteinander verbunden.

Was aber können Sie nun konkret für sich beziehungsweise für Ihr Unternehmen im täglichen Einsatz mitnehmen?

Eigenes Wertegerüst

Ausgangspunkt aller Überlegungen sind Sie selber mit Ihrem eigenen Wertegerüst. Es ist nicht wichtig, wie der klassische Deutsche aussieht, es gibt ihn sowieso nicht. Sie sind Bayer oder Nordrhein-Westfale, lieben klassische oder Unterhaltungsmusik, sind Fußballfan von Bayern München oder Fortuna Düsseldorf. Die Liste ließe sich beliebig erweitern, natürlich auch auf Ihre eigenen Wertvorstellungen. Hier kommen die Dimensionen von Hofstede ins Spiel: Akzeptieren Sie selber Klassen- und Gehaltsunterschiede? Sind Sie ein Individualist? Lieben Sie Statussymbole? Gehen Sie ein hohes oder ein geringes Risiko ein? Haben Sie eher kurzfristige oder langfristige Ziele? Die Antworten auf diese Fragen zeigen Ihnen, was Sie als normal definieren. Mit dieser für Sie normalen Sichtweise, nähern Sie sich allem Unbekannten.

Eigene Einstellung

Schauen Sie sich Ihre eigene Einstellung genau an: Wie gehen sie mit Unbekanntem um? Entscheidend ist, dass sie Neuem und Unbekanntem positiv gegenüberstehen. Die Erfahrung zeigt, dass Menschen im Regelfall zuerst einmal Vertrautes und Bekanntes wahrnehmen, um sich zu orientieren. Häufig wird in diesem Zusammenhang die Ankunft auf einem Flughafen zitiert: Worauf achten Sie, wenn Sie nach einem Langstreckenflug angekommen sind? Die Ausstattung des Flughafens ist meistens ähnlich. Aber wenn Sie das Gebäude verlassen, was nehmen Sie mit Ihren Sinnesorganen wahr? Die gleichen Autos? Die gleiche Verkehrsführung?

Wenn Sie Unterschiede wahrnehmen, wie gehen Sie damit um? Wichtig ist, dass Sie neugierig bleiben. Stellen Sie Fragen: Warum machen andere Menschen Dinge anders? Ständige Offenheit, ein offenes Ohr und offene Augen für Situationen und Entscheidungen, die anders sind, als Sie es machen würden oder vielleicht erwarten, sind essenziell. Jeder Mensch hat seine eigene Wahrnehmung und entscheidet für sich, was normal oder abnormal ist. Geben Sie Andersartigem eine Chance. Ablehnung ist einfach. Aber durch Nachfragen oder Mitmachen können wir zu neuen und interessanten Erkenntnissen kommen. So wird aus Unbekanntem etwas Nachvollziehbares.

► **Normalität oder Neuland** Ist Ihnen schon einmal aufgefallen, dass Ihnen Entfernungen zwischen Städten gefühlt kürzer vorkommen, wenn Sie schon einmal dort gewesen sind und dort positive Erfahrungen gemacht haben? Studien haben dies ausdrücklich bewiesen: Wenn wir etwas als gewohnt und normal betrachten, dann ist der Abstand – und hier auch wirklich der geografische – kürzer als erwartet beziehungsweise in der Realität.

Bis jetzt haben wir Kulturunterschiede und ihre Bedeutung für die Zusammenarbeit kritisch von verschiedenen Seiten beleuchtet sowie die Bedeutung und den Einfluss von Kultur auf das Geschäftsleben beschrieben. Bei alledem dürfen die vielen positiven Aspekte, die ein Kulturunterschied mit sich bringt, nicht vergessen werden. Wie aufregend ist es, wenn sich vollkommen neue Einblicke eröffnen. Wenn wir über „Flüssige Butter" staunen, die in den Niederlanden zum Anbraten verwendet wird und gleichzeitig „schmierbares Fleisch" wie Leberwurst für die normalste Sache der Welt halten. Andersartig muss nicht immer ungewohnt und unheimlich sein, sondern kann den eigenen Horizont erweitern. Abgesehen davon hat diese Offenheit den Nebeneffekt, dass sich auch das Gegenüber öffnet und wir Traditionen oder Werte, die uns persönlich am Herzen liegen, teilen können. Sei es ausländische Freunde zum Nikolaus einzuladen, Karneval zu feiern oder zusammen einen St.-Martinszug anzusehen. Ein weiterer positiver Aspekt ist: Je offener wir anderem gegenüberstehen, desto flexibler werden wir mit der Zeit und benötigen weniger Zeit, uns anzupassen. Ungewohnte Situationen bringen uns weniger aus der Ruhe. Wir bekommen eine Routine in andersartigem, sodass wir auch seltsame Situationen, die sich aus kleinen Missgeschicken ergeben, gut meistern.

Gemeinsamkeiten

Benutzen Sie die Dimensionen von Hofstede als Gerüst. Aber Vorsicht: Seien Sie sich immer bewusst, dass es sich um eine Art Halbwissen handelt oder, um in der Bildersprache zu bleiben, um ein Skelett, dass Sie mit eigenen Erfahrungen und Eindrücken mit Fleisch anfüllen müssen. Dennoch kann Ihnen eine Übersicht erst einmal mögliche Unterschiede und Gemeinsamkeiten vor Augen führen. Und dann gilt: Versuchen Sie es selbst.

Ein möglicher Kritikpunkt soll nicht ungenannt bleiben. Die ständige interkulturelle Zusammenarbeit verändert die Art und Weise der Zusammenarbeit sowie die Sichtweise und Wahrnehmung von Situationen, die im Alltag auftreten. Gleichzeitig ändern sich die Arbeitswelt und die Ansprüche an Arbeitnehmer, aber auch an Arbeitgeber. Es gibt Unterschiede, die vielleicht eher durch Generationen als durch Kulturen entstehen. Insofern sind die klassischen Profile, wie sie bei Hofstede vor über 20 Jahren festgelegt worden sind, sicherlich kritisch zu hinterfragen. Eine erneute und regelmäßige empirische Untersuchung wäre hilfreich. Dennoch bieten die Dimensionen einen guten Anhaltspunkt und Denkanstoß für die interkulturelle Zusammenarbeit.

Vorurteile durch Unwissenheit
Die Gefahr des Halbwissens und der Vorurteile wird durch die Tatsache verstärkt, dass in den letzten Jahrzehnten eine Art Annäherung stattgefunden hat. Sehr viele Menschen haben, im Rahmen der Globalisierung, Erfahrungen außerhalb ihres Kulturkreises gemacht. Hierdurch verändert sich das Weltbild und es kann noch weniger angenommen werden, dass ein klassisches Rollenmuster verwandt wird.

Anspruchsniveau angleichen

In einer Projektgruppe arbeiten Deutsche und Niederländer zusammen. Nach einiger Zeit zeigt sich meist ein Angleichen der Arbeitskulturen. Dabei übernehmen die Gruppenmitglieder die vermeintlich positiven Ausprägungen der jeweils anderen Nationalität: Niederländer sind in der Regel extrovertierter und besser in der Kommunikation, Deutsche hingehen sind für ihre Gründlichkeit und ihr Denken in Strukturen bekannt. In Gruppenarbeiten zeigt sich, dass beide Gruppen die jeweils weniger ausgeprägte Kompetenz verbessern.

Derartige Dynamiken können zielgerichtet eingesetzt werden, um die Effizienz und Effektivität Ihres Teams zu erhöhen. Wichtig für Sie ist aber, dass Sie sich vor Augen führen, dass solche Tendenzen überhaupt möglich sind.

Anpassung
Wer passt sich eigentlich wem an? Im asiatischen Raum ist es üblich, Visitenkarten mit einer leichten Verbeugung und mit beiden Händen auszuhändigen. Persönliche Notizen auf Visitenkarten gelten als eine Beleidigung. Außerdem sollte die Visitenkarte direkt gelesen werden und es sollten Unklarheiten oder Besonderheiten unmittelbar nachgefragt werden. Im westlichen Kulturkreis ist das Aushändigen von Visitenkarten eher eine Nebensache. Häufig werden auch Stichwörter auf der Visitenkarte notiert.

Ein weiteres Beispiel ist das Auspacken von Geschenken: Während in westlichen Kulturen die direkte Befriedigung der Neugierde in Anwesenheit des Schenkenden üblich ist, verzichten asiatische Kulturen aus Rücksicht auf ihren Gesprächspartner darauf. Sollte

Abb. 5.5 Andere Ländern, andere Sitten

das eigene Geschenk größer oder wertvoller sein, könnte dies eine Blamage für den Beschenkten sein, was wiederum einen Gesichtsverlust darstellt (Abb. 5.5).

Was aber passiert, wenn beide sich der jeweils anderen Kultur anpassen? Wenn zum Beispiel der Westeuropäer seinem chinesischen Geschäftspartner die Visitenkarte „klassisch asiatisch" überreicht und im Gegenzug dieselbe locker ausgehändigt bekommt.

Humor

Die einfachste Art, hierauf zu reagieren, ist die Situation mit Humor zu nehmen und zu lachen. Es ist offensichtlich, dass beide Gesprächspartner sich mit unterschiedlichen Kulturen beschäftigt haben. Ein Lachen ist meistens über alle Grenzen und Unterschiede hinweg das beste Mittel, um einen Weg zueinander zu finden. Für den Fall, dass Ihr Gegenüber sich anders verhält als erwartet und sich kein heiterer Moment ergibt, sondern eher Irritationen, ist Kommunikation ein wichtiges und hilfreiches Mittel. Seinen Gesprächspartner abzuholen, sich auf ihn einzustellen und sich anzupassen kann Missverständnisse vermeiden.

Was sind dann konkret Ihre Optionen? Je nach Situation und Offenheit können Sie konkret nachfragen: „Ist es hier nicht üblich, dass die Visitenkarte mit einer Verbeugung überreicht wird?" Neben Visitenkarten sind wir auch bei Begrüßungen oft mit unbekannten Ritualen konfrontiert. Aber selbst wenn wir durch diverse Auslandsaufenthalte geschult sind und wissen, dass man in den Niederlanden zur Begrüßung drei Küsschen, in Belgien zwei und in Deutschland eventuell ein Küsschen gibt, kann man schon mal durcheinanderkommen. Das führt in der Regel zu einem Stirnrunzeln beim Gesprächspartner. In dem Moment ärgern wir uns oft über uns selbst. Auch hier hilft es, mit Offenheit zu reagieren. Nehmen Sie es mit Humor und sprechen Sie das Missgeschick offen an. Damit wird die Unsicherheit offen zugegeben und das Gegenüber hat die Chance, zu helfen. Es kann aber auch eine Möglichkeit sein, sich lächelnd, aber stumm aus der Affäre zu ziehen und den Moment verstreichen zu lassen. Trotz aller Vorbereitung und Erfahrung können aber auch Standardsituationen schieflaufen. Auch das gehört zu interkulturellen Begegnungen dazu und ist vollkommen in Ordnung.

Lösungsansätze

Sollte sich tatsächlich keine Einigungsmöglichkeit ergeben, ist eine interkulturelle Mediation in Erwägung zu ziehen, um die Konflikte mit der Unterstützung eines Mediators zu besprechen. Wichtig ist hierbei, den Beteiligten die Möglichkeit zu geben, sich in ihrer Muttersprache auszudrücken. Gerade wenn es um Emotionen und problematische Situationen geht, gibt es einen natürlichen Drang, sich in der von Kindheit an erlernten Sprache zu verständigen.

Um solche Situationen bereits im Vorfeld zu vermeiden, bieten sich verschiedene Maßnahmen an: interkulturelle Trainings, interkulturelle Beratung oder Coaching. Interkulturelle Trainings werden häufig mit einfachen Übersichten mit „Dos und Dont's“ oder einer Art Benimm-Knigge im Ausland angeboten. Hiervon möchten wir abraten, da so die Idee verstärkt wird, dass alle Menschen eines Landes über einen Kamm geschoren werden können – es sich also um klassische Stereotypen handelt. Empfehlenswerter sind Planspiele und Simulationen, in denen an Kompetenzen wie Empathie, Toleranz und Flexibilität gearbeitet wird. Außerdem ist es wichtig, sich mit möglichen Konfliktsituationen zu beschäftigen, um von vorneherein zu verhindern, dass eine Mediation notwendig wird.

Beim interkulturellen Consulting wird eine Personalberatung eingeschaltet, die bei Fragen der Team- und Stellenbesetzung unterstützt. Bei den in Abschn. 5.3 vorgeschlagenen Maßnahmen kann eine professionelle Unterstützung im Rahmen eines interkulturellen Coachings erfolgen. Vorgelagerte Coachings- und Trainingsmaßnahmen sind in der Regel ausreichend und führen zum gewünschten Erfolg.

Kooperation

Überraschenderweise funktioniert zu Beginn einer internationalen Zusammenarbeit die Kooperation besonders gut, wenn die kulturellen Unterschiede besonders groß sind. Die Bereitschaft, einen Kompromiss einzugehen, ist im Regelfall stark ausgeprägt. Erst nach einigen Jahren ergeben sich Konflikte, da sich Routine und scheinbare Normalität eingestellt haben. Sollten dann Probleme auftauchen, knallt es häufig besonders heftig. Hier reicht oft ein wachsames Auge aus. Sollte es tieferschürfende Probleme geben, können Coaching oder eine Mediation in Erwägung gezogen werden.

Multikulturalität

Multikulturalität ist ein zunehmend politisch viel diskutiertes Thema. Häufig wird darunter nur die politisch korrekte Anerkennung anderer Kulturen verstanden, wobei eine

Leitkultur vorgegeben ist und eigentlich so wenig neue Impulse wie möglich übernommen werden. Aufgrund der bisherigen Beispiele sollte deutlich sein, dass dies nicht zum gewünschten Erfolg führen kann. Optimal ist es, wenn kulturelle Gruppen sich ihre Identität erhalten können, gegenseitig mögliche Unterschiede akzeptieren und versuchen ein Miteinander zu realisieren. In einer solchen Atmosphäre können Resultate erreicht werden, die letztlich zu einer „1 + 1 = 3“-Lösung führen.

Anderen Kulturen mit Respekt begegnen

Wir sind am letzten Punkt unserer Checkliste angekommen. Themen, die emotional behaftet sind, sollten mit Vorsicht angegangen oder vermieden werden. So ist es zum Beispiel allgemein bekannt, dass Muslime kein Schweinefleisch zu sich nehmen. Dies ist eine harte Grenze, die nicht überschritten werden kann. Noch schwieriger wird es bei Akzeptanzfragen, wie zum Beispiel der Rolle der Frau im Nahen Osten. Sollten Unternehmer Geschäfte mit Unternehmen aus dieser Region betreiben, so ist zu hinterfragen, inwiefern sich der dort gängigen Mentalität gebeugt und in verstärktem Maße auf männliche Unternehmensvertreter zurückgriffen wird. Spätestens hier ist eine moralische Perspektive erreicht, die den reinen Betrachtungsrahmen von interkulturellen Herausforderungen sprengt. Welche Werte liegen Ihrem Geschäftsmodell zugrunde? Welches Menschenbild verbirgt sich dahinter? Inwieweit sind Sie bereit, Ihre Wertvorstellungen zugunsten vermeintlich lukrativer Geschäfte zu verändern oder aufzugeben? Eine Beantwortung dieser Fragen würde an dieser Stelle zu weit führen.

Damit haben wir in doppelter Hinsicht das Ende unserer Betrachtungen erreicht. Einerseits haben wir unsere Erfahrungen und Beispiele mit Ihnen teilen können. Gleichzeitig beginnt damit für Sie, als Leser, die Suche nach einem geeigneten Weg, bei der Unternehmensführung mit interkulturellen Herausforderungen umzugehen. Wir wünschen Ihnen hierbei viel Spaß, ein gutes Händchen und stets eine Portion Humor.

Weiterführende Literatur

Broszinsky-Schwabe E (2011) Interkulturelle Kommunikation: Missverständnisse – Verständigung. VS Springer Fachmedien, Wiesbaden

Claes M-T, Gerritsen M (2002) Culturele Waarden en communicatie in internationaal perspectief. Uitgeverij Coutinho, Bussum

Hofstede G (o. J.) The hofstede centre, strategy – culture – change. http://www.geert-hofstede.com. Zugegriffen: 30. Aug. 2014

Hofstede G (1993) Interkulturelle Zusammenarbeit. Kulturen – Organisationen – Management. Springer Fachmedien, Wiesbaden

Hofstede G, Hofstede GJ (2010) Cultures and organizations: software of the mind: intercultural cooperation and its importance for survival. McGraw-Hill, New York

Kutschker M, Schmid S (2010) Internationales Management. Oldenbourg, München

Landeszentrale für politische Bildung Thüriingen (o. J.) Interkulturelle Kompetenz online: Fit für die Fremde? Ein Selbsttest. http://www.ikkompetenz.thueringen.de/selbsttest. Zugegriffen: 12. Dez. 2014

Müller B (1998) Vorbild Niederlande? Tips und Informationen zu Alltagsleben, Politik und Wirtschaft. Agenda, Münster

NiederlandeNet (o. J.) Niederlandenet – Information und Beratung. http://www.uni-muenster.de/NiederlandeNet. Zugegriffen: 30. Aug. 2014

Reef J, Roowaan R (2005). Over de Duitse grens. Methode en praktijk van intercultureel leren in binationale tandems. Agenda, Münster

Schlizio B, Schüerings U, Thomas A (2008) Beruflich in den Niederlanden. Trainingskompetenz für Manager, Fach- und Führungskräfte. Handlungskompetenz im Ausland. Vandenhoeck & Ruprecht, Göttingen

Thiagarajan S, van den Bergh S (2014) Interaktive Traningsmethoden: Thiagis Aktivitäten für berufliches, interkulturelles und politisches Lernen in Gruppen. Wochenschau, Schwalbach

Warkentin K (2014) Interkulturelle Kompetenz: Fettnäpfchen sicher umgehen. http://www.karriere-bibel.de/interkulturelle-kompetenz. Zugegriffen: 8. Jan. 2015

Zentrum für interkulturelles Management (2015) Länderprofile. http://www.interkulturelles-management.com/laenderprofile. Zugegriffen: 30. Aug. 2014

Werteorientierte Führung – gemeinsam besser werden

6

Katja Mögel

„Jeder möchte die Welt verbessern und jeder könnte es auch, wenn er nur bei sich selber anfangen wollte." Karl Heinrich Waggerl

Inhaltsverzeichnis

K. Mögel (✉)
Schwelmer Str. 26, 40235 Düsseldorf, Deutschland
E-Mail: katjamoegel@arcor.de

N. Müller, C. Jäger (Hrsg.), *WERTEorientierte Führung von Familienunternehmen*,
DOI 10.1007/978-3-658-09237-5_6

Zusammenfassung
Die heutigen Wettbewerbsbedingungen erfordern zunehmend eine kontinuierliche Verbesserung der Arbeitsprozesse. Daher ist gerade für Familienunternehmen mit gewachsenen Strukturen und Prozessen der Weg der kleinen aber fortwährenden Verbesserungsschritte ein wichtiger Baustein zur Anpassung an die steigenden Kunden- und Mitarbeitererwartungen. Viele glauben, kontinuierliche Verbesserung sei lediglich eine Sammlung von Methoden und Werkzeugen, mit deren Einführung sich schnell Erfolge erzielen lassen. Das Kapitel zeigt auf, warum dies ein Trugschluss ist und welche Rollen Werte, Kultur, Orientierung, Vertrauen und Authentizität dabei spielen.

Wie kann ich meinen Mitarbeitern Orientierung geben? Wie entsteht eine effektive Fehlerkultur, in der Probleme offen angesprochen und systematisch gelöst werden? Wie können Neuerungen langfristig etabliert werden, ohne dass Menschen wieder in alte Muster verfallen? Das Kapitel gibt Ihnen Antworten auf diese Fragen und liefert praktische Tipps zur Umsetzung. Es stellt das Thema kontinuierliche Verbesserung praxisnah dar und rückt dabei den wichtigsten Erfolgsfaktor in den Mittelpunkt – Ihre Mitarbeiter.

6.1 Verbesserungskultur

Wie können wir in Unternehmen stabile Standards und Prozesse schaffen und in diesen, Schritt für Schritt und Tag für Tag, besser werden? Es wird viel über entsprechende Methoden und Werkzeuge gesprochen und geschrieben. Viele wundern sich, warum all die eingeführten Systeme, Schulungen, Handbücher und Berater sie nicht wie gewünscht vorwärts bringen. Am Ende des Tages lässt sich kontinuierliche Verbesserung jedoch nicht einkaufen, anordnen, managen oder controllen, sondern erwächst aus Menschen, gelebten Werten und einer Kultur der kontinuierlichen Verbesserung.

6.2 Ergebnisorientierung: Ergebnis und Orientierung – gemeinsame Ziele erarbeiten, herunterbrechen und kommunizieren

„Wer vom Ziel nicht weiß, kann den Weg nicht finden." Christian Morgenstern

Ist Werteorientierung nur etwas für „Softies"? Ein netter Zusatz, wenn ansonsten alles gut läuft? Etwas für gute Zeiten, wenn es keinen Kampf um das nackte Überleben zu bestreiten gilt? Wenn also die Zahlen stimmen? Zählen am Ende des Tages nicht sowieso nur die Ergebnisse?

Diese Fragen stehen dem ein oder anderen buchstäblich ins Gesicht geschrieben, wenn er zum ersten Mal mit dem Thema werteorientierte Führung in Berührung kommt. Wir messen uns an harten Kennzahlen, wie einer Gewinnmarge, an Produktivitätskennzahlen,

Umsätzen und Kundenzufriedenheit. Dafür interessieren sich der Investor, die Bank und letztendlich die Mitarbeiter. Erwarten diese doch jeden Monat den Gehaltseingang auf ihrem Konto. Wo also soll die Werteorientierung uns bei der Erreichung dieser Ziele helfen? Ist es nicht Ergebnisorientierung, auf die Unternehmer und Führungskräfte ihr Augenmerk legen müssen?

Vielleicht kommt Ihnen das folgende Beispiel in ähnlicher Weise bekannt vor.

Ergebnisorientierung

In dem mittelständischen Familienunternehmen Möbeltraum gibt es, neben diversen Kalkulationen der Controlling-Abteilung, eine pragmatische Prüffrage für jede Investition, sei es eine Investition in Produktionsanlagen oder Mitarbeiter. Diese Frage lautet: „Wenn ich diese Investition tätige beziehungsweise diese Maßnahme umsetze, produziere ich dadurch auch nur ein Möbelstück mehr beziehungsweise kann ein Möbelstück mehr verkaufen?"

Wird diese Frage mit einem Nein beantwortet, wird die Investition in der Regel nicht getätigt. Dadurch erfolgen in vielen Fällen nur Investitionen in Produktionstechnik und Produktionsoptimierungen, deren Wirtschaftlichkeit sich binnen ein bis zwei Jahren mit harten Zahlen belegen lässt. Investitionen in (längerfristige) Innovationen, zukunftsorientierte Visionen sowie langfristige Mitarbeiterqualifikation und -bindung fallen dabei schnell aus dem Schema.

Eine reine kurz- bis mittelfristige Ergebnisorientierung, wie sie im klassischen Sinn von vielen Unternehmen und auch hier im Beispiel verstanden wird, kann einem Unternehmen den Blick auf die zukunftsweisenden Investitionen verbauen und somit den langfristigen Unternehmenserfolg gefährden.

Sicher, Ergebnisorientierung ist essenziell für langfristigen unternehmerischen Erfolg. Das Wort Ergebnisorientierung selbst beinhaltet aber zwei Teile – Ergebnis und Orientierung. Viele Unternehmer fokussieren sich sehr stark auf den ersten Teil, das Ergebnis. Hier wird definiert, gemessen und nachverfolgt.

Wie steht es aber mit der Orientierung? Wer braucht überhaupt Orientierung? Der Unternehmer und die Führungskräfte? Ganz sicher. Die Investoren und Banken? Selbstverständlich. Auf diesen beiden Ebenen werden wichtige strategische Entscheidungen getroffen, die für die Zukunft des Unternehmens ausschlaggebend sind. Hier sind viele Unternehmen mit Controlling-Abteilungen und jeder Menge Berichten und Analysen für die Führungskräfte bestens ausgestattet. Wie aber steht es um die Mitarbeiter?

- Kennen Ihre Mitarbeiter die Ziele des Unternehmens?
- Kennen Ihre Mitarbeiter die Ziele der eigenen Abteilung?
- Weiß jeder einzelne Ihrer Mitarbeiter, was genau sein Beitrag zur Erreichung des Abteilungszieles beziehungsweise des Unternehmenszieles ist?

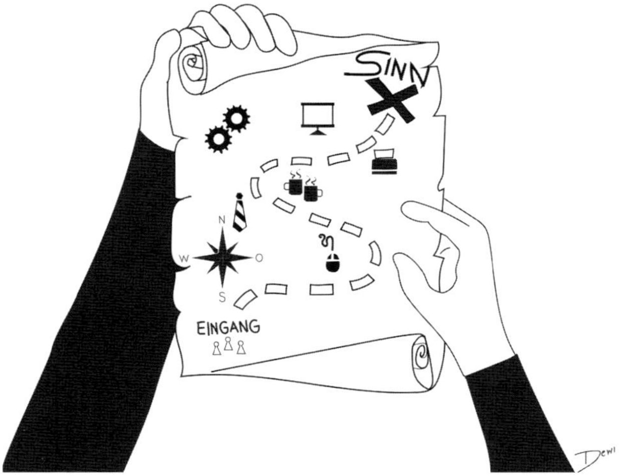

Abb. 6.1 Der Sinn ist das Ziel

Sollten Sie eine oder mehrere dieser Fragen mit einem Nein beantworten, haben Sie die Chance, Ihren Mitarbeitern, durch mehr Orientierung, den Sinn ihrer Tätigkeiten klarer zu machen, ihren Beitrag zum Unternehmenserfolg aufzuzeigen und damit auch persönliche Erfolge greifbarer und bedeutender zu machen (Abb. 6.1).

In vielen Fällen haben die Mitarbeiter nicht den Überblick über den gesamten Herstellungs- oder Leistungserstellungsprozess. Sie wissen nicht oder nur sehr vage, aus welchen Rohstoffen, Materialien oder Informationen, in welchen Schritten welche Endprodukte oder Dienstleistungen entstehen und wie diese vom Kunden eingesetzt oder genutzt werden. Natürlich kennen Sie den jeweiligen Schritt, der in ihrem Bereich stattfindet, sehr gut, aber selten investieren Unternehmen die Zeit, ihnen den Gesamtprozess aufzuzeigen. Damit fehlt den Mitarbeitern das Verständnis:

- wie sich ihre Aufgabe in den Gesamtprozess einfügt,
- warum diese und deren gewissenhafte Erfüllung immens wichtig ist,
- was in ihrem Bereich eine gute und was eine schlechte Leistung ist und
- welche Auswirkungen diese auf den Betriebsablauf haben.

Wertvoller Mitarbeiter

Schreiner Mayer arbeitet in dem mittelständischen Familienunternehmen Möbeltraum, welches Möbel für Wohn- und Schlafzimmer produziert. Als er gefragt wird, was er bei seiner Arbeit und in seiner Freizeit tut, antwortet er: „In meiner Arbeitszeit bediene ich den ganzen Tag eine Durchlaufsäge – tagein tagaus immer dasselbe. Wenn ich aber am Wochenende Zeit habe, gehe ich meinem Hobby nach und schreinere wunderschöne Möbel für mein Haus.“

Abb. 6.2 Verschenktes Potenzial

Dieses Beispiel verdeutlicht zwei Dinge sehr anschaulich. Zum einen scheint Schreiner Mayer nicht zu wissen, wie sich seine Aufgabe beim Unternehmen Möbeltraum in den Gesamtprozess eingliedert und dass er einen sehr wichtigen Beitrag zur Herstellung ebenfalls wunderschöner Möbel beiträgt. Zum anderen ist hier offensichtlich großes Potenzial im Unternehmen vorhanden. Schreiner Mayer kann nicht nur eine Durchlaufsäge bedienen, sondern Möbel entwerfen, zeichnen und komplett herstellen (Abb. 6.2). Wird dieses Potenzial von seinen Vorgesetzten nicht erkannt, kann es für das Unternehmen auch nicht genutzt werden. Im schlimmsten Fall geht dieses Können und Wissen dem Unternehmen Möbeltraum sogar ganz verloren, wenn sich Schreiner Mayer dazu entscheidet, eine abwechslungsreichere und ihn forderndere Stelle zu finden und das Unternehmen eines Tages verlässt.

Wenn Mitarbeiter also den Gesamtprozess in Ihrem Unternehmen und damit ihren Beitrag nicht kennen und verstehen, entsteht oft Frust auf beiden Seiten. Zum einen auf der Seite der Mitarbeiter, die ihre Aufgabe sinnentleert und den Chef als pingelig und kontrollierend empfinden. Zum anderen auf der Seite der Führungskräfte, die sich darüber ärgern, dass ihre Mitarbeiter nicht mitziehen oder die Wichtigkeit von Qualität und Pünktlichkeit scheinbar nicht verstehen wollen. Wie also können wir die Ergebnisse als klare Messgrößen im Blick haben und gleichzeitig unseren Mitarbeitern Orientierung geben?

6.2.1 Ziele relevant gestalten

Zu Beginn eines jeden Jahres sollten Sie sich mit Ihrem Führungskräfteteam Zeit für einen Ziele-Workshop nehmen. Gönnen Sie Ihren Kollegen und sich dafür eine angenehme Atmosphäre und eine schöne Umgebung. Lassen Sie den Alltag einmal hinter sich und organisieren Sie den Workshop außerhalb Ihrer Unternehmensräumlichkeiten. Das zeigt, dass Ihnen der gemeinsame Start ins Jahr wichtig ist und schafft zudem freie Köpfe. Viele können sich im unternehmensinternen Besprechungsraum nur schwer von den Alltagsproblemen lösen beziehungsweise werden sehr schnell einmal aus der Besprechung gerufen, wenn es irgendwo „brennt".

Es ist ratsam, diesen Workshop mit einem kurzen Rückblick auf das vergangene Jahr zu beginnen, bevor Sie sich den Zielen für das neue Jahr zuwenden. Was ist gut gelaufen? Was wollen wir beibehalten? Was könnte besser laufen? Was wollen wir verändern? Eine offene und ehrlich gemeinte Diskussion zu diesen Fragen ist bereits eine gute Basis für kontinuierliche Verbesserung in Ihrem Unternehmen und bezieht alle Führungskräfte, ihre Erfahrungen, Beobachtungen und Ideen ein.

Widmen Sie sich erst dann den Zielen für das kommende Jahr. Keine Angst, es geht hierbei nicht darum, die obersten Unternehmensziele offen zur Diskussion zu stellen. Der Rahmen für diese Ziele ist meist durch Kunden- oder Investorenerwartungen, Finanzierungsbedingungen von Banken, Auslastungszielen und ähnlichem gegeben. Vielmehr geht es darum, gemeinsam zu erarbeiten, was diese Ziele für die einzelnen Bereiche und Abteilungen bedeuten und welche Unterziele sich daraus ergeben.

Oft wird bei der Festlegung von Jahreszielen auf einer zu abstrakten Ebene gestoppt. Daraus resultieren dann Ziele wie „Der Jahresumsatz soll 200.000 Euro und die Kapazitätsauslastung 95 Prozent betragen". Wie kann jedoch ein Abteilungsleiter oder ein Mitarbeiter unterjährig einschätzen, ob die erbrachte Leistung in seinem Bereich zur Erfüllung dieser Ziele führen wird? Wie kann er sich an solch einem Ziel tatsächlich orientieren? Er kann es nicht wirklich. Entsprechend wird er, in der Regel, in einem solch allgemein formulierten Ziel, keine Relevanz und persönliche Bedeutung für sich sehen.

Daher gilt es im nächsten Schritt, die Oberziele auf Abteilungsziele herunter zu brechen. Dies geschieht gemeinsam während des Workshops. Beantworten Sie dabei in der Gruppe folgende Fragen:

- Welchen Beitrag leistet Abteilung X zur Erfüllung des (Ober-)Zieles?
- Durch welche Kennzahlen lässt sich dieser Beitrag messen?
- Wie lautet dementsprechend das Unterziel dieser Abteilung?

Am Ende des Workshops hat das Führungskräfteteam die Ziele der einzelnen Abteilungen gemeinsam erarbeitet und festgehalten. Damit entsteht Transparenz und Klarheit über die Prozesse und Ziele, sowohl für den eigenen als auch für die anderen Bereiche. Gleichzeitig besteht eine gemeinsame Verpflichtung und Verantwortung für die Erreichung dieser Ziele. Schließlich waren alle persönlich dabei und haben an deren Formulierung mitgewirkt. Das ist ein enormer Unterschied zu zentral ausgegebenen Zielen der Unternehmensleitung.

SMARTe Ziele

Die so definierten Ziele sollten dabei stets die SMART-Formel erfüllen:

- S – Spezifisch: Ziele sollten so genau wie möglich definiert werden.
- M – Messbar: Ziele müssen messbar sein und Messgrößen festgelegt werden.
- A – Akzeptiert: Ziele müssen von allen Beteiligten akzeptiert sein.
- R – Realistisch: Ziele müssen so gesetzt werden, dass sie erreicht werden können.
- T – Terminierbar: Ziele enthalten eine klare Zielvorgabe, bis wann das Ziel erreicht werden muss.

Einige Modelle ergänzen die SMART-Formel noch um weitere Faktoren. Für persönliche Ziele von Mitarbeitern möchte ich die Formel gern um das Kriterium – E für emotional – ergänzen. Das bedeutet, dass persönliche Ziele auch stets emotional sein sollten, im Sinne von motivierend, Leidenschaften oder Ehrgeiz weckend und damit für den Mitarbeiter eine persönliche (nicht nur finanzielle) Bedeutung haben. Liegt dem Mitarbeiter persönlich etwas an einem Ziel und weckt es seine Leidenschaft oder seinen Ehrgeiz, so wird er mit Hochdruck und Motivation an der Erfüllung des Zieles arbeiten. Dies setzt natürlich voraus, dass Sie Ihre Mitarbeiter gut kennen und sich für ihre Stärken und Leidenschaften interessieren.

Ziele sollten dabei nicht in Stein gemeißelt werden, sondern müssen flexibel angepasst werden, wenn sich die Umstände, grundlegenden Annahmen oder Prioritäten verändern. Überprüfen Sie also nicht nur regelmäßig die Zielerreichung, sondern auch, ob die angestrebten Ziele, überhaupt noch richtig sind, ihre Erreichung noch realistisch ist oder ob andere Prioritäten die Oberhand gewonnen haben.

SMARTe Jahreszielvereinbarung für Schreiner Mayer

Nachdem sein Vorgesetzter von Mayers Leidenschaft für die Herstellung von Möbeln erfahren hat, besprechen die beiden folgende Ziele:

Herr Mayer soll bis zum 30. Juni des Jahres (terminiert) eine technische Zeichnung und einen Prototypen (messbar) für einen neuen Nachttisch der Serie „Federleicht" (spezifisch) anfertigen. Die Produkteigenschaften der neuen Serie „Federleicht" sind dabei zu berücksichtigen. Das Ziel gilt als erfüllt, wenn der Vorgesetzte sowohl eine Zeichnung, als auch einen Prototypen begutachtet und freigegeben hat (messbar, spezifisch). Für die Erfüllung des Zieles wird Herr Mayer vier Wochen von seinen regulären Aufgaben freigestellt (realistisch).

Das Ziel ist zwischen Herrn Mayer und seinem Vorgesetzten vereinbart worden (akzeptiert). Darüber hinaus korrespondiert es mit seiner Leidenschaft und seinem Talent, Möbel zu entwerfen und zu bauen (emotional).

Die Vorgehensweise des beschriebenen Zieleworkshops ist keineswegs auf Produktionsbereiche beschränkt. Die administrativen Bereiche in Produktionsunternehmen leisten ebenfalls einen unverzichtbaren Beitrag zur Zielerreichung und selbstverständlich lässt sich das Vorgehen in Dienstleistungsunternehmen analog anwenden.

Zielworkshop

Der Zielworkshop im Unternehmen Möbeltraum hat zu der folgenden Zielauflösung geführt.

Im Unternehmen Möbeltraum ist das oberste Unternehmensziel mit einem Jahresumsatz von 250.000 € vorgegeben. Um dies zu erreichen, muss die Abteilung „Betten" 50.000 Betten herstellen. Das heißt, die Durchlaufsäge von Schreiner Mayer muss 200.000 Bettfüße produzieren. Das bedeutet für diese Maschine ein Tagesleistungsziel von 800 Stück beziehungsweise ein Ziel von 400 Stück pro Schicht im Zweischichtbetrieb.

Daraus ergibt sich aber auch, dass die Durchlaufsäge in 95 % der verfügbaren Maschinenstunden produzieren muss. Daraus ergibt sich wiederum für die Instandhaltungsabteilung das Ziel, dass die Maschine nicht mehr als 50 min pro Tag für Wartungen und Reparaturen stillstehen darf.

Im administrativen Bereich ergibt sich daraus für die Einkaufsabteilung das Ziel, Bestellanfragen innerhalb von acht Stunden zu bearbeiten, um sicherzustellen dass Rohmaterialien und Ersatzteile rechtzeitig verfügbar sind.

Während für Schreiner Mayer, den Elektriker und den Einkäufer das Ziel von 250.000 € für das Jahr sehr abstrakt und persönlich unbedeutend ist, erhalten sie nun transparente Erwartungen und relevante Orientierung für ihre tägliche Arbeit. Am Ende eines Arbeitstages wissen sie genau, ob dies ein erfolgreicher Tag im Sinne der Unternehmensziele war.

6.2.2 Ziele kommunizieren und nachverfolgen

Skeptiker werden an dieser Stelle den Kopf schütteln und sagen „Prima, noch mehr Kennzahlen und damit noch mehr Kontrolle". Da das Ziel jedoch Orientierung, Transparenz und Verantwortung sein soll und nicht Kontrolle, ist es immens wichtig, wie die Ziele kommuniziert und nachverfolgt werden.

Anstatt also im nächsten Schritt die neuen Ziele lediglich per Aushang oder E-Mail zu verkünden, ist es ratsam, auch mit den Mitarbeitern Workshops oder persönliche Informationsrunden zu gestalten. Behalten Sie dabei im Hinterkopf, dass Verstehen nicht einfach durch Erklären entsteht, sondern vielmehr durch Eigenerkenntnis. In einem Mitarbeiterworkshop kann das Einordnen des Abteilungsprozesses in die Gesamtprozesse des Unternehmens sowie die Rolle und der Beitrag der Abteilung in diesem Gefüge gemeinsam erarbeitet werden. Was stellt unser Unternehmen her und wie? Was ist dabei der Beitrag unserer Abteilung? Wann leistet unsere Abteilung gute Arbeit? Was passiert, wenn unsere Abteilung keine gute Arbeit leistet? Auch hier können Sie auf das vorangegangene Jahr eingehen: Was ist gut gelaufen? Was wollen wir beibehalten? Was könnte besser laufen? Was wollen wir verändern? In einem solchen Rahmen diskutieren die Mitarbeiter zum Beispiel in kleinen Gruppen und stellen sich die so entstandenen Gedanken gegenseitig vor. Daraus kann auch ein Leitbild, ein Motto oder eine Vision für die Abteilung entstehen. Für die Instandhaltungsabteilung des Unternehmens Möbeltraum könnte das Leitbild zum Beispiel lauten: „Wir sorgen dafür, dass unsere Maschinen nie ungeplant stillstehen und leisten damit unseren Beitrag dazu, dass unsere Kunden ihre Möbel stets pünktlich erhalten."

Wenn Sie in einem solchen Rahmen die Ziele der Abteilung vorstellen und erläutern, werden diese sicherlich nicht als reine Kontrollinstrumente verstanden, sondern als Orientierungspunkte und Messgrößen für die eigene Leistung. In manchen Fällen entsteht daraus sogar ein gesunder Wettbewerb zwischen Abteilungen oder Schichtteams. Zudem können die Ziele der Abteilung hier noch weiter heruntergebrochen werden. „Wenn wir das Ziel der Instandhaltungsabteilung erreichen wollen, was heißt das für das Team Elektro oder den Teilprozess Wartung der Fließbänder?"

Sind die Ziele und deren Messgrößen einmal definiert, müssen die entsprechenden Daten erhoben und den Mitarbeitern zur Verfügung gestellt werden. Würden Sie diese Daten lediglich den Führungskräften zur Verfügung stellen, gäbe es für die Mitarbeiter weder Transparenz, noch Orientierung, sondern es entstünde das Gefühl, kontrolliert zu werden. Auch Aushänge und Statistiken, die zentral erstellt und gepflegt werden, verfehlen oft ihre Wirkung.

Halten Sie es pragmatisch. Ein Tageswert, der vom Mitarbeiter selbst per Hand an einer Tafel eingetragen wird, mag nicht so schön aussehen wie ein Farbausdruck im Aushangkasten hinter Glas. Er führt aber dazu, dass sich Ihr Mitarbeiter selbst mit dem Ergebnis beschäftigt. Er wird dann entweder stolz sein, wenn es gut gelaufen ist oder auch ein wenig zerknirscht, wenn der Zielwert verfehlt worden ist.

6.2.3 Wer das Ziel kennt, kann den Weg (selbst) finden

So entstandene, heruntergebrochene und damit für die Mitarbeiter relevante Ziele, bilden eine gute Basis für persönliche Zielvereinbarungen. Die fachlichen Experten sind Ihre Mitarbeiter selbst. Sie haben, in ihrem jeweiligen Fachgebiet, in der Regel mindestens genauso viel und oft mehr Erfahrung und Fachwissen, als der Vorgesetzte. Es ist daher wenig sinnvoll und motivierend, neben dem Ziel auch den genauen Weg dahin vorzugeben. Wenn Schreiner Mayer mit seinem Vorgesetzten vereinbart hat, einen neuen Nachttisch zu entwerfen und einen Prototypen zu bauen, wird ihm die Lust am Projekt sehr schnell vergehen, wenn sein Vorgesetzter ihm bereits alle Parameter und Schritte genau vorgibt. Im Zweifel hat Schreiner Mayer dies schon viel öfter gemacht als sein Vorgesetzter. Zudem wird es nicht nur einen richtigen Weg geben, um zu einem guten Ergebnis zu kommen. Lösen Sie sich von der Vorstellung, dass es zu jeder Aufgabe nur einen richtigen Weg und eine richtige Lösung gibt.

Vertrauen Sie stattdessen den Experten in Ihrem Unternehmen und gewähren Sie ihnen Freiräume, um ihr Expertenwissen und ihre Erfahrung anzuwenden. Das heißt natürlich nicht, dass Sie als Führungskraft Ihre Mitarbeiter bis zum Ende des Jahres mit den Zielen allein lassen und bis zum Zielerreichungsgespräch warten sollten, um zu schauen, wie Ihre Mitarbeiter zurechtkommen. Oft sind dann Ziele zum Frust beider Seiten nicht erfüllt und das Jahresgespräch verläuft ungefähr so.

Jahresgespräch mit Schreiner Mayer

Führungskraft: „Herr Mayer, Sie haben ihr Jahresziel – den Entwurf und den Prototypen für den Nachttisch der Serie ‚Federleicht' – leider nicht erfüllt. Warum, wenn ich fragen darf?"

Schreiner Mayer: „Sie wissen doch, wie viel in diesem Jahr bei uns los war. Ich habe das Thema aus den Augen verloren. Und dann habe ich auch noch das Projekt Sägenoptimierung auf den Tisch bekommen. Ich dachte, das hätte Priorität. Inhaltlich wusste ich genau, was zu tun ist, aber das Ganze in eine Struktur zu bringen und die notwendigen Kontakte in andere Abteilungen, zum Beispiel Einkauf und Marketing zu knüpfen, das liegt mir nicht so sehr. Da kenne ich doch niemanden."

Es geht also nicht um eine Laissez-faire-Mentalität. Die vereinbarten Ziele und deren Erreichung sollten für beide Seiten relevant sein. Anstelle des althergebrachten Anweisens und Kontrollierens, treten Sie als Führungskraft in die Rolle des Coaches.

Wie das in der Praxis aussehen kann? Interessieren Sie sich für den Fortschritt. Schaffen Sie die notwendigen Voraussetzungen, die Ihre Mitarbeiter für die Erreichung der Ziele benötigen. Fragen Sie nach, wie es läuft, wo es „hängt" und unterstützen Sie methodisch. Führen Sie dazu regelmäßige Zwischengespräche, zu denen Ihre Mitarbeiter Ihnen die Ideen, den Fortschritt und Ergebnisse vorstellen können. So sehen Sie sehr schnell, was gut funktioniert und wo Sie unterstützen sollten, um gemeinsam zum Ziel zu kommen und am Ende des Jahres auch gemeinsame Erfolge feiern zu können.

Der Vorgesetzte von Schreiner Mayer hätte zum Beispiel gemeinsam mit ihm einen kleinen Projektablaufplan erarbeiten können. So hätte Herr Mayer das erworbene methodische Wissen direkt für sein Projekt anwenden können. Das Problem der fehlenden Struktur wäre behoben worden und Herr Mayer hätte zugleich neues Wissen für zukünftige Projekte erworben. Zudem hätte der Vorgesetzte eher herausgefunden, dass es Unklarheiten in der Priorisierung verschiedener Projekte gibt und dass Mayer wichtige Kontakte in andere Abteilungen fehlen. Er hätte ihn dabei unterstützen können, diese herzustellen. Das gemeinsam vereinbarte und für beide wichtige Ziel hätte somit zur Zufriedenheit von beiden Seiten erreicht werden können.

Beide hätten in einem solchen Gespräch auch zu der Erkenntnis gelangen können, dass das vereinbarte Ziel gar nicht mehr oberste Priorität hat und stattdessen die Umsetzung des Projektes Sägenoptimierung wichtiger ist. Dementsprechend hätte das Jahresziel von

Schreiner Mayer auch in beiderseitigem Einvernehmen geändert und den neuen Bedingungen angepasst werden können.

Ergebnis und Orientierung

Werteorientierung versus Ergebnisorientierung: Werteorientierung und Ergebnisorientierung widersprechen sich nicht. Ganz im Gegenteil. Wird Ergebnisorientierung nicht als reines Management- und Steuerungsinstrument verstanden, steht bei beiden Punkten das Bedürfnis der Mitarbeiter nach Orientierung im Vordergrund.

Zielvereinbarung versus Zielvorgaben: Gemeinsam erarbeitete Ziele machen „deren“ Ziele zu „unseren“ Zielen, schaffen Verständnis, Transparenz, Relevanz und Verantwortung.

Transparenz versus Kontrolle: Sorgen Sie dafür, dass Ihre Mitarbeiter die Erreichung von Tages-, Wochen-, Monats- und Jahreszielen selbst nachverfolgen und nachvollziehen können. So wecken Sie Engagement und Verantwortungsbewusstsein.

Richtung versus Details: Vereinbaren Sie gemeinsam das „Wohin“ und lassen Sie Gestaltungsspielraum beim „Wie“. Das zeigt Ihr Vertrauen in Ihre Mitarbeiter, schafft Vertrauen bei den Mitarbeitern in die eigenen Fähigkeiten und ermöglicht ihnen, neue Dinge zu lernen und anzuwenden.

6.3 Vertrauen und Transparenz: Die richtige Kultur ist der Grundstein für eine wertschöpfende Zusammenarbeit

„Ich wage sogar die These, dass Erfolg und Transparenz sich gegenseitig bedingen.“
Jan Runau, Leiter Unternehmenskommunikation der adidas-Gruppe

6.3.1 Authentizität und Heldentum – bleiben Sie sich selbst treu!

Führungskräfte sind auch nur Menschen. Natürlich, was sonst, werden Sie jetzt sagen. Aber wenn wir ganz ehrlich sind, sieht es in der Realität oft anders aus. Dürfen wir uns da wirklich trauen, auch nur Menschen zu sein? Theoretisch schon. Aber praktisch? „Die werden dafür hochbezahlt, da erwarte ich, dass die das können.“ Dies ist ein Satz, der nicht selten in den obersten Chefetagen zu hören ist. Solche Aussagen prägen eine Kultur, in der eine Führungskraft keine Schwächen haben darf, allen Herausforderungen stets gewachsen sein muss und auf jede Frage eine qualifizierte Antwort haben sollte. Unsicherheiten und Zweifel haben dort wenig Platz. Ist es das, was eine gute Führungskraft ausmacht? Macht die Qualifizierung für eine Führungsposition plötzlich unfehlbare Übermenschen aus uns? Wohl kaum. Aber trotzdem entsteht schnell das Gefühl, dass es so sein müsste. Aber denken Sie doch einmal über die Menschen nach, von denen Sie beeindruckt sind. Was zeichnet diese aus? Wie bewegen und begeistern sie Menschen?

Führungskräfte zeigen keine Schwäche

In einem Abteilungsleitermeeting des Unternehmens Möbeltraum wird angekündigt, dass die nächste Runde der Mitarbeiterjahresgespräche startet und dafür das gleiche Formular wie im Vorjahr verwendet werden soll. Für viele der Abteilungsleiter haben sich im Vorjahr Unklarheiten und Fragen bei der Anwendung des Formulars ergeben. Da es jedoch nicht üblich ist, Unsicherheiten offen anzusprechen, findet auch bei dieser Gelegenheit kein Erfahrungsaustausch zwischen den Kollegen statt. Keiner will sich die Blöße geben, zu fragen, wie andere Kollegen offene Fragen und Probleme lösen oder sich in die Karten schauen lassen.

Ein offener Austausch würde hier die Chance zu mehr Klarheit im Prozess, Sicherheit und damit zu einem einheitlicheren Verständnis und Bewertungen bieten. Aber Führungskräfte, die diese Rolle schon seit Jahren inne haben, wissen natürlich, wie Jahresgespräche zu führen sind und wie bewertet wird – dafür werden sie ja schließlich bezahlt.

Führungskräfte prägen die Kultur in ihren Unternehmen und Abteilungen nachhaltig. Wenn Sie niemals zeigen, dass ein Thema für Sie neu ist, Probleme und Fragen offen ansprechen, eigene Fehler eingestehen oder nach dem Rat Ihrer Kollegen fragen, werden Ihre Mitarbeiter und Kollegen es Ihnen gleichtun. Wie im Beispiel aufgezeigt, führt dies dazu, dass Probleme bestehen bleiben, nicht angegangen und eventuell immer größer werden. Oft führt eine solche Atmosphäre auch dazu, dass in Meetings nichts passiert, da keine Diskussion und kein Austausch stattfinden. Warum ist das so? Weil Sie Ihren Mitarbeitern vermitteln, dass genau dieses Verhalten gewünscht ist. Auch wenn es Ihnen nicht bewusst ist: Sie geben den Ton an, beeinflussen die Kultur und das Klima sehr stark.

Versuchen Sie also nicht, gegenüber Ihren Mitarbeitern die Superheldenrolle einzunehmen, das erwartet ganz sicher keiner von Ihnen (Abb. 6.3). Stärke heißt nicht, der allwis-

Abb. 6.3 Der falsche Superheld

sende und immer überlegene Übermensch zu sein. Stärke zeigen Sie durch Authentizität, Integrität und Verlässlichkeit.

Stärke zeigen
Stärke in den Augen Ihrer Mitarbeiter zeigen Sie, wenn…

- sichtbar und verständlich ist, wofür Sie stehen und Sie sich nicht „wie ein Fähnlein im Winde drehen".
- Sie konsequent für die Belange Ihres Bereiches eintreten und auch in schwierigen Situationen für Ihre Mitarbeiter einstehen.
- Sie sich nicht vor Entscheidungen scheuen.
- Sie Probleme und Konflikte offen ansprechen und deren Lösung vorantreiben.
- Sie (auch für Sie selbst) unangenehme Themen nicht meiden und aussitzen.
- Sie Fehler oder Fehlentscheidungen offen eingestehen.
- Sie Kritik und andere Meinungen zulassen und berücksichtigen.
- Sie im Sinne des Teams oder einer Sache auch einmal zurückstecken.
- Sie zu Ihrem Wort stehen und entsprechende Taten folgen lassen.

Ihren Mitarbeitern geht es mit Ihnen genauso wie Ihnen mit Ihrem Vorgesetzten. Wie oft fragt man sich gerade am Anfang einer solchen Beziehung: „Was ist das für einer?", „Wie tickt der?", „Was ist dem wichtig?", „Kann ich mich auf das verlassen, was der sagt?".

Damit Ihre Mitarbeiter erkennen können, wer Sie sind und wofür Sie stehen, müssen Sie sich diese Fragen zunächst selbst beantworten.

Wer bin ich und wofür stehe ich?
Nehmen Sie sich einmal die Zeit und fragen sich selbst:

- Welche Werte sind mir in meinem beruflichen Umfeld wichtig?
- Wofür stehe ich?
- Was sind meine Stärken?
- Wofür brauche ich besonders die Unterstützung meines Teams?

Klarheit zu diesen und ähnlichen Fragen wird Ihnen helfen, glaubwürdig und stimmig aufzutreten, klar zu kommunizieren und damit in den Augen Ihrer Mitarbeiter authentisch als Persönlichkeit rüberzukommen.

6.3.2 Vertrauen ist gut.

Wer kennt ihn nicht, den guten alten Satz „Vertrauen ist gut, Kontrolle ist besser". Aber, ist das wirklich so? Sicher, ganz ohne Kontrolle kommen wir im Unternehmensalltag nicht aus. Aber ist Kontrolle tatsächlich besser als Vertrauen? Die Frage lässt sich in einem einfachen

Selbsttest ziemlich schnell beantworten. Denken Sie einmal darüber nach: Was motiviert Sie persönlich Ihren Job gut zu machen? Ist es das Wissen, dass die Ergebnisse und Resultate von Ihren Vorgesetzten kontrolliert werden? Oder ist es das geschenkte Vertrauen in Ihre Fähigkeiten und Entscheidungen und Ihr Verantwortungsbewusstsein, diese Erwartungen auch zu erfüllen? Der Großteil der Leser wird sicherlich zur zweiten Option tendieren.

Vertrauen ist demnach also nicht nur gut, sondern auch ein Motivationsfaktor für Sie und Ihre Mitarbeiter. Mitarbeiter, die Ihnen und Ihren eigenen Teamkollegen vertrauen, werden eher bereit sein, ihr Bestes zu geben, um Hilfe zu bitten oder auch zu schwierigen Themen offenes Feedback zu geben. Vertrauen schafft Offenheit und damit eine Atmosphäre, in der Probleme und Konflikte offen angesprochen und konstruktiv angegangen werden können. Mangelt es an Vertrauen, fehlt die entscheidende Grundlage für ein Wir-Gefühl. Zudem führt es dazu, dass Sie einen Großteil Ihrer Zeit letztendlich doch mit Kontrollieren verbringen müssen.

Aber wie kann eine solch vertrauensvolle Arbeitsumgebung aufgebaut werden? Hier gibt es kein Patentrezept und keine Bedienungsanleitung. Werteorientiert führen heißt, Werte in den Mittelpunkt rücken. Vertrauen ist ein solcher Wert.

Vertrauen aufzubauen ist ein steter und langfristiger Prozess. Und er beruht auf Gegenseitigkeit. Zu vertrauen bedeutet auch, sich zu einem gewissen Grad selbst zu öffnen und damit verletzbar zu machen. Genau aus diesem Grund passt das Superheldenkostüm nicht in eine werteorientierte Arbeitswelt und Führungsstil. Sicher können Sie auch einmal enttäuscht werden und dann denken „Hätte ich es doch besser selbst gemacht oder denen besser auf die Finger geschaut". Aber Vertrauen aufbauen heißt auch, mehr als eine Chance zu gewähren.

Um Vertrauen aufzubauen

- Gehen Sie mit gutem Beispiel voran und stehen Sie zu Ihrem Wort.
- Teilen Sie Informationen.
- Beziehen Sie Ihre Mitarbeiter in Ideen- und Entscheidungsfindungsprozesse ein. Das bedeutet nicht, dass Sie die Entscheidungsgewalt abgeben.
- Verstehen Sie, dass es verschiedene Persönlichkeitstypen gibt, die unterschiedlich „ticken" und versuchen Sie sich, in Ihrer Kommunikation auf diese einzustellen.
- Interessieren Sie sich für Ihre Mitarbeiter. Wichtige Ereignisse, wie Geburtstage, sollten Sie nicht verpassen.
- Trauen Sie Ihren Mitarbeitern etwas zu. Je besser Sie deren Fähigkeiten und Stärken kennen, desto besser können Sie abschätzen, was Sie ihnen zutrauen können. Geben Sie ihnen Aufgaben und Projekte, für die sie selbst die Verantwortung tragen und an denen sie eigenständig arbeiten und ihre Fähigkeiten weiterentwickeln können.
- Bauen Sie die Eigenverantwortung Ihrer Mitarbeiter für bestimmte Projekte oder Teilbereiche nach und nach weiter aus.

Vertrauen ist hier nicht gleichzusetzen mit miteinander vertraut sein. Sie müssen nicht mit jedem Mitarbeiter per du und persönlich befreundet sein. Sie können getrost den Abstand wahren, der für Sie angenehm ist. Denn auch hier gilt, bleiben Sie sich selbst treu. Führungskräfte, die plötzlich alle Mitarbeiter mit Vornamen ansprechen, nur weil es modern ist, führen genauso zu Verwirrungen und Störgefühlen bei ihren Mitarbeitern, wie Führungskräfte die von heute auf morgen eine große Distanz zu ihren bisher vertrauten Kollegen aufbauen, um ihrer Führungsrolle gerecht zu werden.

6.3.3 Transparenz fördert Vertrauen und Engagement

„Wissen ist Macht." Auch dies ist ein nicht unbekannter Spruch. Viele Führungskräfte scheinen dies zu beherzigen, wenn Sie versuchen, Informationsvorsprünge gegenüber ihren Kollegen oder Mitarbeitern aufzubauen, gewisse Informationen wie Statussymbole behandeln und so ihre Führungsposition begründen. „Ich weiß etwas, das du nicht weißt, und habe Zugang zu viel mehr Informationen" scheint ein beliebter Weg zu sein, um sicherzustellen, dass man auch morgen noch gebraucht wird und wichtig ist. Einen Informationsvorsprung gegenüber den Mitarbeitern aufzubauen dient dabei der gewollten Abgrenzung zwischen Führungskraft und Mitarbeitern. Ein typisches Beispiel dafür ist, wie oft die Informationen aus Führungskräftemeetings behandelt werden. Was geschieht mit den Informationen und Themen, die in solchen Meetings besprochen werden? Meistens gar nichts. Sie enden als Eintrag im Notizbuch der Führungskraft. Natürlich sind nicht alle Themen aus solchen Meetings für die Ohren der Mitarbeiter bestimmt. Werden zum Beispiel wichtige strategische Entscheidungen oder Personalthemen vorbesprochen, sollten diese sicher nicht ungefiltert in allen Abteilungen landen. Aber viele Informationen und Themen aus solchen Meetings sollten ganz sicher, in der einen oder anderen Form, weiter zu den Mitarbeitern getragen werden.

Informationen zur allgemeinen geschäftlichen Entwicklung, Kundenmeinungen, Probleme im Betriebsablauf und anstehende Ereignisse sind für engagierte, interessierte und motivierte Mitarbeiter durchaus von Bedeutung. Wie wollen Sie Ihre Mitarbeiter einbinden, mitnehmen, begeistern und motivieren ihr Bestes zu geben, wenn Sie diese nicht einmal in grundlegende Informationsflüsse einbinden, sie also informationsseitig im Dunkeln lassen? Informationen zu teilen ist einer der einfachsten Wege, Ihren Mitarbeitern zu zeigen, dass Sie ihnen auf Augenhöhe begegnen, ihnen vertrauen und ihnen zutrauen, mit diesen Informationen vertrauensvoll umzugehen. Natürlich müssen Sie nicht alles offenlegen und natürlich dürfen Sie filtern. Aber probieren Sie es einmal aus, welche Wirkung es hat, wenn Sie beim nächsten Abteilungsmeeting ein kurzes Update aus der Führungskräfterunde mitbringen (Abb. 6.4).

Mehr Transparenz fördert das Vertrauen und das Verantwortungsbewusstsein der Mitarbeiter. Wie auch schon im vorangegangenen Abschnitt erläutert, geht es bei mehr Transparenz nicht darum, dass Sie sämtliche Geschäftszahlen mit Ihren Mitarbeitern teilen müssen. Das ist für die Mehrzahl noch nicht einmal besonders interessant oder relevant. Mehr

Abb. 6.4 Teilen Sie Informationen

Transparenz bezieht sich auf Informationen für die Mitarbeiter, die es ihnen erlauben, Feedback zu ihrer Leistung und zum Gesamtzustand des Unternehmens zu erhalten. Motivierte und engagierte Mitarbeiter wollen wissen, ob sie ihren Job gut machen und wie es „ihrem" Unternehmen grundsätzlich geht.

Transparenz schaffen

Folgende Informationen können Sie mit Ihren Mitarbeitern teilen, um mehr Transparenz zu schaffen:

- Tägliche, wöchentliche oder monatliche Produktionskennzahlen, die für den jeweiligen Bereich relevant sind, zum Beispiel Prozentsatz der pünktlich ausgelieferten Waren, produzierte Stückzahlen o. ä.
- Informationen zur Kundenzufriedenheit, zum Beispiel Anzahl der Kundenreklamationen, Feedback von Kundenbesuchen o. ä.
- Informationen zu den Mitarbeitern, zum Beispiel Krankenstände, Ergebnisse der Mitarbeiterbefragung, neue Mitarbeiter, besondere Leistungen o. ä.

Kann jeder etwas mit solchen Informationen anfangen? Überlegen Sie sich, was für Ihre Mitarbeiter von Bedeutung und verständlich ist. Oft ist es dabei hilfreich, die Informationen zu vereinfachen und bereits einer Wertung zuzuführen. Eine nackte Stückzahl produzierter Artikel, Anzahl Auslieferungen oder der Punktewert einer Kundenmeinung sind oft wenig aussagekräftig. Einfache und klare Visualisierungen, zum Beispiel durch ein Ampelsystem (rote, gelbe, grüne Bereiche) oder ein Smileyboard (fröhlich, neutral, traurig), helfen den Mitarbeitern, auf einen Blick zu erkennen, was das Ergebnis bedeutet und ob es positiv oder negativ ist. Sie erhalten damit nicht nur eine reine Information, sondern Orientierung.

Informationen sollten keinesfalls nur durch Aushänge oder E-Mails, also unpersönlich, zu den Mitarbeitern gelangen. Ein persönlicher Austausch und Treffen sind dadurch nicht zu ersetzen. Denn erst die Erläuterung und offene Diskussion der Informationen, ihrer Konsequenzen und die Erarbeitung von Maßnahmen helfen, gemeinsam Verbesserungen zu erreichen und sich diesen auch gemeinsam zu verpflichten. Wie kann das genau aussehen? Ein möglicher Weg ist die Einführung regelmäßiger, wöchentlicher oder monatlicher Teammeetings.

Gestaltung von Meetings

Standardinhalte wöchentlicher oder monatlicher Regelmeetings können sein:

- Vorstellung und Erläuterung der aktuellen Ergebnisse (Zahlen, Daten, Fakten),
- der offene Austausch zu aktuellen Problemen,
- die gemeinsame Erarbeitung von Maßnahmen und Aufgaben,
- Zeit für Fragen und Antworten.

Wichtig ist dabei, dass solche Meetings effektiv gestaltet und gut vor- und nachbereitet werden.

- Jedes Meeting hat einen definierten Anfang und ein definiertes Ende.
- Jedes Meeting hat eine Agenda, die allen Teilnehmern vorher zu Vorbereitung zur Verfügung gestellt wird.
- Es wird ein Maßnahmenprotokoll erstellt (Wer macht was bis wann?) und allen Teilnehmern zur Verfügung gestellt.
- Die Maßnahmen werden im folgenden Meeting nachverfolgt.

Transparenz heißt jedoch nicht nur, mehr Informationen zur Verfügung zu stellen und auszutauschen. Es heißt auch, die oft hohen Mauern zwischen verschiedenen Abteilungen und Bereichen zu überwinden. Starkem Abteilungsdenken, dem so genannten Silodenken, ist sicher jeder schon einmal in der einen oder anderen Form begegnet. Dies äußert sich in einer starken Abgrenzung und Identifizierung mit der eigenen Abteilung sowie einer Unterscheidung in „die" und „wir", wodurch nicht selten sogar gegeneinander gearbeitet wird. Oft herrscht Frust an den Schnittstellen zwischen den einzelnen Abteilungen und Unverständnis für die jeweils andere Seite.

Transparenz

Ein klassisches Beispiel dafür ist das Verhältnis der Produktions- und der Qualitätsabteilung. „Die haben schon wieder unsere Produkte gesperrt, so dass wir wieder nicht pünktlich liefern können." erbost sich die Produktion. „Wieso schaffen die es nicht, Produkte herzustellen, welche die Anforderungen unserer Kunden erfüllen?" fragt sich die Qualitätsabteilung.

Nicht selten entwickelt sich dabei eine „Schmugglerkultur", in der die Produktion versucht, schlechte Produkte an der Qualitätsabteilung vorbei zu „schmuggeln". Dies wiederum führt zu noch mehr Kontrollen, um dem entgegenzuwirken. Die Vorbehalte und Mauern zwischen den beiden Abteilungen werden damit nach und nach immer höher.

Ergibt das einen Sinn? Aus Sicht des außenstehenden Betrachters natürlich nicht. Aus Sicht der einzelnen Abteilungen ergibt sich schon ein anderes Bild. Aber ist es nicht das gemeinsame Ziel, ein qualitativ hochwertiges Produkt herzustellen und an den Kunden zu liefern? Ja klar, werden Sie sagen, aber sicher auch dieses oder ähnliche Beispiele aus Ihrem Unternehmen kennen.

Gegenseitiges Verständnis

Möglichkeiten, dieses gegenseitige Verständnis zu verbessern, können sein:

- gemeinsame Ziel-Workshops (siehe auch Abschn. 6.2.1 Ziele relevant gestalten).
- Infoveranstaltungen „Was macht eigentlich Abteilung X genau?". Hier haben Abteilungen in lockerer Atmosphäre die Möglichkeit sich, ihre Arbeit und einen typischen Arbeitstag den anderen Kollegen vorzustellen und Fragen zu beantworten. Gastgeber ist dabei jeweils die Abteilung, die sich vorstellt.
- gemeinsame (Verbesserungs-)Projekte von Mitarbeitern aus verschiedenen Abteilungen.
- befristeter Austausch von Mitarbeitern zwischen den Abteilungen.

Natürlich ist es nicht leicht, derart im Unternehmen gewachsene und lange bestehende Strukturen aufzulösen. Aber Sie können aktiv werden, indem Sie mehr Transparenz und damit Verständnis füreinander schaffen. Oft mangelt es einfach an Wissen darüber, was die andere Abteilung überhaupt macht, was sie dafür braucht und wie dies im Zusammenhang mit der Arbeit der eigenen Abteilung steht.

Vertrauen und Transparenz

Superhero versus Mensch: Auch Sie als Führungskraft sind nur ein Mensch und dürfen das durchaus zeigen, sowohl Ihren Kollegen als auch Ihren Mitarbeitern gegenüber. Es wird Mitarbeiter geben, die in bestimmten Bereichen besser sind als Sie. Das ist kein Grund, Angst zu haben, sondern stolz zu sein. Fördern Sie das. Denn es geht nicht um Sie, sondern darum, dass Ihr Bereich professionelle Arbeit leistet und gute Ergebnisse erzielt. Das ist Ihr Job und dafür werden Sie bezahlt.

Fehlerfreiheit versus Authentizität: Seien Sie authentisch und integer. Sie müssen nicht fehlerfrei sein, genau wie Ihre Mitarbeiter nicht fehlerfrei sind. Bleiben Sie sich selbst treu und seien Sie „echt". Mitarbeiter müssen sich auf Sie verlassen und sich an Ihnen orientieren können.

Vertrautheit versus Vertrauen: Vertrauen Sie in Ihre Mitarbeiter und Ihre Fähigkeiten. Das bedeutet nicht, dass Sie mit jedem befreundet und per „du", also vertraut sein müssen. Glauben Sie an die Fähigkeiten Ihrer Mitarbeiter und geben Sie Ihnen (mehr als eine) Chance, diese unter Beweis zu stellen.

Transparenz versus Silodenken: Informationsvorsprünge sind kein Statussymbol und sichern keine Führungsposition ab. Schaffen Sie Transparenz zwischen den Bereichen Ihres Unternehmens und dulden Sie kein Silodenken. Teilen Sie Informationen mit Ihren Mitarbeitern, denn nur so werden Sie bereit sein, Verantwortung für Ziele und Ergebnisse zu übernehmen.

6.4 Probleme gemeinsam lösen: das Wissen und die Ideen der Mitarbeiter wertschätzen und nutzen

„Probleme sind Chancen" oder „Probleme sind Schätze, die gehoben werden müssen". So tönt es heutzutage ständig. Wenn wir aber ganz ehrlich sind, mag keiner Probleme. Selten empfangen wir sie mit offenen Armen und heißen sie als Chance willkommen. Wir freuen uns, wenn alles seinen gewohnten Gang geht – wenn der Laden läuft. Und wenn Probleme auftauchen, dann sollen sie möglichst schnell abgehakt sein.

6.4.1 Probleme und Verbesserungsmöglichkeiten identifizieren

Was sind eigentlich Probleme? Das definiert natürlich jeder zunächst persönlich für sich selbst. Wenn wir hier von Problemen sprechen, geht es um die kleinen und großen Themen, die einen reibungslosen und effizienten Arbeitsablauf stören oder behindern. Das reicht zum Beispiel von Kundenreklamationen, fehlerhaften Produkten, Maschinenstörungen bis hin zu Abstimmungsproblemen zwischen Mitarbeitern oder falschen Informationen.

Der größte Knackpunkt dabei ist, dass viele dieser Probleme bereits so lange im Unternehmensalltag bestehen, dass sie als Normalzustand angesehen und angenommen sind. Das macht uns so gut wie blind für sie.

Oft entdecken wir diese Themen erst, wenn wir uns einmal die Zeit nehmen, einen Schritt zurück zu machen und dabei versuchen die Arbeitsabläufe mit einem gewissen Abstand zu betrachten. Wenn Sie sich dann fragen, „Wie würde dieser Arbeitsprozess in der perfekten Welt aussehen?" und dies mit dem heutigen Zustand vergleichen, werden Sie recht schnell Probleme oder Potenzial für Verbesserungen entdecken. Oder aber Sie fragen einmal Ihre Mitarbeiter, was nicht gut läuft beziehungsweise besser laufen könnte. Die wissen oft ganz genau, wo es hakt und haben in vielen Fällen auch schon Ideen, wie es besser gemacht werden könnte. Dazu kommt, dass viele dieser Arbeitsweisen nach einiger Zeit auch als unveränderbar und damit als „notwendiges Übel" gesehen werden, weswegen wir eben den Weg drum herum suchen.

Verbesserungsmöglichkeiten identifizieren

„Ich dachte immer, mein Team und ich sind gute Problemlöser. Durch jahrelange Erfahrung mit den Maschinen in unserem Werk hatten wir den Dreh raus, wie wir mit den alltäglichen Komplikationen umgehen mussten. Bis ich eines Tages feststellte, dass wir jeden Tag die gleichen Probleme ‚lösten'. Anstatt ein für alle Mal die Ursache eines bestimmten Maschinenfehlers zu erforschen und zu beheben, haben wir uns jahrelang darin perfektioniert, die Maschine, wenn sie wegen des Fehlers stehenblieb, schnell wieder zum Laufen zu bekommen. Dafür gingen trotzdem jeden Tag mehrere Stunden drauf, ohne dass wir einen einzigen Schritt weiter gekommen waren. Nachdem ein neuer junger Kollege uns darauf aufmerksam machte, begannen wir systematisch nach dem Auslöser zu forschen. Wir tasteten uns zum ersten Mal bis zur wirklichen Ursache des Problems vor und fanden dafür eine Lösung. Das war zwar zunächst ein Aufwand, aber nun sparen wir jeden Tag richtig viel Zeit ein, die wir für andere wichtige Dinge und weitere Verbesserungen nutzen können. Erst jetzt, wo der Fehler nicht wieder auftaucht, habe ich verstanden, was es heißt, ein Problem wirklich gelöst und nicht drum herum gepfuscht zu haben."

Das Aufdecken von Problemen birgt große Chancen für die Verbesserung von Arbeitsabläufen. Oft ist es auch hilfreich, Kollegen aus einer anderen Abteilung oder Betriebsfremde mit einzubeziehen, um der berühmten Betriebsblindheit zu entgehen.

Probleme identifizieren

- Was stört immer wieder?
- Wo verlieren wir jeden Tag, jede Woche, jeden Monat Zeit?
- Worüber ärgern sich Mitarbeiter, Kunden, Kollegen, Vorgesetzte regelmäßig?
- Welche Reklamationen oder Beschwerden sind ähnlich oder hatten wir schon mehr als einmal?
- Was sind vermeintlich „notwendige Übel"?

Um ehrliche Antworten zu diesen Fragen zu erhalten, bedarf es einer Kultur und Arbeitsatmosphäre, die Wert auf Offenheit legt, kritische Äußerungen annimmt und Probleme offen anspricht. Das kann nur funktionieren, wenn Sie das auch wirklich wollen, fördern und immer wieder einfordern. Selbstverständlich sollten Sie zu Ihrem Wort stehen und sich den Themen ernsthaft widmen. Wie bereits beschrieben, ist es immens wichtig, eine Atmosphäre des Vertrauens zu gestalten und selbst hinter den Dingen zu stehen, die Sie anstoßen. Oft brennen den Mitarbeitern Verbesserungsthemen unter den Nägeln. Aber nur, wenn sie wirklich sehen und erleben, dass Bemühungen und Ideen wertgeschätzt werden, und merken, dass etwas geschieht, werden sie damit herausrücken.

Wie kann das praktisch aussehen? Wenn Sie wollen, dass Probleme direkt und offen thematisiert auf den Tisch gebracht und angegangen werden, müssen Sie zunächst mit gutem Beispiel voran gehen. Wenn Sie kritische Gespräche und anderes Feedback zurückhalten und dem Mitarbeiter zum Beispiel nur am Ende des Jahres, im Jahresgespräch, einmal geballt „auf's Brot schmieren", was Ihnen alles nicht gefallen hat, werden Sie nicht den Eindruck erwecken, dass es gewünscht ist, Probleme direkt und offen anzusprechen.

Fangen Sie bei sich selbst an. Und hören Sie nicht bei der Kritik und dem Feedback auf, sondern zeigen Sie auch jedes Mal, dass damit lösungsorientiert und nicht nachtragend umgegangen wird. Schließen Sie in jedem Fall den gemeinsamen Lösungsprozess direkt an. Wenn Sie einen Mitarbeiter zum Beispiel darauf hinweisen, dass er auf eine Kundenanfrage zu spät geantwortet hat, besprechen Sie direkt im selben Gespräch mit ihm: Woran hat es gelegen? Was kann anders gemacht werden? Wie können Sie ihn dabei unterstützen? Was kann eine direkte Maßnahme zur Verbesserung sein? Wie können wir beim nächsten Mal erkennen, dass es besser gelaufen ist? etc. Und bleiben Sie dann auch dran, bis das Problem gelöst ist und die Situation sich verbessert hat. Nur so zeigen Sie, dass es Ihnen auch wirklich wichtig ist.

Oft werden Probleme nicht angesprochen, weil Sie in direktem Zusammenhang mit Fehlern stehen, die Mitarbeiter selbst gemacht haben und nur ungern thematisieren wollen. Um also auch diese Probleme auf den Tisch zu bekommen, muss es eine ehrlich gemeinte, gesunde und offene Fehlerkultur geben.

Konstruktive Fehlerkultur

Eine konstruktive Fehlerkultur beinhaltet:

- Fehler dürfen und werden passieren und sind Teil des persönlichen und organisatorischen Lernprozesses.
- Der gleiche Fehler sollte jedoch nach Möglichkeit nur einmal passieren.

Auch hier geht es um Vertrauen. Erwarten Sie also nicht, dass sich ein solcher Kulturwandel von heute auf morgen vollziehen kann. Ihre Mitarbeiter müssen positive Erfahrungen sammeln können.

Schaffen Sie einfache und unbürokratische Kanäle, um Probleme anzubringen. Machen Sie das Thematisieren von Problemen und Verbesserungen zum selbstverständlichen Alltag, indem Sie es in möglichst vielen, bereits etablierten Routinen integrieren. Das können zum Beispiel regelmäßige Besprechungen wie Morgenrunden, Abteilungstreffen oder ähnliches sein, für die sie einen Standardpunkt „Aktuelle Probleme" in die Agenda aufnehmen.

Auch ein Mitarbeitervorschlagswesen ist eine Möglichkeit, auf Probleme aufmerksam zu machen, Ideen der Mitarbeiter einzuholen und Verbesserungen anzustoßen. Hier ist jedoch Vorsicht geboten. Viele Systeme werden unter den besten Vorsätzen eingerichtet und scheitern dann kläglich. Warum? Weil in vielen Fällen der Prozess und die Bürokratie anstelle der eigentlichen Ideen in den Vordergrund rücken. Sie sind für Mitarbeiter wie ein schwarzes Loch, in das ein wertvoller Vorschlag geworfen wird und dann oft lange oder gar nichts passiert. Das schafft Frustration und führt genau zum Gegenteil dessen, was eigentlich bezweckt wird. Mitarbeiter fühlen sich nicht wertgeschätzt, haben das Gefühl, dass ihre Ideen keinen interessieren und werden in den meisten Fällen keine weiteren Vorschläge oder Anregungen mehr geben. Wieso passiert das?

Viele Vorschlagswesen folgen einem klassischen Prozess. Der Vorschlag wird schriftlich, zum Beispiel in einem Briefkasten oder online eingereicht und gelangt dann an ein Gremium, welches die Vorschläge sichtet, deren Umsetzbarkeit bewertet und schlussendlich über die Umsetzung und Prämierung entscheidet. Dieser Prozess ist oft langwierig, bürokratisch und für den Mitarbeiter nicht nachvollziehbar. Zudem ist der Mitarbeiter nach der Einreichung meist gar nicht mehr in den Prozess einbezogen. Oft stehen die Prozessschritte und nicht die Ideen im Vordergrund.

Bei gut funktionierenden Vorschlagswesen ist das genau andersherum. Hier stehen die Idee und deren Umsetzung im Vordergrund. Anstatt zunächst die Formalitäten einzuhalten, setzen sich Mitarbeiter und Führungskraft zusammen, besprechen den Vorschlag, überlegen gemeinsam, wie genau die Umsetzung aussehen kann und welche Rolle der Vorschlagende darin spielt, welche anderen Parteien einbezogen werden müssen usw. Dann entscheidet die Führungskraft direkt über die Umsetzung des Vorschlages. Das ist transparent, schnell, unbürokratisch und ein gemeinsamer Vorgang. Schließlich kann der Vorschlag auch dokumentiert und nach der Umsetzung, hinsichtlich einer Anerkennung für den Vorschlagenden, bewertet werden. Viele Mitarbeiter sind nicht aufgrund von Geldprämien motiviert, Vorschläge zu machen, sondern weil sie Verbesserungen im eigenen Arbeitsumfeld bewirken und dieses aktiv mit gestalten können.

Eine andere gut funktionierende Alternative zum klassischen Vorschlagswesen sind Verbesserungstafeln, die in einer Abteilung beziehungsweise einem Bereich aufgehängt werden. Ideen können direkt auf kleinen Zetteln an die Tafel unter der Rubrik „Neue Ideen" geheftet werden (Abb. 6.5). Steht die Tafel zentral, kann das jeder schnell erle-

Abb. 6.5 Ort der Ideen

digen, wenn ihm eine Idee in den Sinn kommt. Es muss nicht erst die Hürde genommen werden, ein langes Formular auszufüllen. Im nächsten Abteilungsmeeting oder einem extra dafür vorgesehenen Meeting werden die Vorschläge dann gemeinsam von allen (oder bei großen Abteilungen einer bunten Mischung aus Vertretern der Abteilung) hinsichtlich zweierlei Kriterien bewertet: Aufwand und Nutzen.

Aufwand und Nutzen von Verbesserungen

Die Bewertung der Verbesserungsvorschläge anhand der Kriterien Aufwand und Nutzen geschieht mithilfe einer Matrix und wird auf einer Tafel notiert. Daraus ergeben sich vier Bewertungsmöglichkeiten:

- Geringer Aufwand und hoher Nutzen: wird sofort umgesetzt. Es wird direkt im Meeting festgelegt wer, was, bis wann macht. Dies wird ebenfalls auf der Tafel festgehalten.
- Hoher Aufwand und hoher Nutzen: mündet in einem Verbesserungsprojekt mit einem Projektteam, welches sich der weiteren Vorgehensweise widmet.
- Hoher Aufwand und geringer Nutzen: wird nicht umgesetzt.
- Geringer Aufwand und geringer Nutzen: abwägen, ob die Umsetzung erfolgen soll oder nicht. Wenn ja, wird direkt im Meeting festgelegt, wer, was, bis wann macht. Dies wird ebenfalls auf der Tafel festgehalten.

Natürlich ist es gut, wenn Mitarbeiter auch außerhalb solcher Kanäle auf Sie mit Problemen und Ideen zukommen. In den meisten Fällen ist eine „Strategie der offenen Tür" allein jedoch nicht ausreichend, um eine Problemlösungs-Kultur zu etablieren.

Egal, wofür Sie sich entscheiden, erfolgreich wird ein System erst sein, wenn Ihre Mitarbeiter sehen, dass ihre Ideen und Vorschläge ernst genommen und auch tatsächlich umgesetzt werden. Natürlich können nicht alle Vorschläge realisiert werden. Umso wichtiger ist es, dass Ihre Mitarbeiter sehen und verstehen, welche Kriterien zur Auswahl angesetzt werden. Machen Sie umgesetzte Vorschläge öffentlich und geben Sie damit Orientierung, welche Art von Vorschlägen gewünscht sind und welche tollen Verbesserungen damit erreicht werden konnten.

Oft kosten Verbesserungen und neue Ideen auch Geld. Viel Frust entsteht immer dann, wenn gute Ideen an kleinsten Investitionen scheitern. Stellen Sie also sicher, dass Sie ein Budget einplanen, aus dem Sie kleinere Ausgaben schnell und unbürokratisch bedienen können.

6.4.2 Probleme systematisch lösen

Warum tauchen die meisten Probleme früher oder später wieder auf, obwohl wir uns schon mehrfach damit beschäftigt haben? Oftmals liegt das ganz einfach an einem Mangel an systematischem Vorgehen. Wir alle und damit auch Ihre Mitarbeiter, sind in unserem Bereich Experten und haben über die Jahre viele Erfahrungen gesammelt. Das ist natürlich wichtig und wertvoll, steht uns aber manchmal genau dann im Weg, wenn wir Probleme nachhaltig lösen wollen. Denn anstatt das Problem von allen Seiten zu beleuchten und tiefgründig zu analysieren, bewirkt unsere Erfahrung, dass wir nur an der Oberfläche bleiben und direkt eine mögliche Lösung im Kopf haben. Und das, bevor wir das Problem überhaupt vollständig erfasst haben. Seien Sie ehrlich. Wie oft hören wir das oder sagen es selbst, wenn wir von einem Problem erfahren: „Das kann ja nur an… liegen." oder „Hast du schon mal… probiert?".

Das führt dazu, dass wir uns im Kreis drehen und ganz tolle „Problemlöser" der immer gleichen Probleme werden. Wie machen wir es aber richtig? Das ist kein Hexenwerk und in jedem Fachbuch zum Thema „Systematischer Problemlösungsprozess" nachzulesen.

Problemlösungsprozess

- Problem beschreiben: das Problem genau beschreiben. Was passiert wann, wo, wie oft, mit welchem Ergebnis?
- Situation verstehen und Ziele festlegen: Welche Auswirkungen hat das Problem? Wie soll die Situation sein, wenn das Problem gelöst ist?
- Ursachen analysieren: alle möglichen Ursachen des Problems auflisten, zum Beispiel mithilfe der „Fünf-Mal-Warum-Fragen" oder dem „Fischgräten-Diagramm".
- Mögliche Lösungen identifizieren: Dabei kann es kurzfristige Lösungen geben, die das Problem schnell eindämmen und mittel- bis langfristige Lösungen, die das Problem dauerhaft beseitigen.
- Maßnahmenplan erstellen und umsetzen: Auswahl der effektivsten Lösungsmöglichkeiten und Ableitung eines Maßnahmenplanes. Festlegung, wer, was, bis wann macht.
- Wirksamkeit überprüfen: überprüfen, ob die Maßnahmen zum Ergebnis führen.
- Wenn das Problem nicht gelöst ist, von vorne starten.

Das klingt logisch und banal, ist es aber in den meisten Fällen nicht. Mal Hand auf's Herz, wann haben Sie das letzte Mal ein Problem konsequent auf diese Weise beleuchtet? Meistens nehmen wir uns noch nicht einmal die Zeit für Schritt Nummer eins. Spätestens beim Schritt „Ursachen analysieren" springen die meisten direkt zu möglichen Lösungen. Einen Maßnahmenplan gibt es bei vielen Themen, denn im Erstellen von Listen sind wir meist ganz gut. Aber die Überprüfung der Wirksamkeit fällt im Tagesgeschäft meist unter den Tisch. Schon weil in den seltensten Fällen das Ziel vorher klar definiert und so überhaupt überprüfbar ist.

Wenn Sie also eine Kultur der kontinuierlichen Verbesserung aufbauen wollen, in der Probleme auf den Tisch kommen und nachhaltig gelöst werden, dann müssen Sie stets in dieser Systematik agieren. Unterstützend können hierzu Problemlösungsblätter oder andere Vorlagen zur Verfügung gestellt werden, welche sicherstellen, dass der Prozess eingehalten wird. Dies wird jedoch oft als sehr bürokratische und unnötige Dokumentation empfunden. In den meisten Fällen werden solche Blätter dann erst im Nachhinein ausgefüllt, um den Dokumentationsanforderungen gerecht zu werden. Anstatt den Prozess zu unterstützen, wird dann die aktuelle Lösung an die Dokumentation angepasst.

Wichtiger ist hier das gemeinsame Verinnerlichen des Vorgehens, das Erkennen und Erleben, dass auf diese Weise Erfolge erzielt werden können. Auch hier sollten Sie mit gutem Beispiel vorangehen und diese Vorgehensweise selbst sichtbar anwenden und immer wieder einfordern. Wenn also Ihr Mitarbeiter mit einem Problem und einem Maßnahmenplan zu Ihnen kommt, lassen Sie sich genau erklären: Was ist das Problem? Wie wirkt es sich aus? Was wollen Sie erreichen? Welche Daten und Details sind gesammelt worden? Was ist wie genau analysiert worden? Woher kommen die Lösungsideen? Wie ist die Wirksamkeit nachgewiesen worden? Lassen Sie nicht locker und fordern Sie dieses Vorgehen immer wieder und vollständig ein. Helfen Sie Ihren Mitarbeitern in der Rolle als Coach, vollständig durch diesen Prozess zu gehen und zeigen Sie auf, warum dieser so immens wichtig ist. Nach einiger Zeit wird diese Denkweise ein Teil der Problemlösungs-Kultur in Ihrem Bereich oder Unternehmen werden.

Schlussendlich ist es wichtig, an möglichst vielen Stellen zu zeigen, dass das Aufzeigen von Problemen und Verbesserungspotenzialen gewünscht ist und dementsprechend belohnt und anerkannt wird. Dies können Sie erreichen, indem Sie dieses Verhalten in den jährlichen Mitarbeiterjahresgesprächen als Bewertungskriterium aufnehmen. Zudem können Sie durch beispielsweise Geld- und Sachprämien oder Veranstaltungen und Teamevents Verbesserungsvorschläge belohnen. Wichtig ist auch hier, zu berücksichtigen, was Ihre Mitarbeiter motiviert. Dies müssen nicht immer große Dinge sein. Ein ehrlich gemeinter und persönlicher Dank der Führungskraft ist manchmal mehr wert als ein unpersönlich zugestellter Geldbetrag.

Probleme gemeinsam lösen

Probleme entdecken versus Betriebsblindheit: Machen Sie gemeinsam mit Ihren Mitarbeitern einen Schritt zurück und betrachten Sie Arbeitsabläufe und Prozesse mit etwas Abstand, um auch die Probleme zu entdecken, die sich im Laufe der Zeit eingeschlichen und festgesetzt haben.

Offenheit fördern versus „der Überbringer schlechter Nachrichten wird bestraft“: Wenn es Probleme oder Verbesserungspotenziale gibt, sollten diese so schnell wie möglich auf den Tisch gebracht und angegangen werden. Denn sie verbrauchen unnötige Ressourcen, die Sie effektiver an anderen Stellen nutzen können. Dafür müssen Sie eine Kultur der Offenheit und des Vertrauens schaffen, in der es wertgeschätzt wird, Probleme offen anzusprechen. Schaffen Sie für Mitarbeiter einfach nutzbare, unbürokratische Kanäle, um Probleme zu benennen und Ideen für Verbesserungen einzubringen.

Mitarbeiter in den Lösungsprozess einbinden versus gesagt und nichts getan: Beziehen Sie Mitarbeiter, die Probleme aufzeigen oder Ideen vorbringen, in die Umsetzung ein. Diese Mitarbeiter sind motiviert, ihr Arbeitsumfeld mitzugestalten und Experten in ihrem Bereich. Nutzen Sie das.

Nach den wahren Ursachen forschen versus Symptome bekämpfen: Lösen Sie Probleme systematisch und lassen Sie keinen der Schritte aus. Nur so können sie zur Wurzel des Übels vordringen und nicht nur an den Symptomen „herumdoktern". Überprüfen Sie, ob die Lösung wirklich wirksam ist und starten Sie wenn nötig von vorne.

Zuckerbrot versus Peitsche: Belohnen und wertschätzen Sie offenes und lösungsorientiertes Verhalten sowie das Ansprechen von Problemen. Zeigen Sie, auch durch Ihr eigenes Verhalten, dass dies gewünscht und wichtig ist.

Weiterführende Literatur

Amiable T, Kramer S (2011) The progress principle. Havard Business School Press, Boston

Fischer J, Pfeffel F (2014) Systematische Problemlösung in Unternehmen: Ein Ansatz zur strukturierten Analyse und Lösungsentwicklung. Springer Gabler, Wiesbaden

Groth A (2014) Der Chef, den ich nie vergessen werde: Wie Sie Loyalität und Respekt Ihrer Mitarbeiter gewinnen. Campus, Frankfurt a. M.

Haberleiter E, Deistler E, Ungvari R (2013) Führen, Fördern, Coachen. Pieper, München

Lencioni P (2002) Die 5 Dysfunktionen eines Teams. Wiley, San Francisco

Pfläging N (2014) Organisation für Komplexität. Redline, München

Pircher-Friedrich AM (2005) Mit Sinn zum nachhaltigen Erfolg. Erich Schmidt Verlag, Berlin

Witt J, Witt T (2008) Der Kontinuierliche Verbesserungsprozess (KVP). Verlag Recht und Wirtschaft, Frankfurt a. M.

Mit Werten durch die Krise 7

Bozidar Radner

Wir müssen oft neu anfangen, aber selten von vorne!

Inhaltsverzeichnis

B. Radner (✉)
Buchalik Brömmekamp Unternehmensberatung GmbH, Prinzenallee 15,
40549 Düsseldorf, Deutschland
E-Mail: bozidar.radner@buchalik-broemmekamp.de

N. Müller, C. Jäger (Hrsg.), *WERTEorientierte Führung von Familienunternehmen*,
DOI 10.1007/978-3-658-09237-5_7

Zusammenfassung
Familienunternehmen ticken anders als andere Unternehmen: langfristige Ausrichtung anstatt kurzfristiger Renditen, Stabilität an der Unternehmensspitze anstatt schnell wechselnder Fremdmanager. Die langjährig gewachsenen Strukturen und die Verbundenheit der Familie mit ihrem Unternehmen sind in der Krise allerdings auch ein erhebliches Risiko. Meist treten Unternehmenskrise und Familienkrise gleichzeitig auf und beeinflussen sich gegenseitig. Steht die Unternehmensfamilie bei der Krisenbewältigung eher im Weg oder ist sie der Wegbereiter in eine neue Zukunft? Das hängt insbesondere davon ab, wie der Unternehmenslenker die Blockaden durch Verlust- und Reputationsängste durchbrechen kann.

Das Kapitel zeigt auf, dass bei der Unternehmenssanierung die Bewältigung der Familienkrise ein wesentlicher Bestandteil des Sanierungskonzeptes sein muss und dass der Umgang mit Krisen frühzeitig erlernt werden sollte.

7.1 Einleitung

Krisen sind einschneidende Erlebnisse und hinterlassen ihre Spuren – insbesondere für den Unternehmer, der sein Unternehmen über viele Jahre aufgebaut und sich damit seine Existenzgrundlage geschaffen hat. Die erfolgreiche Bewältigung der Unternehmenskrise stellt allerdings hohe Anforderungen an den Unternehmer, denn oft ist er selbst Teil der Krise, beispielsweise als Auslöser oder als Impulsgeber in der Sanierung. Betriebswirtschaftliche, organisatorische und juristische Aspekte sind in der Krisenbewältigung zu berücksichtigen. Häufig wird jedoch ein Thema vernachlässigt – der psychologische Aspekt. Das nachfolgende Kapitel geht deshalb den Fragen nach, in wie weit lassen sich in familiengeführten Unternehmen Familie und Unternehmen trennen und wie übertragen sich innerfamiliäre Konflikte auf den Unternehmensalltag? Ist die patriarchalische Unternehmensführung ein Hindernis für die Krisenbewältigung? Und welche Führungsstile sind in der Krise gefordert?

7.2 Einflussfaktoren für den Verlauf einer Krise

Das Erkennen einer Krise gehört wohl zum schwierigsten Teil der Krisenbewältigung, obwohl die Erkenntnis den Startschuss zu einem erfolgreichen Turnaround gibt. Doch um eine positive Veränderung des Unternehmens zu bewirken, müssen zunächst bei den Beteiligten emotionale Vorurteile abgebaut und negative Einstellungen zu Sanierungsverfahren überwunden werden. Denn psychologische Motive haben bei der Bewältigung von Krisen erheblich mehr Einfluss als sachliche. Der Mensch neigt grundsätzlich nicht dazu, Veränderungen schnell zu akzeptieren. Auf der einen Seite wünscht sich zwar jeder, dass alles besser wird. Andererseits soll sich im eigenen Leben nichts Gravierendes ändern. Dahinter steckt in erster Linie die Angst vor dem Verlust des bisher Erreichten.

► Jeder weiß, nach der Veränderung wird einiges anders sein, nur was, das kann niemand vorhersagen.

In der Krise kommen zwei wesentliche Faktoren hinzu: Maßnahmen zur Beseitigung der Krise müssen erstens schnell und zweitens unter erheblichem äußeren Druck umgesetzt werden. Für Unternehmenslenker gilt es daher eigene Blockaden, die einem notwendigen Veränderungsprozess entgegenstehen, abzubauen und den Umgang mit Krisen frühzeitig anzunehmen. Dazu sind die Werkzeuge der Sanierung schon vor einer möglichen Schieflage zu erlernen und in den alltäglichen Betriebsablauf zu integrieren.

7.3 Verlauf einer Krise

Krisen brechen nicht plötzlich über ein Unternehmen herein. Vielmehr ist die Krise ein schleichender Prozess, in dem sich verschiedenste Faktoren über einen längeren Zeitraum bemerkbar machen. Oft bleiben diese Anzeichen unentdeckt oder werden, in der Hoffnung auf eine bessere Marktlage, ignoriert. Dann kommt der berühmte Tropfen, der das Fass zum Überlaufen bringt. Meist in der Form der Liquiditätskrise, in der das Unternehmen zunehmend fällige Forderungen nicht mehr innerhalb der Zahlungsziele bedient, die Kontokorrentlinien der Banken überzieht, die Warenkreditversicherer das Rating herabstufen und Investitionen für neue Produkte und Maschinen nicht mehr erfolgen können. Kunden, Kreditgeber und auch Mitarbeiter verlieren das Vertrauen in das Unternehmen. Letztendlich drohen die Zahlungsunfähigkeit und damit die Insolvenz, die heutzutage aber auch nicht mehr das Aus für ein Unternehmen und den kaufmännischen Tod des Unternehmers bedeuten muss.

Ist das Unternehmen in der Liquiditätskrise angekommen, ist schon das Endstadium der Krise erreicht. Zuvor werfen die Strategie- und Ertragskrise bereits die Frage auf, warum ein Produkt oder eine Dienstleistung den Kundenanforderungen nicht mehr genügt. Neue Wettbewerber, verbesserte Technologien oder veränderte gesetzliche Rahmenbedingungen sind nur einige externe Auslöser. In der ersten Krisenphase, der Strategiekrise, lassen sich die Ursachen nur schwer identifizieren, denn das operative Geschäft ist noch profitabel. Das Stadium bedroht ein Unternehmen noch nicht heute oder morgen, sondern erst in der Zukunft. Allerdings stagnieren die Margen oder sind bereits rückläufig. Die Wettbewerbsvorteile, die ein Unternehmen befähigen seine Marktposition zu halten oder sogar auszubauen schwinden zunehmend. Als Gegenmaßnahme sollte in dieser „noch guten" Zeit eine Strategie zur Weiterentwicklung des Geschäftsmodells oder zur Erschließung neuer Geschäftsfelder entwickelt werden. Vorrangiges Ziel ist es, die Wettbewerbsfähigkeit zu erhalten oder auszubauen.

Fehlen die Gegenmaßnahmen, geht es nahtlos in die Ertragskrise über. Die Folgen der Krise lassen sich bereits anhand der betriebswirtschaftlichen Zahlen ablesen, da die Gewinne und Umsätze im Gegensatz zum Wettbewerb einbrechen. Produkte verbleiben länger im Lager, offene Rechnungen werden später als üblich bezahlt und die Geldgeber bitten häufiger zu einem Gespräch, in dem der Unternehmer aufgefordert wird, die Lage

Abb. 7.1 11.45 Uhr – Die Uhr tickt

und weitere Pläne zu erklären. Für das Unternehmen ist noch nicht fünf vor zwölf, aber die Uhr steht schon auf 11:45 Uhr. Das Ausmaß der Ertragskrise muss deshalb ganzheitlich analysiert werden und die Situation durch ein Sanierungskonzept behoben werden. Die darin identifizierten Maßnahmen zur Steigerung der Umsatzerlöse und zur Verbesserung der Kostenposition sollten dann zügig umgesetzt werden (Abb. 7.1).

Viele Unternehmenskrisen ließen sich vermeiden, wenn die Beteiligten Alarmsignale ernst nehmen und die Probleme offen ansprechen würden. Denn allen Krisenphasen ist eines gemeinsam: Je weiter die Szenarien fortgeschritten sind, umso schneller muss gehandelt werden und umso geringer ist der Handlungsspielraum. Nicht immer müssen die zuvor genannten Krisenphasen nacheinander ablaufen. Teilweise können Phasen sogar übersprungen werden oder parallel verlaufen. Wie sich eine Krise in einem familiengeführten Unternehmen entwickelt und vor allem, ob und wie sie bewältigt wird, hängt im Wesentlichen von den folgenden Faktoren ab:

- die externen und internen Krisenursachen,
- die Eigenschaften von Familienunternehmen und
- die Entscheidungsfindung in der Krise.

7.3.1 Faktor externe und interne Krisenursachen

Krisenursachen erscheinen auf den ersten Blick komplex. So fand die Universität Mannheim in einer Studie eine Vielzahl von Auslösern für eine Krise.

Häufige Auslöser für eine Krise

- fehlendes Controlling (79 %)
- Finanzierungslücken (76 %)
- unzureichendes Debitorenmanagement (64 %)
- autoritäre Führung (57 %)
- ungenügende Transparenz und Kommunikation (44 %)
- Investitionsfehler (41 %) und
- falsche Produktionsplanung (40 %).

Äußere Faktoren, wie die Veränderung des Kundenverhaltens und des Marktes oder die Haltung der Kreditgeber, beeinflussen die Krise dagegen nur unmittelbar. Sicherlich können sie ein Anschub für die Krise sein, die Gründe sind jedoch vorrangig hausgemacht und liegen im Umgang der Unternehmensleitung mit dem eingesetzten Kapital. Die ersten drei Faktoren (fehlendes Controlling, Finanzierungslücken und unzureichendes Debitorenmanagement) gehören ganz eindeutig dazu, schließlich auch der Faktor „Investitionsfehler" und „falsche Produktionsplanung".

▶ Ein tiefergehender Blick aber entlarvt den eigentlichen Auslöser: Es liegt einzig und allein an der Führung eines Unternehmens.

Alle genannten Krisenursachen weisen darauf hin: Es wurden falsche Unternehmensentscheidungen getroffen, weil die Datenlage unzureichend oder fehlerhaft war oder die Daten falsch interpretiert wurden. Damit kommen wir aber wieder zum Kern des vorherigen Absatzes: Die Verantwortung für die Intransparenz und damit die Krise trägt die Unternehmensleitung, da sie es unterlassen hat, eine Informationslage zu schaffen, die eine Entscheidung benötigt.

Interne Krisenursache

Der geschäftsführende Gesellschafter eines produzierenden Unternehmens im Münsterland war ein wenig ungeplant in die Nachfolgerolle geraten. Mit nunmehr Ende dreißig hatte er außer der Universität und des elterlichen 200-Mann-Unternehmens keine Erfahrung gesammelt beziehungsweise nichts anderes gesehen. Schon im Erstgespräch trat das „Hab-ich-auch-schon-gesagt/erkannt/angefangen-Syndrom" zutage. Egal, welches Thema angesprochen wurde, alle Themen und Aufgaben schienen bei ihm zu landen. Die Kontrolle über all die „Gesagt/erkannt/angefangen-Maßnahmen" war aber nicht nur verloren gegangen, sondern noch nie da. Die wirklich wichtigen Führungsthemen (Mitarbeiter, Kunden, Finanzen) dümpelten vor sich hin und an die strategische Weiterentwicklung des Unternehmens war ohnehin nicht zu denken. Warum war das so? Ganz einfach: Es fehlte eine zweite Führungsebene. Und zwar komplett.

Jeder Schichtleiter, der Controller, der Auftragsvorbereiter – alle hatten einen direkten Draht zum Chef. Dankenswerterweise war ich wohl der Erste, der ihm dies schlichtweg sagte. Und zudem eine neutrale Person. Da er in der Tat sehr veränderungsbereit und erfolgswillig war, hatten wir nach dem Erstgespräch bereits eine wichtige, gemeinsame Sanierungsmaßnahme beschlossen: Einführung einer zweiten Führungsebene!

Lassen Sie mich voranstellen: In meinen Ausführungen geht es nicht um die Bestätigung der pauschalen Aussage „Der Chef ist immer schuld". Die Beantwortung der Schuldfrage bindet nur unnötige Energien und kostet Zeit, die nicht vorhanden ist. Viele Arbeitsstunden werden dafür aufgewendet, um herauszufinden, wer die Situation verschuldet hat. Ist der Schuldige gefunden, ist man bei der konstruktiven Lösung eines Problems keinen Schritt weiter, denn an der Situation hat sich faktisch nichts geändert. Die Schuldfrage ist ein Nebenschauplatz. Viel wichtiger ist, wer die Verantwortung übernimmt. Führung bedeutet für mich, ein zuvor gestecktes Ziel zu erreichen. Das setzt Wirksamkeit voraus. Jegliches Handeln und Führen muss darauf ausgerichtet sein, Effekte zu bewirken, die das gesteckte Ziel unterstützen. Wird das Ziel verfehlt, war die Führung nicht wirksam genug. Die Verantwortung dafür trägt die Führungskraft und nicht diejenigen, die den Anweisungen folgten. Ebenso verhält es sich mit der Verantwortung für die Krisensituation.

Ist deshalb der Unternehmer für alles verantwortlich? Natürlich steht der mittelständische Unternehmenslenker heutzutage vor einer Fülle von Anforderungen, die in Großunternehmen in der Regel auf mehreren Schultern verteilt werden: Er muss Führungskraft, Branchenkenner, Kindermädchen, Einkäufer, ITler, Vertriebler, Psychologe, Motivator etc. in einer Person sein. Das in einem Wettbewerbsumfeld, welches immer anspruchsvoller und schnelllebiger wird. Aber, Unternehmer haben sich für diese Aufgabe irgendwann einmal bewusst oder auch unbewusst entschieden. Oftmals wird mir zu Beginn von Sanierungsprojekten das Chef-Leid geklagt „zu viele Hüte zu tragen". Sich darüber zu beschweren, hilft aber nicht weiter. Letztendlich ist dieser Beschwerdemoment aber bereits eine gute Chance für den Berater, Lösungsansätze zu skizzieren (Abb. 7.2).

Typischer Verlauf einer Krise

Besonders kleinere inhabergeführte Firmen forcieren durch ihre Verhaltensweisen den Eintritt einer Krise. Die Inhaber haben sich oft als gute Fachleute selbstständig gemacht, indem sie eine Produktidee zur Marktreife brachten und daraufhin das Geschäft weiterentwickelten. Häufig vernachlässigen sie dabei das Wissen über Betriebsführung und betriebswirtschaftliche Zusammenhänge. Das ist sicherlich der Sache geschuldet, dass sie in erster Linie sehr gute Entwickler sind. Verhängnisvoll wird es, wenn darauf verzichtet wird, Betriebswirte einzustellen, die diese Lücken füllen. Wächst die Konkurrenz oder agiert das Unternehmen in schwierigen Märkten, reicht das einseitige Produkt-Know-how nicht mehr aus. Meist folgt das Muster „es wird schon irgendwie gehen". Dazu werden beispielsweise Angebote abgegeben, die zunächst ein Minusgeschäft darstellen. Die Hoffnung liegt in lukrativen Folgeaufträgen, die meist ausbleiben. Die Krise ist damit vorprogrammiert.

Abb. 7.2 Zu viele Hüte

7.3.2 Faktor Eigenschaften von Familienunternehmen

Familienunternehmen ticken anders als andere Unternehmensarten. Die besondere Beziehung der Unternehmerfamilie zu ihren Mitarbeitern, Produkten, Kunden und Lieferanten ist auf der einen Seite die Antriebskraft für Neues, andererseits kann sie zerstörerisch wirken. Die Erwartungshaltung der Gesellschaft an Familienunternehmer ist in Deutschland besonders hoch: langfristige Ausrichtung des Unternehmens, besondere Fürsorge für ihre Arbeitnehmer, konzentrierter Fokus auf Innovationen und nicht auf kurzfristige Gewinne, hohe Risikofreude, schnelle und unkomplizierte Entscheidungsfindung und Flexibilität. Familienunternehmen sind sich dieser positiven Eigenschaften bewusst.

Weiterhin kann sich das ambivalente Verhältnis von Familienunternehmen beim Einsatz von familienfremden Führungskräften in der Krise negativ auswirken. Einerseits ist ihnen bewusst, dass sie auf Professionalität und Know-how externer Führungskräfte nicht dauerhaft verzichten können. Andererseits fürchten sie den Verlust der Familienidentität und ihrer Unabhängigkeit in einem von Familienfremden geführten Unternehmen. In der Krise führt das häufig dazu, den Blick von außen zu ignorieren und professionelle Krisenberatung nicht zu akzeptieren.

Auf der Schattenseite familiärer Unternehmensstrukturen stehen Streitigkeiten innerhalb der Familie, die sich in den betrieblichen Alltag übertragen und in ein Entscheidungsvakuum münden können. Ungeklärte Nachfolgeregelungen oder die teilweise fehlende Qualifikation von Familienmitgliedern, die im oder für das Unternehmen tätig sind. Nicht jeder ist ein guter Chef, nur weil er ein Familienmitglied ist. Bei der Betrachtung über weitere Krisenursachen tritt deshalb der persönliche Stil, in dem das Unternehmen geführt wird, in den Vordergrund. In der zuvor erwähnten Studie der Universität Mannheim fallen neben dem Gesichtspunkt „autoritäre, rigide Führung“ die Aussagen „ungenügende Transparenz und Kommunikation“, „Dominanz persönlicher über sachliche Motive“ und „Egozentrik, fehlende Außenorientierung“ in diese Kategorie. Themenfelder, die besonders häufig in Familienunternehmen anzutreffen sind.

Eigenschaften von Familienunternehmen

Ein Familienunternehmen aus der Verpackungsindustrie hatte sich mit einer Investition verhoben. Aus geplanten (größtenteils fremdfinanzierten) sieben Millionen Euro für die neue Produktion wurden nahezu zwölf Millionen Euro. Es wurde existenzbedrohend und die Banken schoben dem 69-jährigen Senior die Schuld in die Schuhe, hatten sich aber auch nicht mit Ruhm bekleckert und versäumt, ein stringentes Investitionscontrolling nach Baufortschritt zu betreiben. Klassischerweise blieb der Fall auch zu lange in der normalen Kundenbetreuung der Banken. Kurzum: Nach Erstellung eines Sanierungskonzeptes ging es letztlich nur noch um einen Streitpunkt. Der Senior sollte das mit Unternehmensmitteln gekaufte Luxusfahrzeug veräußern und den Erlös in das Unternehmen fließen lassen. Getreu der Devise: „Ich lass mir doch nicht von irgendwelchen Bankern sagen, was für ein Auto ich fahre“ wäre die komplette Sanierung eines Familienunternehmens in der dritten Generation beinahe an der Autofrage gescheitert. Nur unter Aufbietung des guten Zuredens eines alten Schulfreundes des Seniors, in diesem Fall der 70-jährige Jurist des Unternehmens, gelang es letztlich doch, das Unternehmen unter der Leitung des 41-jährigen Juniors auf den Sanierungspfad zu bringen. Menschliche Bruttosicht auf die Sanierung: 13 Familienangehörige und rund 150 Beschäftigte mit ihren Familien lebten von den Löhnen/Gehältern und Erträgen.

7.3.3 Faktor Entscheidungsfindung in der Krise

Krisen sind ungewohnte Situationen. Sie geben das Gefühl der Machtlosigkeit oder das einem der Boden unter den Füßen weggezogen wird. Unternehmenslenker stehen in der Krise zunächst Tatsachen gegenüber, die vermeintlich außerhalb ihres Einflussbereiches liegen.

► Als Reaktion folgt vielfach die Vogel-Strauß-Politik. Verleugnen oder verschieben ist die persönliche Abwehrstrategie.

Nicht selten wird die Situation als vorübergehende Krise eingeschätzt oder es besteht die unrealistische Hoffnung, nach jahrelangen Erfolgen werde es schon irgendwann von selbst wieder aufwärtsgehen.

Gerade in der Phase der Verwirrung erwarten Mitarbeiter, Kunden, Kreditgeber und andere Personen, die mit dem Unternehmen in Kontakt stehen, von der Führung Auskunft und Orientierung. In der Wirtschaftskrise 2009 redeten viele Vorstände davon, dass sie mit voller Kraft und geradeaus in eine Nebelwand fahren. Trotz klar vorgegebenem Kurs war die Verunsicherung bei allen Beteiligten nach solchen Statements deutlich größer. Dieses Verhalten ist der Unerfahrenheit der Unternehmer mit der Krisenbewältigung geschuldet. Gleichzeitig stellt sich mit dem Unbekannten ein Gefühl der Angst ein. Angst ist natürlich und soll vor unbekannten Gefahren schützen. Ist die Krise offensichtlich, aber der Unternehmer hat noch keinen möglichen Lösungsweg aus dieser Krise gefunden, folgt er einem Ur-Instinkt: weglaufen. Da er jedoch an den Bürostuhl gefesselt ist, verdrängt er die Situation.

Sich der Tatsache des Scheiterns gegenüberzustellen, verlangt demnach Mut. Die Fachhochschule Köln befragte Führungskräfte, wovor sie sich als Manager fürchten. Die Ergebnisse sind erschreckend: Zwei von drei Führungskräften haben Angst bei ihrer beruflichen Tätigkeit – Angst davor, Fehler zu machen, Wertschätzung oder Autorität zu verlieren. Bei Familienunternehmen dürfte noch die Angst vor dem Reputationsverlust dazukommen: „Ausgerechnet ich habe das Unternehmen nach drei Generationen vor die Wand gefahren", „Ich habe die ganze Familie in den Ruin getrieben" oder „Was mache ich, nachdem es das Unternehmen nicht mehr gibt?".

► Die stärkste Angst aber, die insbesondere Chefs plagt, ist die Angst vor Kontrollverlust.

Besonders in der Krise hat der Unternehmer durch die erforderlichen schnellen Änderungen nicht mehr alles im Griff. Er wird abhängig von eigenen Mitarbeitern oder „Fremden". Ihm geht der Überblick über seine „Baustelle" verloren. Für viele Unternehmer eine Horrorvorstellung.

Da Angst in Führungsetagen ein Tabuthema ist, startet im Kopf der Verdrängungswettbewerb. Probleme werden zwar wahrgenommen, aber ignoriert. Wichtige Entscheidungen werden, aus Angst das Falsche zu tun, vertagt. Ein sogenanntes Entscheidungsvakuum entsteht und die Krisenspirale beginnt sich weiter abwärts zu drehen.

Exkurs in die Beraterpraxis

Wir führen bei Sanierungskonzeptionen regelmäßig eine anonyme Mitarbeiterbefragung durch. Dies hat verschiedene Ziele und Nutzen: Die Mitarbeiter fühlen sich eingebunden, wir erhalten ein (ungeschöntes) Stimmungsbild und es werden viele gute Ideen zur Sanierung zusammengetragen. Die meisten Unternehmer empfinden in der Tat erhebliches Unbehagen vor den Ergebnissen und sind oftmals aufgeregt, wie früher beim Nikolaus, wenn wir die Ergebnisse vorstellen. Diese ähneln sich in nahezu allen Fällen und stehen aus meiner Sicht exemplarisch für die (Seelen-)Lage der Mitarbeiterschaft in familiären Krisenunternehmen. Die Stimmung ist schlecht, die Loyalität groß und die Mitarbeiter wollen vor allem mehr Information, Liebe (Lob/Motivation/Führung) und natürlich auch Geld (auf das oftmals schon länger in Teilen verzichtet worden ist). In diesem Fall hilft es nur, vor die Gruppe zu treten und die Ergebnisse der Befragung zu kommunizieren!

7.4 Lösungsansätze für den Umgang mit Krisen

7.4.1 Realität erkennen und akzeptieren

Die erfolgreiche Krisenbewältigung startet, wenn der Unternehmenslenker die Realität akzeptiert. Doch ist Realität wirklich real oder wahr? Realität entsteht aus unserer eigenen Wahrnehmung und ist geprägt durch Wissen und Erfahrungen. Da jede Führungskraft mal mehr, mal weniger Wissen hat und jeder Chef andere Erfahrungen in seinem Leben sammeln konnte, verfügt jeder Mensch über seine ganz eigene Realität.

Wahrnehmungsfilter

Jeder Mensch ist ständig einer Flut an Reizen ausgesetzt – egal ob wir hören, sehen, riechen, fühlen oder schmecken. Da unser Gehirn nur ein gewisses Maß an Reizen verarbeiten kann, werden diese Sinneseindrücke reduziert. Ein Beispiel dazu: Den 125 Mio. Lichtsinneszellen eines Auges stehen nur eine Millionen Nervenfasern gegenüber. Die Netzhaut filtert also schon die Mehrheit der Reize. Nur der geringste Teil erreicht das Gehirn. Diese Informationen werden dann im Gehirn nach Farbe, Form, Bewegung oder Räumlichkeit sortiert und analysiert. Zur Analyse werden die bisherigen Sinneswahrnehmungen herangezogen und mit dem neuen Eindruck verglichen. Kurz gesagt: Ein Quadrat erkenne ich nur deshalb, weil ich vorher schon mal ein Quadrat gesehen habe. Das Großhirn setzt letztendlich alle Analyseergebnisse wieder zu einem Gesamtbild zusammen. Was wir sehen, ist also kein Abbild der Außenwelt sondern eine vom Gehirn erzeugte Realität.

Es gibt also nicht eine wahre Realität! Es gibt viele Realitäten. Meist zeigt sich erst in der Zukunft, dass unsere Sicht nicht ganz korrekt war. Wichtig ist, frühzeitig zu erkennen, wann die eigene Realität den äußeren Gegebenheiten angepasst werden muss:

- So hatte Gottlieb Daimler 1901 verkündet: „Die weltweite Nachfrage nach Kraftfahrzeugen wird eine Millionen nicht überschreiten, allein schon aus Mangel an verfügbaren Chauffeuren."
- Der französische Marschall Ferdinand Foch erklärte 1911: „Flugzeuge sind interessante Spielzeuge, aber ohne militärischen Wert."
- Und der US-amerikanischer Computer-Ingenieur Ken Olsen meinte 1977 auf dem World Future Society Meeting: „Es gibt überhaupt keinen Grund, warum irgendjemand einen Computer zu Hause nutzen sollte."

Hätten Daimler, Foch und Olsen ihre Einstellungen nicht geändert, wären ihre Projekte schneller als erwartet gescheitert.

Wie kann ich meine Sichtweise erweitern? Zwei Beispiele: Vielfach wird an dieser Stelle die offene Tür des Vorgesetzten zitiert. Sicherlich ein gut gemeinter erster Schritt. In

Abb. 7.3 Raus aus dem Chefzimmer

dieser Situation bleiben Sie aber immer noch in Ihren Räumlichkeiten festgehalten, nicht nur physisch sondern auch in Ihren Erfahrungen. Wer jedoch wissen will, wo den anderen der Schuh drückt, der muss in die Schuhe des anderen steigen. In Ihrem Chefzimmer werden Sie die Probleme der anderen nicht erkennen können. Deshalb: gehen Sie in Ihr Unternehmen und sprechen Sie mit den Mitarbeitern an der Basis und zwar dort, wo sich Ihre Mitarbeiter wohlfühlen und nicht Sie. Meistens erhalten Sie an diesen Orten eine ungeschminkte Wahrheit (Abb. 7.3).

Wenn in Entscheidungsfindungsprozessen häufig das Urteil zu einem sehr frühen Zeitpunkt zu Gunsten eines Vorschlages fällt, sollten bei Ihnen die Alarmglocken läuten – entweder sind nicht alle Meinungen auf den Tisch gekommen oder Sie haben Ihren Mitarbeiter nur selektiv zugehört und deren Argumente nicht aufgegriffen oder Ihre Mitarbeiter haben sich nicht intensiv mit den Gegenargumenten beschäftigt. Stoppen Sie in solchen Momenten den Prozess und fordern Sie von Ihren Mitarbeitern Alternativen. Die Ergebnisse erweitern bei allen Beteiligten den Horizont.

7.4.1.1 Inhalte der Risikoanalyse

Unternehmen sind alltäglichen Risiken ausgesetzt, die das Unternehmen in Teilbereichen oder sogar in Gänze bedrohen können. Vorausschauende Unternehmer haben auf die nachfolgenden Fragen bereits zahlreiche Maßnahmen entwickelt, denn eine Risikoanalyse ist gleichzeitig eine Chancenliste, die neue Geschäftsfelder oder Produktinnovationen eröffnet.

Der Markt

- Sind Technologiesprünge mit Auswirkungen auf die Wettbewerbsfähigkeit der eigenen Produkte zu erwarten?
- Sind die Produkte innovativ oder sind sie einem reinen Preiswettbewerb ausgesetzt?
- Sind starke Preisschwankungen bei Rohstoffen und Vorprodukten zu erwarten?

Die Produktion

- Ist die Produktion wegen einzelner Komponenten oder Rohstoffe besonders anfällig?
- Ist die Fehlerhäufigkeit sehr hoch, so dass die Möglichkeit von Produktionsausfällen besteht?
- Ist mit einer kostenintensiven Erneuerung der Produktionsanlagen zu rechnen?

Der Absatz

- Sind alle wichtigen Kundengruppen identifiziert worden?
- Sind häufiger Transportschäden zu verzeichnen?
- Sind wichtige Liefer- und Abnahmeverträge auf ihre betrieblichen Auswirkungen hin untersucht worden?

Die Liquidität

- Werden Zahlungsziele von den Kunden eingehalten?
- Werden sich Liquidität und Bonität in absehbarer Zeit verschlechtern?
- Werden potenzielle Zahlungsausfälle von Kunden zum Problem?
- Werden Factoring oder Kreditversicherung genutzt, um die Liquidität zu sichern?

Die Beschaffung

- Besteht eine Abhängigkeit von einem oder wenigen Zulieferern?
- Besteht die Möglichkeit, Rohstoffe durch andere zu ersetzen oder aus anderen Quellen zu beziehen?
- Besteht die Möglichkeit, durch Just-in-time-Produktion Lagerkosten zu vermeiden?

Das Rechnungswesen

- Gibt es eine Kostenrechnung mit eindeutigen Ergebnissen?
- Gibt es eine laufende Liquiditätskontrolle?
- Gibt es ein umfassendes Debitorenmanagement?
- Gibt es ein umfassendes Controlling, das direkt an die Unternehmensführung berichtet?

Die rechtlichen Risiken

- Welche Änderungen der Rechtsprechung könnten das Unternehmen treffen?
- Welche Gefahren ergeben sich aus unzureichend rechtssicheren Verträgen und AGBs?
- Welche Lücken bestehen bei den eigenen Eigentumsvorbehalten in Verträgen?
- Welche Risiken bergen Umweltauflagen, Handelsbeschränkungen und Produkthaftpflicht?

Die IT-Risiken
- Kann ein Ausfall der IT das Geschäft lahmlegen?
- Kann auf Ersatzkapazitäten in Rechenzentren zurückgegriffen werden?
- Können alle wichtigen Zugriffe auf Systeme protokolliert werden?

Die Strategie
- Sind die Unternehmensziele realistisch, schlüssig und ausformuliert?
- Sind die Kernkompetenzen klar definiert und dem Markt bekannt?
- Sind Fragen der Nachfolge in der Führung geklärt?

7.4.2 Auf einen neuen Modus umschalten und das Unternehmen umkrempeln

Die Restrukturierung bietet die Möglichkeit, echte Veränderungen im Unternehmen hervorzurufen, die Auswirkungen auf Aufstellung, Wertschöpfung, Kunden und Produkte haben. Eines der wenigen Unternehmen, die innerhalb weniger Jahre ein vollkommen anderes Produktportfolio aufweist und für seine Mitarbeiter und Anleger so eine neue Zukunft schaffte, ist das Unternehmen TUI. Vom Förderturm zum Ferienmacher – mit diesen beiden prägnanten Begriffen lässt sich der grundlegende Wandel beschreiben. Noch unter dem Namen Preussag wurden Schiffe, Bergbaumaschinen sowie Grundstoffe hergestellt. Heute gehört TUI zu den weltweit führenden Touristikanbietern.

Ebenso hat sich der Elektrokonzern Philips auf den Weg zum Wandel gemacht. 1918 entwickelte der niederländische Elektrokonzern die erste Radioröhre und baute damit die Basis für die langjährige Unterhaltungselektronik-Sparte. Mit dem Verkauf der Sparte in 2014 kappte Philips seine Wurzeln und orientierte sich hin zu Beleuchtungsprodukten und Kleingeräten wie Mixern, Rasierern, Elektrozahnbürsten. Wie erfolgreich der Wandel sein kann, zeigen die Umsätze aus dem Jahr 2013: LED-Lampen machten rund 40 % des Konzernumsatzes aus.

Ob ein solch radikaler Wandel nötig ist, hängt von den Kundenstrukturen, Zukunftsaussichten der Branchen, Technologie und Produktions-Know-how und natürlich von den Produkten ab. Vielfach wird eine Restrukturierung jedoch mit angezogener Handbremse geplant und durchgeführt. Es werden lediglich Kosten im Einkauf, Vertrieb und Produktion gesenkt und die finanzwirtschaftliche Seite optimiert. Mit der Refinanzierung von Krediten, der Hereinnahme eines Investors oder dem Umstellen auf Sale-and-Lease-Back ändert sich am Wesen des Unternehmens nichts. Damit lässt sich lediglich ein wenig benötigte Zeit gewinnen, um die wahren Probleme, die nicht mehr marktgerechten Produkte, zu beheben. Das verlangt Loslassen können von Altbewährtem, vielleicht, wie das Beispiel Philips zeigt, sogar von den Wurzeln des Unternehmens. Doch früher oder später muss die strategische Neuausrichtung erfolgen, ansonsten wiederholt sich die Krisensituation nach wenigen Jahren oder schon nach Monaten.

Die Krisenbewältigung erfordert ein lösungsorientiertes Vorgehen: Das heißt, alle Produkte/Dienstleistungen und Prozesse kommen auf den Prüfstand. Die Analyse darf nicht davor haltmachen, auch alte Zöpfe rigoros abzuschneiden. Damit keine Ad-hoc-Entscheidungen gefällt werden, die sich später als falsch herausstellen, sollte die aktuelle Situation allein nach betriebswirtschaftlichen Gesichtspunkten und getreu der Devise „reculer pour mieux sauter" (zurückgehen, um besser über die Hürde springen zu können) untersucht werden. Die Kernfrage dabei ist, mit welchen Kunden und Produkten verdient das Unternehmen sein Geld – oder eben auch nicht?

Oft sind teilweise schmerzhafte Erkenntnisse die Folge:

- Mit dem langjährigsten Kunden wird seit mehreren Jahren zwar viel Umsatz aber kein Gewinn mehr gemacht,
- die bedingungslose Kundenorientierung führt dazu, dass das Produktsortiment ausufert oder die Anpassung eines Serienproduktes an individuelle Kundenwünsche die Margen auffrisst und
- die „Lieblingsprodukte" gehen deutlich an den Marktanforderungen vorbei.

Weiterhin zeigen die betriebswirtschaftlichen Kennzahlen, dass die wenigsten (in der Regel äußerst kostenbewussten) Kunden bereit sind, die immense Kundenorientierung zu bezahlen.

► Die Antworten auf die Kernfrage „Mit welchen Produkten verdiene ich mein Geld?" weisen meist darauf hin, dass die Säulen der Unternehmenszukunft ganz woanders stehen.

Insbesondere dann, wenn der Unternehmer erkannt hat, dass der Umsatzeinbruch keine Delle, sondern ein Strukturwandel in seiner Branche ist. An diesem Punkt führt allerdings kein Weg mehr daran vorbei, die Kernkompetenzen des Unternehmens genau und ehrlich zu untersuchen: Was können wir gut und was können wir weniger gut als unsere Wettbewerber? Erst nach dieser Auseinandersetzung mit den Stärken und Schwächen des Unternehmens kann eine Ausrichtung in andere Geschäftsfelder oder Branchen erfolgen.

7.4.2.1 Die Strategieentwicklung

Gefahr erkannt, Gefahr gebannt! Wer nach der Erkenntnis in operative Hektik verfällt, wird mit einem Veränderungsprozess schnell scheitern. Veränderungen brauchen ein festes und eindeutiges Ziel, klare Spielregeln für den Weg zur Zielerreichung, Meilensteine, Maßnahmen und Verantwortlichkeiten – einen sogenannten Aktionsplan.

► Am Anfang eines jeden Veränderungsprozesses steht die Strategie.

Kaum ein Unternehmer bestreitet, dass Strategie etwas Wichtiges ist, aber kaum ein Unternehmen hat eine klare und nachvollziehbare Strategie. Meist sind es Glaubensbekenntnisse, die in Leitbilder verpackt werden:

- Durch unser hohes Innovationsniveau wollen wir kundenorientierte Lösungen anbieten.
- Wir orientieren uns nicht am Marktführer, sondern werden besser sein.
- Als Traditionsunternehmen stehen wir für Qualität und Verlässlichkeit.

Es stellt sich also die Frage, wie eine Strategie optimalerweise erarbeitet wird. Es ist zunächst einmal Fleißarbeit erforderlich – Zahlen, Daten und Fakten sind zusammenzutragen und zu bewerten. Dabei baut jede Strategieerarbeitung auf zwei Grundpfeilern auf: einer Analyse der internen Unternehmenssituation und einer Analyse des Umfeldes im relevanten Markt.

Insbesondere eine Frage steht im Vordergrund der aktuellen Analyse: „Warum kauft der Kunde bei uns?“ oder auch „Was passiert am Markt, wenn wir nicht mehr da sind?“ Eine Auflistung der wichtigsten Antworten auf diese Frage nennt die Wissenschaft „strategische Erfolgsfaktoren“.

Diese gilt es schonungslos zu bewerten: Wie wichtig sind die einzelnen Kaufkriterien? Und wie gut erfüllen wir diese beziehungsweise können wir sie jemals erfüllen? Hierbei rückt erfahrungsgemäß die Preisdiskussion in den Vordergrund, da der Preis zumeist Hauptentscheidungsfaktor ist. Ohne eine gewisse Qualität, Lieferfähigkeit oder andere Service-Level kommt der Lieferant erst gar nicht in die Position, einen Preis abgeben zu dürfen. Vielleicht entdeckt man aber auch etwas, was man besonders gut, in jedem Fall besser als der Wettbewerb kann: den vielbeschworenen USP (Unique Selling Proposition) oder zumindest einen Differenzierungsfaktor.

Kurzum, die bewusst schonungslose Analyse der eigenen Unternehmenssituation führt automatisch zu einem Blick in das Unternehmensumfeld und damit in den Markt. Strukturiert wird dieser oft nur dann analysiert, wenn neue Märkte erschlossen oder neue Produkte lanciert werden sollen.

Um einschätzen zu können, welche Risiken, aber auch welche Chancen bestehen, kann das Instrument PESTLE eine gute Hilfe sein. Die PESTLE-Analyse hat sich im Rahmen der strategischen Planung als leicht verständliches und flexibles Werkzeug bewährt.

PESTLE steht für politische, wirtschaftliche (economic), sozio-kulturelle, technologische, rechtliche (legal) und ökologische (ecological) Einflussfaktoren und beurteilt deren Einfluss auf das Unternehmen und/oder die verschiedenen Geschäftsbereiche.

Im nächsten Schritt gilt es, das Markt- und Wettbewerbsumfeld zu analysieren. Das pragmatische Modell von Porter basiert auf der Idee, dass die Attraktivität einer Branche durch die Ausprägung der fünf wesentlichen Wettbewerbskräfte bestimmt wird:

1. geringe Rivalität unter Wettbewerbern,
2. geringe Bedrohung durch neue Anbieter,
3. niedrige Verhandlungsstärke der Lieferanten,
4. niedrige Verhandlungsstärke der Kunden,
5. kaum Bedrohung durch Substitute.

Unternehmen sollten ihre Strategie danach ausrichten, in einer Branche mit attraktiver Branchenstruktur tätig zu sein oder zumindest eine verteidigungsfähige Position in ihrer

Branche aufzubauen. Also eine Position, in der die fünf Wettbewerbskräfte eine möglichst wenig bedrohliche Ausprägung aufweisen.

Fügt man die Erkenntnisse der Eigen- und Umfeldanalyse zusammen, ist der Weg zur Formulierung einer Strategie bereitet. Maßnahmen ergeben sich nun nahezu zwangsläufig, da festgelegt werden muss, mit welchen Leistungen und welchen Kunden man in welchen Märkten aktiv sein will. Das impliziert oftmals, bestimmte Kunden oder Kundengruppen aufzugeben oder neue zu gewinnen, Produkte nicht mehr herzustellen, aber dafür andere zu forcieren, Services zu berechnen, neue Vertriebsbüros zu eröffnen, in Marketing zu investieren, neue Maschinen zu beschaffen oder Mitarbeiter stärker auszubilden – um nur einige Beispiele zu nennen.

All diese Maßnahmen sind notwendig, um die Strategie transparent und umsetzbar zu machen. Mit knappen Worten kann die Strategie noch untermauert werden, wie einige Konzerne eindrucksvoll beweisen.

Beispiele aus Konzernen

Wir verkaufen qualitativ hochwertige Produkte möglichst preiswert. (Aldi)

Jeder Amerikaner soll ein Auto fahren. (Ford)

7.4.2.2 Konsequenz der Entscheidung

Eine der wesentlichen Aufgaben einer Führungskraft in einem Veränderungsprozess ist das Entscheiden. Sicherlich ist es nicht die einzige Aufgabe, aber die kritischste. In der Entscheidung läuft alles zusammen – die Entscheidung ist der Startpunkt der Umsetzung, aber ohne Entscheidung läuft nichts. Die wesentlichen Schritte innerhalb eines Entscheidungsprozesses sind: eine genaue Beschreibung des Problems, die Formulierung der Hindernisse, die die Entscheidung beseitigen soll, die Entwicklung von Alternativen, eine Chancen/Risiko-Analyse der Alternativen und der Entschluss selbst. Die meisten Lehrbücher enden an dieser Stelle, an denen eine Entscheidung für eine Veränderung im Unternehmen gefallen ist und stellen den Entschluss als wegweisenden und wichtigsten Schritt der Veränderung dar. Ein Trugschluss.

▶ Der wesentliche und arbeitsintensivere Teil der Veränderung sind die Umsetzung der Entscheidung und die Evaluierung der Ergebnisse.

Allerdings scheitern nicht wenige Prozesse und auch Unternehmen an der inkonsequenten Umsetzung von Entscheidungen. Nach der Entscheidung muss deshalb zwingend ein Aktionsplan schriftlich festgelegt werden. Darin sind die kritischen Maßnahmen aufzulisten. Für jede Maßnahme ist eine Person zu benennen, die für die Umsetzung verantwortlich ist. Zuletzt ist der Zieltermin zu bestimmen. Als Zieltermin ist nicht der Vollzug der Maßnahme vorzugeben vielmehr hat es sich als besonders effektvoll erwiesen, den Tag zu terminieren, an dem die Maßnahmen ihre finanziellen Auswirkungen zeigen. Fehlt einer dieser drei Faktoren (Maßnahmen, verantwortliche Person, Realisierungszeitraum), kann keine konsequente Umsetzung erfolgen.

Es ist gerade in Krisensituationen häufig zu beobachten, dass sich Unternehmer von einer zuvor gesetzten Zielrichtung während des Prozesses ablenken lassen. Natürlich können aufgrund von neuen Erkenntnissen in einem Veränderungsprozess Ziele geändert werden. Diese Richtungsänderung sollte jedoch nachweisbar aus Sachzwängen erfolgen. Wer das Umlenken betreibt, um Konflikten mit Beteiligten aus dem Weg zu gehen, der setzt ein verheerendes Zeichen der Inkonsequenz. Damit fällt nicht nur der Startschuss für einen Schlingerkurs, denn die nächsten Konflikte mit den Verlierern der neuen Situation warten schon, sondern es wird das Vertrauen in das Unternehmen beschädigt.

7.4.3 Vertrauen

Ein Vertrauensverlust kann ein Unternehmen zu Grunde richten, denn verlorenes Vertrauen ist nur schwer wieder zurück zu gewinnen. Als die Lebensmittelbehörden bei Müller-Brot die Produktion wegen Verunreinigungen schloss, griff das Unternehmen zur Notlüge: Ein Brand habe die Herstellung gestoppt. Nur wenig später kam die Wahrheit ans Licht. Die Folgen waren katastrophal: Großkunden zogen Bestellungen zurück, die Kunden ließen Müller-Brot in den Regalen liegen, die Umsätze brachen ein. Nur zwei Wochen danach meldete die Großbäckerei Insolvenz an. Alle Beteiligten glaubten nicht mehr daran, dass Müller-Brot ein einwandfreies Produkt liefern könne.

- Gerade in einer Krisensituation gilt es deshalb, bei allen Beteiligten das Vertrauen in das Unternehmen wiederherzustellen.

Die Mitarbeiter arbeiten in dem Vertrauen, am Ende des Monats ihren Lohn zu erhalten. Die Banken vertrauen darauf, dass die gegebenen Kredite pünktlich zurückgezahlt werden und Kunden erwarten, ein Produkt erhalten zu haben, das ihre Anforderungen in Bezug auf Funktion, Qualität und Sicherheit vollumfänglich erfüllt. Vertrauen ist für ein Unternehmen die Luft zum Atmen und basiert auf Verlässlichkeit, Berechenbarkeit und Glaubwürdigkeit. Das gilt nicht nur nach außen, sondern ebenso zu den Mitarbeitern.

- Auf einer Wichtigkeitsskala, die verschiedenste Führungseigenschaften bewertet, steht Vertrauen an oberster Stelle.

Weit vor der Motivation, konsequent zu sein oder für Ziele zu sorgen. Vertrauen ist die Basis für die zuvor genannten Eigenschaften. Denn um Vertrauen entstehen zu lassen, müssen Unternehmer integer sein. Sie müssen zu sich und ihrer Arbeit stehen und in sich gefestigt sein. Das ist im Übrigen die Grundlage für Glaubwürdigkeit und Verlässlichkeit (Abb. 7.4).

Viele Unternehmenslenker sind überzeugt, dass der Schlüssel für den Erfolg ihrer Führung in der Unberechenbarkeit ihres Verhaltens liegt. Das ist ein Irrtum. Denn Unberechenbarkeit zeugt von einem Mangel an Selbstvertrauen. Es ist die Schutzwand, die Menschen um sich ziehen, um Konflikten aus dem Weg zu gehen, um inkonsequent han-

Abb. 7.4 Vertrauen gibt Sicherheit

deln zu können oder die einfach die Möglichkeit offen lässt, die Rosinen aus dem Kuchen zu picken. „Was interessiert mich mein Geschwätz von gestern.“ Dieser Satz ist nicht mehr, als die Angst, für die gestrige Aussage verantwortlich gemacht zu werden. Berechenbare Menschen dagegen stehen zu ihren Taten: Sie tun, was sie predigen und umgekehrt. Vertrauen wird erworben, indem Erwartungen an eine Person durch konkrete Handlungen erfüllt werden. Diese Handlungen müssen nicht nur positiv sein: Stehen in einer Restrukturierung Arbeitsplätze zur Disposition, muss zur gegebenen Zeit auch der Arbeitsplatzabbau in der vorher angekündigten Zahl erfolgen. Auch diese Authentizität schafft Vertrauen.

7.4.4 Offene Kommunikation

Vielfach herrscht in der Krise der Leitsatz: „Was ich kommuniziere, muss der Wahrheit entsprechen, aber muss ich die ganze Wahrheit kommunizieren?“ Nicht nur aus diesem Grund bin ich ein Gegner des Begriffes „offene Kommunikation“, denn wer entscheidet darüber, ob eine Sachlage offen oder nicht offen kommuniziert wurde? Ist nicht auch eine halbe Wahrheit eine offene Kommunikation? Die Beantwortung überlasse ich gerne den Philosophen.

► Kommunikation in der Krise muss vielmehr authentisch und der Situation angepasst sein und ist damit eine höchst individuelle Entscheidung des Unternehmens. Letztendlich sollte jeder so kommunizieren, wie es seiner Persönlichkeit entspricht – eben authentisch.

Authentische Kommunikation wird an zwei Beispielen sehr deutlich: Welche Informationen gibt der Unternehmer an seine Mitarbeiter und seine Geldgeber weiter, die er gerade in der Krisenzeit weiterhin für das Unternehmen gewinnen muss?

Meist ist die Devise durch Zurückhaltung geprägt, insbesondere wenn im ersten Fall ein Arbeitsplatzabbau unvermeidlich ist. Um hohe Krankenstände zu vermeiden, werden Zahlen oder der Fakt an sich nur sehr zögerlich herausgegeben. Dabei erfolgt die Demotivation nicht aus der Tatsache des Arbeitsplatzabbaus heraus, sondern aus der Perspektivlosigkeit. Die gekündigten Mitarbeiter werden mit ihren Sorgen und Nöten allzu oft allein gelassen. Das heißt nicht, dass der Unternehmer verpflichtet ist, für jeden gekündigten Mitarbeiter einen neuen Arbeitsplatz zu finden. Jedoch können Weiterqualifikationen zur beruflichen Neuorientierung, Vorbereitung auf den Bewerbermarkt, frühzeitige Freistellung zur Suche eines neuen Jobs oder andere Maßnahmen zeigen, dass das Unternehmen weiterhin an die Mitarbeiter denkt. Damit wird das vielfach beschworene Statement „die Mitarbeiter sind unser wertvollstes Gut" untermauert und eine erste Perspektive aufgezeigt wird. Im Übrigen bilden solche Maßnahmen auch für die Weiterbeschäftigten einen wertvollen Beweis des gegenseitigen Vertrauens.

Die Inhalte der Krisenkommunikation unterliegen vielen Einflussfaktoren, etwa welche Handlungsmöglichkeiten zur Krisenbeseitigung zur Verfügung stehen, ob die Mitarbeiter bereits Krisenerfahren sind, ob sich die Krise bereits über einen längeren Zeitraum angekündigt hat oder wie das Vertrauensverhältnis zwischen Mitarbeitern und Unternehmer ausgeprägt ist. Für die Kommunikation in Krisenzeiten gilt deshalb das Gleiche wie für das Führungsverhalten: Jeder erntet das, was er gesät hat. Das heißt, Unternehmer, die den Weg der Veränderung klar darlegen und damit allen Beteiligten eine Perspektive aufzeigen, schaffen eine motivierende Haltung und können sich der Unterstützung der Mitarbeiter sicher sein.

Gerade in den ersten Tagen der Krise wird es für den Unternehmer kaum möglich sein, Informationen transparent darzustellen. Die zukünftige Ausrichtung, wie Weichen neu gestellt werden müssen oder welche Auswirkungen der Umsatz- oder Gewinneinbruch auf das Unternehmen hat, ist kaum darzustellen. Vielfach gehen Unternehmenslenker in dieser Situation auf Tauchstation, vor allem weil sie unangenehme Rückfragen fürchten, auf die sie erst recht keine Antwort kennen. Auch wenn dieses Verhalten allzu menschlich ist, verschlimmert das Nichts-sagen die Situation im Unternehmen. Die Mitarbeiter und Führungskräfte verspüren die Orientierungslosigkeit, die ein Nährboden für Gerüchte und falsche Schlussfolgerungen ist. Nur in Gesprächen mit den Mitarbeitern kann dem entgegengewirkt werden. Dabei müssen die Informationen zunächst nicht tiefgehend sein. Allerdings sollten die Mitarbeiter in den Gesprächen erkennen:

- die Unternehmensleitung hat die Krise erkannt,
- sie weiß, dass diese Krise Auswirkungen auf das Unternehmen haben wird,
- es wird mit Hochdruck an der Beseitigung gearbeitet und es werden Entscheidungen folgen,

Abb. 7.5 Probleme konkret ansprechen

- weitere Informationen über den Stand der Veränderung werden zu gegebener Zeit an die Mitarbeiter gegeben und
- dass für die Entscheidungsfindung noch Zeit benötigt wird (Abb. 7.5).

Deutlich schwieriger, aber auch lösbar ist die Kommunikation, wenn die Krisenursachen hausgemacht sind oder deren Veröffentlichung die Schieflage noch verschlimmern würde. Etwa wenn die Bank einen Kredit gekündigt hat, die Staatsanwaltschaft Ermittlungen aufnimmt oder der künftige Umsatzträger des Unternehmens bei einem Produkttest versagte und nicht mehr zu retten ist. Auch in diesen Fällen müssen Unternehmenslenker ihre Mitarbeiter schnellstens und so umfassend wie möglich informieren. Die Erstinformation könnte wie folgt aussehen: „Wir haben in unserem Unternehmen ein ernsthaftes Problem. Über die Ursachen kann die Unternehmensleitung zu diesem Zeitpunkt noch keine Aussage machen, da zu befürchten ist, dass eine Offenlegung eine wirtschaftliche Schieflage des Unternehmens verschärfen würde und den Markt verunsichern könnte. Derzeit arbeitet die Unternehmensleitung ausschließlich an der Bewältigung der Krise. Sobald eine geeignete Lösung gefunden ist, werden die Mitarbeiter über den Sachstand und das weitere Vorgehen informiert."

Mitarbeiter registrieren sehr schnell, wenn die Führungskräfte angespannt sind. Geschlossene Bürotüren, vermehrte Meetings und kurzangebundene Antworten auch auf alltägliche Fragen zeigen für die Beschäftigten sichtbar, dass ernsthafte Probleme im Unternehmen vorhanden sind. Die Reaktion, dass alles normal sei, hilft dann nicht weiter, denn die Mitarbeiter spüren, dass ihnen nicht die Wahrheit gesagt wird. Vertrauen geht verloren.

Spätestens bei der Umsetzung von Maßnahmen erschwert das vorgenannte Verhalten eine Veränderung.

In vielen Fällen wird in der Kommunikation der Finanzkennzahlen an die Kreditgeber Zurückhaltung geübt – mit fatalen Folgen. Denn auf Bankenseite sind in den so genannten Mindestanforderungen an das Risikomanagement (MaRisk) die aufsichtsrechtlichen Spielregeln für das Kreditgeschäft hinterlegt. MaRisk fordert eine Beurteilung des Ausfallrisikos eines Kreditengagements, die Bewertung der Risiken mit Hilfe eines Ratings und die zeitnahe Einreichung der Kreditunterlagen. Weiterhin sind Daten für die Prüfungen einer Kreditvergabe erforderlich, die aus Bilanzgesprächen oder Planungsdaten zur Geschäftsentwicklung gewonnen werden. Fehlen diese, sind den Banken und Sparkassen bei der Kreditvergabe an Krisenunternehmen die Hände gebunden. Wenn die Frühwarnsysteme des Kreditgebers erste Warnsignale (Kontoüberziehung) zeigen, erschwert das ebenso weitere Kreditentscheidungen. Das Vorgehen der Banken wird dann gerne als Misstrauen gegenüber dem Unternehmen gewertet.

7.4.5 Innerfamiliäre Sicht und Konflikte

Der überwiegende Teil der deutschen Industrie besteht aus Familienunternehmen, die vom Eigentümer auch geleitet werden. In jedem vierten Familienunternehmen übernehmen die Gesellschafter sogar eine unmittelbare persönliche Haftung, wie bei der Rechtsform des eingetragenen Kaufmanns. Damit sind sie mit dem Wohl, aber auch mit der Krise des Unternehmens persönlich verbunden. Eine Schieflage bedroht nicht nur die Arbeit, die der Unternehmer entweder jahrelang selber geleistet oder von seinen Eltern übernommen hat, sondern zusätzlich steht das laufende Einkommen und die persönliche Zukunft des Unternehmers infrage. Ebenso schwer wiegt die indirekte Bedrohung des Vermögens der gesamten Familie, die am Unternehmen beteiligt ist, daraus ihren Lebensunterhalt bestreitet und nicht selten für das Fremdkapital bürgt. Diese doppelte Belastung führt nicht selten zu einer teils bewussten, teils unbewussten Negierung der wirtschaftlichen Schieflage.

Das wirft die Frage auf, ob ein eigentümergeführtes Unternehmen generell schwer aus einer Krisenlage zu befreien ist? Einer Antwort will ich die Grundstruktur eines Familienunternehmens voranstellen. Dr. Hermut Kormann, langjähriger Vorstandsvorsitzender des Maschinenbauers Voith, hat sich mit diesem Thema des Familienunternehmens intensiv auseinandergesetzt und stellt fünf Thesen auf:

- Familienunternehmen sind in der Regel stabiler in ihrer Existenz und können Wachstum von innen heraus verwirklichen.
- Sie verfolgen ein inhaltlich geprägtes Ziel, das auf Wissen und Können beruht.
- Sie agieren in der Regel nicht auf kapitalintensiven Betätigungsfeldern.
- Sie haben eine langfristige Orientierung, insbesondere mit dem Ziel, die Unabhängigkeit des Unternehmens für die kommende Generationen zu erhalten.
- Aus den langfristigen Zielsetzungen minimiert sich die Risikobereitschaft.

Diese Grundstruktur führt letztendlich zu einer patriarchalischen Unternehmensführung mit dem Selbstverständnis, dass der Unternehmenslenker das Zepter alleine in der Hand hält. Beim Patriarchen laufen Informationen auf kürzestem Weg aus dem Unternehmen zu ihm und genauso von ihm ins Unternehmen. Anweisungen werden direkt an die Beteiligten gegeben. Organisatorische Aufbau- und Ablauf-Richtlinien werden nicht eingehalten. Es gibt auch eine eher einzelfallbezogene Entscheidungskultur, ohne dass Leitungsebenen eingehalten werden. In einem erfolgreichen Unternehmen gilt der Patriarch zudem als das Vorbild. Es ist eine unglaubliche Loyalität der Mitarbeiter zum Patriarchen vorhanden. Dadurch halten sie sich mit Kritik an den Entscheidungen des Patriarchen zurück. Aufgrund der zentralen Macht herrscht vielfach eine Angstkultur vor Fehlentscheidungen, die sich bis in die obersten Führungsebenen zieht. Es wird keine wesentliche Entscheidung ohne den Patriarchen getroffen.

Der Führungsstil im patriarchalisch geführten Unternehmen ist aufgrund seiner Zielorientierung in hohem Maße effizient. Er ist unter Umständen sehr emotional, aber im guten wie im bösen Stil verlässlich. Meistens bleibt er sogar über Generationen gleich und ist für die Mitarbeiter eine verlässliche Größe, die ihnen Halt und Orientierung gibt. Die Zuspitzung der Macht auf eine Person ist einerseits eine Triebfeder für den unternehmerischen Erfolg. Andererseits ist das eine der Ursachen für eine wirtschaftliche Schieflage und der Hauptgrund für eine erhebliche Verschleppung von Problemen: Fehler in Produkten werden nicht offen kommuniziert. Erst in der höchsten Eskalationsstufe erreichen Probleme, deren Beseitigung erhebliche Kosten erfordern, den Patriarchen. Auf neue Markttrends oder verändertes Kundenverhalten, die den Entscheidungen des Patriarchen zuwiderlaufen, machen die Mitarbeiter nicht aufmerksam. Rationale Argumente finden bei „Bauchentscheidungen" kein Gehör.

Viele Patriarchen nutzen den autoritären Führungsstil ganz bewusst für ihre Belange und sind damit äußerst erfolgreich. Sie sollten sich aber im Klaren darüber sein, dass damit keine Innvotations- und Unternehmerkultur (Der Mitarbeiter soll sich in seinem Bereich unternehmerisch verhalten) entstehen kann. Der Einwand, dass viele Familienunternehmen Marktführer und Innovationstreiber ihrer Branchen sind, steht dieser These nicht entgegen. In diesem Fall sind es die Patriarchen, die neue Produkte und Technologien einfordern und deren Umsetzung vorantreiben.

In der Öffentlichkeit haben Patriarchen einen ganz besonderen Mythos. Sie werden mit dem Unternehmen gleichgesetzt. Sie spielen keine Rolle, sondern sie sind das Unternehmen – 24 h am Tag, 365 Tage im Jahr. Untermauert wird diese Identifikation mit dem oftmals gleichlautenden Unternehmensnamen. Diese Omnipräsenz führt in der Krise dazu, dass der Unternehmenslenker von außen schnell zum personifizierten Sündenbock oder als einzige Ursache ausgemacht wird. Die Krise bekommt damit nicht nur einen Namen, sondern auch ein Gesicht. In der „normalen" Welt des Patriarchen sind solche Angriffe unbekannt. Folglich entstehen durch ein Eingestehen der Unternehmenskrise bei ihm zunächst Ängste vor dem Reputationsverlust im Unternehmen, bei Geschäftspartnern, bei Freunden, Nachbarn und im Familienkreis. Danach folgt die persönliche Überforderung, da der Patriarch davon ausgeht, die Schieflage wie gewohnt im Alleingang bewältigen zu müssen. Beides führt letztendlich zu irrationalen Entscheidungen.

Ein wesentlicher Ansatz in der Sanierung von Familienunternehmen liegt in der Berücksichtigung des sogenannten Familien-Faktors. Neben der klassischen betriebswirtschaftlichen Analyse zu den Ursachen und der Ausgangslage des Unternehmens gehört zu den ersten Maßnahmen, die Einflüsse des Patriarchen und der Familie in das Unternehmen und innerhalb der Familie zu untersuchen. Nicht weniger wichtig ist darüber hinaus ein Einblick in die Sicht- und Denkweise der Unternehmerfamilie und die Einschätzung der Auswirkungen der zeitgleich stattfindenden Familienkrise auf das Unternehmen. Ein Teil des Familienfaktors ist beispielsweise die Gefahr emotionaler und irrationaler Auseinandersetzungen, da das Lebenswerk als gefährdet angesehen wird und die finanzielle Zukunft der Familie ungewiss ist. In der späteren Maßnahmenentwicklung entstehen dann Projekte, die nicht der Krisenbewältigung, sondern dem persönlichen Schutz vor Verlust- und Reputationsängsten des Patriarchen dienen.

Wenn Patriarchen klammern

Das Klammern der Familie Schlecker zeigt, wie Patriarchen selbst in ausweglosen Situationen an ihren Unternehmen festhalten. Normalerweise ersetzt der Insolvenzverwalter in einem Regelinsolvenzverfahren die Unternehmensleitung. Meist ist der Unternehmer damit sein Unternehmen los. Noch kurz nach der Insolvenzeröffnung ließ Anton Schlecker mitteilen, er wolle bis zum Sommer 2012 den Chefposten behalten. Auch seinen beiden Kindern Lars und Meike ließ er nicht die nötigen Freiheiten, die Drogeriemarktkette zu sanieren. Der Insolvenzverwalter Arndt Geiwitz sprach vom „kompromisslosen Kulturwandel", der Schlecker wieder das Vertrauen zurückbringen soll, das man unter der „patriarchalischen Führung" des Firmengründers verloren habe. Anton Schleckers größter Fehler sei womöglich die „patriarchalische Führung" und die Undurchsichtigkeit der Entscheidungsprozesse gewesen.

Diese Spirale kann nur durch professionelle Hilfe von außen durchbrochen werden. Diese Unterstützung muss ein Verständnis für die emotionale Verbundenheit der Unternehmerfamilie aufbringen, indem beispielsweise die Frage geklärt wird, mit welcher Außendarstellung eine gewisse Sanierung erfolgt. Auf der anderen Seite, muss eine klare Trennung von Unternehmensproblemen und Familienproblemen, die in das Unternehmen ausstrahlen, gezogen werden. Dennoch ist darauf zu achten, dass beide Problembereiche zeitgleich bearbeitet werden. Ansonsten werden die Auswirkungen der Familienkrise, die vielfach zurückgedrängt und deren Bearbeitung auf einen späteren Zeitpunkt verschoben wird, immer wieder die Fortschritte in der Unternehmenskrise zunichtemachen.

Die wesentliche Voraussetzung für eine Krisenbewältigung ist die Veränderungsbereitschaft des Patriarchen – egal ob er noch in der Unternehmensleitung sitzt oder bereits in eine Aufsichtsfunktion wechselte. Ohne seinen Willen wird es nicht funktionieren. Ist jedoch die Veränderungsbereitschaft vorhanden, kann der Patriarch sogar zum Sanierungs-Impulsgeber wachsen. Aufgrund der Loyalität der Mitarbeiter zum Unternehmenslenker und der bis dahin vorhandenen zentralen Entscheidungswege kann er Maßnahmen schneller einleiten und durchsetzen. Auf der anderen Seite besteht durch den zentralen Führungs-

Abb. 7.6 Der Sanierungs-Impulsgeber

stil sogar bis zur Führungsebene die Hemmung, Sanierungsratschläge Externer anzunehmen. Ohne eine ausdrückliche Absegnung des Patriarchen werden weder Entscheidungen umgesetzt, noch fließen Informationen direkt zu den Externen (Abb. 7.6).

Deshalb gilt es zunächst, eine vertrauensbildende Kommunikation einzusetzen. Darin positioniert sich der Patriarch klar zu einer Restrukturierung und verbreitet eine positive Stimmung im Unternehmen für die Sanierungsmaßnahmen. Flankiert wird die Kommunikation durch die Implementierung einer neuen Entscheidungskultur, in der beispielsweise die direkten Berichtspflichten an den Anteilseigner reduziert und in den Führungsebenen klare Verantwortlichkeiten verankert werden.

Zehn Erfolgsfaktoren der Restrukturierung

- Ein erfahrener Partner macht vieles einfacher – Kapital, Methode und Netzwerk!
- Nur ein offener und konstruktiver Dialog mit allen Beteiligten (Banken, Gesellschafter, Lieferanten, Mitarbeiter) stärkt Vertrauen und sichert Unterstützung!
- Vorhandene Strukturen und Prozesse möglichst schnell verändern und optimieren!
- Das Restrukturierungspotenzial in klaren Maßnahmen auflisten, priorisieren und verfolgen!
- Commitment erzeugen und Glaubwürdigkeit erzielen – der Erfolg der Restrukturierung ist immer ein Spiegelbild der Führung!
- Machen Sie Betroffene zu Beteiligten! Binden Sie alle Mitarbeiter in die Veränderung ein und beteiligen Sie sie!

- Organisieren Sie den Veränderungsprozess! Viele kleine, konsequente Schritte sind leichter als ein Großer!
- Lassen Sie Fehler zu – Übung macht den Meister!
- Würdigen Sie die (Zwischen-)Erfolge!
- Kommunikation ist der Schlüssel! Es gibt keine Sach- oder Fachprobleme, sondern nur Kommunikationsprobleme!

7.5 Fazit

Familienunternehmen unterscheiden sich von anderen Unternehmenstypen: Sie „ticken" anders als Konzerne. Charakteristisch ist für sie, dass sie in Generationen denken, nachhaltige Werte fördern und aufgrund ihrer Strukturen schnelle Entscheidungen ermöglichen. Diese Eigenschaften sind, je nach Ausprägung, Chance und Risiko zugleich. Insbesondere in Krisenzeiten wird deutlich, ob die wirtschaftliche Schieflage erkannt und angegangen wird. Darüber hinaus herrschen in dieser Phase andere Gesetzmäßigkeiten als zu normalen Betriebszeiten. Veränderungsmaßnahmen müssen ausgeprägter, schneller und anders implementiert werden.

Produkte, Strukturen und Prozesse sind meist historisch gewachsen und hatten zumindest bei der Einführung ihre Daseinsberechtigung. Die Bindung an das Gewachsene erschwert bei Unternehmern eine unvoreingenommene Sichtweise auf notwendige Veränderungen. Zudem sind sich Führungskräfte oft nicht einig, welches die Erfolgsfaktoren eines Unternehmens sind und sein werden. Es entsteht ein „Tunnelblick", der eine Reflexion des aktuellen Handelns unmöglich macht. Eine erfolgreiche Strategie erfordert dagegen ein „über-den-Tellerrand-gucken" und eine größtmögliche Veränderungsbereitschaft. Dabei ist es notwendig eine „Helikopter-Perspektive" einzunehmen, emotionslos zu argumentieren und alte Zöpfe abzuschneiden.

Um eine grundlegende Restrukturierung umzusetzen, benötigt jedes Unternehmen externe professionelle Unterstützung und bestimmte Grundkompetenzen beziehungsweise Rollen:

- den strategisch denkenden und visionären Manager,
- den operativen Manager, der sich um das laufende Tagesgeschäft kümmert und
- den Restrukturierungsmanager, der sich auf das kurzfristige Lösen von Liquiditäts- und Krisensituationen spezialisiert hat.

Insbesondere Familienunternehmen tun sich jedoch schwer, Personen anzuerkennen, die zusammen mit der Familie das Unternehmen durch diese Situation navigieren.

Diese Personen müssen neben aller Sachkenntnis vor allem Empathie und Kommunikationsfreude mitbringen und diese schnell in Vertrauen bei allen Beteiligten (u. a. Mitarbeitern, Kreditgebern, Gesellschaftern, Führungskräften) ummünzen können. Das sind wichtige Voraussetzungen, um schnell in die alles entscheidende Moderations- und Navigationsrolle zu gelangen und somit Konflikte in Familie und Unternehmen zu managen.

Zehn Punkte Check für Sanierungskonzepte

- Entspricht das Konzept den formalen Anforderungen? (insbesondere IDW S 6)
- Sind die Krisenursachen (nicht Symptome) klar dargelegt?
- Ist das zukünftige Geschäftsmodell klar herausgearbeitet und plausibel im Abgleich mit beispielsweise Markt/Wettbewerb und SWOT?
- Sind die Sanierungsmaßnahmen konkret und nachvollziehbar dargelegt und bewertet?
- Beheben die Maßnahmen die Krisenursachen?
- Sind der Sanierungsplan und die zugrunde liegenden Maßnahmen nachvollziehbar dokumentiert?
- Sind Chancen und Risiken der Planung dargelegt und Wahrscheinlichkeitsaussagen getroffen worden?
- Sind Investitionen im Konzept enthalten? (These: ohne Investitionen keine nachhaltige Sanierung)
- Sind Ausführungen zu dem Willen und der Fähigkeit des Managements gemacht worden, die Sanierung zu betreiben?
- Gibt es eine konkrete, zeitliche (Maßnahmen-) Umsetzungsplanung und korrespondiert diese mit der Umsetzungsplanung?

Weiterführende Literatur

Bartels P (2012) Die Zukunft von Familienunternehmen. PricewaterhouseCoopers AG Wirtschaftsprüfungsgesellschaft. Frankfurt a. M.

Bitter G, Falk U (2009) Insolvenzen in Zeiten der Finanzkrise: Befragung von Insolvenzverwaltern zu Entwicklung, Ursachen und Konsequenzen. Zeitschrift für das gesamte Insolvenzrecht 28:1283–1292

Brandes D (2002) Einfach managen. Wirtschaftsverlag Carl Ueberreuter, Frankfurt a. M.

Claßen M, von Kyaw F (2009) Warum der Wandel meist misslingt. Harv Bus Manage 12:10

Doppler K, Lauterburg C (2014) Change Management: Den Unternehmenswandel gestalten. Campus, Frankfurt a. M.

Drucker P (1995) The practice of management. Harper Business, New York

Drucker P (1974) Management. Harper Business, New York

Giese M (2013) Restrukturierung im Mittelstand. http://www.concentro.de/fileadmin/user_upload/PDF/Thesen-zur-Krisenbewaeltigung-in-eigentuemergefuehrten-Unternehmen_Manuel-Giese_TIG.pdf. Zugegriffen: 30. Aug. 2014

Höhler G (2002) Warum Vertrauen siegt. Ullstein, München

Kormann H (2008) Beiräte in der Verantwortung: Aufsicht und Rat in Familienunternehmen. Springer, Berlin

Leitl M, Sackmann S (2009) Unternehmenskultur als Erfolgsfaktor. Harv Bus Manage 01/2010:36

Magenheim T (2012) Mäusekot bei Müller Brot zeigt die Schwäche des Lebensmittelrechts. Stuttgarter Zeitung. http://www.stuttgarter-zeitung.de/inhalt.lebensmittel-skandal-maeusekot-bei-mueller-brot-zeigt-die-schwaeche-des-lebensmittelrechts.15788c32–8711-44d0-ba7e-9adcb2de826f.html. Zugegriffen: 20. Dez. 2014

Malik F (2006) Führen Leisten Leben. Campus, Frankfurt a. M.

Marquart M (2013) Zerschlagung von Schlecker: Ladenschluss im Drogerie-Imperium. Spiegel. http://www.spiegel.de/wirtschaft/unternehmen/zerschlagung-von-schlecker-gruende-fuer-die-pleite-a-835436.html. Zugegriffen: 20. Dez 2014.

Oltmanns T, Nemeyer D (2010) Machtfrage Change. Campus, Frankfurt a. M.

O. V. (2014) Philips spaltet sich ab und kassiert Gewinnerwartung. Wirtschaftswoche. http://www.wiwo.de/unternehmen/industrie/eletronik-konzern-philips-spaltet-sich-ab-und-kassiert-gewinnerwartung/10741376.html. Zugegriffen: 20. Dez. 2014

Pircher-Friedrich AM (2011) Mit Sinn zum nachhaltigen Erfolg. Erich Schmidt Verlag, Berlin

Rüsen T (2011) Familienunternehmen erfolgreich sanieren: Der Einfluss des Familienfaktors bei Restrukturierungen. Erich Schmidt Verlag, Berlin

Schulz von Thun F, Ruppel J, Stratmann R (2006) Miteinander reden. Rowohlt Taschenbuch Verlag, Reinbek

Sprenger RK (2002) Vertrauen führt. Campus, Frankfurt a. M.

Sterr C (2010) Mentaltraining im Sport. Spomedis, Hamburg

Werteorientierte Führung: Mit Lean Management in das gelobte Land? 8

Frank Strüver

Inhaltsverzeichnis

Zusammenfassung

Lean Management als Führungsphilosophie stellt für Unternehmen, welche den zukünftigen Marktumgebungen gemeinsam mit ihren Mitarbeitern und Führungskräften als Hochleistungsorganisation begegnen wollen, eine Herausforderung dar. Denn Lean Management ist nicht nur ein Rezept für Industrieunternehmen.

Das Kapitel setzt sich mit der Gestaltung von werteorientierten Führungssystemen auseinander. In diesem Zusammenhang wird vorgestellt, was Lean Management ist, beziehungsweise nicht ist.

Das Betriebssystem des Lean Management wird im Kontext werteorientierter Führung verschiedener Generationen und deren zukünftig stetig wachsenden Bedürfnissen nach Transparenz, Wertschätzung und Anteilnahme an strategischen Entwicklungen

F. Strüver (✉)
Neuer Zollhof 3, 40221 Düsseldorf, Deutschland
E-Mail: struever@krupsconsultants.de

N. Müller, C. Jäger (Hrsg.), *WERTEorientierte Führung von Familienunternehmen*,
DOI 10.1007/978-3-658-09237-5_8

beschrieben. Anhand von Beispielen und Praxistipps sowie unter Berücksichtigung von Aspekten des Change Managements werden Möglichkeiten zur Implementierung von Lean Management aufgezeigt. Dabei werden sowohl Erfolgsfaktoren als auch Hindernisse sowie Maßnahmen zu deren Überwindung dargestellt.

8.1 Einleitung

Seit Menschengedenken führen einige wenige Menschen eine mehr oder weniger große Anzahl anderer. Chefs wurden also lange vor dem Rad erfunden, sie gab es gewissermaßen immer schon. Bereits in biblischen Erzählungen beispielweise erhielt Moses von Gott den Auftrag, das der Sklaverei unterworfene Volk Israels aus Ägypten in das gelobte Land zu führen. Der Auftrag war eigentlich klar. Es hieß nicht: Hauptsache raus aus Ägypten, sondern: in das gelobte Land.

Umschreibt man den Begriff Führung mit der Bedeutung „die Richtung bestimmen" und den Zweck der Führung mit „Beeinflussung des Verhaltens zur Zielerreichung", so wird sofort klar, dass ohne Ziele in diesem Kontext kaum geführt werden kann. Wohin sollte Moses das Volk sonst auch führen?

Leidgeplagte Führungskräfte können ein Lied davon singen: Führungsarbeit beschränkt sich nicht auf Zielbeschreibungen. Menschen lassen sich in einer Organisation nur durch intensive Beziehungsarbeit in eine gemeinsame Richtung bewegen. So ist es nicht weiter verwunderlich, dass sich sogar Moses bei seinem Auftraggeber über die Unzumutbarkeit der ihm auferlegten Aufgabe beschwert, nachdem ihm seine Mannschaft, aufgrund der vielen Mühen des Weges, die Folgsamkeit zu verweigern drohte. Einige Textstellen lassen durchaus die Interpretation zu, dass Ägypten angesichts des schweißtreibenden Weges durch die Wüste alles in allem gar nicht so schlecht war. Schnell wird klar, dass Führung nicht die Beibehaltung eines Status quo zum Ziel haben kann, sondern dass sie eine Veränderung bezwecken will. Und Organisationen zu verändern ist gar nicht so einfach. Erfolgreiche Führung gelingt eigentlich nur dann, wenn den Mitgliedern der Organisation, durch das Aufzeigen der Attraktivität des Ziels, ein gutes Kosten-Nutzen-Verhältnis in Bezug auf die Mühen deutlich wird, die man zur Zielerreichung auf sich nehmen muss. Das Thema Personalführung und der „richtige Umgang mit Mitarbeitern" hat somit eine enorme Bedeutung.

Anhand der Grundsätze des Lean Managements soll dieses Kapitel Denkanreize zum zukünftigen Umgang mit unternehmerischen Herausforderungen, die vom Wandel geprägt sind, geben. Ziel ist es, die Bedürfnisse der aktuellen sowie der zukünftigen Mitarbeitergenerationen zu berücksichtigen und miteinander zu vereinbaren. Der Notwendigkeit dieser Zielsetzung liegt die Erkenntnis zugrunde, dass die Mitarbeiter aus Unternehmersicht der Schlüssel zum Erfolg sind.

Das Studium der einschlägigen Untersuchungen zu Führungs- und Managementtheorien kann durchaus langwierig sein und zudem Verwirrung auslösen. Aus allen erdenklichen Perspektiven hat die Führungsforschung in unterschiedlichen Ansätzen versucht, Aussagen darüber zu machen, welche Kausalzusammenhänge zwischen Persönlichkeitseigenschaften, Verhalten, Situationen, Beziehungen oder Systemen und dem bestehen, was man eigentlich erreichen möchte, nämlich dem Führungs- und damit dem Unternehmenserfolg.

Führungstheorien betrachten ein komplexes Problemfeld, da eine Vielzahl von Faktoren für den Führungserfolg ausschlaggebend sind. Organisatorische Rahmenbedingungen, Persönlichkeitsmerkmale der Handelnden, die Komplexität des betrieblichen Geschehens und viele weitere Aspekte beeinflussen den Führungsprozess. Demzufolge gibt es auch keine allgemeine Führungstheorie, sondern eine Vielzahl unterschiedlichster Forschungs- und Erklärungsansätze. Einige dieser Theorien befassen sich lediglich mit speziellen Teilaspekten.

Früher war alles ganz einfach. Im Sinne des Prinzips der Prozesssteuerung wurde eine strickte Unterteilung in denkende und ausführende Menschen vorgenommen. Wenige Spitzenführungskräfte gaben sehr vielen Arbeitern peinlich genaue Arbeitsvorschriften, in denen Prozesse minutiös in kleinste Arbeitsschritte unterteilt wurden. Es ergaben sich für die ausführenden Menschen monoton-repetitive Abläufe, die sie ohne jede Einbindung von Überlegungen verrichten mussten. Schon in dieser Zeit wurde dieser Ansatz mit viel Kritik bedacht und mit der voranschreitenden, gesellschaftlichen Entwicklung der Folgejahrzehnte gar einhellig verworfen. Es ist wohl kaum verwunderlich, dass die Kritiker auf die enthumanisierenden, ausbeuterischen und die wissensenteignenden Elemente abzielten. Obwohl dieser Ansatz bis heute zum Feindbild erklärt wird, kann nicht sicher ausgeschlossen werden, dass heute noch Führungsverständnisse existieren, die ein Stück von dieser Zeit geprägt wurden und Reliquien daraus enthalten. So ist die durch Kontrollsysteme, Stellenbeschreibungen und vorgegebene Standards geprägte Arbeitswelt ein Symbol dieser Zeit und der damit verbundenen Denkweisen.

So wird beispielsweise auch in der weltweit boomenden Systemgastronomie mit festen Rezepturen, Garzeiten und Servicestandards genau vorgeschrieben, was wann wie und wie lange gemacht werden muss. Hier stehen die Kontrolle, die Messbarkeit und das Streben nach möglichst geringen (oder gar völlig eliminierten) Abweichungen im Vordergrund. Der Mensch hingegen ist an dieser Stelle nur noch ein Rad in der Maschine, die aus Fleischplatten und Weizenmehlstücken stets identische Produkte erstellt und verkauft. Selbst die Frage „Zum Hieressen oder zum Mitnehmen", eine steuerrechtliche Feinheit, ist im Prozess standardisiert. Produktvarianten sind geradezu ausgeschlossen (Abb. 8.1).

Pommesbude

Die Zeiten der „Drei Damen vom Grill", einer kultgewordenen gleichnamigen Fernsehserie und soziokulturellen Fundgrube über ein von drei Frauen aus drei Generationen geführtes Familienunternehmen, welche nicht nur selbstständig die kulinarischen Wünsche ihrer Kunden befriedigt haben, sondern nebenbei noch Lebensberatung und Krisenmanagement „frei Schnauze" betrieben haben, sind Geschichte.

Selbst mittelständisch geprägte Imbissunternehmen mit zwei bis fünf Verkaufsständen sehen heutzutage die eingeengte mengen- und margenorientierte Vorgehensweise als Allheilmittel für gute Geschäfte an. Dem Menschen als Mitarbeiter wird hierbei kaum noch Spielraum gegeben. So kann der Wunsch des Kunden, von dem wir in der

Abb. 8.1 Das richtige Maß finden

Lehre vernommen haben, dass er „Qualität“ bedeute, arbeitsvertragliche Konsequenzen nach sich ziehen, sofern der Kunde „doppelt Gurke“ bestellt, diese Konstellation jedoch systemisch nicht vorgesehen ist.

Bedient der Mitarbeiter diesen Kunden, hat er streng genommen binär zwei Handlungsmöglichkeiten. Erstens kann er legalerweise den Kundenwunsch ignorieren und eine aus Kundensicht mindere Qualität abliefern. Zweitens hat er die Möglichkeiten, hingegen der Portionierungsvorschriften und Dienstanweisungen, die gewünschte Qualität zu liefern und damit arbeitsrechtliche Konsequenzen zu riskieren. Eine Weiterentwicklung des Unternehmens, bei dem der Verkäufer flexibel auch als Trendscout für zukünftige Rezepturen unterwegs ist, ist geradezu ausgeschlossen. Somit ist eine proaktive Geschäftsfeldentwicklung unmöglich.

Ist die Wirtschaft geprägt von einem Rückfall in die Inhumanität? Sicher nicht. Es stellt sich in diesem Zusammenhang aber tatsächlich die Frage, inwieweit sowohl die Befähigung als auch die Einbindung der Mitarbeiter in die strategischen Belange eines Unternehmens ausreichend berücksichtigt werden.

In der Vergangenheit rückten neue Führungstheorien in das Rampenlicht der modernen Führungsforschung. Dabei wurden von McGregor zwei gegensätzliche Theorien entwickelt, die die Bandbreite der unterschiedlichen Arbeitshaltung des Menschen im beruflichen Alltag aufzeigen sollen. Es wurde versucht, darzustellen, wie sich zwei extrem unterschiedliche Auffassungen von Menschenbildern auf das Führungsverhalten von Vorgesetzten auswirken können. Demnach tendieren sowohl Arbeitnehmer als auch Führungskräfte zu dem einen oder dem anderen Extrem.

Hauptbezugspunkt für seine Theorien war ein (relativ undifferenziertes) Menschenbild, das eine Kategorisierung in zwei Typen vorsah. Nach Theorie X ist der Mensch von Natur aus faul und versucht, Arbeit wo es geht zu vermeiden. Er hat keinen ausgeprägten Sinn für die Übernahme von Verantwortung und ist in seiner puren Unlust nur durch enge Führung, genaue Vorgaben und Kontrolle sowie gegebenenfalls anschließende Sanktionierung sinnvoll im Unternehmen einsetzbar.

Das Modell Y hingegen beschreibt den Vorzeige-Mitarbeiter, der von sich aus, also intrinsisch, motiviert, engagiert und flexibel ist. Er übernimmt Verantwortung und sehnt sich im Arbeitsleben nach Selbstverwirklichung und Kreativität. Vorgesetzte, die Mitarbeiter der Theorie Y führen, sind erfolgreicher, wenn sie individuell auf die Mitarbeiter eingehen und einen großen Verantwortungsspielraum anbieten. Sie verhelfen zu echtem, nachhaltigem Engagement und führen zu überdurchschnittlichen Leistungen.

Als sich McGregor der Kritik ausgesetzt sah, dass beide Menschenbilder nicht miteinander in Einklang zu bringen seien, präsentierte er kurzerhand ein Hybridmodell, die Theorie Z. Der Mensch ist demnach also beides.

Eine nicht unwesentliche Variable im Kontext der Führung ist also der Mensch. Will man Führung und Führungssysteme mit Blick auf ihre Wirksamkeit hin untersuchen, muss immer auch das zeitaktuelle Bild des Menschen berücksichtigt werden. Nur so lässt sich alles sinnvoll miteinander in Verbindung bringen. Führungsforschung müsste also immer neu betrieben werden, da sich die Gesellschaft mit den darin befindlichen Menschen in einer ständigen Veränderung befindet. Analog dazu kann man annehmen, dass diesbezügliche historische Forschungsergebnisse sicher nur im Zusammenhang mit den damals vorliegenden gesellschaftlichen Rahmenbedingungen Gültigkeit haben dürften.

Gegenwärtig sind diverse gesellschaftlich relevante Trends zu erkennen, die sicher auch Auswirkungen auf die Unternehmen haben, die in genau dieser sich verändernden Gesellschaft ihr Dasein fristen. In Zeiten des Fachkräftemangels lässt sich durchaus eine Emanzipation von Bewerbern erkennen, die gelernt haben, sich ihr künftiges Unternehmen nach gewissen Kriterien auszusuchen. Schlagworte wie Vereinbarkeit von Familie und Beruf, Gleitzeitkonten, Work-Life-Balance und Teilzeitstellen sind gleichzeitig Ausdruck der Bemühungen von Unternehmen, diesen Kriterien zu entsprechen. Während Arbeitsplatzsicherheit früher das Kriterium schlechthin war, sind heute also zahlreiche neue Faktoren zur Beurteilung der Arbeitgeberattraktivität hinzugekommen.

Gute Vertriebsmitarbeiter

Unlängst sprach mich ein Mandant aus der Dienstleistungsbranche an und klagte darüber, dass er keine guten Mitarbeiter mehr für den Vertrieb bekommen würde.

Auf die Nachfrage, woran er diesen Umstand festmache, bemerkte er, dass die Vertriebsmitarbeiter nicht mehr hungrig seien. Früher hätten die von ihm bevorzugt eingestellten Mitarbeiter sich immer für die Höhe der Boni, Firmenwagen und Kündigungsfristen interessiert. Heutzutage würden die Kandidaten sich für Work-Life-Balance, Arbeitszeitmodelle und Gesundheitsmanagement interessieren.

Abb. 8.2 Ohne Werte in den Abgrund

Ich riet ihm, sich zukünftig genau um diese Aspekte zu kümmern, wenn er nicht nur neue gute Mitarbeiter für sich und das Unternehmen gewinnen, sondern die alten Mitarbeiter auch binden möchte.

Werteorientierte Führung, so erzählte ich ihm, heißt eben auch, sich den Wertvorstellungen kommender Generationen unternehmensseitig zu nähern (Abb. 8.2).

An dieser Stelle sei auf die Lektüre der Kap. 3 und 4 verwiesen, welche sich inhaltlich mit Wertvorstellungen und werteorientierten Unternehmen befassen.

Viele Unternehmen passen ihr Führungsverständnis inzwischen den Anforderungen und Bedürfnissen ihrer Mitarbeiter an. Die Unternehmen werben und versuchen zu gefallen, wohingegen früher Menschen ein- und dann an das Band gestellt wurden.

Ob und inwieweit dieser Trend dem Krieg um Talente geschuldet ist oder tatsächlich auf einem Veränderungsbewusstsein beruht, wird die Zeit zeigen. Wenn man sich vor Augen hält, dass in Belegschaften eine Altersspanne von über 40 Jahren vorzufinden ist, sollte dazu ein Blick auf die Bedürfnisse der verschiedenen Generationen gerichtet werden. Denn die Bedürfnisse von Generationen verändern sich ebenso wie die Situation der Umwelt. So lässt sich feststellen, dass wir es heutzutage schon längst mit einem Wertewandel zu tun haben.

Die Generationen werden eingeteilt in Baby-Boomer, Generation X und Generation Y. Die Verwendung der Synonyme X und Y stehen bei der Benennung der Generationen nicht im Zusammenhang mit den Menschenbildfaktoren „X Mensch" und „Y Mensch" nach Mc Gregor.

Während die Generation der Baby-Boomer, das heißt die Geburtenjahrgänge 1955 bis 1965, von der Nachkriegszeit und dem Wirtschaftsaufschwung unter Warenknappheit geprägt ist, ist die Generation Y, die Geburtenjahrgänge ab 1980, beispielsweise verschwenderischer unterwegs, indem Sie lieber neue Produkte anschafft, als auf das Geld zu achten. Sie gilt als kritisch und hinterfragt den Sinn ihres Handelns mit „Y" als „why" – also „warum".

Die dazwischen existierende Generation X, zu der die Vertreterinnen und Vertreter der Geburtenjahrgänge 1960 bis 1979 gehören, sind durch das Fortschreiten der Globalisierung geprägt und gelten als ambitioniert, ehrgeizig und individualistisch.

Die zukünftigen Arbeitnehmer werden der Generation Y angehören. Diese Generation gilt als tonangebende und innovative Generation, die sehr gut ausgebildet ist und die Unternehmenskulturen stark beeinflussen wird. Im Jahr 2020 wird damit gerechnet, dass 40 % der Arbeitnehmer der Generation Y entstammen.

Grundlegende Bedürfnisse der Generation Y gleichen nicht mehr denen der Baby-Boomer und der Generation X. Die Generation Y sucht Freiheit, Unabhängigkeit, Gestaltungsmöglichkeiten und bedingungslose Offenheit. Sie fordern Transparenz, Partizipation, Individualität sowie spielerische Elemente. Sie sind in einer Gesellschaft mit hoher Transparenz, ständiger Kommunikation sowie vielen Wahlmöglichkeiten und vorherrschendem Individualismus aufgewachsen.

In der Befriedigung dieser Bedürfnisse liegt die große Herausforderung an die Führungssysteme der Zukunft. Gerade für Familienunternehmen ist diese Entwicklung, auch im Hinblick auf die eigenen Nachwuchsführungskräfte, interessant.

► Lean ist eine moderne Führungsphilosophie, die auf die Bedürfnisse zukünftiger Generationen nach Transparenz, Mitbestimmung und Kreativität eingeht. In Zeiten des demografisch bedingten Fachkräftemangels stellt die Einführung von Lean Management eine renditeträchtige Investition in die Bindung und Gewinnung der besten Mitarbeiter dar.

Es ist derzeit nicht eindeutig erkennbar, dass sich das Verständnis von Führung in gleichem Maße an die neue Situation der Gesellschaft und den damit verbundenen Werten und Bedürfnissen angepasst hat. Zumindest lässt sich kein systematischer Trend ablesen, mit dem Unternehmen diese neuen Begehrlichkeiten im Arbeitsalltag erfüllen möchten.

Allerdings ist es zu voreilig, zu behaupten, der Mensch sei hier mit seinem Managerlatein am Ende. Es ist wohl eher die Behauptung zutreffend, dass die Frage nach der richtigen Unternehmenskultur erst noch beantwortet werden muss und dass man in diesem Zusammenhang der Zeit – durchaus aber experimentierend – noch etwas hinterherhinkt.

Es fehlt noch an ausreichenden Dehnübungen für den Spagat, den vor allem westliche Unternehmen zwischen dem vom Markt ausgeübten Druck und dem des Arbeitsmarktes hinlegen müssen. Dabei zeigt das eine Bein in Richtung Globalisierung mit all den damit verbundenen Anforderungen. Immer kürzer werdende Produkt- und Innovationslebenszyklen, steigende Qualitätsanforderungen an Produkte und Dienstleistungen haben das Feld unternehmerischer Tätigkeit auch hierzulande in den letzten Jahren auf der ganzen Bandbreite, vom kleinen und mittleren Unternehmen (KMU) bis zum Industrieunternehmen, um ein Vielfaches komplexer gestaltet. Organisationen müssen unabhängig von ihrer Größe hochgradig veränderungsfähig sein, um sich durch wettbewerbsgerechte Höchstleistungen erfolgreich behaupten zu können. Das andere Bein zeigt dabei schmerzhaft in die andere Richtung, nämlich in die der diversen gesellschaftlichen und demografischen Entwicklungen, die versuchen, dass sich Organisationen so verändern müssen, dass sie Personal akquirieren und vor allem auch binden sowie die Fähigkeiten auf die verlangten Höchstleistungen hin ausrichten.

Kurzum kann man sagen, dass wir einerseits einer Knappheit an qualifizierten Mitarbeitern sowie deren berechtigten Ansprüchen und andererseits dem Wettbewerbsumfeld und seinen Zwängen gegenüberstehen, die eine dringende Anpassung unserer Organisation erfordern.

Die Führungskräfte und Mitarbeiter in unseren Unternehmen erleben diese veränderte Umgebung mitunter auch als soziale Veränderung. Bedürfnisse und Anforderungen der Belegschaft an werteorientierte Führung sind, einhergehend mit Transparenz und Mitbestimmung, gestiegen. Gleichsam haben sich die Anforderungen des Wettbewerbs und somit die Rahmenbedingungen auch in fachlicher und methodologischer Hinsicht verändert. Die Professionalisierung von Unternehmensführung ist stark vorangeschritten und standardisierte Verfahrensweisen und die Abbildung von Kennzahlen in Führungssystemen spielen eine enorme Rolle.

Zeitgenössische Kritiker behaupten, man müsse sich an erfolgreichen Unternehmen orientieren, die inzwischen ein neues Menschenbild kreiert hätten und prophezeien das Ableben alter Führungsmethoden. In diesem Zusammenhang werden unter Verweis auf die bereits vollzogenen gesellschaftlichen Veränderungen neue Führungsmethoden im Sinne werteorientierter Führung gefordert. Bedauerlicherweise ist die Zahl derer, die ein neues Führungsverständnis sowie neue Führungsmethoden fordern größer als die Zahl derjenigen, die hierzu auch konkrete Lösungsansätze anbieten. Alte Führungsansätze werden für tot erklärt, ohne neue hervorzubringen. Insofern ist die Bekanntheit des Problems auch größer als die der Lösungsmöglichkeiten.

Der nächste Abschnitt soll dazu beitragen, mit Lean Management als werteorientiertem Führungssystem eine, den zukünftigen Bedürfnissen der Belegschaften entsprechende Möglichkeit, näher vorzustellen. In diesem Zusammenhang werden Lean Management und die dazugehörige Philosophie zunächst unter dem Gesichtspunkt der werteorientierten und wertschätzenden Führung vorgestellt. Im dann folgenden Abschnitt wird auf die praktische Implementierung eingegangen. Daraufhin folgen Beispiele und Praxistipps für die Umsetzung der Lean-Führungsphilosophie in Familienunternehmen. Der Beteiligung der Mitarbeiter an der strategischen Fortentwicklung von Unternehmen wird dabei eine besondere Rolle zugeschrieben.

Im Anschluss daran werden Tipps für den Umgang mit Barrieren im Change Management bei der Umgestaltung von Führungssystemen gegeben.

8.2 Lean Management

Die Entstehung des Lean Managements ist nur mit einem intensiven Blick in die Vergangenheit und auf die Geschichte des japanischen Produktionsmodells möglich. In den vielen – mitunter populärwissenschaftlichen – Ausführungen zur Entstehung dieses Ansatzes wird die Geschichte der Automobilindustrie Japans und die von Toyota im Besonderen häufig verkürzt und nicht selten mit Reduktion auf die Besonderheit japanischer Tugenden dargestellt. Allzu gerne werden in der westlichen Welt die fernöstlichen Besonderheiten mystifiziert. Gerade der Japaner wird in seinem speziellen asiatischen Dasein als devoter Erfüllungsgehilfe seines Vorgesetzten verklärt, in dessen Arbeitsumfeld Dinge möglich sind, die bei uns nicht ohne Weiteres funktionieren. Entgegen vieler Veröffentlichungen ist dieses System in Wahrheit nicht als urjapanisches Konstrukt, sondern eher als eine eigenentwickelte Produktions- und Arbeitsorganisation zu verstehen, die sich in einer besonderen unternehmerischen Situation als Gemeinschaftsprodukt verschiedener zeitgenössischer Einflüsse unterschiedlichen kulturellen Ursprungs zufällig in Japan herausgebildet hat. Dementsprechend ist Lean unabhängig von seiner regionalen Herkunft zu betrachten.

8.2.1 Was ist Lean, was ist es nicht und was bringt mir das als Unternehmer?

Lange Zeit verstand man unter der Einführung von Lean Management die Implementierung von produktionsspezifischen Systemen, unter Verwendung einschlägiger Werkzeuge des Lean Managements, wie Kanban, 5 S oder Poka Yoke sowie eines Systems des kontinuierlichen Verbesserungsprozesses, garniert mit der Etablierung eines betrieblichen Vorschlagswesens. Gemeint waren schlichtweg die Einführung von Ordnung und Sauberkeit (5 S), verbrauchsorientierter Materialnachlieferung (Kanban) und die Vermeidung von unbeabsichtigten Fehlern (Poka Yoke).

Sowohl von Beratern als auch von den Unternehmen selbst wurde unter dem Begriff Lean Management eine Art methodische Werkzeugkiste verstanden, aus der man losgelöst von jeder strategischen Ausrichtung, jedem erweiterten Führungsverständnis und von jeder damit verbundenen Veränderung der Unternehmenskultur mit diversen Bausteinen schablonenhafte Anleitungen für mehr Prozesseffizienz findet und darüber hinaus kurzfristig Rendite schöpfen kann. In den meisten Fällen beschränken sich solche Projekte zudem auf die Unternehmensebene der eigentlichen Wertschöpfung und damit meistens auf die Mitarbeiter, die in und um die Fabrikhalle herum ihre Arbeit verrichten und im Unternehmensorganigramm in der Regel sehr weit südlich angesiedelt sind. Die Verwendung dieser Instrumente wurde also gewissermaßen angeordnet und somit nach unten delegiert.

In der Mehrzahl der Fälle sind diese Bemühungen allerdings weitestgehend erfolglos geblieben. Nun war damit auch genug Zeit verstrichen, um zu verstehen, was Lean nicht ist. Ganz sicher sind genügend Beweise dafür erbracht worden, dass es sich nicht um einen Ansatz handelt, der nach Belieben kopiert werden kann und ohne Weiteres auf jedes

Unternehmen – oder eines seiner Einzelteile – übertragbar ist. Dennoch gibt es erstaunlicherweise immer noch eine beachtliche Anzahl von Beratungsunternehmen, die sich mit solchen Beratungsprodukten sehr gut über Wasser halten. Dies mag zunächst nicht als schlimm erscheinen. Viel bedenklicher hingegen ist es, dass es eine korrespondierende Anzahl an Unternehmen geben muss, die immer noch diese Produkte aus dem Werkzeugkoffer kaufen.

Lean Management muss vielmehr als ein Konstrukt verstanden werden, das es Unternehmen ermöglicht, die Organisation und alle darin arbeitenden Mitarbeiter zu befähigen, zielgerichtet Prozesse und Strukturen qualitativ in kleinen Schritten konsequent auf die Bedürfnisse des Kunden auszurichten. Ein Lean-Unternehmen hat die Frage für sich beantwortet, wie es ticken muss, um ambitionierte, visionäre Ziele zu formulieren und diese im Alltag der Organisation auch zu erreichen, um schlussendlich veränderungsfähig, innovativ und damit wettbewerbsfähig zu sein.

Wesentliche Voraussetzung ist dabei eine spezielle Unternehmenskultur, die in ihrer grundsätzlichen Einstellung strategisch auf nachhaltige Erfolge abzielt und dafür zielführende Routinen einübt. Es bedarf also einer speziellen Geisteshaltung, die in allen Ebenen des Unternehmens anzutreffen und verinnerlicht sein muss und sich dabei keinesfalls auf einzelne Bereiche beschränken darf.

Lean Management ist damit zu allererst eine Frage der Führung, die es versteht, zielführende Zustände durch den konzertierten Einsatz menschlicher Fähigkeiten zu erreichen. Unter Vorgabe einer klaren Richtung steht die Befähigung aller Mitarbeiter im Mittelpunkt, weitestgehend eigenständig Veränderungen und Verbesserungen zu bewirken, deren Ausgestaltung nach Möglichkeit ausschließlich den Erwartungen des Kunden – und somit der Qualität – entsprechen. Es handelt sich gewissermaßen um das intellektuelle Kapital eines Unternehmens, das man sich nicht nur aneignen, sondern auch kontinuierlich fortentwickeln muss und das auf die jeweiligen Besonderheiten hin angepasst werden will.

► Lean Management ist kein schablonenhaftes Vorgehensmodell zur Reduktion von Belegschaften, sondern vielmehr eine zukunftsorientierte Führungsphilosophie, die geprägt ist von der fundamentalen Überzeugung zur Veränderung, klaren Zielen und vor allem von respektvoller und verbindlicher Kommunikation mit den Mitarbeitern. Anstatt Belegschaften zu reduzieren, multipliziert sie deren Effizienz.

Dabei spielt es keine Rolle, was für ein Unternehmen zu führen ist. Auf die Größe kommt es dabei nicht an. Vielmehr steht der Gedanke der Befähigung, der Veränderung und der anschließenden Verbesserung im Fokus. Denn genau da sind unternehmerische Stellschrauben heutzutage vorzufinden und auch zu bedienen.

Beispielsweise kann der bereits erwähnte Betrieb einer Pommesbude unter diesen Umständen sehr effizient und gleichzeitig motivierend geführt werden. Dazu sollte man neben den Rezepturen, den Garzeiten oder dem Hygieneaufwand die Belegschaft systemisch einbeziehen. Den Mitarbeitern könnte dabei Gelegenheit gegeben werden, direkt an der Kundenfront Verbesserungen in Gestalt von Anregungen, entdeckten Vorlieben und Reklamationen in einen ständigen, durch die Führung wertgeschätzten Verbesserungsprozess einfließen zu lassen.

8.2.2 Das Betriebssystem des Lean Managements

In vielen Unternehmensgrundsätzen werden die Mitarbeiter wortreich zur wichtigsten Ressource gekürt. Um diesem Anspruch gerecht zu werden, kommen zahlreiche Fort- und Weiterbildungen sowie Förderprogramme zum Einsatz, die das Know-how des Unternehmens sichern und ausbauen sollen. Obwohl ein Teil dieser Angebote sicherlich auch das Thema Prozessoptimierung zum Inhalt hat, sind sie dennoch überwiegend fachlicher oder wirtschaftlicher Natur.

Im Vergleich zu herkömmlichen Führungssystemen stellt die Lean-Philosophie die Welt hier gewissermaßen auf den Kopf. Wie gesagt, versucht Lean Management weniger, die Menschen selbst zu ändern, als die Beziehungen zwischen ihnen.

In den meisten Führungs- und Zielsystemen werden den nachgeordneten Mitarbeitern die Maßnahmen zur Problemlösung vorgegeben und damit der Lösungsweg weitestgehend festgelegt. Anders im Lean Management. Hier wird der kreative Prozess der eigentlichen Lösungsfindung zur Zielerreichung dem Mitarbeiter überlassen. Die dabei geltenden Spielregeln sind hingegen als Bestandteil einer übergreifenden Routine zur Vorgehensweise vorgegeben. Derjenige, der den Mitarbeiter darin schult und unterstützt, ist nicht etwa ein Fortbildungsbeauftragter des Hauses oder gar ein externer Referent, sondern schlicht und ergreifend der Vorgesetzte.

Er selbst ist dafür verantwortlich, dass seine Mitarbeiter ein auf Konsens beruhendes System zur Lösungsfindung absprachegemäß anwenden. Er ist aber an der eigentlichen Lösungsfindung nur mittelbar beteiligt. Seine Aufgabe besteht zum einen darin, seinen Schützling zu begleiten und zum anderen darauf zu achten, dass dieser sich innerhalb des vereinbarten systematischen Rahmens bewegt. Diese Übung regt nach und nach die Partizipation der Mitarbeiter an und steigert schlussendlich die Partizipationsfähigkeit.

Beispielsweise ist bei dieser Buttom-up-Vorgehensweise, in der der Lösungsfindungsprozess vom Mitarbeiter aus initiiert wird, regelmäßig zu beobachten, dass sowohl die Kreativität, als auch die Erfahrungen, der direkt am Prozess beteiligten Mitarbeiter optimal und in wertschätzender Weise genutzt werden kann.

Unternehmen, welche beispielsweise Probleme mit der Qualität von Produktionsergebnissen haben, kommen dadurch, dass die Lösung zunächst offengehalten wird, mit einem festgelegten Weg zur Lösungsfindung schneller zu Alternativen. Die Einbindung der am Prozess beteiligten Mitarbeiter in diesen Prozess erhöht, aufgrund der fachlichen Expertise, die Qualität der Alternativen.

Zudem gelingt es durch die Offenheit bei der Lösung, freiheitsliebende und kreative Mitarbeiter der Generation Y oder Z durch Partizipation mitzunehmen. Es ist für die

Führung ungleich leichter, eine Vorgehensweise zur Lösungsfindung vorzugeben und die Lösungsfindung selbst in die Verantwortung des Mitarbeiters zu legen, als den Mitarbeitern immer feste Lösungen vorzugeben und den Weg und die Werkzeuge nach dem Motto „Mach, egal wie", offen zu lassen.

Schon seit Jahren ist unstreitig, dass der Anteil der Partizipation an der Zielerfüllung einen wesentlichen Faktor darstellt. Diese Erkenntnis gilt heute mehr denn je, da wir es heutzutage mit gut ausgebildeten, freiheitsliebenden und nach Mitbestimmung strebenden Mitarbeitern zu tun haben.

Diese Mitarbeiter weisen zumeist einen hohen Reifegrad auf. Sie sind in der Lage, komplexere Aufgabenstellungen ohne schrittweise Anleitung und Kontrolle selbständig abzuwickeln und fordern diese Selbständigkeit auch ein.

Durchschnittliche Fließbandideen

Ein Mitarbeiter der Marketingabteilung bekommt ständig durchschnittliche Fragestellungen und diesbezüglich ebenso durchschnittliche Lösungen vorgesetzt. Wie der Mitarbeiter die vorgegebene Lösung erreichen soll, bleibt offen. Den Vorgesetzten interessiert der Weg zur Entwicklung der Lösung gar nicht.

Frustriert über diese wenig kreative Herausforderung entwickelt der Mitarbeiter wie am Fließband die durchschnittlichen Lösungen. Eventuell von ihm erkannte bessere Lösungen bleiben außen vor. Das Unternehmen bekommt also niemals mehr als eine durchschnittliche Lösung.

Gibt die Führung solchen Mitarbeitern nun die Möglichkeit, nach einem wie auch immer festgelegten Prozedere eigene Lösungen zu entwickeln, ist die Wahrscheinlichkeit groß, dass der nunmehr in Bezug auf das Ergebnis mündige Mitarbeiter seine ganze Erfahrung an der Basis in die Lösung mit einfließen lassen kann und dies auch tut. Damit ist der Weg frei für eine überdurchschnittliche Performance. Die Führungskraft hat nunmehr die Aufgabe, die Voraussetzungen zur Entwicklung der Lösung zu schaffen und zu erhalten.

Diese partizipatorische Interaktion führt dazu, dass das Unternehmen von seinen Mitarbeitern eine Vielzahl qualifizierter Lösungen zum Beispiel für Marketingmaßnahmen erhält.

„Toyota betrachtet seine Fähigkeit, permanent Problem zu lösen und stabile Prozesse zu verbessern, schon seit Langem als Wettbewerbsvorteil des Unternehmens. Das intellektuelle Kapital des Unternehmens ist überwältigend, wenn die gesamte Belegschaft die Verantwortung für die Lösung der Probleme am Arbeitsplatz tragen kann."
T. Kathleen Hanley, über 13 Jahre Erfahrung bei Toyota, verantwortlich für Organisationsentwicklung, Qualitätskontrolle und Personalentwicklung

Im Grunde handelt es sich zunächst um eine Geisteshaltung, die sich in einem besonderen Führungsverständnis ausdrückt. Die vorrangige Aufgabe der Führungskraft im Lean-System besteht also in der Befähigung und Unterstützung der Mitarbeiter. Wie wir an späterer

Stelle sehen werden, verwendet der Vorgesetzte hier tatsächlich mehr Zeit auf die Begleitung der Angestellten in Bezug auf Verbesserungen und Problemlösungen als für jede andere Tätigkeit.

► Lean Management liegt eine evolutionäre Vorgehensweise zugrunde, die ständig erfolgt und nie als abgeschlossen gilt. Erreichte Standards werden nicht nur erhalten, sondern stets in kleinen Schritten durch die Einbindung der Mitarbeiter weiter verbessert. So werden aus Mitarbeitern Mitunternehmer.

Im Ergebnis wird also sowohl dem Chef als auch dem Mitarbeiter eine jeweils neue Rolle zuteil und ihre Beziehung zueinander bekommt eine völlig neue Qualität. Erstgenannter wird zum Coach, der sich einerseits in einer Eins-zu-eins-Situation dem Verbesserungssystem und andererseits den Fähigkeiten seines jeweils direkten Mitarbeiters widmet, innerhalb dieses Systems Probleme zu lösen. In gleichem Maße verändert sich die Welt des Arbeitens auch für den Mitarbeiter. Während der systematische Rahmen für die Veränderungen vorgegeben ist, kann er sich innerhalb dessen inhaltlich frei bewegen und ist als direkter Mitarbeiter des Coaches für die Lösungsfindung ganz allein verantwortlich. Er muss also an einer Stelle Freiheiten aufgeben und sich innerhalb der Schranken des Systems bewegen. An anderen Stellen wird ihm die Freiheit über die Art der Lösungsfindung zugesprochen. Im Gegensatz zu herkömmlichen Führungskonzepten dürfte sich aber unter dem Strich sein Freiheitsgrad deutlich erhöhen.

Wie aber funktioniert dieses System, das die verblüffende Veränderungsfähigkeit von Unternehmen begründen soll, nun konkret? Genau genommen besteht das System aus zwei routinehaften Prozessen. Während eine übergeordnete Unternehmensroutine die Verknüpfung von operativer Verbesserungsarbeit und strategischer Zielsetzung sicherstellt (Verbesserungs-Prozedur), beschreibt die andere das hierfür auf der operativen Ebene erforderliche Zusammenspiel zwischen Vorgesetztem und Mitarbeiter (Coaching-Prozedur).

Erstes Ziel der Verbesserungsroutine ist es, die Richtung vorzugeben, in die sich das Unternehmen entwickeln möchte. In diesem Zusammenhang kommt den Begriffen Vision und Ziel eine wesentliche Bedeutung zu. Visionsformulierung und Zielsetzung sind vornehmlich Aufgaben der Unternehmensführung. Mit der Vision formuliert das Unternehmen den (utopischen) Idealzustand, den es etwa in Bezug auf seine Kunden, seine Wertschöpfung oder seine Unternehmensorganisation selbst erreichen möchte. Sie fungiert sozusagen als Nordstern, der keinen erreichbaren Punkt in der Zukunft darstellt, aber die Richtung für sämtliche Entwicklungsschritte weist.

Visionen

Beispiele für Unternehmensvisionen

1. „Ein Computer auf jedem Schreibtisch und in jedem Zuhause“ von Microsoft 1975
2. „Wir wollen stärker wachsen als der Markt und unser Ergebnis um 15 % jährlich steigern.“

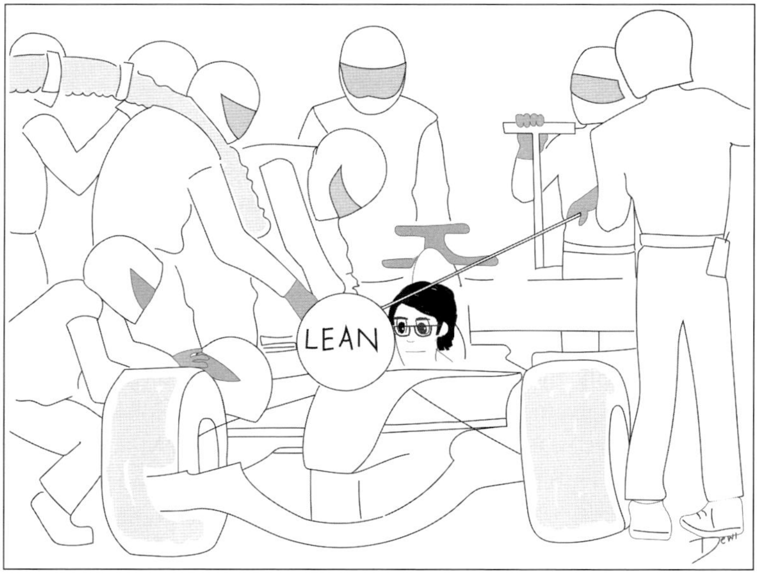

Abb. 8.3 Mit kleinen Schritten zum Ziel

Aus dieser Vision werden die Unternehmensziele abgeleitet, die allesamt auf sie ausgerichtet und somit geeignet sind, der Vision einen Schritt näher zu kommen. Der Begriff Ziel umfasst dabei sowohl die übergeordneten Unternehmensziele als auch die gegebenenfalls daraus abgeleiteten Teil- oder Bereichsziele.

Die übergeordneten visionären Ziele spiegeln dabei das der Lean-Kultur innewohnende Streben nach Exzellenz wieder. Diese Ziele werden bewusst ambitioniert formuliert.

Wie in der Formel 1 ist durch die Verwirklichung kleinerer Schritte in Richtung der immer wieder technologisch neu formulierten Exzellenz Teilerfolg für Teilerfolg sichtbar. So wie Endgeschwindigkeiten immer höher und Rundenzeiten immer geringer werden, steigt die Performance der Lean-Unternehmen immer mehr in Richtung Höchstleistungsorganisation (Abb. 8.3).

Die Entwicklung zum Besten kommt dadurch niemals zum Stehen und die Mitarbeiter befinden sich in einem kontinuierlichen Prozess der kleinen Schritte auf dem Weg zur Exzellenz.

Hammerschlag OHG

Ein Szenario aus der Werkzeugfabrik Hammerschlag OHG, die Bohrhämmer herstellt: Bei Hammerschlag wurde bei einem brancheninternen Benchmarking festgestellt, dass die Produktionskosten besonders hoch sind. Dieser Umstand ist der Tatsache geschuldet, dass die Maschinenauslastung nicht effizient ist.

Die geschäftsführenden Gesellschafter definieren das Ziel, die Produktionsprozesse zu optimieren. Es wird abgeleitet von der Unternehmensvision „in fünf Jahren Renditeführer der Branche" zu werden.

Ein Teilziel kann beispielsweise lauten: In den nächsten zwölf Monaten werden bei der Hammerschlag OHG die Rüstzeiten an der Drehmaschine um fünf Prozent reduziert.

Ein Beispiel für einen Ist-Zustand könnte lauten: Die Maschinen in der Produktion werden nicht so effizient genutzt wie bei den Wettbewerbern.

Der dritte Schritt besteht in der möglichst genauen Beschreibung des Ist-Zustandes. Dabei ist beim vorliegenden Beispiel genau zu beschreiben, inwieweit die Werte bei Hammerschlag von den Werten der Wettbewerber abweichen. Ausgehend vom Ist-Zustand wird nun unter Verwendung des Endziels als Richtungsgeber ein erster Zielzustand im Sinne eines Teilziels definiert.

Dieses Teilziel – wie zum Beispiel die Reduzierung der Rüstzeiten auf den branchenüblichen Wert um beispielsweise drei Prozent – stellt auf dem längeren Weg zum Erreichen des eigentlichen Endziels, der Reduzierung um fünf Prozent, einen ersten kleinen Schritt zur Zielerreichung dar.

Im Anschluss daran wird die Frage aufgeworfen, was einer Reduzierung der Rüstzeiten um die ins Auge gefassten drei Prozent als Hindernis im Wege steht. Hier sind die Produktionsmitarbeiter der Hammerschlag OHG nun aufgefordert, ihre Lösungskompetenz zu nutzen.

Diejenigen Hindernisse, die der Erreichung dieses ersten Ziel-Zustandes entgegenstehen, werden anschließend systematisch beseitigt (=Problemlösung) und so wird der Ziel-Zustand erreicht.

Diese Prozedur ist für sämtliche Teilziele durchzuführen und wird solange mit weiteren Ziel-Zuständen durchlaufen, bis das Endziel, eine Reduzierung der Rüstzeiten um fünf Prozent erreicht ist.

Die Bearbeitung der Zwischenziele ist gewissermaßen als Zusammenwirken einzelner kleiner nach und nach folgender Schritte zu verstehen, die den Erfolg des Lean-Systems ausmachen. Dadurch, dass jeder Verbesserung eine nächste folgt, befindet sich das Unternehmen in einem kontinuierlichen Zustand der zielgerichteten Veränderung zum Guten hin.

Letztendlich werden die geschäftsführenden Gesellschafter der Hammerschlag OHG ihrem übergeordneten Ziel, binnen fünf Jahren die Renditeführerschaft in der Branche innezuhaben, schrittweise immer näher kommen.

Die Coaching-Routine beschreibt die Routine, mit der die Organisation die eigentlichen operativen Schritte der Verbesserung vornimmt. Dabei definiert sie die Rollenzuteilung und das systematische Vorgehen der Vorgesetzten und der Mitarbeiter in den für die Zielerreichung jeweils relevanten Ebenen und Bereichen des Unternehmens.

Der Vorgesetzte fungiert als Coach, indem er durch gezielte Fragen seinen Mitarbeiter auf dem Weg vom Ist-Zustand zu den jeweiligen Ziel-Zuständen begleitet. Dieser Weg ist in seiner Vorgehensweise maßgeblich durch die Systematik des PDCA-Zyklus geprägt. Die besondere Stärke dieses Prinzips besteht darin, dass zielbezogene Annahmen (Plan) für die Ursache-Wirkungs-Beziehung von Problemen und deren Lösungen getroffen werden müssen und diese im Wege eines Experimentes (Do) verifiziert beziehungsweise falsifiziert werden (Check) und anschließend Schlüsse aus den Ergebnissen mit nachfolgenden Anpassungen (Act) gezogen werden. Dieses System ist genauso einfach wie effektvoll. Was sich wie eine Selbstverständlichkeit liest, wird in den meisten Unternehmen im Alltag kaum gelebt.

Phasen des PDCA-Zyklus

1. Plan
2. Do
3. Check
4. Act

Die Verbesserung des erreichten Zustandes beginnt dann wieder mit der Phase „Plan".

Das Besondere am PDCA-Zyklus ist sein experimenteller Bestandteil. Gemäß der Trial-and-Error-Philosophie gilt das Scheitern eines Versuches als Erkenntnisgewinn und begünstigt so durch sein Wesen das Entstehen einer neuen Fehlerkultur.

An dieser Stelle sei auf das Kap. 3 verwiesen, welches sich mit werteorientierten Unternehmen befasst.

Hier gilt die Erkenntnis, dass es so, wie es versucht wurde nicht geht. Dies kann nur deshalb so sein, weil ein erneuter Versuch und gegebenenfalls eine Reihe weiterer folgen, bis das Ziel erreicht ist.

8.2.3 Implementierung einer Lean-Kultur im Unternehmen

Das Vorbeschriebene macht deutlich, dass die Implementierung von Lean Management eine lohnenswerte aber dennoch anspruchsvolle Herausforderung darstellt. Die Implementierung von Lean Management bedeutet eine sehr sensible Phase des Unternehmens, in der sich die Akteure auf einen gemeinsam zu begehenden Wandel verständigen sollten. Die Erfahrungen zeigen jedoch, dass sich dieser Wandel gerade im Hinblick auf eine werteorientierte Führungskultur und somit im Hinblick auf die Zukunftsfähigkeit der Organisation lohnt.

▶ Lean Management macht aus Unternehmen Hochleistungsorganisationen, indem die Mitarbeiter im hohen Maße dazu motiviert und qualifiziert werden, Innovation zu etablieren und gleichsam die Organisation dazu befähigen, auf unvorhersehbare Einflüsse, mit der Intelligenz von Schwärmen gleich schnell reagieren zu können.

Wie bei jedem Veränderungsprozess ist auch hierbei das Hauptaugenmerk auf den Menschen zu richten. Auf die Voraussetzungen und Erfolgsfaktoren für jegliche Veränderungen in Unternehmen (Change Management) sei hier zunächst nur insoweit eingegangen, als das zuallererst die Führungsspitze diese Veränderung konsequent und nachhaltig verfolgt und sie die Mitarbeiter dabei mitzunehmen versteht. Dabei ist vornehmlich zu berücksichtigen, dass der Mitarbeiter das Vertrauen der Führungskraft erhalten sollte, eigenverantwortlich handeln zu können. Die Grundvoraussetzung für solche Wandelszenarien ist, dass die Führungskraft von der Veränderung und deren Ergebnis überzeugt ist. Sodann ist es wichtig, dass die Führung aus dieser Überzeugung kommuniziert. Anschließend ist es getreu den Grundsätzen vertrauensbasierter Führung von großer Wichtigkeit, dass die Führung auch so handelt, wie sie kommuniziert.

Vertrauensbasierte Führung kann nicht dadurch bewerkstelligt werden, dass die Führung von A überzeugt ist, B sagt und C tut. Wichtig und richtig ist es, dass die Führungskräfte authentisch kommunizieren, was sie denken und dann im Alltag das tun, was kommuniziert wurde.

Unternehmen scheitern häufig genau an dieser Banalität. Durch die Ambivalenz zwischen „Gesagtem" und „Getanem" wird die Vertrauensbasis zwischen Führung und Mitarbeitern negativ beeinträchtigt. Die Folgen sind nicht selten verdeckte Konflikte, basierend auf Misstrauen, Paralyse und Fluktuation.

Darüber hinaus fordert ein derartiger Wandel nicht nur vertrauensbasierte Führung, sondern auch betriebliche Anreizsysteme. Bei der Einführung von Lean Management ist es in der Folge unabdingbar, dass zunächst ein definierter Führungskreis das System und seine Wirkungsweise versteht, dazu ein eindeutiges Bekenntnis (Commitment) abgibt und die wesentlichen Implikationen der Veränderung auf das Unternehmen kennt. Diese als Lean Leadership bezeichnete Phase der Implementierung ist ein wesentlicher Grundpfeiler. Sie ist die Phase, die zwar als Erstes startet, sich aber über den gesamten Zeitraum der Einführung hinweg begleitend erstrecken und erst mit Abschluss des Implementierungsprojektes enden sollte. Die Führungskräfte müssen am ehesten bereit sein, erst einmal sich selbst zu verändern, bevor sie es von ihrer Belegschaft erwarten und dieser Entwicklung immer einen Schritt voraus sein. Mit anderen Worten: Man darf nicht mehr Veränderungsbereitschaft bei seinen Leuten einfordern, als man selbst in der Lage ist, an den Tag zu legen. Bevor Lean Management die Mitarbeiter erreicht, muss im Vorfeld die Grundeinstellung im Top-Management angefangen haben, sich in seinen Grundfesten zu bewegen.

Die zweite Phase befasst sich mit dem dezidierten Training (Lean Training). Hier stehen die Einführung des Verständnisses und die Qualifizierung im Vordergrund. Damit Veränderungen und Verbesserungen nach dem neuen System erfolgen können, muss das System mit seinen Prozeduren und Routinen verstanden und verinnerlicht sein. Je nach Zielgruppe muss hierfür ein geeignetes Schulungsformat gewählt werden.

Im Anschluss erfolgt die Phase, in der Lean, auf der Grundlage des Erlernten, zum ersten Mal in der Praxis angewendet wird (Lean Impact). Ausgewählte Themen werden mithilfe der neuen Methode bearbeitet und – besonders wichtig – erste Erfahrungen gesammelt. Ein geeignetes Schulungsformat ist dabei von der Größe der Beteiligtengruppe und den betrieblichen Erfordernissen abhängig. In der Regel bieten sich Workshops und „On-the-Job"-Trainings an.

In den Workshops ist den Mitarbeitern von oder unter Beteiligung der Führungskraft die Routine zu vermitteln. „On the Job" kann man das Erlernte individuell und je nach Reifegrad in der freien Wildbahn erproben. Mitarbeiter werden in den meisten Fällen zunächst angehalten, einen Ablauf aus ihrem Tagesgeschäft zu identifizieren, für dessen Verbesserung sie eine Idee haben. Diese Ideen werden aus der freien Wildbahn herrührend kategorisiert und auf die vorgeschlagene Lösung hin erprobt. Sollte die Idee greifen, wird dem Mitarbeiter der Weg geebnet, die Veränderung projektweise zu vollziehen. Sodann wird die nächste Idee erwartet. Somit wird der Prozess der Verbesserung zur Routine.

Implemetierung Lean-Kultur

Als besonders hilfreich hat sich erwiesen, dass in einem ersten Schritt die Führungskräfte selbst die Mitarbeiterrolle annehmen und sich von einem erfahrenen Berater darin schulen lassen, Routinen zur Lösungsfindung zu einem Problem des alltäglichen Arbeitsbereiches anzuwenden.

Dabei nimmt der Berater exemplarisch die Rolle des Chefs ein, während der originäre Chef die Rolle des Mitarbeiters annimmt. Der Mitarbeiter bekommt in dieser Phase die fiktive Aufgabe, ein Problem aus einem Unternehmensbereich, beispielsweise der Produktion, zu identifizieren und zu lösen. Der Berater coacht ihn bei der Entwicklung einer Lösung unter Anwendung von Coaching-Routinen. So kann die Führungskraft das erlebte Vorgehen „on the Job“ verinnerlichen und später bei den Mitarbeitern erfolgreich anwenden.

Erst wenn die Führungskräfte eigene Erfahrungen aus der Perspektive des Problemlösers gesammelt haben, sind sie später als Coach für ihre direkten Mitarbeiter wertvoller und schneller einsetzbar.

In diesem nächsten Schritt kann dann das Vorgesetzten-Coaching des direkten Mitarbeiters erfolgen. Je nach Vorhandensein mehrerer Ebenen kann dieses Prinzip wiederum auf die nächste Ebene mit dem jeweils nächsten direkten Mitarbeiter angewendet werden. Dann ist die Führungskraft der ersten Ebene Coach-Coach.

Diese Methode ist ebenfalls auf zwei Führungsebenen übertragbar, indem man bestimmte fachliche Funktionen (Rollen) einer fiktiven dritten Ebene, welche nicht hierarchisch definiert sein muss, zuordnet. Beispielsweise werden hierbei auch Auszubildende je nach Reifegrad mit eingebunden.

Die letzte Ausbaustufe ist erreicht, wenn jeder Vorgesetzte als Coach fungieren kann und die Mitarbeiter die Instrumente und Methoden anzuwenden wissen. Im Ergebnis sollte fortan jede zielbezogene Veränderung durch die Coach-Mitarbeiter-Arbeit vorangetrieben werden. Das Unternehmen beginnt sich zielgerichtet zu verändern, indem dieser intensive Austausch regelmäßig und in kurzen zeitlichen Abständen stattfindet.

Für die Mitarbeiter bedeutet das, einen Teil ihres Arbeitsinhaltes auf die Veränderung zu richten. Sie sind nun vollständig als Beteiligte oder sogar Architekten in den Prozess eingebunden und fühlen sich nicht mehr als Betroffene. Dadurch erfahren sie einerseits eine auf Vertrauen basierende Wertschätzung, andererseits können sie aktiv an der Entwicklung ihres Umfeldes und der eigenen Persönlichkeit mitwirken.

Der grundlegende Mehrwert für Unternehmen und Mitarbeiter liegt jedoch im Wesentlichen darin, dass die Überlebensfähigkeit und Stärke des Unternehmens spürbar einhergeht mit dem Zusammenwirken von Führung und Mitarbeiter.

Als letzter Schritt sollte eine Phase für das Sicherstellen der Nachhaltigkeit eingeleitet werden (Lean Sustainability). Was in der Verbesserungsroutine für Prozesse gilt, hat auch hier seine Gültigkeit; das System und seine Ausbreitung müssen ständig überprüft und nach und nach angepasst werden, damit die in Gang gesetzte Bewegung nicht zum Erliegen kommt.

Ähnlich wie Toyota seinerzeit nicht einfach das Ford-Produktionssystem übernahm, sondern sein ureigenes System auf dieser Basis entwickelte, müssen auch hier nach der Einführung von Lean Management unternehmensindividuelle Entwicklungen vonstattengehen.

8.2.4 Erfolgsfaktoren und Hindernisse

Während die Einführung von Lean Management ein Projekt im klassischen Sinne ist, müssen das Arbeiten und Wirken der Organisation nach dieser Systematik als lange über das Projektende hinaus, wenn nicht sogar als für immer gültig, betrachtet werden.

Wie bereits zuvor erwähnt, steht und fällt die erfolgreiche Einführung von Lean Management zuvorderst mit dem Grad des verbindlichen Bekenntnisses der Unternehmensleitung. Dabei muss dieses Bekenntnis nicht nur gegenüber Aufsichtsgremien oder den begleitenden Beratern erfolgen, sondern am allermeisten gegenüber sich selbst. Es ist durchaus förderlich und dem Gelingen zuträglich, wenn sich ein gesunder Respekt vor diesem Vorhaben unter die Gefühle der Entscheider mischt. Wie in vielen anderen Situationen der Führungsarbeit muss diesem Respekt die nötige Authentizität folgen, mit der man die Kommunikation dieser Veränderung gegenüber den Mitarbeitern gestalten sollte. Gerade in diesem Zusammenhang muss die besondere Herausforderung, der sich alle stellen, offen kommuniziert werden. Es muss glaubhaft verdeutlicht werden, dass sich für alle etwas ändert und dass die Veränderung an der Spitze des Unternehmens bereits begonnen hat.

Bei dem Entschluss, künftig nach den Prinzipien des Lean Managements zu arbeiten, handelt es sich nicht um ein neues Programm etwa einer Abteilung für Unternehmensentwicklung oder sich mit den Belangen von Prozessen und Qualität befassenden Stabsstellen. Dieser Entschluss stellt eine unternehmerische Entscheidung dar, der aufgrund seiner umfassenden Auswirkungen nicht immer von allen Menschen in einer Organisation von Anfang an für gut befunden wird. Bei der Vermittlung dieses Sachverhaltes muss es demnach gleichwohl gelingen, die damit verbundenen Chancen, wie auch die sich daraus ergebenden Freiheiten für die Mitarbeiter aufzuzeigen. Insbesondere das Selbstverständnis der Partizipation an Lösungen und der damit einhergehenden Wertschätzung der Mitarbeiter ist hier zu erwähnen.

Im Zuge einer wohlüberdachten Kommunikationsstrategie öffnen sich die Mitarbeiter diesem Gedanken in der Regel nach und nach. Eine solche Kommunikationsstrategie sollte auf die Schaffung eines „Wir-Gefühls" ausgerichtet sein, da es im Wesentlichen schlichtweg darum geht, das Zugehörigkeitsgefühl zu einer Gemeinschaft zu fördern. Die Gruppenmitgliedschaft verschafft den Mitarbeitern als Individuen eine soziale Identität, die in der Psychologie bekannt ist als „Theorie der sozialen Identität". Weniger akademisch ausgedrückt bedeutet das frei nach Andreas Möller (ehemaliges Mitglied der deutschen Fußball Nationalmannschaft), dass Mitarbeiter vom Feeling her ein gutes Gefühl haben sollten.

Bei jeder Veränderung in Organisationen gibt es einen gewissen Prozentsatz von Mitarbeitern, die sich dieser – bewusst oder unbewusst – verweigern. Die Gründe für fehlende Veränderungsbereitschaft oder Veränderungsfähigkeit sind vielfältig. Je nach Ursache dieser Haltung muss in entsprechender Art und Weise darauf eingegangen werden. Nicht selten stehen hierbei Unsicherheit oder gar Ängste im Vordergrund, so dass an dieser Stelle ein gefühlvoller und wertschätzender Umgang mit den Mitarbeitern angebracht ist.

Die Begleiterscheinung äußert sich in aller Regel darin, dass einige Mitarbeiter zunächst abwartend reagieren, später partizipieren oder schlechterdings die Organisation verlassen. Andere wiederum sehen in jeder Veränderung eine Chance und wiederum andere sitzen die Veränderung bis zum letzten Tag hin aus.

Erfolgsfaktoren

Besonders während der ersten Umsetzungsphase empfiehlt es sich, die Themen der ersten Verbesserungen so zu wählen, dass sich durch erreichte Erfolge Akzeptanz, Anerkennung und positive Neugier im näheren Umfeld entwickeln. Durch ein solches Vorgehen werden Mitarbeiter mitunter regelrecht „infiziert" und fungieren ihrerseits wiederum als wirkungsvoller Multiplikator. Dieser Effekt ist als sehr viel größer anzusehen, als er beispielsweise durch ein schablonenhaftes Kommunikationskonzept erzielt werden kann.

Ein beliebtes Beispiel, mit dem Mitarbeiter „Quick Wins" erleben, ist das nachfolgende Beispiel der Eliminierung von Verschwendungen im eigenen Wirkungsbereich der teilnehmenden Mitarbeiter des Unternehmens.

Eliminierung von Verschwendung als erster Schritt

Am Anfang des Prozesses empfiehlt es sich oftmals, einen Schritt auf dem Gebiet der Eliminierung von Verschwendung im Unternehmen zu wagen.

Indem man die Mitarbeiter motiviert, zunächst „spielerisch" in ihrem Arbeitsumfeld nach kleinen Verschwendungen Ausschau zu halten und diese dann gemeinsam dokumentiert, um sie später anschaulich zu eliminieren. So gelingt es schrittweise, Aufmerksamkeit und Akzeptanz bei den Mitarbeitern zu erlangen. Mit dieser erlangten Akzeptanz geht man mit der Organisation anschließend weitere Schritte.

Beispielsweise führen Sachbearbeiter in Verwaltungen relativ zeitnah Beispiele zur Wegeoptimierung aus. So wurde festgestellt, dass in einer Abteilung, welche sich über zwei Etagen eines Bürogebäudes erstreckt, lediglich ein Abteilungsdrucker in der unteren Etage vorhanden ist. Zwölf Mitarbeiter teilen sich diesen Drucker. Sechs Sachbearbeiter müssen dabei regelmäßig in die untere Etage gehen, um Ausdrucke abzuholen. Abgesehen von den Wegezeiten haben Mitarbeiter in einem Lean-Prozess zur Eliminierung von Verschwendung festgestellt, dass sich vor dem Drucker auch regelmäßig Warteschlangen bilden.

Nachdem die Sachbearbeiter nun festgestellt hatten, dass in diesem Prozedere Arbeitszeit verschwendet wird, haben sie die Verschwendung zunächst gemessen und kamen zu dem Ergebnis, dass werktäglich 40 überflüssige Gänge zum Drucker stattfinden, welche kumuliert 120 min Arbeitszeit in Anspruch nehmen. Kalkuliert man für die zwei Arbeitsstunden einen Wert von je 50 €, so beträgt die tägliche Verschwendung 100 €. Bei jährlich zu veranschlagenden 220 Arbeitstagen steht hier ein Betrag von 22.000 € pro Jahr zur Diskussion.

Die Sachbearbeiter regten nach der nunmehr erfolgten Identifikation dieser Verschwendung eine Maßnahme zur Eliminierung derselben an, indem ein zusätzlicher Drucker für die obere Etage angeschafft werden sollte. Es wurde kalkuliert, dass ein weiterer Drucker inklusive aller Betriebskosten 2000 € pro Jahr kostet.

Mithin haben die Sachbearbeiter dem Unternehmen eine laufende Ersparnis von 20.000 € pro Jahr verschafft. Diese Erkenntnis motiviert die Mitarbeiter regelmäßig zur Identifikation und Lösung nachfolgender Problemstellungen, was bei einem etablierten Lean-Prozess zu einer kontinuierlichen Verbesserung führt (Abb. 8.4).

Abb. 8.4 Verschwendung eliminieren

Da die Verbesserungsroutine ihre Wirkung erst durch die regelmäßige und in kurzen zeitlichen Abständen erfolgende Verbesserungsarbeit zwischen Coach und direkten Mitarbeiter entfaltet, sollten bestehende Tages- oder Wochenabläufe und die damit verbundene Regelkommunikation hierauf angepasst werden. Es hat sich oft gezeigt, dass es in der Reihe aller mit Lean Management verbundenen Veränderungen gerade die Routine der Regelmäßigkeit ist, deren sofortige Umsetzung sich am schwierigsten gestaltet. Es ist daher hilfreich, Termine zwischen Coach und direktem Mitarbeitern gerade zu Beginn der Umsetzung verbindlich zu planen und somit fest in das Tagesgeschäft einzubinden.

Um das anspruchsvolle Ziel der nachhaltigen Implementierung dieses Systems zu erreichen, ist es unabdingbar seine Elemente in dem Gerüst des Unternehmens fest zu verankern. So muss zunächst das Zielsystem der Organisation auf die Systematik der Verbesserungsroutine angepasst und der Charakter der zielbezogenen Veränderung in jeder Phase der Kommunikation deutlich werden. Daneben müssen auch Systeme zur Beurteilung von Mitarbeitern um eine bedeutende Dimension ergänzt werden; die hierin der Beurteilung zugrunde liegenden Fähigkeiten müssen neben der Fachlichkeit, der Sozialkompetenz und anderen gängigen Faktoren zusätzlich auch die Problemlösungsfähigkeit enthalten, mit der sich der Mitarbeiter in der Verbesserungsroutine bewegt. Nur so ist sichergestellt, dass die Fähigkeiten der Mitarbeiter und somit auch die der Vorgesetzten zur Befähigung auch Gegenstand eines regelmäßigen Mitarbeitergespräches werden.

Dieser formale Punkt ist gerade für Familienunternehmen ein wichtiger Aspekt, da Mitarbeitergespräche dort oftmals viel persönlicher geführt und daher unkonventioneller gestaltet werden. Wichtig ist dabei, dass die neuen Aspekte trotzdem ihren Platz im Mitarbeitergespräch finden.

8.2.5 Umgang mit Implementierungsbarrieren des Lean Managements

Sicherlich gibt es auch bei der Einführung der Lean-Management-Philosophie Implementierungsbarrieren. Die größten Barrieren basieren darauf, dass wir oftmals auf tradierte Denk- und Arbeitsstrukturen sowie mangelhafte Kenntnisse und ein eingeschränktes Verhältnis zum Lean Management stoßen.

Eine optimale Vorgehensweise basiert daher grundlegend darauf, zunächst mit dem Top-Management in Diskussion zu gehen, um das notwendige Grundverständnis aufzubauen. Hierbei gilt es, veraltete Muster bewusst infrage zu stellen, um im Folgeschritt die uneingeschränkte Unterstützung des Managements einzuholen. Erst mit der Unterstützung des Managements werden dann Pilotprojekte erarbeitet, bei denen der Mitarbeiter im Mittelpunkt steht. Je nach Reifegrad der Organisation werden die anschließenden Workshops mit Hilfe von Beratern strukturiert.

Wichtig zur Verhinderung von Barrieren ist die Bekanntgabe von Zwischenergebnissen, um die Mitarbeiter an dem Erfolg partizipieren zu lassen. Der Grundsatz: „Tue Gutes und rede darüber“ hat auch hier Gültigkeit. Wenn es im Folgeschritt gelingt, die Mitarbeiter zu infizieren, kann der Nahkampf als erfolgreich absolviert betrachtet werden. Danach muss sich nur noch der messbare Erfolg einstellen, um Führungskräfte und Mitarbeiter gleichermaßen zu begeistern.

Ein weiteres Hindernis ist, wie in Abschn. 8.1 bereits dargestellt, eine schablonenhafte Konzepterstellung. Hierbei besteht die Gefahr, vorbei an den Individuen der Organisation zu implementieren, was schlichtweg unmöglich ist. Eine Vorgehensweise getreu dem Motto „One size fits all" ist bei Lean-Projekten fehl am Platze.

Deshalb sollte stets ein individuelles Konzept unter Berücksichtigung der Bedürfnisse der Mitarbeiter erarbeitet werden. Dabei ist sicherlich auch zu berücksichtigen, welchen Anspruch die Mitarbeiter insbesondere an ihre zukünftige Arbeit knüpfen.

8.3 Fazit

Wie kaum ein anderer Begriff aus dem Bereich der Management-Theorien ist Lean Management heterogen verwendet oder in seiner eigentlichen Bedeutung gar gänzlich missverstanden worden.

Wenn Lean Management nicht auf eine Werkzeugkiste reduziert, sondern in seiner Gänze verstanden wird und mit einer von Fingerspitzengefühl geprägten Implementierung einhergeht, kann es zu Recht als das beste derzeit verfügbare Betriebssystem eines Unternehmens angesehen werden, um den aktuellen Erfordernissen im Sinne einer werteorientierten Führung zu entsprechen.

Eine erfolgreiche Einführung widerlegt das so oft anzutreffende Klischee, dass klare unternehmerische Zielsetzungen in Veränderungen unterworfenen Organisationen mit einem Verfall menschlicher Werte einhergehen müssen. In kaum einem anderen System geht die von vielen Unternehmen herbeigesehnte Veränderungsfähigkeit mit dem Einbezug und der Befähigung der Mitarbeiter auf allen Ebenen der Organisation in Gestalt der Partizipation einher.

Die von der Lean-Philosophie geförderten Werte betreffen die Grundwerte, welche in der Regel die Auswahl von Alternativen und somit das individuelle und organisationale Handeln beeinflussen. Diese Werte können von Unternehmen zu Unternehmen verschieden sein und müssen Ausdruck der jeweiligen Kultur sein.

Das Zusammenwirken zwischen den Hierarchieebenen wird zweifellos persönlicher, da sich durch das Coaching beide, sowohl Vorgesetzter als auch Mitarbeiter, in einem intensiven und strukturierten Dialog miteinander bewegen. Mitarbeiter bekommen Freiraum zugesprochen, indem man ihnen zutraut, Probleme zu lösen und Dinge zu verbessern. Vorgesetzte sehen es dabei als Selbstverständlichkeit an, die Mitarbeiter hierzu zu befähigen und zu unterstützen. Dies wird als elementarer Bestandteil der Führungsarbeit verstanden. Denn am Ende tragen die Führungskräfte die Verantwortung für die Fähigkeiten ihrer Belegschaft.

Fehlerreduzierung geschieht dabei unter dem Gesichtspunkt der Fehlertoleranz „Pull the line". Getreu dem japanischen Vorbild, bei dem in der Produktion von Unternehmen jeweils Leinen von der Decke hängen, welche die Produktion zum Stehen bringt, sobald an dieser Leine gezogen wird, kann auch in allen anderen Bereichen verfahren werden. Die Grundlage von „Pull the line“ basiert auf der Wertschätzung des Mitarbeiters beim Umgang mit Fehlern. Der Mitarbeiter soll mit dem Ziel, Fehler zukünftig zu eliminieren, die Leine ziehen. Die Kunst der Führungskraft ist es, loszulassen und eine auf Fehlertoleranz basierende Haltung einzunehmen. Sodann ist der Weg in eine erfolgreich gelebte Lean-Kultur geebnet.

In Situationen nicht ausgereifter Prozesse, von Fehlern oder gescheiterter Versuche steht der Ansporn zum Bewältigen der Hindernisse und nicht die Suche nach etwaigen Schuldigen im Vordergrund. Zielformulierungen und die Beantwortung der Frage, ob es nicht noch ein bisschen besser geht, gelten gleichermaßen als dringend notwendige Bestandteile des Arbeitsalltags.

Lean Management versucht nicht in erster Linie, die Menschen in einem Unternehmen zu verändern. Es konzentriert sich vielmehr auf das eigentlich Wichtige: Die Beziehung unter ihnen. Das konfliktfreie Zusammenwirken zwischen Führung und Mitarbeiter bei der Erreichung der Unternehmensziele steht im Einklang mit wertschätzender und motivierender Kommunikation und partizipativer Lösungsfindung.

Die strategischen Belange der Unternehmen werden durch die Implementierung von Lean Management gebündelter angesteuert. Auch der Zielerreichungsgrad wird durch die Steigerung der Identifikation der Mitarbeiter mit den Unternehmenszielen erhöht, da die Mitarbeiter ein ausgeprägtes Veränderungsbewusstsein entwickeln, wenn sie die notwendigen Veränderungen selbst mitgestalten.

Mithin stellt Lean Management einen lohnenswerten Weg in das gelobte Land dar (Abb. 8.5).

Abb. 8.5 Mit Lean Management ans Ziel

Weiterführende Literatur

Bruch K et al (2010) Generationen erfolgreich führen – Konzepte und Praxiserfahrungen zum Management des demographischen Wandels. Gabler Verlag, Wiesbaden

Elis V (2009) Von Amerika nach Japan – und zurück. Die historischen Wurzeln und Transformationen des Toyotismus. In: Zeithistorische Forschungen/Studies in Contemporary History. http://www.zeithistorische-forschungen.de/16126041-Elis-2-2009. Zugegriffen: 12. Jan. 2015

Franken S (2012) Kollektive Intelligenz als Antrieb für Innovation. Shaker Verlag, Aachen

Glöckler U, Maul G (2010) Ressourcenorientierte Führung als Bildungsprozess – Systemisches Denken und Counselling-Methoden im Alltag Humaner Mitarbeiterführung. Springer VS Research Verlag, Wiesbaden

Götz K (2002) Personalarbeit der Zukunft. Rainer Hampp Verlag, Mering

Haubrock A, Öhlschlegel-Haubrock S (2009) Personalmanagement. Kohlhammer Verlag, Stuttgart

Heidenreich J (2008) Demographischer Wandel und Fachkräftemangel in deutschen Unternehmen – Ausgewählte Handlungsfelder des Personalmanagements für den Mittelstand. GRIN Verlag, München

Herse P, Blanchard K (1977) Management of organizational behavior – utilizing human resources. Prentice-Hall, Englewood Cliffs

Laufer H (2014) Grundlagen erfolgreicher Mitarbeiterführung – Führungspersönlichkeit, Führungsmethoden, Führungsinstrumente. Gabal Verlag, Offenbach am Main

Olfert K (2010) Personalwirtschaft. Kiehl Verlag, Herne

Rosenstiel L, Wegge J (2013). In: Schuler H (Hrsg) Führung. Lehrbuch Organisationspsychologie. Hans Huber Verlag, Bern

Rump J, Eilers S (2013) Die jüngere Generation in einer alternden Arbeitswelt – Baby Boomer versus Generation Y. Verlag Wissenschaft & Praxis, Sternenfels

Schuler H, Sonntag K (2007) Handbuch der Arbeits- und Organisationspsychologie. Hogrefe, Göttingen

Vester F (2002) Die Kunst vernetzt zu denken: Ideen und Werkzeuge für einen neuen Umgang mit Komplexität Ein Bericht an den Club of Rome. Munich

Vester F (2007) Die Kunst vernetzt zu denken. DTV Deutscher Taschenbuchverlag, München

Der Wert von Veränderung

9

Maike Goldkuhle

„Es ist nicht die stärkste Spezies, die überlebt, auch nicht die intelligenteste, es ist diejenige, die sich am ehesten dem Wandel anpassen kann." Charles Darwin

Inhaltsverzeichnis

M. Goldkuhle (✉)
Apenrader Str. 8, 50825 Köln, Deutschland
E-Mail: maike111@hotmail.com

N. Müller, C. Jäger (Hrsg.), *WERTEorientierte Führung von Familienunternehmen*,
DOI 10.1007/978-3-658-09237-5_9

Zusammenfassung

Die Umwelt von Unternehmen verändert sich durch externe Faktoren, wie die Globalisierung von Absatz- und Finanzmärkten, den technischen Fortschritt oder politische Veränderungen, immer schneller. Je knapper Zeit und Geld und je komplexer die Zusammenhänge werden, desto stärker müssen sich Unternehmen verändern. Daher ist es wichtig, Strukturen zu schaffen, die eine schnelle und effiziente Bewältigung von wechselnden Aufgaben leisten können.

Das Kapitel soll Ihnen helfen, Veränderungen und neue Strukturen wertvoll zu gestalten und zu begleiten. Sie werden erkennen, warum Sie Ihre Mitarbeiter in einen Veränderungsprozess frühzeitig einbeziehen sollten und welchen Mehrwert Sie dadurch generieren können. Erkennen Sie die richtigen Maßnahmen und lernen Sie, diese zu planen, einzuleiten und zu steuern. Es wird beispielhaft dargestellt, wie Sie das in den verschiedenen Bereichen eines Veränderungsprojektes schaffen können und was Sie dabei beachten müssen.

9.1 Was sind eigentlich Veränderungen und warum betrifft das langfristig jedes Unternehmen?

Beim Spaziergang durch Innenstädte wie Krefeld, Oberhausen oder Stuttgart fällt eines sofort ins Auge: Die Straßen sind geprägt von einer Vielzahl verbarrikadierter und leerer Ladenlokale.

In den letzten Jahren sind viele große Namen, die bisher die Stadtlandschaft mitgeprägt haben, verschwunden, die Unternehmen mittlerweile insolvent: Schlecker, Praktiker, Karstadt, Märklin, Schiesser, Karmann, Woolworth und Strauss, um nur einige zu nennen.

Alles verändert sich. Namen, die wir seit jeher mit dem Einzelhandel in Verbindung gebracht haben, verschwinden auf einmal von der Bildfläche. Es verstärkt sich der Eindruck, dass auf die alten Strukturen und traditionellen Vorgehensweisen kein Verlass mehr ist. Der Wandel und die Schnelllebigkeit der heutigen Welt verlangen von jedem Unternehmen die Bereitschaft zur Veränderung.

Veränderung ist wie eine Art Naturgesetz. Ohne Veränderung gibt es keine Weiterentwicklung und auch kein Wachstum. Sie ist eigentlich etwas Gutes und kaum zu verhindern. Dabei fängt Veränderung für ein Unternehmen schon im Kleinen an.

Beispiel Bäckerei

Ein Beispiel, das jeder in seiner unmittelbaren Nachbarschaft beobachten kann, ist das Verschwinden von alteingesessenen Bäckereien. Als Kind schickten einen die Eltern dort schon morgens zum Brötchen kaufen vorbei. Mittlerweile haben die eigenen Kinder diese Tradition übernommen. Den Bäckermeister und seine Nachkommen kennt man schon seit Jahrzehnten und es ist klar, dass immer einer der Kinder den Familienbetrieb weiterführen wird. Die Verkäuferinnen im Ladenlokal wissen genau, wie man sein belegtes Brötchen am liebsten hat – ohne Remoulade, mit Butter – unvorstellbar, dass dort jemand anderes hinter dem Tresen steht, geschweige denn, der Laden schließt.

Seit vielen Jahren sterben diese, damals noch üblichen Formen des Handwerksbetriebs, aus. Sie werden verdrängt von den gut bestückten Brotregalen im Supermarkt, von automatisierten Backöfen in Lebensmittelketten und von zahlreichen Convenience-Backshops, die die tiefgekühlten Teiglinge nur noch im Ofen aufbacken. Der Personaleinsatz ist niedrig, die Herstellungskosten ebenso. Die Teiglinge können viel günstiger in Osteuropa produziert und importiert werden. So kommt es, dass die klassischen Handwerksbetriebe seit Jahren aussterben. Sie sind nicht in der Lage, den neuen Preisstrukturen Paroli zu bieten. Viele schaffen es nicht, ihre Produktionsprozesse anzupassen oder ihre Produktpalette so umzustellen, dass sie entweder dem Kostendruck gewachsen sind oder eine neue oder exklusivere Nische bedienen können.

Für jedes Unternehmen ist es wichtig, auf Änderungen der Marktkonditionen oder der Konkurrenz entsprechend reagieren zu können. Ein Unternehmen muss veränderungsfähig sein.

Was genau bedeutet das: Veränderungsfähigkeit? Heute lebt jeder Mensch in einer Welt von konstantem Wandel. Mit diesem Wandel umzugehen, bedeutet Veränderungsfähigkeit zu lernen. Am Beispiel der Bäckerei heißt das Folgendes: Die Preisstruktur der neuen Convenience-Backshops ist nicht zu toppen. Sie kaufen Tiefkühlware zu günstigen Konditionen ein, können dadurch die Kosten entsprechend niedrig halten und benötigen für den Verkauf und das Aufbacken der Waren gleichzeitig weniger Personal beziehungsweise haben geringere Personalkosten. Die Ladenöffnungszeiten sind regulär über Tag. Das ist auch der Zeitraum, in dem die Ware direkt im Laden frisch aufgebacken wird. Teure Nachtarbeit muss der Backshop-Betreiber dementsprechend nicht zahlen. Eine herkömmliche Backstube produziert dagegen meist nachts und vertreibt die Ware über Tag in den eigenen Ladenlokalen. Somit hat der herkömmlich produzierende Bäcker doppelte Personalkosten, weil er zwei verschiedene Systeme finanziert: die Herstellung und den Vertrieb. Das heißt über den Preis beziehungsweise den Vertrieb kann der Bäckermeister sich nicht differenzieren. In der Herstellung könnte aber genau der „exklusive Nischenmarkt" liegen, den der Convenience-Backshop nicht bieten kann. Der Bäckermeister ist veränderungsfähig, wenn er es schafft, seine Marketingstrategie neu auszurichten und sich auf eine neue Kundengruppe zu konzentrieren. Er sollte qualitativ hochwertige Backwaren anbieten, die in Handarbeit hergestellt werden. Diese rechtfertigen einen höheren Preis, den er bei den Kunden durchsetzen kann, die Wert auf hochwertige Produkte legen.

Der Bäckermeister wird auf verschiedenen Ebenen mit neuen Ideen, Ansätzen und Herausforderungen konfrontiert, auf die er eine praktikable Antwort finden muss. Unternehmer müssen sich hierauf einstellen und vorbereiten, wenn sie langfristig am Markt bestehen möchten. Die Veränderungsfähigkeit eines Unternehmens ist unmittelbar an die Veränderungsfähigkeit seiner Führungskraft – hier dem Bäckermeister – geknüpft. Aber auch die Angestellten müssen umdenken. Wenn der Bäcker sich entscheidet, hochwertige

Backwaren anzubieten, müssen auch seine Mitarbeiter diesen neuen Ansatz nach außen hin vertreten. Die Verkäuferinnen müssen geschult sein, um in Bezug auf die Inhaltsstoffe und die Herstellung gut beraten zu können. Die Backwaren müssen entsprechend sorgfältig produziert und präsentiert werden. Es bedarf eines neuen Marketingauftritts, in dessen Zuge die Ladenlokale neu gestaltet werden, ein neuer Werbeslogan entwickelt wird und so weiter.

Es zeigt sich, dass die Menschen immer eine große Hürde in Veränderungsprozessen darstellen. Wenn der Bäckermeister möchte, dass sein Konzept funktioniert, muss er seine Mitarbeiter mitnehmen und von seiner Idee überzeugen. Er muss es schaffen, dass auch sie die Notwendigkeit der Neuausrichtung verstehen und mittragen. Die Verkäuferinnen sind schließlich das Aushängeschild des Betriebs. Der Umgang mit den Mitarbeitern bestimmt letztendlich den langfristigen und nachhaltigen Erfolg eines Unternehmens mit.

Der Unternehmer muss es also schaffen, Veränderungen so zu begleiten und voranzutreiben, dass er die Mitarbeiter mitnimmt, welche sich im Alltag mit den neuen Herausforderungen auseinandersetzen und anfreunden müssen.

► Die Wandlungsfähigkeit eines Unternehmens ist eng mit der Wandlungsfähigkeit seiner Mitarbeiter verknüpft. Die Mitarbeiter müssen sich mit den Veränderungen identifizieren können und den Veränderungsprozess aktiv mitgestalten dürfen, um einen nachhaltigen Erfolg sicherzustellen.

9.2 Nur eine kleine Veränderung? Ein Negativbeispiel

Schon bei kleinen Projekten und Veränderungen lohnt es sich, den Wandel sorgfältig zu planen und nachhaltig zu begleiten. Anhand des nachfolgenden Beispiels werden Sie sehen, wie unterschiedlich die Wahrnehmung von Führungskräften und Mitarbeitern sein kann und wie schnell ein Projekt dann zu scheitern droht.

Die Sicht der Geschäftsleitung

Ein Unternehmen möchte sich neu aufstellen und modernisieren. Dazu sollen die gegebenen Bürostrukturen verändert werden. Durch die Gestaltung von offeneren Räumlichkeiten und größeren Büros hofft die Führungsebene, bessere Voraussetzungen für eine schnellere und transparentere Kommunikation zu schaffen. Die Geschäftsleitung plant und organisiert den Umbau sowie die Neugestaltung der Büroräumlichkeiten mit einem Projektteam. Dem Projektteam gehören unter anderem ein externer Innenarchitekt und ein Berater von modernen Raumkonzepten an. Mit dem Projekt werden zwei Ziele verfolgt. Zum einen sollen kürzere Wege und besser gestaltete Räumlichkeiten neue und moderne Arbeitsprozesse unterstützen sowie die informelle Kommunikation fördern. Zum anderen sollen durch größere und offene Büros sowie Open-Space-Flächen die Kommunikationswege verkürzt werden.

Das Unternehmen ist finanziell gut aufgestellt und möchte seinen Mitarbeitern mit der Konzeption eines neuen, modernen Arbeitsumfelds etwas Gutes tun. Mit dem Projekt soll die Wertschätzung gegenüber den Mitarbeitern ausgedrückt werden. Dementsprechend beauftragt die Geschäftsleitung einen versierten Innenarchitekten mit der Umgestaltung und Planung der Büroräumlichkeiten nach den aktuellsten Standards. Die Geschäftsleitung wünscht sich ein einheitliches, modernes und offenes Bürokonzept.

Beim anschließenden Umbau werden neue ergonomische Arbeitsplätze eingerichtet. Die aktuelle Arbeitsstättenverordnung findet selbstverständlich Berücksichtigung. Kleine Bürozellen, für ein bis zwei Mitarbeiter, werden aufgelöst und in Vierer- oder Sechser-Büros umgewandelt. Die Hälfte der Bürofläche wird in eine Open-Space-Fläche umgestaltet. Zusätzlich werden mehrere kleine Besprechungsräume geschaffen, die die Mitarbeiter flexibel für Besprechungen oder als Rückzugsort nutzen können. Es gibt einen Aufenthaltsbereich mit einer modernen Kaffeemaschine, der die Mitarbeiter zum informellen Austausch einladen soll.

Bei der ersten Begehung nach dem Umbau ist die Geschäftsleitung äußerst zufrieden. Das Büro ist genau so modern und schön geworden, wie sie es sich erhofft hatte. Die neuen offenen Flächen laden zu mehr und informeller Kommunikation ein. Es scheint, als würden die baulichen Veränderungen all das bewirken können, was die Geschäftsleitung sich gewünscht hat. Aus ihrer Sicht ein voller Erfolg!

Die Sicht der Mitarbeiter

Vor einem halben Jahr hat die Geschäftsleitung angedeutet, dass sie die Büroräumlichkeiten neu gestalten möchte. Wie das genau aussehen soll und was verändert wird, ist den Mitarbeitern nicht genau kommuniziert worden. „Die Planungen seien noch im Anfangsstadion", so der Geschäftsführer. Zusätzlich hat es die Information gegeben, dass ein externer Innenarchitekt und Experte in dem Raumplanungskommittee mitwirken wird. Die Ankündigung dazu erfolgte, neben vielen anderen Ankündigungen, in einer Belegschaftsversammlung. Im Anschluss haben die Mitarbeiter ab und an Begehungen durch das Büro beobachten können. Die genaue Planung ist nicht bekannt. Ebenso wenig, inwiefern diese Einfluss auf die Mitarbeiter und ihre Arbeit haben wird. So ist das Projekt bei den Mitarbeitern in Vergessenheit geraten.

Sechs Monate später erhalten die Mitarbeiter aller Abteilungen die Information, ihre Arbeitsplätze leer zu räumen sowie alle mobilen und privaten Gegenstände auf und in den Schreibtischen in Kartons zu verstauen und diese namentlich zu beschriften. Parallel wird ein Zeitplan zum Umzug veröffentlicht. Der Umzug und die Umgestaltung der Räumlichkeiten werden über das Wochenende und den anschließenden Feiertag durch eine Umzugsfirma stattfinden.

Als die Mitarbeiter am darauffolgenden Dienstag zur Arbeit erscheinen, finden sie ein komplett verändertes Büro wieder. Jedem Mitarbeiter ist ein neuer Arbeitsplatz zugewiesen worden. Dementsprechend findet jeder den Karton mit seinen Utensilien an seinem neuen Arbeitsplatz wieder. Die Verwirrung ist groß. Die Mitarbeiter äußern ihren Unmut und Ärger über die neuen Räumlichkeiten. Insbesondere die neue Anordnung der Tische gefällt gar nicht. Es gibt keine Büros mehr so wie vorher, sondern gefühlt ist alles eine große Fläche. Was hat sich die Geschäftsleitung dabei nur gedacht? So kann keiner mehr arbeiten. Die meisten Mitarbeiter wollen umgehend mit ihrer Führungskraft sprechen und die Situation ausdiskutieren.

Unterschiedliche Sichtweisen
Die Geschäftsleitung ist enttäuscht. Sie hatten gehofft, dass die Mitarbeiter das neue Büro ebenso schön finden, wie sie selber und hat sich entsprechend auf die Überraschung und die Enthüllung gefreut. Bei den Mitarbeitern hingegen reichen die Gefühlsäußerungen von Kränkung und Enttäuschung bis hin zu Wut über die neue Anordnung der Sitzplätze.

► Widerstand gegen Veränderungen ist der Normalfall und keine Ausnahme!

9.3 Die Veränderungskurve

Was ist in dem Beispiel passiert? Warum reagieren die Mitarbeiter so? Warum ist die gut gemeinte Veränderung bei den Mitarbeitern so negativ angekommen?

Gut gemeint ist leider nicht gut gemacht. Die Veränderung der Bürosituation traf die Mitarbeiter plötzlich und unerwartet. Um die Gefühlsregungen verständlich zu machen, müssen wir uns die Phasen der Veränderung ansehen (Abb. 9.1).

Abb. 9.1 Phasen der Veränderung

Die Veränderungskurve geht auf die amerikanische Psychiaterin Elisabeth Kübler-Ross zurück. Der Verlauf ist auf Veränderungsprozesse übertragbar. Abweichend sind lediglich die Zeitspannen, in denen sich die verschiedenen Phasen abspielen.

Am Anfang einer jeden Veränderung steht die Schockstarre. Der Mitarbeiter ist nach der Konfrontation mit der neuen und ungewohnten Situation überrascht und schockiert, da die eigenen Erwartungen nicht erfüllt worden sind. Nach der Überwindung des Schocks wird die Veränderung verneint. Er will die Veränderung nicht wahrhaben und reagiert ablehnend. Zu diesem Zeitpunkt wird mit Wut und Ärger auf die Neuerungen reagiert und er durchschreitet das „Tal der Tränen". Nach und nach sickert jedoch die Einsicht für die Veränderung immer tiefer durch und es folgt die Phase der emotionalen Akzeptanz. Der Mitarbeiter probiert die Neuerungen aus, bis sich schließlich die Erkenntnis durchsetzt, dass der neue Weg den alten abgelöst hat. Mit der Integration der Veränderung in den Alltag ist diese abgeschlossen.

Wie verläuft nun die Veränderungskurve beim dem Negativbeispiel aus Abschn. 9.2?

Phase 1: Schock
Bei der ersten Begehung der neugestalteten Büroräume kommt es bei den meisten Mitarbeitern zum „Schock".

Häufige Reaktionen von Mitarbeitern

- „Wo soll ich denn jetzt meine Bilder und meinen Kalender aufhängen? Überall hängen ja schon Bilder."
- „Wieso sind die Besprechungsräume nicht mehr so groß wie vorher? Wo sollen wir denn jetzt das Teammeeting mit den zehn Kollegen abhalten?"
- „Zum Telefonieren brauche ich meine Ruhe. Da kann ich nicht mit vier Leuten ein Büro teilen."
- „Der alte Schreibtisch war viel angenehmer!"
- „Das moderne Design passt gar nicht zum Unternehmen. Was sollen denn die Geschäftspartner denken."
- „Wie, ich kann jetzt nicht mehr am Fenster sitzen?"
- „Ich habe aber schon immer an der Heizung gesessen."
- „Wo kann ich denn jetzt meine Unterlagen verstauen? Der große Schrank mit den Unterlagen, der immer hier stand, ist weg."
- „Der Drucker steht total weit weg und ich muss ständig durch das komplette Büro laufen."

Eine Veränderung ist immer ein sehr persönlicher Prozess, der auf das Gemüt schlagen kann und sich in Gefühlen widerspiegelt. Auch wenn wir von Mitarbeitern eine gewisse professionelle Distanz erwarten, ist eine Veränderung in der Regel nicht emotionslos und ausschließlich prozessorientiert anzustoßen und zu managen. Genau das ist hier aber passiert. Die Geschäftsleitung hat ein Projekt aufgesetzt und Ziele definiert. Sie ist davon ausgegangen, dass die in ihren Augen verbesserten Räumlichkeiten, die Prozesse und Strukturen unterstützen und beschleunigen. Die Mitarbeiter sind aber diejenigen, die hiermit im Alltag arbeiten müssen. Erst durch die clevere und sinnvolle Nutzung der neuen Strukturen durch die Mitarbeiter ergibt sich ein Mehrwert. Sie sind aber weder involviert noch informiert worden, was genau die Neuerungen sind und was sie bewirken sollen.

> „Ich schlage vor, das Patentamt zu schließen, da alle wesentlichen Erfindungen gemacht sind." Leiter des Patentamts von London, 1908

Wie das Zitat andeutet, tut jede Veränderung zunächst weh und wird oftmals im ersten Moment abgelehnt. Insofern ist es nicht verwunderlich, dass die Geschäftsleitung zunächst nur Unmut erntet.

Verneinung
Was passiert nach dem missglückten Start? Die Mitarbeiter lehnen die neuen Strukturen und Räumlichkeiten ab. Sie sind verärgert, weil sie sich umorganisieren müssen. Die Geschäftsleitung ist frustriert, weil die Mitarbeiter die in ihren Augen positiven Änderungen nicht wertschätzen und sich gegen die Optimierungen sträuben. Die Mitarbeiter versuchen, sich im Alltag, so gut es geht, die alten Strukturen wieder zu beschaffen. Es wird ständig diskutiert und die Geschäftsleitung muss sich rechtfertigen beziehungsweise mehrfach erläutern, warum der Drucker und der Schrank nun woanders stehen.

Um dem ständigen Frust aus dem Wege zu gehen, werden Kompromisse geschlossen. Tische werden gerückt, der Drucker umgestellt, der Schrank aus dem Keller wieder hochgeholt. Dies alles hat zur Folge, dass die Mitarbeiter sich in ihrer Kritik bestätigt fühlen. Sie haben sich ein Stück der alten Strukturen zurück erkämpft. Das Ganze ist zeitaufwändig und nervenaufreibend für beide Seiten. Die unterstützenden Abteilungen sind ebenfalls genervt. Die Netzwerk-Abteilung muss den Drucker schon wieder umbauen und ständig neue Kabel ziehen, damit einige Kollegen wieder näher am Fenster sitzen können. Die Abteilung Gebäudemanagement muss wieder Möbel verrücken, die es eigentlich schon längst nicht mehr geben sollte.

Da die Mitarbeiter keinen Mehrwert in den neuen Strukturen sehen, werden diese ignoriert und an die alten Gegebenheiten angepasst. Damit werden die neuen Strukturen aber auch direkt wieder zerstört und bekommen gar nicht erst die Chance, genutzt zu werden.

Kurzum: Das Projekt ist gescheitert. Die erhofften Verbesserungspotenziale und Synergien können nicht geborgen werden. Die Veränderung ist misslungen, weil sich die Menschen nicht mit verändern konnten. Sie konnten nicht nachvollziehen, warum eine Änderung Sinn macht, da sie nicht die Möglichkeit hatten, das Potenzial selber zu erkennen und sich nicht aktiv in eine prozessuale und strukturelle Veränderung einbringen konnten. Die Geschäftsleitung und die Mitarbeiter bleiben in der Veränderungskurve „stecken". Nichts geht mehr.

Tab. 9.1 Fehler in Veränderungsprozessen. (nach Kotter)

Beschreibung des Fehlers	Anwendung auf das Fallbeispiel aus Kap. 9.2
Die Notwendigkeit der Veränderung wurde nicht oder unzureichend gemacht	X: Es gab im Vorhinein keine Kommunikation zu dem Projekt oder warum eine Umgestaltung erforderlich scheint
Es wurde keine ausreichende Führungskoalition für den Wandel geschaffen	X: Es gab kein Mitarbeiterteam beziehungsweise keine Mitarbeitervertretung, die eingebunden wurden, um die Kommunikation und das Verständnis für das Projekt zu erhöhen
Die Vision wurde nicht kommuniziert	X: Die Vision und die Projektziele waren den Mitarbeitern nicht klar
Die Veränderung wurde nicht in der Unternehmenskultur verankert	X: Die Veränderungen konnten nicht in die Unternehmenskultur verankert werden, weil die Mitarbeiter nicht ausreichend über die Veränderungen informiert wurden. Somit konnte keine langfristige Verankerung stattfinden

9.4 Die häufigsten Fehler in Veränderungsprozessen

Nach Kotter gibt es spezifische Fehler, die in Veränderungsprozessen zu beobachten sind (siehe Tab. 9.1). Der grundlegende Fehler besteht in der mangelnden oder nicht vorhandenen Kommunikation. Diese ist der wichtigste Aspekt bei Veränderungen. Aufgrund fehlender Kommunikation durch die Verantwortlichen ergeben sich weitere Fehler. Wird die Veränderung nicht kommuniziert, sind die Ideen nicht transparent und die Mitarbeiter bekommen nicht die Möglichkeit, die Veränderung zu verstehen. Somit sind sie auch nicht bereit, eine entsprechende Neuerung mitzutragen oder zu unterstützen. Ihnen fehlen der Überblick und damit das Verständnis. Sie können nicht nachvollziehen, warum eine Veränderung Sinn macht und was die dahinterstehende Vision ist. Wenn die Mitarbeiter nicht ausreichend informiert sind, folgt daraus, dass sie neue Ideen und Veränderungen auch nicht unterstützen.

Wenn eine Veränderung erfolgreich und nachhaltig angestoßen werden soll, gilt es, diese Fehler zu vermeiden. Die folgenden Seiten widmen sich der positiven Beschreibung eines Veränderungsprozesses und sollen helfen, ein Projekt richtig anzugehen sowie eine Veränderung entsprechend nachhaltig voranzutreiben und zu implementieren.

9.5 Nachhaltige Veränderung

Um eine nachhaltige Veränderung zu bewirken, kommt es auf einen gelungen Start an. Das negative Beispiel aus Abschn. 9.2 hätte auch anders ausgehen können, wenn die Geschäftsleitung die Veränderung nachhaltig geplant und angepackt hätte. In diesem Fall hätte die Situation wie folgt ablaufen können:

Ein Unternehmen arbeitet derzeit an seiner Vision. In diesem Zuge soll das Unternehmen neu aufgestellt sowie modernisiert werden. Gleichzeitig soll ein Imagewechsel, sowohl nach innen als auch nach außen, stattfinden. Daher möchte die Geschäftsführung sich auch die internen Strukturen und Arbeitsprozesse ansehen sowie bewerten. Sie hat gehört, dass optimierte und modernisierte Bürostrukturen sowie Räumlichkeiten einen erheblichen Mehrwert zur Verbesserung von Arbeitsprozessen und der internen Kommunikation beitragen können. Die Geschäftsleitung hat schon länger erkannt, dass sich in den letzten Jahren erhebliche Veränderungen in Bezug auf moderne Kommunikation, Kommunikationswege und die Zusammenarbeit von Abteilungen ergeben haben. An vielen Ecken sind bereits Projekte gestartet, die sich mit den neuen Gegebenheiten auseinandergesetzt haben. Allerdings hat bisher noch niemand diese Themen ganzheitlich betrachtet. Die Geschäftsleitung sieht erheblichen Nachholbedarf, diese neuen Anforderungen zu beleuchten und ist bereit, entsprechende ganzheitliche Änderungen vorzunehmen.

Sie lässt sich in einem ersten Vorgespräch durch einen Innenarchitekten und einen Kommunikationsexperten in Bezug auf moderne Bürolandschaften und Prozessverbesserungen beraten. Die Geschäftsleitung ist mit der Beratung und den diskutierten Aspekten sehr zufrieden und setzt sogleich ein Projekt auf. Sie erhofft sich, dass durch die Gestaltung von offeneren Räumlichkeiten und geteilten Büros bessere Voraussetzungen für eine schnellere und transparentere Kommunikation im Unternehmen geschaffen werden. Dies soll sich langfristig auf die Kundenzufriedenheit, eine schnellere Projektabwicklung und somit auf den Umsatz auswirken.

Das Unternehmen ist finanziell gut aufgestellt und möchte seinen Mitarbeitern durch ein modernes Arbeitsumfeld etwas Gutes tun sowie mit den modern gestalteten Büroräumlichkeiten seine Wertschätzung ausdrücken. Die Geschäftsleitung ist sich bewusst, dass die Ideen zu erheblichen Veränderungen in den Prozessen, den Abläufen und der Raumsituation führen werden. Da sie sich mit dem Thema Veränderungsmanagement bestens auskennt, wird die Brisanz sofort erkannt. Sie sieht die Gefahr, dass die langjährigen Mitarbeiter sich mit der Veränderung schwer tun werden und möchten diese, so gut es geht, in das Projekt einbinden und mitnehmen.

Die Berater weisen ebenfalls darauf hin, dass die Mitarbeiter der entscheidende Faktor bei der Umgestaltung sein werden. Sie kennen die Abläufe und Prozesse am besten und wissen, wo Potenzial schlummert. Umgekehrt können sie aber auch diejenigen sein, die das Projekt zum Scheitern bringen, wenn sie nicht bereit sind, sich einzubringen und aktiv mitzuarbeiten. Aus diesem Grunde empfiehlt er, das Projekt so aufzusetzen, dass Mitarbeiter aus den verschiedenen Abteilungen eingebunden werden.

Die Geschäftsleitung beruft eine Belegschaftsversammlung ein und verkündet die Vision, das Vorgehen und den Starttermin des neuen Projektes:

„Wir wollen schneller und moderner werden: für den Kunden und für uns!" Zusätzlich werden zwei Ziele definiert. „Zum einen wollen wir die internen Kommunikationswege verbessern und beschleunigen, um Kundenwünsche schneller als die Konkurrenz umsetzen zu können. Zum anderen wollen wir die informelle Kommunikation und den direkten Austausch als Innovationspotenzial und Zukunftsmotor nutzen."

Die Geschäftsleitung ruft alle Abteilungen auf, je eine Person zu bestimmen und als Abteilungsvertreter für dieses Projekt zu entsenden. Diese sollen als Kommunikator in beide Richtungen fungieren. Sie sollen helfen, in den Abteilungen Optimierungspotenzial auf operativer Ebene zu finden und dieses auf Machbarkeit zu prüfen und zu diskutieren.

Tab. 9.2 Nachhaltige Veränderung durch Vermeidung von Fehlern (1)

Beschreibung des Fehlers	Anwendung auf das Fallbeispiel
1) Die Notwendigkeit der Veränderung wurde nicht oder zu wenig klar gemacht	√: Klare Definition des Verbesserungswunsches: *Schneller als die Konkurrenz*
2) Es wurde keine ausreichende Führungskoalition für den Wandel geschaffen	√: Mitarbeiter aus den Abteilungen werden eingebunden und sind dadurch direkt mitgestaltend und mitverantwortlich
3) Die Vision wurde nicht kommuniziert	√: Die Vision und die Ziele sind klar formuliert
4) Die Veränderung wurde nicht in der Unternehmenskultur verankert	?: Noch offen

Es wird der Planungszeitraum von einem halben Jahr definiert und ein entsprechendes Budget zur Verfügung gestellt.

9.5.1 Das Vorgehen

Mit diesem Vorgehen hat die Geschäftsleitung bereits beim Start die wesentlichsten Punkte berücksichtigt (siehe Tab. 9.2).

Die Mitarbeiter sind frühzeitig informiert sowie in das Projekt eingebunden worden. Es gibt eine klare Richtung, wo die Reise hingehen soll und warum das Projekt überhaupt notwendig ist.

Die Geschäftsleitung hat in der Ankündigung das „Wie?" der Zielerreichung explizit offengelassen. Sie traut den Mitarbeitern, angeleitet durch einen internen Projektleiter und das Expertenteam (Innenarchitekt und Kommunikationsberater) zu, dass sie den besten Weg zur Erreichung ihrer Ziele finden werden. Durch den hohen Freiheitsgrad wird das Team in der Lage sein, der Vision näher zu kommen. Durch diesen ersten Schritt hat bereits ein Umdenken stattgefunden und die Verankerung der Veränderung in der Unternehmenskultur ist nur eine Frage der Zeit (siehe Tab. 8.2, Fehler 4). Die Mitarbeiter erleben eine neue Art des Zutrauens, der Einbindung und der Wertschätzung durch die Geschäftsleitung. Ihr Wissen und ihre Expertise werden als wichtig und wertvoll angesehen. Gleichzeitig hat sich die Geschäftsleitung durch die Delegation des Projektes Freiraum und mehr Zeit für strategische Themen geschaffen. Sie hat das Tal der Veränderungskurve bereits durchschritten, ist in der Phase des Ausprobierens und erklimmt den Berg. Insgesamt wird durch die Einbeziehung der Mitarbeiter eine Win-Win-Situation erzeugt, so dass alle zufrieden sind.

> „Willst Du Dein Land verändern, verändere Deine Stadt.
> Willst Du Deine Stadt verändern, verändere Deine Straße.
> Willst Du Deine Straße verändern, verändere Dein Haus.
> Willst Du Dein Haus verändern, verändere Dich selbst."
> Arabisches Sprichwort

9.5.2 Kommunikation im Veränderungsprozess

Die Unternehmensleitung und die Führungskräfte tragen durch die Art und Weise der Kommunikation erheblich dazu bei, wie ein Veränderungsprozess erfolgreich umgesetzt werden kann.

Top-down
Die Geschäftsleitung hat die Ziele und die Vision des Projektes kommuniziert und den Mitarbeitern somit ihre Erwartungen an das Projekt klar dargestellt. Gleichzeitig hat sie eine Orientierung geboten, wie das Unternehmen sich in Zukunft aufstellen möchte und ein modernes Bild für alle gezeichnet. Sie hat den Mitarbeitern ihr Vertrauen geschenkt, indem sie diese aktiv an dem Projekt mitwirken lässt. Dadurch hat sie den Mitarbeitern und dem Projektteam Rückhalt für ihre Arbeit gegeben. Durch die Prozesse, die das Projektteam Bottom-up organisiert hat, entsteht eine positive Wechselwirkung zwischen den beiden Kommunikationsströmungen.

Bottom-up
Von dem Projektteam ist eine aktive Beteiligung und ein Mitwirken an dem Veränderungsprozess eingefordert worden, ohne dass dieser explizit formuliert worden ist. Es rutscht automatisch in eine proaktive Rolle. Die Teammitglieder des Projektteams arbeiten an Problemlösungen und diskutieren diese gemeinsam. Zusätzlich holen sie sich Rückhalt in ihrer Abteilung und binden diese wiederum in die inhaltliche Diskussion um die Lösungen ein. Wenn es in die Umsetzungsphase geht, sind bereits viele Mitarbeiter einbezogen worden und wissen, was sie erwartet. Dadurch entstehen weniger Gerüchte. Da die Abteilungen schon abgeholt und die neuen Konzepte gemeinschaftlich erarbeitet worden sind, wird die Umsetzung leichter und reibungsloser ablaufen. Die Wahrscheinlichkeit für eine erfolgreiche Veränderung steigt, da die Ergebnisse für alle Parteien zufriedenstellend sind. Hierdurch steigt die Motivation des Projektteams, seine Ergebnisse verantworten und vertreten zu können.

9.6 Der richtige Nährboden für Mitarbeiter

Wie kann die Geschäftsleitung es schaffen, den Weg für eine konstruktive und vertrauensvolle Zusammenarbeit zwischen Mitarbeitern und Projektleitung zu ebnen? Mit der Beantwortung dieser Frage wird auch eine Antwort darauf gegeben, wie die Veränderung in der Unternehmenskultur verankert werden kann (siehe Tab. 9.2, Fehler 4).

Partizipation erzeugt Akzeptanz für Veränderung
Indem die Geschäftsleitung die Mitarbeiter mitbestimmen lässt, fühlen sich diese informiert und eingebunden. Damit sind bereits die ersten Schritte in Richtung einer möglichen nachhaltigen Veränderung gemacht.

Tab. 9.3 Nachhaltige Veränderung durch Vermeidung von Fehlern (2)

Beschreibung des Fehlers	Anwendung auf das Fallbeispiel
4) Die Veränderung wurde nicht in der Unternehmenskultur verankert	I: Es ist noch nicht messbar, ob die Veränderung komplett in der Unternehmenskultur verankert werden konnte. Die ersten Schritte sind gemacht und es wird sich langfristig zeigen, ob die Unternehmensleitung diesen Weg verfolgen wird

Informelle Strukturen müssen zu formellen Strukturen kompatibel sein

Das Projektteam ist eine formelle Struktur, die die Geschäftsleitung bestimmt hat. Zusätzlich hat sie einen Projektleiter bestimmt. Demgegenüber stehen die Vertreter der Abteilungen. Sie bilden eine eher informelle Struktur, weil sie dem Projektleiter nicht direkt unterstellt sind. Bis zu einem gewissen Grad haben sie die Art der Kommunikation in ihrer Abteilung selber in der Hand und bringen sich inhaltlich in das Projekt und die Prozessoptimierungen ein. Beide Strukturen können sich ergänzen und sind somit kompatibel.

Kongruente Veränderung von Strukturen und Handeln

Die Geschäftsleitung will das Unternehmen modernisieren und dementsprechend neue Prozesse sowie ein neues Arbeitsumfeld schaffen. Ihr Handeln ist kongruent, da der gewählte, partizipative Ansatz und Projektaufbau den modernen Führungsgedanken bereits widerspiegelt.

Durch die drei genannten Punkte hat die Geschäftsleitung den Weg für einen offenen und vertrauensvollen Umgang geschaffen. Diese Werte werden die Kultur und das Miteinander mittelfristig prägen und beeinflussen, sofern zukünftige Projekte in einem partizipativen Ansatz aufgesetzt und bearbeitet werden (siehe Tab. 9.3).

9.6.1 Moderne Führung führt zu ganzheitlicher Veränderung

Laut Noel M. Tichy sind die Unternehmen langfristig erfolgreicher, welche sie die Fähigkeit besitzen, einen Nährboden für die Ideen ihrer Mitarbeiter zu schaffen und diese dementsprechend anzusprechen. Die frühzeitige Einbindung und transparente Handhabung des Themas sorgt dafür, dass die Mitarbeiter dem Veränderungsprozess aufgeschlossen gegenüberstehen und sich dementsprechend motiviert einbringen.

Die Geschäftsleitung orientiert sich an Geboten

- Lernen Sie den Motor kennen, der Ihr Unternehmen antreibt.
- Entwickeln Sie ein Verständnis für das Bindeglied Mensch.
- Seien Sie aufrichtig und offen.

Tab. 9.4 Ganzheitliche Veränderung durch Führung

Die „alte" Führungskraft	Die „neue" Führungskraft
Weist Arbeiten und Tätigkeiten zu	Gibt klare Ziele und Rahmenbedingungen vor
Gibt Anweisungen und Befehle, kontrolliert und sanktioniert	Bildet Teams und entwickelt diese weiter. Fördert, begleitet und coacht ihre Mitarbeiter
Lebt die hierarchischen Stufen und seine Positionsmacht aus	Steuert und delegiert
Hält „Untergebene" auf Distanz	Moderiert und dient als Sparring- und Austauschpartner
Hat viele fachliche Detailkenntnisse und Wissen über das operative Geschäft	Ist strategisch, konzeptionell und visionär orientiert
Stellt sicher, dass Systeme und Prozesse eingehalten werden	Hat ausgeprägte Fach-, Methoden-, Sozialkompetenz

Lernen Sie den Motor kennen, der Ihr Unternehmen antreibt
Dadurch, dass sich die Mitarbeiter in die Umzugsplanung einbringen können, lernen auch die Führungskräfte und die Geschäftsleitung wieder mehr über die Prozesse und das brachliegende Potenzial der Abteilungen. Ressourcen können so neu gebündelt und besser verteilt werden.

Entwickeln Sie ein Verständnis für das Bindeglied Mensch
Dadurch, dass die Mitarbeiter in das Projekt eingebunden werden, wird ihnen Wertschätzung zuteil. Es wird gemeinsam an den Zielen gearbeitet und alle ziehen an einem Strang. Mitarbeiter und Geschäftsleitung „wachsen" näher zusammen.

Seien Sie aufrichtig und offen
Die Kommunikation ist transparent, die Ziele klar definiert. Hierdurch entsteht eine vertrauensvolle Atmosphäre, in der auch Kritik oder Verbesserungen an den bestehenden Prozessen geäußert werden können. Nur durch kritisches Hinterfragen können bestehende Strukturen aufgebrochen, verändert und neues Potenzial genutzt werden.

Tabelle 9.4 stellt die klassisch geprägte Führungskraft, aus dem Negativbeispiel der „neuen" Führungskraft gegenüber.

Die neue Führungskraft sollte Experte im Bereich des Veränderungsmanagements sein. Eine Grundvoraussetzung dafür ist, dass sie selbst in der Lage ist, sich ein Bild über die Beurteilung von Zielen, Arbeitsergebnissen und -verhalten zu machen (Abb. 9.2).

Der Veränderungsmanager

- Er sollte in der Lage sein, Veränderungen zu erkennen und einschätzen.
- Er sollte neue Ansprüche und Herausforderungen an das Unternehmen hinterfragen und umsetzen können.
- Er sollte die Ansprüche der Mitarbeiter erfragen und für das Unternehmen nutzbar machen.

Abb. 9.2 Lösbare Aufgaben stellen

- Er muss in der Lage sein, die Komplexität der beiderseitigen Ansprüche und Einflüsse zu koordinieren, damit die Ziele des Unternehmens sich mit den Bestrebungen der Mitarbeiter decken.
- Er muss Sicherheit geben sowie Unsicherheit und Ängste annehmen können, um ein Klima des Vertrauens zu schaffen, in dem die Mitarbeiter mit Veränderungen umgehen können.

9.6.2 Nutzen von Teamdynamik im Veränderungsprozess

Warum macht es Sinn, das Raumplanungsprojekt in einem Projektteam durchführen zu lassen, das mit Mitarbeitern der verschiedenen Abteilungen besetzt ist?

In vielen Unternehmen ist Teamarbeit eine beliebte Form der Zusammenarbeit, um komplexe Aufgaben zu bewältigen. Da die Projektleitung, neben dem Raumplanungsprojekt, das Ziel verfolgt, neue Strukturen und Prozesse zu entwickeln, macht es Sinn, ein Projektteam aus verschiedenen Abteilungen zusammenzustellen. Jede Abteilung trägt auf ihre Weise zum Erreichen des Ziels bei und hat ihre eigenen Herausforderungen und Schnittstellen. Nur wenn diese diskutiert und offengelegt werden, kann eine Lösung gefunden und damit ein neuer Prozess geschaffen werden, der für alle Parteien wertvoll ist. Um das Projekt erfolgreich abschließen zu können, macht es also Sinn, alle beteiligten Parteien einzubinden und ihnen Gehör zu verschaffen.

Abb. 9.3 Die Phasen der Teamentwicklung

Erfolgreich abgeschlossenes Projekt
Ob das Projekt erfolgreich abgeschlossen worden ist, kann anhand der folgenden Kriterien überprüft werden:

- Es sind effektive und optimierte Prozesse geschaffen worden.
- Es gibt einen Plan für eine neu gestaltete Bürolandschaft, durch welche die Prozesse unterstützt werden.
- Die neuen Prozesse sind bereichsübergreifend abgestimmt.
- Das Projekt ist im vereinbaren Zeit- und Kostenrahmen geblieben.

Wenn sich das Team zusammensetzt und organisiert, wird es automatisch die Phasen der Teamentwicklung durchlaufen. Das bekannteste Modell zur Teamentwicklung stammt von Bruce Tuckmann. Erst nach Ablauf aller Phasen kann das Projektteam zu 100 % arbeiten und die Projektziele erreichen (Abb. 9.3).

Forming

In der Phase des Forming findet ein langsames Abtasten und Kennenlernen statt, das durch Vorsicht und Höflichkeit geprägt ist. Die Kommunikation unter den Teammitgliedern ist gering und jeder versucht, seine Aufgabe und Rolle im Team zu finden. Da in diesem Projekt mehrere Abteilungen zusammenarbeiten und es externe Berater gibt, wird diese Phase einige Zeit in Anspruch nehmen. Ein genauer Zeitraum kann nie konkret benannt werden, da dieser in hohem Maß von der Teamorganisation und den Mitgliedern des Teams abhängt.

Storming

In der Nahkampfphase ergeben sich zwischen den Teammitgliedern die ersten Konflikte und Rivalitäten, um Aufgaben und Verantwortlichkeiten. Diese Phase ist notwendig, damit aus der Gruppe ein Team mit einem entsprechenden Reifegrad entstehen kann. Je höher der Reifegrad des Teams, desto wahrscheinlicher ist ein qualitativ gutes Ergebnis. In dieser Phase ist der Projektleiter besonders wichtig. Er kann das Team zum Durchhalten ermutigen und ihm den Projekterfolg und Mehrwert für alle Abteilungen vor Augen halten.

Norming

In dieser Phase entwickelt das Team eigene Umgangsformen, Verhaltensweisen und Spielregeln. Gemeinsame Ziele und Aufgaben werden im Dialog ausgetauscht und die Arbeit organisiert. Es entsteht ein Wir-Gefühl, welches das Team besonders produktiv macht. Alle ziehen an einem Strang, um den Projekterfolg sicherzustellen.

Performing

Performing bedeutet, dass das Team ideenreich, flexibel, solidarisch und leistungsfähig wird. Die Energie fließt den Problemlösungen zu und das Team beweist seine Autonomie und Lebensfähigkeit für den Zeitraum des Projektes.

Spätestens ab diesem Zeitpunkt ist eine Teamdynamik eingetreten, welche der betreffenden Projektgruppe ermöglicht, optimal als Team zusammenzuarbeiten. In diesem Zustand ist die Umsetzung des Projektziels sehr wahrscheinlich. Die Kollegen aus den Abteilungen wissen, dass die Projektmitglieder Einfluss haben, da sie das Projekt mitsteuern und verantworten. Sie haben konkrete Informationen über das Projekt „Raumplanung", sind anerkannt und ihre Meinung wird respektiert. Die erarbeiteten Ergebnisse werden automatisch aufgewertet, weil sie aus den eigenen Reihen stammen. Das Projektteam wird sich zudem eine hohe Akzeptanz für seine Ergebnisse wünschen. Insofern wird es andere Mitarbeiter zur Veränderung bewegen und versuchen positiv zu beeinflussen.

Auch die Geschäftsleitung kann sich dieses soziale Potenzial konstruktiv zunutze machen. Die neuartige Teamkonstruktion stellt gleichzeitig eine Basis der Kompetenzentwicklung des kompletten Unternehmens dar und kann auf diese Weise zur Veränderungsfähigkeit und Innovationsfähigkeit aller Mitarbeiter beitragen. Wie bereits angedeutet, besteht eine hohe Korrelation zwischen der Veränderungsfähigkeit eines Unternehmens und seinen Mitglieder. Die Art und Weise des Vorgehens der Geschäftsleitung unterstützt somit gleich mehrere Ziele der formulierten Vision. Die Prozesse werden schneller und bringen einen Mehrwert für den Kunden. So können die Wünsche der Kunden besser bedient werden, was zu einer erhöhten Kundenzufriedenheit führt. Dies wiederum ermöglicht gegenüber den Mitbewerbern einen Wettbewerbsvorsprung und das Unternehmen bleibt zukunftsfähig.

9.7 Sind mehrere Köpfe immer besser als einer?

In dem beschriebenen Veränderungsprozess ist eine Teambildung mit Mitarbeitern aus den eigenen Reihen sinnvoll. Das bedeutet im ersten Schritt einen größeren Einsatz von Ressourcen, da die Mitarbeiter während der Projektlaufzeit weniger Zeit für ihre regulären Tätigkeiten aufwenden können. Es stellt sich somit die Frage, bei welchen Projekten es sinnvoll ist, ein Team zu bilden.

Gruppenentscheidungen sind effektiver, benötigen aber mehr Zeit. Einzelentscheidungen dagegen sind effizienter. Wann sind mehrere Köpfe also „besser" als einer? Dies hängt stark von der Art des Problems ab.

In dem genannten Beispiel sind alle Abteilungen von der Veränderung betroffen. Um effektiv zusammenzuarbeiten, müssen sich die verschiedenen Abteilungen untereinander abstimmen. Durch den Projektauftrag, die Verbesserung von Arbeitsprozessen und eine dementsprechende räumliche Planung entstehen vielfältige Diskussions- und Abstimmungspunkte. Da die Bedürfnisse der Abteilungen sehr unterschiedlich sind, ist es wichtig, Vertreter aus allen Bereichen einzubeziehen, um so verschiedene Optionen in den Diskussionen direkt zu beleuchten. So wird sichergestellt, dass kein Aspekt in Vergessenheit gerät. Wenn nicht von Anfang an alle Abteilungen durch ihre Vertreter in das Projekt integriert sind, muss ein enormer Aufwand geleistet werden, um alle Anforderungen und Informationen aus den Abteilungen zu erhalten.

Da das Unternehmen zukunftsfähig und moderner werden möchte, sind kreative Lösungen gefragt. Dafür ist es notwendig, dass die alten Strukturen und Prozesse hinterfragt werden. Neue Ideen sind gefragt, um den Wandel zu forcieren. Teams sind eher in der Lage kreative und innovative Ideen zu entwickeln, da sie Sachverhalte von verschiedenen Perspektiven betrachten können. Sie sehen also, in diesem Fall sind mehrere Köpfe besser als einer.

Wann ist ein Projektteam sinnvoll?

- Es sind mehrere Parteien betroffen oder involviert.
- Die zu behandelnden Themen oder Probleme sind vielfältig.
- Die beteiligten Instanzen sind sehr heterogen.
- Es gibt viele Informationen, die beschafft werden müssen und/oder unklare Situationen, die bewertet werden müssen.
- Es sollen kreative, innovative Lösungen gefunden werden.

9.8 Was tun, wenn Widerstände auftreten

In einem Veränderungsprozess wird es immer Mitarbeiter geben, die sich gegen neue Impulse und Ansätze zunächst sträuben. So könnten in dem beschriebenen Veränderungsbeispiel in Abschn. 9.5 folgende Widerstände auftreten:

Abb. 9.4 Keine Zeit für Innovationen

Langjährige Mitarbeiter stören sich an der neuen Vision und werden sich fragen, warum das Unternehmen moderner werden muss (Abb. 9.4). Ein typisches Gespräch zwischen skeptischen Mitarbeitern:

Diskussion hinter den Kulissen

Herr Schwarz und Frau Grau unterhalten sich nach der Belegschaftsversammlung und der Bekanntgabe der neuen Vision. Herr Schwarz ist seit zehn Jahren als Controller in der Finanzabteilung des Unternehmens tätig. Er kennt die Finanzen und die Entwicklung des Unternehmens seit seiner Zugehörigkeit in- und auswendig. Frau Grau ist seit fünf Jahren im Kundendienst tätig und hat somit täglich „ein Ohr am Kunden".

Frau Grau: „Haben Sie das verstanden, was der Geschäftsleiter mit neuer Vision meint? Wieso müssen wir moderner werden? Die Kunden sind nach wie vor sehr zufrieden. Noch neulich habe ich mit Herrn Schmidt von der Firma Schmidt und Söhne gesprochen. Die haben wieder eine große Bestellung für diesen Winter abgesetzt. Also für den Kunden müssen wir da erst einmal gar nichts machen …"

Herr Schwarz: „Mmhh, ja. Das sehe ich auch so. Ich weiß nicht genau, wie die Geschäftsleitung auf die Idee kommt, dass wir auf einmal so viel Geld in so ein großes Projekt investieren sollen. Die Zahlen sind gut. Wir wachsen jedes Jahr und somit macht es gar keinen Sinn, so viel Geld zu investieren. Das brauchen wir doch alles nicht."

Frau Grau: „Manchmal hat man wirklich den Eindruck, dass Sachen nur gemacht werden, weil irgendwer was in der Zeitung gelesen hat. Ich sag ja immer: Schuster –

bleib bei deinen Leisten! Warum also die altbewährten Prozesse und Strukturen infrage stellen, wenn doch alles läuft. Warten wir es einfach mal ab und hoffen, dass das Projekt an uns vorüberzieht, ohne dass wir viel davon merken."

Herr Schwarz: „In meiner Abteilung muss sich nichts ändern. Wir sind super aufgestellt und alles läuft reibungslos. Aber im Verkauf, da habe ich schon öfter von Schwierigkeiten gehört. Die sollen sich mal um den Verkauf kümmern."

Andere werden sich aufregen und mit der Umgestaltung der Räumlichkeiten erhebliche Probleme haben. Gerade in Unternehmen die eher traditionell geprägt sind, ist die Umstellung auf offenere Räumlichkeiten mit erheblichen Widerständen verbunden. Hier können Statusdenken und Prestige eine wesentliche Rolle spielen. Das Teilen eines Büros wird dabei oft mit der Herabstufung der eigenen Person und Wichtigkeit verbunden. Manche haben schon immer denselben Platz gehabt und können sich keine andere Sitzplatzsituation vorstellen.

Aufruhr am Fenster

Frau Kleinschmidt, Frau Maurer und Herr Breuer stehen im Büro der Abteilungsleiterin Frau Blau. Frau Kleinschmidt und Frau Maurer arbeiten in der Disposition. Herr Breuer ist der Hausjurist. Sie sitzen seit jeher in der Kombination zu dritt zusammen und verstehen sich auch privat sehr gut.

Frau Kleinschmidt: „Frau Blau. So geht das nicht! Sie kennen mich schon seit vier Jahren. Ich sitze seitdem doch schon immer am Fenster. Sie wissen doch, dass ich diese Allergie habe … Wenn ich nicht an der frischen Luft sitze, dann kriege ich Niesattacken. Wenn mein Arzt das wüsste. Ich kann auf keinen Fall in das andere Büro umziehen."

Frau Maurer: „Ich muss auf jeden Fall direkt neben Frau Kleinschmidt sitzen. So klappt es am besten, wenn wir zusammen einen Fall bearbeiten. Sie gibt mir die Akten rüber und ich muss gar nicht erst aufstehen. Wie soll das denn anders funktionieren? Soll ich dann jetzt ständig zu ihr in das Nachbarbüro laufen, oder wie? Das bringt die ganzen Prozesse durcheinander."

Herr Breuer: „Dem stimme ich voll zu. Wir sitzen schon seit drei Jahren in dieser Kombination zusammen und das klappt prima. Keiner stört sich gegenseitig. Ich weiß doch gar nicht, wie die anderen arbeiten, wenn ich jetzt mit den Kollegen der Finanzabteilung und dem Prokuristen in ein Büro ziehen muss. Da sitzen wir dann auch einmal mit sechs Leuten zusammen. Bisher hat es nie jemanden gestört, dass ich nicht direkt bei denen saß. Wenn ich was mit den anderen Kollegen besprechen muss, dann miete ich einfach einen Konferenzraum und wir treffen uns zu konkreten Fällen. Mehr ist da an Absprachen auch nicht nötig."

Rechnen Sie in einem Veränderungsprozess mit Diskussionen und Widerständen. Bereiten Sie Ihre Führungskräfte auf solche Diskussionen vor. Häufig werden diese nicht aufgrund von nachvollziehbaren Fakten geführt. Die Argumente der Mitarbeiter sind zu Beginn eher emotional. Achten Sie darauf, dass die Situationen nicht direkt eskalieren, sondern geben Sie den Mitarbeitern Zeit, ihre Sorgen, Ängste und Verärgerung mitzuteilen. In diesem Stadium sind die betroffenen Mitarbeiter rationalen Argumenten nur schwer zugänglich.

9.8.1 Wie kann die Geschäftsleitung sich vorbereiten?

Worauf müssen Sie gefasst sein und was können Sie tun, um auf Widerstände richtig zu reagieren? Es ist damit zu rechnen, dass die erste Zeit nach Projektbeginn turbulent wird. Wichtig ist, sich der nachfolgenden Dynamiken bewusst zu sein und nicht in Panik zu verfallen.

Wahrscheinlich werden die Mitarbeiter viele kritische Fragen haben. Planen Sie Reibungsverluste ein und nehmen sich Zeit für diese Gespräche. Mitarbeiter brauchen Zeit, sich an die neue Vision und an die zukünftigen Veränderungen zu gewöhnen. Schaffen Sie durch offene Diskussionen ein vertrauensvolles Miteinander und so viel Transparenz wie möglich. In einem Veränderungsprozess ist es ganz normal, dass es unterschiedliche Mitarbeitergruppen und Sichtweisen gibt (Abb. 9.5). Jeder Mitarbeiter hat andere Bedenken und Bedürfnisse, auf die unterschiedlich reagiert werden muss.

Abb. 9.5 Gruppendynamik offen begegnen

Die Befürworter
Üblicherweise sind 20 % der Mitarbeiter für Neuerungen zu begeistern und stehen den Änderungen und neuen Ansätzen positiv gegenüber.

Die Unentschlossenen
60 % der Belegschaft wird sich zunächst zurückhaltend und unentschlossen zeigen. Sie brauchen mehr Zeit, um abzuwägen, was die Veränderung genau für sie bedeuten wird.

Die Widerständler
Mindestens 20 % der Mitarbeiter werden sich gegen die Neuerungen stellen. Manche werden mit ihren Widerständen offen umgehen, manche agieren verdeckt gegen die Veränderungen und entziehen sich heimlich den neuen Vorgaben oder Prozessen.

► Rechnen Sie mit Widerständen und verfallen Sie nicht in Panik!
In der ersten Phase nach der Bekanntgabe der Veränderungspläne werden Reibungsverluste und Produktivitätseinbußen erheblich sein. Sie benötigen viel Zeit, um sich mit den Sorgen und Fragen der Mitarbeiter auseinanderzusetzen.

Folgendes Vorgehen ist für den Umgang mit den drei verschiedenen Mitarbeitergruppen zu empfehlen.

Die Befürworter
Die Führungskräfte sollten den Befürwortern zu Beginn des Veränderungsprozesses besondere Beachtung schenken. Bestärken Sie diese Mitarbeiter in ihrem Engagement und nehmen Sie die positive Energie auf. Diese Mitarbeiter werden automatisch für positive Stimmung unter den Unentschlossenen sorgen und die Argumente der Geschäftsleitung für die Veränderung diskutieren und erweitern. Durch ihre Begeisterung und Dynamik werden sie andere Mitarbeiter mitreißen und in Gesprächen einen großen Einfluss auf andere nehmen. Durch die positive Beachtung der Geschäftsleitung und der Führungskräfte werden Unentschlossene sich schneller entschließen und auf die Seite der Unterstützer wechseln. Dieses Phänomen von Gruppendynamik wird häufig in Veränderungsprozessen beobachtet und hat seinen Hintergrund in dem Bedürfnis nach sozialer Zugehörigkeit und sozialem Ansehen. Die Unentschlossenen wollen sich zugehörig fühlen und lassen sich so leichter von den Befürwortern überzeugen, ohne dass es hierzu hierarchischer Strukturen oder Vorgaben bedarf. Je größer diese Gruppe wird, desto weniger Überzeugungsarbeit muss die Geschäftsleitung selber leisten. Die Mitarbeiter übernehmen also automatisch einen erheblichen Teil der Überzeugungsarbeit.

Die Unentschlossenen
Bei den Unentschlossenen gibt es einen Teil, der neue Ideen zeitverzögert annimmt und dann in die Gruppe der Befürworter wechselt.

Zu den Unentschlossenen gehören in der Regel aber auch Mitarbeiter, die ein hohes Sicherheitsbedürfnis haben. Diese Mitarbeiter tun sich schwer mit Änderungen, weil sie die zukünftigen Auswirkungen für sich nicht abschätzen können. Sie benötigen viel Betreuung, Zuspruch und Diskussionen, um sich ein eigenes Bild zu machen. Diese Mitarbeiter brauchen mehr Zeit, Informationen und persönliche Gespräche, um sich zu orientieren. Die Geschäftsleitung und die Führungskräfte sollten sich für diese Gespräche viel Zeit nehmen, denn dann wird man die Mitarbeiter gut abholen und die Bedenken in gemeinsamen Gesprächen ausräumen können. Sie sollten sensibel mit den Anfragen und Bedenken umgehen, denn dann werden auch diese Mitarbeiter die Notwendigkeit erkennen und nach einiger Zeit in das Lager der Befürworter wechseln können.

Die Widerständler
Bei den Widerständlern gibt es zwei Untergruppen: Die „Lauten" und die „Leisen." Die Lauten findet und hört man schnell heraus. Mit ihnen kann man offen diskutieren. Auch hier sollte sich die Geschäftsleitung frühzeitig Zeit für Gespräche nehmen. Sie muss die Gründe für die Widerstände klären.

Möchte ein Mitarbeiter zum Beispiel nur nicht an der Heizung sitzen, weil er immer am Fenster saß, kann man hier leicht Abhilfe schaffen und versuchen, dies bei einer zukünftigen Organisation einzuplanen. Stellt sich in den Gesprächen allerdings heraus, dass ein Mitarbeiter sehr traditionell eingestellt ist und generell Neuerungen ablehnt, wird es schwierig.

Schwieriger ist es, mit den Leisen umzugehen. Häufig treten diese nicht offen in Erscheinung, sondern lähmen Maßnahmen unterschwellig. Sie gruppieren sich mit anderen Widerständlern, verbreiten Skepsis und schlechte Stimmung. Hier sind die Führungskräfte gefragt, die näher an den Mitarbeitern und an ihren Abteilungen dran sind. Sie sollten bei Projekten oder Themen, die mit der neuen Vision zu tun haben, besonders aufmerksam sein und versuchen, zu beobachten, ob es in ihrem Team solche Mitarbeiter gibt beziehungsweise ob Mitarbeiter mit fadenscheinigen oder irrationalen Argumenten diskutieren.

9.8.2 Leitfaden für den Umgang mit Widerständlern

Wenn die Widerstände zu groß werden oder nicht auszuräumen sind, kann es auch zu unbequemen Entscheidungen kommen. Ein festes Vorgehen ist nicht 100-prozentig zu definieren und hängt immer von den spezifischen Gegebenheiten und dem Mitarbeiter ab. Trotz allem soll hier ein Ansatz aufgezeigt werden, wie in Problemfällen agiert werden kann.

In beiden Fällen von Widerständlern – Lauten und Leisen – sollte die Geschäftsleitung frühzeitig intervenieren sowie ihre Erwartungshaltung deutlich machen und kommunizieren. Je länger sie die Widerständler frei agieren lässt, desto größer ist die Gefahr, dass diese weitere Unentschlossene auf ihre Seite ziehen. Je größer die Gruppe der Widerständler, desto schwieriger wird es, einen Veränderungsprozess langfristig nachhaltig und erfolgreich zu gestalten.

▶ Handeln Sie schnell und koordiniert, wenn Sie Widerstände erkennen. Scheuen Sie sich nicht vor unbequemen Gesprächen und Entscheidungen.

Da es häufig im Vorhinein nicht klar ist, ob und mit wie vielen Widerständlern zu rechnen ist, empfiehlt es sich, einen Prozess zu definieren, an dem sich die Führungskräfte und die Geschäftsleitung orientieren können. Dazu sollten der Zeitrahmen, die Erwartungshaltung und der Prozess grob beschrieben sein.

Zeitrahmen
Gemessen an der Dauer und der Wichtigkeit der Veränderung sollte definiert werden, bis zu welchem Zeitpunkt das Projekt abgeschlossen sein wird. Das sollte dann auch der Zeitpunkt sein, an dem es Klarheit darüber gibt, ob die Widerständler zumindest professionell mit der Situation umgehen und sich in den neuen Arbeitsalltag integrieren.

In dem Beispiel ist das Projekt auf sechs Monate angesetzt. Spätestens im zweiten Monat sollten die Führungskräfte und die Geschäftsleitung erkannt haben, wer sich schwer tut und auf Konfrontationskurs mit der neuen Vision und dem Projekt geht. Erste Gespräche mit Widerständlern sollten somit im zweiten Monat nach Projektstart stattfinden. Diese sollten dann regelmäßig über die nächsten Monate verfolgt werden und spätestens im sechsten Monat abgeschlossen sein. So werden die Widerständler über einen Zeitraum von vier bis fünf Monaten begleitet, in dem sie die Möglichkeit haben, sich mit den neuen Gegebenheiten auseinanderzusetzen und sich anzupassen.

Erwartungshaltung
In Vorbereitung auf die Mitarbeitergespräche sollte die Erwartungshaltung der Geschäftsleitung an alle Mitarbeiter klar definiert und formuliert sein. Nur so kann eine Gleichbehandlung der Mitarbeiter und eine Transparenz über die Zielsetzung gewährleistet werden.

Die Erwartungshaltung und Zielsetzung in dem Beispiel könnte wie folgt aussehen: „Die Vision ist eine strategische Vorgabe, die für alle Mitarbeiter gilt. Die Geschäftsleitung ist verantwortlich für die nachhaltige Unternehmensführung, für den Fortbestand des Unternehmens und für die Arbeitsplatzsicherheit. Daher ist die Veränderung notwendig, um das Unternehmen zukunftsfähig aufzustellen."

Definition des Prozesses
Um ein einheitliches und faires Vorgehen sicherzustellen, sollten Rahmenpunkte für mögliche Widerstände und die daraus resultierenden Mitarbeitergespräche definiert sein.

Es sollte festgelegt werden, wie viel Zeit die Geschäftsleitung investiert, um Widerständler in dem Prozess zu begleiten. Es kann der Punkt kommen, an dem entschieden werden muss, ob sich das Unternehmen gezwungen sieht, sich von einem Mitarbeiter zu trennen, um den Veränderungsprozess und Projektverlauf nicht zu gefährden. Die Geschäftsleitung sollte sich von Anfang an hierüber im Klaren sein und sich nicht scheuen, im Sinne des gesamten Unternehmens zu handeln. Lange Verzögerungen behindern den Projektverlauf, dämpfen die Stimmung unter den Mitarbeitern und mindern die Produktivität.

Mitarbeitergespräche sollten protokolliert werden, damit diese einen offiziellen Charakter bekommen und jede Partei im Nachhinein noch einmal nachlesen kann, was besprochen worden ist. Es sollte unbedingt sichergestellt werden, dass die Protokolle von beiden Parteien abgesegnet, abgelegt und nachgehalten werden. Falls es im weiteren Verlauf tatsächlich zu Entlassungen kommt, hilft eine lückenlose Dokumentation, in der die Gespräche, Erwartungshaltungen, Ziele und Vorgaben festgehalten wurden.

Teilnehmer bei schwierigen Gesprächen
Es ist zu empfehlen, dass zwei Personalverantwortliche teilnehmen, die im Umgang mit schwierigen Gesprächssituationen geschult sind – zum Beispiel die direkte Führungskraft und ein Vertreter der Personalabteilung.

9.9 Checkliste für erfolgreiche Veränderungen

Abschließend bekommen Sie eine Checkliste an die Hand, mit deren Hilfe Sie einen Überblick über die wichtigsten Meilensteine in Veränderungsprozessen erhalten. Um den nachhaltigen Erfolg Ihrer Veränderung sicherzustellen, sollten Sie diese Meilensteine unbedingt einhalten.

Erkennen Sie die Notwendigkeit von Veränderungen
Identifizieren Sie brachliegendes Potenzial, zu verbessernde Prozesse und Strukturen, potenzielle Herausforderungen und Chancen.

Stellen Sie ein Projektteam zusammen
Das Projektteam sollte aus Führungskräften mit ausreichenden Handlungsfreiheiten, von den Änderungen betroffenen Mitarbeitern und Experten zum Thema „Umsetzung von Veränderungsprozessen" bestehen.

Formulieren Sie eine Vision und das Projektziel
Formulieren Sie eine klar verständliche Vision und Strategie. Hiervon ausgehend sollten die Projektabschnitte, Meilensteine und entsprechenden Maßnahmen klar abgeleitet und überprüft werden können. Stellen Sie sicher, dass Sie genug Zeit zum nachjustieren von Maßnahmen einplanen, damit Sie auf Unvorhergesehenes reagieren können.

Leiten Sie Aktionen auf breiter Basis ein
Mitarbeiter sollten für den Veränderungsprozess ermutigt und in diesen einbezogen werden. Planen Sie Workshops mit und für die Mitarbeiter.

Verankern Sie neue Denkweisen und festigen Sie positive kulturelle Änderungen
Die Verbindung zwischen neuen Denkansätzen, der Art und Weise, wie das Projekt durch die Geschäftsleitung aufgesetzt wurde und dem Erfolg des Projektes, muss für die Mit-

arbeiter und insbesondere für die Skeptiker hergestellt und sichtbar gemacht werden. Verbesserungen und dadurch erwirkte Leistungssteigerungen sollten nach Möglichkeit qualitativ und quantitativ messbar und sichtbar gemacht werden.

Erstellen Sie einen Kommunikationsplan
Definieren Sie, wie, wann und wer die Mitarbeiter regelmäßig über das Projekt informiert und auf dem Laufenden hält. Nutzen Sie unterschiedliche Medien und Kommunikationswege, wie zum Beispiel eine regelmäßig erscheinende Mitarbeiterzeitung, interne Newsletter, das Intranet oder ein Schwarzes Brett. Stellen Sie sicher, dass die Führungskräfte und das Projektteam regelmäßig in Teambesprechungen und Belegschaftstreffen über das Projekt berichten und die Möglichkeit für Rückfragen geben.

Weiterführende Literatur

Hayes J (2014) The theory and practice of change management. Palgrave Macmillan, Basinstoke

Kotter J (2011) Leading Change: Wie Sie Ihr Unternehmen in acht Schritten erfolgreich verändern. Vahlen, München

Kübler-Ross E (1969) On death and dying. Scribner, New York

Lewin K (1951) Field theory in social science. Harper & Row, New York

Maslow A (1954) Motivation and personality. Harper & Row, New York

Nilakant V, Ramnarayan S (2006) Change management: altering mindsets in a global context. Response Books, Neu Delhi

Schein E (2003) Organisationskultur. EHP, Bergisch Gladbach

Scheuss R (2012) Change Tools: Wandel bewirken, Super-Teams gestalten, Engagement mobilisieren. Walhalla, Regensburg

Senge PM (2011) Die fünfte Disziplin: Kunst und Praxis der lernenden Organisation. Schäffer-Poeschel, Stuttgart

Stolzenberg K, Heberle K (2009) Change Management. Veränderungsprozesse erfolgreich gestalten – Mitarbeiter mobilisieren. Springer, Berlin

Teece DJ (2009) Dynamic capabilities and strategic management. Oxford University Press, Oxford

Tuckman BW (1965) Developmental sequence in small groups. Psychol Bull 63(6):384–399

Zink KJ, Kötter W, Longmuß J, Thul MJ (2009) Veränderungsprozesse erfolgreich gestalten. Springer, Berlin

Wertvolle Bewegung – von Pferden lernen heißt führen lernen

10

Markus Haase

„Wer die Welt bewegen will, sollte erst sich selbst bewegen.“
Sokrates

Inhaltsverzeichnis

M. Haase (✉)
Qi-Motion, Hauptstraße 21, 61239 Ober-Mörlen, Deutschland
E-Mail: m.haase@qi-motion.de

N. Müller, C. Jäger (Hrsg.), *WERTEorientierte Führung von Familienunternehmen*,
DOI 10.1007/978-3-658-09237-5_10

Zusammenfassung
Warum ist die Arbeit mit Pferden besonders geeignet, um situationsbedingte und wirksame Führung von Mitarbeitern zu erlernen? Pferde reagieren nur auf die Körpersprache und geben direktes Feedback auf die gestellten Aufgaben. Sie merken sofort, ob der Mensch sicher oder unsicher ist, eine natürliche Autorität besitzt oder sich hinter einer Maske versteckt. Und ob der Mensch seine Ziele kennt und sie auch erreichen will.

Die Kurzformel aus dem Pferdetraining „Wer den anderen bewegt, dem wird gefolgt" lässt sich auf Mitmenschen und Mitarbeiter übertragen. Und obwohl die Formel so einfach klingt, benötigt es immer wieder viel Übung, um sie erfolgreich umzusetzen. Das Kapitel betrachtet die einzelnen Variablen der Kurzformel wie innere Einstellung, Kommunikation, Vertrauen und den Abbau von Blockaden.

10.1 Wie sich Menschen bewegen lassen

Es ist kein Geheimnis: Veränderungsprozesse gelingen nur, wenn die Menschen, die sie betreffen, frühzeitig mit auf die Reise genommen werden. Schon deshalb zählt die erfolgreiche Führung von Mitarbeitern zu den unverzichtbaren Schlüsselkomponenten bei einer Veränderung. Erfolgreiche Führung soll zunächst klare Orientierung geben – insbesondere in Zeiten, in denen die Zukunft noch ungewiss ist. Im zweiten Schritt sorgt sie dann für eine zügige Umsetzung der zuvor entwickelten Maßnahmen.

Soweit die Theorie. Die Praxis ist dagegen voll von gescheiterten Veränderungsprojekten. Drei von vier Veränderungsprozessen erreichen nicht annähernd die anvisierten Ziele. Und so jagt ein gescheitertes Projekt das andere. Ein wesentlicher Grund für das Versagen liegt in der Angst vor der Veränderung selbst. Sie spiegelt die Ungewissheit der Beteiligten, die eine Veränderung mit sich bringt, wider. Wo wird mein Platz nach der Umorganisation sein? Habe ich noch die gleichen Befugnisse wie heute? Kann ich die Erwartungen, die dann an mich gestellt werden, noch erfüllen? Obwohl sich alles um diese Kernfragen dreht, werden Sie in vielen Veränderungskonzepten vergeblich die Antworten darauf finden. Vielmehr sind es die betriebswirtschaftlichen Zahlen wie Produktivitäts- oder Ertragssteigerung, die diese Konzepte beherrschen. Die Mitarbeiter finden sich vielleicht noch in einem Organigramm wieder, mehr darf es nicht „menscheln".

Wandel bedeutet, alles ist im Fluss. Dennoch erwarten die Mitarbeiter einen stabilen Faktor und diesen Platz soll die Führungskraft ausfüllen. Wenn diese gerade der Firmenleitung angehört, steht sie vor dem gleichen Informationsvakuum wie ihre Mitarbeiter und stellt sich die gleichen Fragen. Da alle auf eine Antwort warten, agieren die Beteiligten nach dem Motto der Besitzstandswahrung: Besser den Spatz in der Hand, als die Taube auf dem Dach (Abb. 10.1). Das Ergebnis ist, Vorgesetzte und Mitarbeiter legen sich lieber Steine in den Weg, damit alles bleibt, wie es ist, anstatt entschieden den Aufbruch anzugehen. Das Scheitern eines Veränderungsprozesses ist damit vorprogrammiert.

Abb. 10.1 Lieber den Spatz in der Hand, als die Taube auf dem Dach

In der aktuellen Managementliteratur für Veränderungsprozesse gibt es erste Ansätze, in denen aufgezeigt wird, wie Führungskräfte die individuellen Bedürfnisse der Mitarbeiter in den Wandel integrieren können. Es ist wie in jeder Beziehung, in der Partnerschaft oder unter Freunden: Das Verhalten der Beteiligten lässt sich nicht in Schubladen kategorisieren. Jeder reagiert anders, auch wenn die Situation immer die gleiche ist. Das erfordert nicht nur eine situationsbedingte, sondern eine individualisierte Führungsarbeit. Wie viel Freiraum kann mein Mitarbeiter vertragen? Welche Vorgaben benötigt er, um seine Arbeit optimal zu bewältigen? Wie kann ich ihn bewegen, meine Ideen umzusetzen?

Wachsende Komplexität, Dynamik im Markt und Undurchschaubarkeit erfordern von einer Führungskraft den Blick aufs Ganze. In ihre Entscheidungen müssen harte Fakten ebenso einfließen wie Erfahrung und Gefühle. Daraus ergibt sich das wirksame und individuelle Führen. Und dieses Führen ist der stabile Faktor in jedem Wandel.

Von der Theorie zur Praxis ist es allerdings ein langer Weg und deshalb gilt auch für die Führungsarbeit: Übung macht den Meister. Damit sich ihre Mitarbeiter nicht als Forschungsobjekt missbraucht fühlen, schlage ich einen eher ungewöhnlichen Lernweg vor, wie Sie Ihre Mitarbeiter bewegen können. Führungsarbeit habe ich durch den Umgang mit Pferden gelernt.

10.2 Mit Pferden führen lernen

Warum eignen sich ausgerechnet Pferde für das Erlernen der Führungsarbeit? Um in der Sprache der Geschäftswelt zu bleiben: Es ist die Komplexitätsreduzierung, die den Umgang mit Pferden gegenüber der Mitarbeiterführung deutlich vereinfacht. Typische Faktoren, wie Machtspiele unter Kollegen, (De)Motivation, Eigeninteressen der Mitarbeiter, strategisches Denken oder Hintergedanken, die die Führungsarbeit erschweren, sind für das Pferd nicht überlebenswichtig und ihm deshalb unbekannt. Somit können sie in der Arbeit mit Pferden vernachlässigt werden. Darüber hinaus reagieren Pferde immer direkt und konsequent auf Führung von außen. Auf jede Aktion erfolgt sofort eine Reaktion. Bei fachmännischer Anleitung sind die Gründe, warum sich das Pferd so und nicht anders verhält, schnell nachzuvollziehen. Somit lassen sich Fehler nicht nur sofort erkennen, sondern durch Veränderung des Führungsverhaltens korrigieren.

Aber der wichtigste Aspekt ist: Es liegt – vorausgesetzt das Pferd ist gesund – immer am Verhalten des Menschen, wenn ein Pferd sich nicht so bewegt, wie gewünscht. Der Führende kann diese Verantwortung nicht auf das Tier abwälzen. Die Gründe, warum sich ein Pferd nicht bewegen lässt, liegen meist darin, dass der Mensch das Tier nicht versteht oder dass der Mensch erwartet, dass das Pferd seine Sprache spricht. Beides führt zu einer wichtigen Erkenntnis: Da das Pferd aufgrund seines natürlichen Verhaltens nicht anders kann, muss sich der Mensch ändern, um andere Resultate zu erzielen.

Das Pferd in seiner natürlichen Umgebung

Die erste Aufgabe in der Pferdearbeit heißt deshalb, das Tier in seiner natürlichen Umgebung und in seinem alltäglichen Verhalten gegenüber Artgenossen kennenzulernen. Daraus lassen sich viele Maßnahmen zur wirksamen Führung ableiten. Von Natur aus ist das Pferd ein Beute- und Fluchttier. Ohne eine funktionierende Herde könnte das Tier in der Natur kaum überleben, denn der Familienverbund bietet Sicherheit vor äußeren Feinden, Sozialkontakte und letztendlich ausreichend Nahrung. Als Herdentier ist das Pferd gesellig und Individuum zugleich; kontaktfreudig, aber auch distanziert. Damit entspricht es in seinem Sozialverhalten in mancher Hinsicht dem des Menschen. Gruppenzusammenhalt bringt uns offenbar Evolutionsvorteile. Erst die Gruppenbildung ermöglichte eine Arbeits- und Rollenverteilung. Jeder hat sich auf bestimmte Aufgaben spezialisiert: Getreide anbauen, Kinder erziehen, Maschinen reparieren, Kleidung nähen, Straßen bauen oder andere Menschen medizinisch versorgen. Ein einzelner Mensch könnte diese vielfältigen Aufgaben, die allen das Überleben sichern, gar nicht erledigen. Deshalb hat sich die Gruppenbildung in der Evolution als nützlich erwiesen und sich durchgesetzt.

Menschen fühlen sich in Gruppen wohl. Damit eine Gruppe funktioniert, sind unterschiedliche Rollen vom Anführer, über die Arbeiter bis hin zum Außenseiter erforderlich. Ansonsten würde der Verbund entweder in nicht überlebensfähige Kleinstgruppen zerfallen oder jede Entscheidung müsste tagelang ausdiskutiert werden. Wichtig zu wissen: Selbst der Außenseiter hat eine wichtige Aufgabe, die den Zusammenhalt der Gruppe fördert. Er kann der Sündenbock sein, der zur Frustentladung der Gruppe dient, der unerwünschte Mitläufer oder einfach ein nicht beachtetes Gruppenmitglied.

Das Herdenverhalten

Die Rollen einer menschlichen Gruppe und einer Gruppe aus Pferden sind relativ ähnlich. Ganz oben in der Rangordnung einer Herde steht allerdings nicht der Hengst, sondern die Leitstute. Ihre Erfahrung stellt sicher, dass die Herde die besten Futter- und Wasserplätze findet und bei schlechtem Wetter der geeignete Witterungsschutz aufgesucht wird. Der Leitstute ordnen sich die Gruppenmitglieder in den einzelnen Rangordnungsstufen unter. Der Leithengst bewacht aus sicherer Entfernung die Herde. Wie alle anderen Herdentiere steht er unter der Leitstute. Die Rangordnung in einer Herde ist nicht in Stein gemeißelt, sondern verändert sich ständig: Schwächere oder ältere Pferde rutschen in der Hierarchie auf die unteren Plätze, Jungpferde stoßen in die Herde und werden eingegliedert. Darüber hinaus akzeptieren Pferde den Führungsanspruch eines anderen Pferdes nur solange, bis ein Auslöser Grund für ein Überdenken des aktuellen Zustandes gibt.

Die Herde funktioniert nur durch Folgsamkeit

Das Verhalten der Unterordnung baut auf dem natürlichen Prinzip der Folgsamkeit auf. Das heißt, das rangniedrige Pferd gehorcht immer dem ranghöheren. Damit ist die Reihenfolge, wer zuerst an den Futtertrog geht oder wer den anderen kraulen darf, klar geregelt. Folgsamkeit sichert das Überleben in der Herde. Denn mit der Folgsamkeit übernimmt das ranghöhere Tier die Verantwortung für die drei Grundbedürfnisse des untergebenen Pferdes nach Nahrung, sozialen Kontakten und Sicherheit.

Das Prinzip der Folgsamkeit wird allerdings dann hinterfragt, wenn das Pferd einen Nachteil durch die Folgsamkeit erleidet. „Ungerechtes" Verhalten, also ein destruktives Verhalten des Ranghöheren, wird von den Rangniederen nicht akzeptiert und es kommt zu Rangkämpfen.

Häufig ist das zu beobachten, wenn Pferde von ihrem Reiter mit einer Gerte malträtiert oder die Sporen tief in die Pferdeseite gestoßen werden. In diesem Fall wird das Pferd zunächst auf seinen Reiter „hören", doch die nächste Runde im Rangordnungskampf ist eingeläutet. Das Pferd entzieht sich mehr und mehr den Einwirkungen des Reiters und die Beziehung wird mit jedem Ausritt schwieriger. Gewinner gibt es in diesem Spiel nicht. Denn oftmals verliert der Reiter am Ende die Geduld und das Pferd dann sein Leben. Im glimpflichen Fall wird das „Problempferd" vorher verkauft. Dabei schreibt jede gute Reitlehre: „Das Gefühl soll dem Reiter sagen, wie sein Pferd geht, welche Hilfen (Einwirkungen) notwendig sind und mit welchem Nachdruck sie zu geben sind."

- In der Arbeit mit Pferden ist „fühlen lernen" unabdingbar. Egal ob am Boden oder auf dem Rücken des Pferdes.

Der Reiter muss ein Bewusstsein für seine eigenen Gefühle entwickeln. Er muss sich seiner Gefühlswelt „sicher" sein, damit er ein Pferd in Bewegung bringt. Von Geburt an reagiert das Pferd auf Gefühle – sie sind sozusagen der Kraftstoff, mit dem der Lebensmotor des Tieres angetrieben wird. Durch Gefühle dirigiert beispielsweise die Leitstute ihre Herde durch unwegsames Gelände. Für den Menschen werden diese Gefühle erst durch die Körpersprache sichtbar. Mit nur kleinen Muskelbewegungen setzt sie die Herde in Bewegung. Aber auch der direkte Kontakt durch Hufe, Nase oder Zähne wird nachdrücklich als Bewegungsaufforderung eingesetzt.

Pferde handeln konsequent
Ihre Intensität der Aufforderung passen Pferde immer der jeweiligen Reaktion des Gegenübers an. Will ein ranghöheres Pferd an die Futterstelle des Rangniedrigeren, so geht es in mehreren Phasen vor. Zunächst wird das Pferd auf das rangniedrigere Tier zugehen und kurz vor diesem stehenbleiben. Bewegt es sich nicht, wird es seinen Kopf mit angelegten Ohren in Richtung rangniedriges Pferd bewegen. Bleiben diese Gesten unbeachtet, untermauert es mit einem Seitwärtsschritt in Richtung des untergebenen Pferdes seine Aufforderung. In der nächsten Stufe werden die Nüstern aufgebläht und mit gestrecktem Hals ein Biss angedroht. Nützt das alles nichts, wird es sich in der letzten Stufe rumdrehen und durch Ausschlagen der Hinterhand seinen Weideplatz erkämpfen. Jede Phase baut auf der vorherigen auf und wird in ihrer Intensität stärker. Jedoch wird dieses Verhalten sofort beendet, wenn sich das rangniedrigere Pferd von der Futterstelle wegbewegt.

▶ Pferde lassen ihr Gegenüber die Folgen ihres Führens also spüren. Allerdings nicht destruktiv sondern immer nur in der Intensität, wie es für die Aktion erforderlich ist.

Diese Erziehung ist angewandte Konsequenz, die in der Arbeitswelt häufig vernachlässigt wird, obwohl sie das Bedürfnis der Mitarbeiter nach Orientierung am besten befriedigt. Konsequentes Handeln heißt, wenn die Führungskraft die Handlungsspielräume ihrer Mitarbeiter ändert, muss sie diese neuen Grenzen auch gegen Widerstände durchsetzen. Knickt die Führungskraft in diesem Prozess ein, hat das fatale Folgen für das Team. Mit dem Austesten der Grenzen stellt der Mitarbeiter die Führungsrolle, insbesondere die Durchsetzungskraft des Vorgesetzten infrage. Er will sicher sein, dass sein Vertrauen in die Führungskraft berechtigt und die Führungskraft stark genug ist, um Widerständen von außerhalb Stand zu halten. Treten hierbei erste Zweifel bei den Mitarbeitern auf, werden Anreize zu weiteren Grenzüberschreitungen geschaffen. Dem Teufelskreis kann nur durch konsequente Sanktionen entgegengetreten werden. Das setzt bei der Führungskraft aber voraus, dass sie die gesetzten Grenzen nicht wieder infrage stellt und die Konflikte bei der Durchsetzung nicht scheut.

10.3 Das Pferd verstehen – Kommunikation zwischen Pferd und Führendem

Wie in jeder Partnerschaft ist Kommunikation ein Schlüsselfaktor. Doch wie spricht man mit einem Tier, das die menschliche Sprache nicht versteht? Die einfache Lösung ist, in eine Sprache zu wechseln, die beide sprechen und verstehen – die Körpersprache. Leider hat der Mensch inzwischen verlernt, die Zeichen des Körpers zu deuten. Während

Abb. 10.2 Wer folgt wem?

das Pferd für seine Ausführungen in der Körpersprache den Literaturnobelpreis erhalten müsste und ein ausgewiesener Experte ist, stehen wir Menschen als ziemliche Analphabeten dar.

▶ Die menschliche Sprache spielt in der Kommunikation mit Tieren nur eine untergeordnete Rolle.

Auf das geschriebene und gesprochene Wort sind wir besonders stolz und verbringen viel Zeit mit der richtigen Formulierung. Dabei unterliegen wir einem Irrtum. Denn für die Aufnahme von Informationen durch unser Gehirn spielt die Sprache eine untergeordnete Rolle. Ist der Mensch in ein Gespräch verwickelt, nehmen wir gerade einmal sieben Prozent des Informationsinhaltes über das Ohr wahr. Vielmehr ziehen wir uns die Information zu 55 % aus der Körpersprache unseres Gegenübers und zu 38 % macht der (gute) Ton die Musik. Der Mensch reagiert hauptsächlich unterbewusst auf die Gesten des Redners. Schon deshalb gibt es immer wieder Unstimmigkeiten, da Gesagtes nicht mit der Körpersprache übereinstimmt. Insbesondere beim „Um-den-heißen-Brei-herum-Reden" oder Verharmlosung einer wirtschaftlichen Schieflage kann die Führungskraft den Gegensatz kaum verbergen. Die Mitarbeiter bekommen dann ein komisches Gefühl und nehmen automatisch eine Abwehrhaltung zum Gesagten ein. Selbst die besten Redenschreiber können diese Situation nicht auflösen, wie häufig in politischen Reden zu erkennen ist. Um Pferde zu bewegen, muss der Mensch deshalb die Körpersprache der Pferde wieder verstehen lernen (Abb. 10.2).

Die Frage der Fragen: „Wer folgt wem?"

Aufgrund ihrer genetischen Anlage treffen Pferde bei einer ersten Begegnung die lebenswichtige Entscheidung „Freund" oder „Feind" – weiter grasen oder flüchten. Hat sich das Pferd für die erste Variante entschieden, folgt die nächste Entscheidung: „Ist er stärker oder schwächer als ich?". Auf die Führungsarbeit übersetzt, heißt das: „Muss ich folgen oder folgt er mir?". Die Entscheidung darüber trifft das Pferd aufgrund der Körpersprache des Gegenübers. Wenn sich Pferde treffen, dann beschnüffeln sie sich, brummeln zur Begrüßung, schnauben entspannt, quietschen oder schlagen mit dem Vorderbein aus. Ist das Gegenüber unsympathisch, werden die Gesten deutlicher und aggressiver: Scharfer Blick, angelegte Ohren, mit den Zähnen beißen und den Hufen treten. Ihre Körpersprache verdeutlicht das Unbehagen.

Pferde kommunizieren darüber hinaus mit einzelnen Körperteilen wie Ohren, Kopf, Hals, Schweif und Beinen. Der Gesichtsausdruck oder die Körperhaltung sind für uns kaum wahrnehmbare Muskelkontraktionen. Selbst die Atmung gehört zur Sprache der Pferde. Hinzu kommt eine Kommunikation über die Stellung im Raum zueinander. Steht das eine Pferd vor dem anderen in T-Position, ist dies eine Dominanzhaltung, stehen sie parallel zueinander, so handelt es sich um eine friedliche Haltung.

Auch der Mensch entscheidet in der ersten Millisekunde des Aufeinandertreffens, ob der andere etwa nett, sympathisch, unfreundlich oder ärgerlich ist. Wir haben jedoch verlernt, die Körpersignale und -reize des Gegenübers bewusst zu beachten. Unbewusst nehmen wir Körpersprache sehr wohl wahr. Wenn wir unsere Sinne wieder öffnen und in der Führungsarbeit stärker darauf fokussieren würden, könnten wir frühzeitig erkennen, wenn Kollegen aus Furcht vor Konsequenzen keine Kritik üben oder wenn sich Kollegen, berechtigt oder unberechtigt, nicht wertgeschätzt fühlen. In beiden Fällen sagt die Körpersprache meist etwas anderes als das gesprochene Wort.

10.4 Vertrauen schafft tiefste (Ver-)Bindung

Damit Pferde motiviert mitarbeiten, müssen sich Pferd und Führender verstehen, gerne zusammenarbeiten wollen und konsequent in ihrem Verhalten sein. Noch wichtiger vielleicht als die zuvor erwähnten Aspekte der Führungsarbeit ist allerdings das gegenseitige Vertrauen. Das Pferd muss dem Menschen vertrauen und der Mensch muss dem Pferd vertrauen (Abb. 10.3). Nicht viel anders ist es in der Führung von Mitarbeitern. Nur beiderseitiges Vertrauen schafft eine motivierende Arbeitssituation. So steht es zumindest in den meisten Führungsgrundsätzen. Die Realität sieht oftmals deutlich anders aus: Revierdenken, Machtspielchen, Schuldzuweisungen bis hin zu kreativen Ablenkungsmanövern, um eigene Fehler zu kaschieren, beherrschen den Arbeitsalltag. Dabei fordert jeder Mitarbeiter, quer durch alle Hierarchieebenen, Vertrauen ein. Wenn nun Vertrauen als die Basis für jede Beziehung, sei es im Job oder in der Partnerschaft, gesehen wird, stellt sich die Frage: Warum tun sich Führungskräfte und Mitarbeiter so schwer, dieses Vertrauen zu pflegen und sogar auszubauen?

Abb. 10.3 Vor der Führung steht das Vertrauen

► Mitarbeiter und Führungskräfte fordern Vertrauen ein. Gehandelt wird häufig anders.

Vertrauen wird sehr individuell erlebt. Es gibt keine Bemessungsgrundlage oder Skala, an der die Tiefe des Vertrauens in Zahlen sichtbar gemacht werden kann. Während die eine Person gleichgültig darauf reagiert, wenn sie bei Entscheidungen übergangen wird, trägt ein anderer Mitarbeiter dieses Verhalten der Führungskraft jahrelang nach und sieht darin einen Vertrauensbruch.

Das zeigt aber auch, dass Vertrauen auf gegenseitigem Verhalten beruht. Es ist ein Geben und Nehmen. Dabei ist die Reihenfolge sehr wichtig. Ich muss zunächst einen Vertrauensvorschuss geben, bevor ich etwas von der anderen Seite erwarten kann. Das ist wie bei einem Geldkonto: Nur wer viel einzahlt, erhält auch Vertrauen. Und wer ein tiefes Vertrauen verankern will, muss dafür sorgen, dass er nicht mehr entnimmt, als er gibt.

10.4.1 Das Dilemma: Eigeninteresse versus Gesamtinteresse

Menschen sind erfolgreicher, wenn sie mit anderen Menschen zusammenarbeiten. Das sagt das Prinzip der Kooperationstheorie aus. Die Theorie, die Robert Axelrod aus der Spieltheorie entwickelt hat, basiert auf folgendem Dilemma: Soll der Mensch besser seine Eigeninteressen durchsetzen und damit kurzfristig Erfolg haben, oder nutzt er die Zusammenarbeit mit anderen und erreicht damit langfristig mehr, auch wenn er dafür Kompromisse in Kauf nehmen muss. Konkret in die Arbeitswelt übertragen bedeutet das beispielsweise: Stellt die Führungskraft den Arbeitsaufwand für zusätzliche Aufgaben geringer dar, damit der Kollege seine Zustimmung für die Übernahme gibt oder sagt er die Wahrheit über den Umfang mit der Konsequenz, dass er Teile des Projektes selber übernehmen muss, da der Kollege ansonsten überlastet wäre? Laut Kooperationstheorie haben nur im zweiten Fall beide Mitarbeiter einen Nutzen. Im ersten Fall wird der Kollege zunächst die Aufgabe übernehmen und damit kooperieren. Allerdings zahlt er mit seinen geleisteten Überstunden die Rechnung für das egoistische Verhalten des Vorgesetzten. Das führt meist dazu, dass weitere zusätzliche Aufgaben vom Mitarbeiter abgelehnt werden. Für die Zukunft hat sich die Führungskraft eine Kooperation verbaut und eher Misstrauen geschaffen.

► Die Kooperationstheorie: Menschen sind erfolgreicher, wenn sie mit anderen zusammenarbeiten.

10.4.2 Misstrauen setzt die Kontrollspirale in Gang

Misstrauen erzeugt einen ökonomischen Teufelskreis. Denn Misstrauen erfordert immer mehr Kontrolle. Menschen reagieren auf Kontrolle oft mit Skepsis. Am Ende fragen sich die Mitarbeiter, ob es sich überhaupt lohnt, Einsatz zu zeigen. Da sie die Antwort nicht kennen, verhalten sie sich zurückhaltend und stellen ihre Arbeitskraft dem Unternehmen nicht mehr voll zur Verfügung. Die Führungskraft sieht sich in ihrer Einschätzung bestätigt, da die Planwerte nicht erreicht werden. Folglich werden die Ergebnisse und Prozesse im Unternehmen genauer untersucht und weitere Kontrollinstrumente eingesetzt. Die nächste Runde im Teufelskreis ist erreicht. Das Fatale an Misstrauen ist: Es lässt sich einfacher herstellen als Vertrauen und ist selbstverstärkend. Gerüchte und Unwissenheit reichen aus, um Misstrauen entstehen zu lassen und zu verstärken. Das einzige Hilfsmittel, um Misstrauen aus der Welt zu schaffen, ist die Aufklärung auf beiden Seiten.

In dieselbe Kategorie wie das Misstrauen fällt im Übrigen das „blinde Vertrauen“, das sozusagen die zweite Seite derselben Medaille ist. Blindes Vertrauen ist ein falsches Vertrauen, trügerisch und lediglich der Ausdruck dafür, dass der Mensch nicht die Verantwortung für seine Entscheidung über das gegebene Vertrauen übernehmen will. Vertrauen braucht, abhängig von der Vertrauenstiefe, klare Regeln, Leitplanken und vor allem Konsequenzen, wenn das Vertrauen enttäuscht wurde. Das ist kein Widerspruch in sich. Vielmehr folgt es dem Prinzip eines gerechtfertigten Vertrauens. Damit meine ich, dass ich jemandem bis an eine von mir gesetzte Grenze, die möglichst weit entfernt liegt, vertraue. Diese Grenze wird je nach Erfahrung herauf- oder heruntergesetzt. Beide Seiten kennen sowohl diese Grenze als auch die unausweichlichen Folgen eines Vertrauensmissbrauchs. Das kann bei wiederholtem Missbrauch bis zu einer Trennung vom Mitarbeiter führen.

10.4.3 Verbindlichkeit und Verlässlichkeit

Das Wort Vertrauen wird in der Politik oder Wirtschaft gern in den Mund genommen, um etwas Positives zu unterstreichen, ohne konkret zu werden. „Vertrauen Sie mir." Solch ein Ausspruch ist inzwischen eher zum Alarmzeichen geworden, als dass er etwas Gutes ausdrückt. Kunden sind gewarnt, wenn die Bank um Vertrauen wirbt und der Trainer sucht sich besser einen neuen Stuhl, wenn der Vereinspräsident ihm in der Öffentlichkeit das Vertrauen ausspricht. Das Wort „Vertrauen" verkommt immer mehr zu einer inhaltslosen Phrase – es ist so schön unverbindlich und vage. Dabei hat die Universität Witten/Herdecke in ihrer Führungskräftebefragung eine sehr genaue Definition gefunden, wie das Wort Vertrauen im Berufsalltag gelebt werden kann. Demnach ist Vertrauen „eine subjektive Überzeugung der Richtigkeit beziehungsweise Wahrheit von Handlungen und Einsichten". Es befähigt „anderen Spielraum zu ermöglichen" und wird durch „ein Verhalten, das dem Gegenüber Sicherheit gibt" unterstrichen. Damit definiert sich Vertrauen über Verbindlichkeit und Verlässlichkeit. Beides sind Worte, deren Auswirkungen von anderen relativ genau wahrgenommen werden können und sie beschreiben nichts anders als, „ich sage etwas und so handele ich".

Führungskräfte mit der Fähigkeit, Vertrauen zu schaffen, vertreten klare Standpunkte. Sie sind authentisch, direkt und konsequent. Wer viel Vertrauen gibt, muss zudem ein großes Selbstvertrauen haben. Es droht immer wieder das Risiko, sich verletzlich zu machen und letztendlich bedeutet Vertrauen auch Macht- und Kontrollverlust. Vertrauen in seine Mitarbeiter zu setzen, heißt, Mitarbeiter einzustellen, die deutlich mehr Wissen in ihrem Fachgebiet haben als die Führungskraft, die gestärkt werden, selbstständig Lösungen für Probleme zu erarbeiten und nicht das Problem nach dem Motto „melden macht frei" beim Chef abladen. Mit dem Vertrauen schenkt die Führungskraft dem Mitarbeiter die Möglichkeit, Entscheidungen selber zu treffen. Dafür erhält der Chef Selbstständigkeit, Wissensaufbau seiner Mitarbeiter und höhere Effektivität. Oder besser gesagt, mit diesen Mitarbeitern kann der Vorgesetzte Pferde stehlen gehen.

▶ Respekt ohne Vertrauen erzeugt Angst und Druck.

10.5 Die Macht der Gedanken

Pferde kommunizieren mit dem Menschen hauptsächlich über die Körpersprache. Diese Sprache ist eine direkte Sprache, denn mit der Körpersprache können weder Vergangenheit noch Zukunft dargestellt werden. „Du bist mir ausgewichen" oder „Du wirst mir gleich ausweichen" sind in Gesten nicht darstellbar. Da Vergangenheit und Zukunft im Lebensraum des Pferdes nicht vorgesehen sind, lebt das Pferd im „Hier und Jetzt" und es gilt einzig die Gegenwart. Sich mit anderen Zeiten auseinanderzusetzen, ist für ein Pferd schon deshalb nicht möglich, da es keine Vergleichsmöglichkeiten wie die Uhrzeit hat. Wenn wir dementsprechend etwas von einem Pferd wollen, müssen wir zu dem Zeitpunkt einen Befehl geben, wenn das Pferd ihn ausführen soll.

Abb. 10.4 Die Macht der Gedanken

Wie der Befehl, so spielt sich die Reaktion des Pferdes immer in der Gegenwart ab. Pferde können nicht auf einen Befehl gehorchen, der wenige Minuten zuvor gegeben wurde. Auf eine Aktion folgt demnach direkt eine Reaktion. Damit zeigen uns die Vierbeiner immer sofort das Ergebnis unserer Führungsarbeit – sie halten uns sozusagen einen Spiegel vor. Bewegt sich das Tier in die Richtung, die der Reiter vorgegeben hat, dann hat er bei der Führung alles richtig gemacht. Erfolgt allerdings keine oder eine ungewünschte Reaktion, ist nicht das Pferd, sondern der Reiter dafür in die Pflicht zu nehmen. Entweder sieht das Pferd den Reiter noch als Rangniedrigeren an und hat keine Veranlassung, sich zu bewegen oder die Geste war nicht eindeutig genug (Abb. 10.4).

▶ Pferde halten uns bei der Führungsarbeit einen Spiegel vor.

Gerade Letzteres ist in Führungsseminaren mit Pferden sehr häufig zu beobachten. Dahinter steckt meist, dass der Pferdeführer sich nicht deutlich in die Situation und die Tätigkeit, die das Pferd ausführen soll, hineindenken oder einfühlen kann. Um dies zu ändern, muss den Gesten nicht mehr Nachdruck durch weitausholende oder hektischere Bewegungen verliehen werden. Vielmehr muss eine Basis vorhanden sein, die den Respekt des Pferdes zum Reiter schafft. Größe und Kraft spielen dabei nur eine untergeordnete Rolle. So muss die Leitstute nicht das stärkste Pferd in der Herde sein und auch Rangordnungskämpfe werden nicht vorrangig durch Kraft ausgetragen. Es sind vielmehr die Pferde mit einem gewissen Charisma oder innerer Stärke, die die anderen Gruppenmitglieder in Bewegung versetzen.

10.5.1 Der geborene Führende

Warum sind nun manche Menschen die Führenden und andere die Geführten? Ganz einfach, es ist die Einstellung zum eigenen Leben. Ob wir ein Glas als halb voll oder halb leer ansehen, ist reine Einstellungssache. Ob wir positiv denken und uns auf den Rest des Glases freuen oder ob wir nur das Negative wahrnehmen, beeinflusst unser Denken und später unser Handeln.

Aufbauend auf unseren Erfahrungen, Werten, Bedürfnissen, Prägungen und Ansichten, hat jeder Mensch seine ganz eigene Vorstellung entwickelt, wie die Welt funktioniert – wir schaffen sozusagen unsere Wirklichkeit. Das Problem ist nur, der Mensch ist nicht imstande eine objektive Wirklichkeit zu erfassen. Augen, Ohren, Nase und Tastorgane filtern Informationen heraus, die unser Weltbild untermauern und ignorieren gnadenlos Informationen, die unseren Auffassungen zu widerlaufen. Das, was unsere Sinnesorgane unter den Teppich kehren, ist nicht unerheblich. Sind deshalb Zweifel an meiner Wirklichkeit berechtigt oder ist die Welt da draußen vielleicht ganz anders?

Die Antwort ist ein klares Nein! Allerdings muss zuvor mit dem Missverständnis „man kann die Wirklichkeit wahrnehmen" aufgeräumt werden. Vielmehr muss es heißen: „Es gibt Wahrnehmungen und diese erzeugen meine Wirklichkeit."

Schuhverkäufer in der Wüste

Ein viel zitiertes Beispiel: Ein Schuhverkäufer hat den Auftrag, die Absatzchancen in einem Wüstengebiet zu ermitteln. Vor Ort muss er erkennen, dass niemand Schuhe trägt. Was heißt das für sein weiteres Engagement in dieser Region?

Es gibt zwei Handlungsalternativen. Erstens: Er reist wieder ab, schließlich trägt keiner Schuhe und damit wird niemand Schuhe kaufen. Oder zweitens: Er bestellt so viele Schuhe wie möglich. Schließlich ist jeder ein potenzieller Käufer. Ein Paradies für jeden Schuhverkäufer (Abb. 10.5)!

Erfolg oder Misserfolg der Vertriebsreise wird gänzlich durch die Sichtweisen geprägt. Keine Alternative ist falsch und jede hat nachvollziehbare Gründe.

10.5.2 Auf die innere Einstellung kommt es an

Wie sich unser Leben entwickelt, ist also eine Einstellungssache beziehungsweise liegt daran, worauf wir uns in unserem Leben konzentrieren.

Probieren Sie es aus

Setzen Sie sich bequem auf einen Stuhl und strecken Sie den rechten Fuß nach vorne. Machen Sie nun mit dem Fuß eine kreisende Bewegung im Uhrzeigersinn. Während sich Ihr Fuß weiter dreht, malen Sie nun mit der rechten Hand ein Dreieck in die Luft.

Abb. 10.5 Der erfolgreiche Wüstenschuhverkäufer

Beginnen Sie rechts unten, fahren Sie mit der Hand nach oben an die Spitze, weiter nach links unten und zurück zum rechten Ausgangspunkt. Malen Sie weitere Dreiecke.

Dreht sich Ihr Fuß immer noch im Uhrzeigersinn? Wenn nein, dann gehören Sie zu den vielen Menschen, denen es bei dieser Übung genauso ergeht: Mit dem Malen des Dreiecks konzentrieren Sie sich auf ein anderes Körperteil. Unser Körper neigt dazu, nicht beobachtete Teile in Gleichklang zu bringen. In diesem Fall bewegt sich der Fuß automatisch in die gleiche Richtung wie die Hand. Unser Handeln wird demnach bewusst oder unbewusst von Dingen gelenkt, auf die wir uns konzentrieren.

Für die Führungsarbeit mit dem Pferd gilt Gleiches. Nicht nur das eigene Handeln wird durch Dinge gelenkt, auf die wir uns konzentrieren. Auch ein Pferd kann der Reiter besonders gut lenken, indem er sich voll auf die gewünschte Bewegung konzentriert. Dieses Denken an die Bewegung versetzt den eigenen Körper in eine Grundspannung, die das Pferd als Aufforderung sieht und beachtet. Gleichzeitig zeigt diese Spannung für das Pferd, wie konsequent der Reiter die Bewegung des Pferdes verfolgen wird. Automatisch wird der Reiter zudem deutlich früher eingreifen, wenn das Pferd nicht in die gewünschte Richtung geht. Grundsätzlich gilt: Wenn der Reiter selber daran glaubt, dass der Weg der richtige ist oder dass etwas funktioniert, dann folgt auch das Pferd. Letztendlich ist es in der Führungsarbeit mit den Mitarbeitern nicht anders.

10.5.3 Die selbsterfüllende Prophezeiung

Ein weiteres Beispiel liefert die selbsterfüllende Prophezeiung, nach der sich unsere Erwartungen an andere oder uns selbst über kurz oder lang bewahrheiten, weil sich unser Verhalten unwillkürlich danach ausrichtet. Wer annimmt, ein Mitarbeiter arbeite besonders hart, wird überwiegend Situationen wahrnehmen, die diesen Eindruck untermauern. Egal, ob sich der Mitarbeiter genauso lange oder häufig in der Kaffeeküche befindet wie andere Kollegen, die vergleichbare Leistungen abliefern. Die positive Einstellung gegenüber dem Mitarbeiter führt dazu, dass sich die Führungskraft vermehrt um den Mitarbeiter bemüht, geduldiger ist und häufiger positives Feedback gibt. Das wiederum bemerkt der Mitarbeiter, der daraufhin motivierter agiert, was letztendlich zu besseren Arbeitsergebnissen führt. Die Prophezeiung hat sich damit erfüllt. Dieser Effekt, der erstmals durch den amerikanischen Psychologen Robert Rosenthal nachgewiesen wurde und dem Placebo-Effekt zugrunde liegt, hat einen erheblichen Nachteil: Er funktioniert genauso in die andere Richtung.

Dieser Effekt lässt sich in Pferdeseminaren schon in den ersten Übungen beobachten. Zu Anfang laufen die Führenden mit dem Pferd einen Parcours ab. Das Pferd läuft am Strick und ist damit mit dem Führenden verbunden. In der darauffolgenden Übung wird der Strick gelöst und das Pferd soll dem Führenden wieder durch den Parcours folgen. Die erste Reaktion der Teilnehmer ist häufig: „Das klappt nicht. Warum soll das Pferd mir folgen?“ Natürlich wird das Pferd bei solch einer Reaktion auch nicht folgen, denn der Führende ist in seinen Gedanken nicht beim Folgen sondern beim Stehenbleiben. Interessant ist, dass bei der ersten Aufgabe, der Strick meist durchhängt und somit das Pferd keinen physischen Impuls erhält, hinterherzulaufen. Dennoch folgt das Pferd, denn der Reiter ist der Meinung, dass er durch den Strick ein „Druckmittel“ in der Hand habe.

10.5.4 Die negative Prägung

Aus unserer Wahrnehmung entwickeln sich unsere Haltungen, Standpunkte und Überzeugungen nach denen wir letztendlich Handeln. Wenn wir unser Handeln oder unsere Einstellung ändern wollen, müssen wir unweigerlich an den Anfang der Wirkkette gehen und unsere Wahrnehmung infrage stellen. Die Antwort auf die Frage, warum bewegt sich mein Pferd nicht, liegt nicht im Tier selber, sondern darin, was ich als „Leittier“ unternehmen muss, damit sich mein Pferd bewegt.

Dieser Wechsel der Sichtweise ist nicht immer einfach, denn der Mensch ist durch Erziehung und Prägung und vor allem durch bisherige Erfahrungen aus der Schulzeit tendenziell auf das Negative geprägt.

Rechenaufgabe

Stellen Sie sich vor, Sie erhalten die nachfolgenden Mathematikaufgaben. Was fällt Ihnen an den Rechenaufgaben in Tab. 10.1 auf?

Tab. 10.1 Rechenaufgaben

3 * 7 = 21	15 - 12 = 3
24 + 3 = 27	33 + 15 = 56
51 - 5 = 46	9 * 4 = 36
15 : 3 = 5	24 : 12 = 2

Richtig, eine Rechenaufgabe ist fehlerhaft gelöst. Was die wenigsten bewusst wahrnehmen ist, dass sieben Rechnungen korrekt sind. Anstatt, dass wir uns auf das Positive konzentrieren, suchen wir Fehler (meist bei den anderen) und fokussieren uns auf unsere Schwächen. Das hat massive Auswirkungen auf unsere Sichtweise und damit auf das Verhalten gegenüber unseren Mitmenschen. Fehleranalyse heißt in der Unternehmenswelt, Schuldzuweisung und Verantwortung bei anderen zu suchen. Fehleranalyse heißt zudem, die Konzentration auf den Misserfolg zu richten.

BCG-Studie: Innovative Unternehmen

Diese Sichtweise untermauert eine Studie der Boston Consulting Group unter 1500 Top-Managern, die zur Ermittlung der 50 innovativsten Unternehmen der Welt befragt worden sind. Das Ergebnis ist erschreckend: Nur wenige Konzerne der Welt sind in der Lage, bestehende Märkte grundlegend zu revolutionieren. Nur etwa 13 % der befragten Unternehmen wollten sich überhaupt auf die Entwicklung gänzlich neuer Produkte konzentrierten. Mehr als 40 % dieser Gruppe mussten sich zudem selbstkritisch eingestehen, dass ihre Unternehmen dazu gar nicht in der Lage seien.

Die negative Sichtweise bedeutet in der Arbeit mit dem Pferd, dass häufig sehr viel Energie auf die Frage verwendet wird, warum das Pferd stehen bleibt und mir nicht folgt. Damit liegt der Fokus der Gedanken genau auf der falschen Richtung, denn der Reiter beschäftigt sich umfassend mit dem Stehenbleiben und nicht mit der Bewegung. Die Gedanken sollten sich deshalb vielmehr darum drehen, was der Reiter unternehmen muss, damit sich das Pferd bewegt. Diese Sichtweise ist positiv geprägt und führt am Ende der Gedankenkette direkt zum eigentlichen Ziel – der Bewegung des Pferdes.

10.5.5 Andere Denkweise schafft Bewegung

Wie kann eine veränderte Denkweise den Umgang mit dem Pferd erleichtern? Bewegt sich ein Pferd nicht so, wie es der Mensch will, begegnen einem häufig gute Führungsratschläge wie: „Man muss sich mal so richtig durchsetzen." Der Mensch wird im Kräftegleichgewicht mit dem Pferd, das gut 400 bis rund 1000 kg Lebendgewicht auf die Waage bringt, allerdings immer den Kürzeren ziehen. Mehr Druck ist ebenso wenig hilfreich. Es gibt nur eine Möglichkeit: Sie müssen Ihre Perspektive ändern. Pferde zollen Respekt, wenn der Reiter die Bedürfnisse des Pferdes nach Sicherheit, sozialen Kontakten oder

Nahrung befriedigt. Das setzt voraus, dass er sich intensiv mit dem Pferd beschäftigt hat und diese Bedürfnisse kennt. Dann lässt sich das Pferd in jede Richtung bewegen.

10.5.6 Energieräuber Angst

Ob Sie Erfolg oder Misserfolg haben, hängt, wie der vorangegangene Abschnitt gezeigt hat, im Wesentlichen davon ab, welche Wirklichkeit Sie sich durch Ihre Gedanken (er)schaffen. Neben der Einstellung und der Wahrnehmung gibt es noch eine dritte Komponente, die uns oft blockiert, Dinge zu verändern. Insbesondere in der Arbeit mit Pferden wird sie deutlich. Es handelt sich um die Angst und ihre vielen Zustände.

Eine kleine Übung

Stellen Sie eine leere und offene Plastikflasche an den Rand eines Tisches, der aus fünf Metern Entfernung frei zugänglich ist. Nun platzieren Sie einen Tischtennisball auf die Flaschenöffnung. Stellen Sie sich im Abstand von fünf Metern in Richtung Flasche auf. Strecken Sie Ihren rechten Arm (Linkshänder können auch den linken Arm verwenden) waagerecht nach vorne. Ihre Finger nehmen eine Haltung ein, als ob Sie den Ball wegschnippen wollen. Gehen Sie zügig auf die Flasche zu und schnippen Sie den Ball im Vorbeigehen von der Flasche.

Geschafft? Wenn nein, dann gehören Sie immerhin der Mehrheit an. An der Prüfung können Sie aus drei Gründen scheitern. Erstens: Der ausgestreckte Arm verdeckt die Sicht auf den Ball. Die Wahrnehmung wird dadurch deutlich eingeschränkt und das Ziel wird aus den Augen verloren. Zweitens: Der Weg von fünf Metern lässt genügend Zeit, um sich viel zu viele Gedanken zu machen. Letztendlich schwindet die Konzentration auf den Ball. Und drittens: Obwohl es sich um einen Tischtennisball und damit ein leichtes Objekt handelt, besteht die Angst, dass das Wegschnippen Schmerzen verursachen könnte. Das Gehirn registriert kurz vor dem Moment des Kontaktes, dass auf der Flasche ein Gegenstand liegt. Der könnte hart sein und beim Kontakt eine Verletzung verursachen. Das Gehirn gibt kurzerhand die Anweisung, den Arm zurückzuziehen. Das Resultat ist, wir schrammen wegen unserer Angst am Ball vorbei.

10.5.7 Angst schützt vor Gefahren

Wie so oft bei einer Veränderung im Leben, wenn niemand den Erfolg am Ende garantieren kann, haben wir einfach zu große Angst und segeln meilenweit an unseren Zielen vorbei. Aufgrund unserer Fehlerprägung auf das Negative suchen wir eher die Fallstricke als die Treiber für die positive Entwicklung. Ganz nach dem Prinzip der selbsterfüllenden Prophezeiung erreichen wir auf direktem Wege die Fallstricke. Kurzum, die Angst ist der größte Hemmschuh. Sie blockiert das Denken und lässt den Menschen im Stillstand verharren.

Angst ist zunächst nicht hinderlich. Sie ist natürlich, ungefährlich und schützt vor Gefahren, die wir nicht bewältigen können. Ängste gehören zu den ureigenen Grundgefühlen und lassen uns manche Situation wachsamer durchleben. Die Angst ist das Frühwarnsystem vor lebensbedrohlichen Situationen. Pferde sind Fluchttiere und damit ist ihr einziger Ausweg aus der Gefahrenzone die Flucht. Soweit die positiven Aspekte.

10.5.8 Angst ist der Hemmschuh

Der Begriff „Angst" kommt vom lateinischen Wort „angustia" und bedeutet „Enge". Bei Angst startet im Gehirn ein selbsttätiges Programm. Das rationale Denken und Handeln werden unterdrückt und ungewollt setzt der Fluchtimpuls ein. Damit schränkt dieses negative Gefühl die Handlungsspielräume drastisch ein und das oft, ohne dass wir es bewusst mitbekommen. Insofern reagieren Menschen ähnlich wie Pferde, wenn sie von der Angst ergriffen werden. Problematisch wird die Angst für den Menschen, wenn das Frühwarnsystem schneller aktiviert wird, als es die eigentliche Situation erfordert oder objektiv keine bedrohliche Situation vorliegt. Dann übernimmt die Angst wesentliche Teile unseres Lebensraumes und ist hinderlich.

Ängste führen immer zu einer Leistungsminderung. Dabei tritt die Angst in ganz unterschiedlichen Gestalten auf, die sich zunächst nicht als solche zu erkennen geben. Das können beispielsweise Selbstzweifel, Unruhe, Vermeidung von bestimmten Situationen, Verlegenheit, Besorgnis, Schuldgefühle oder Konzentrationsstörungen sein. Sicherlich gibt es Momente, in denen die vorgenannten Gefühle sinnvoll sind. Dennoch haben sie eine fatale Auswirkung. Das Gehirn holt diese unterdrückten Gefühle in ähnlichen Momenten immer wieder hervor.

Huftritt

Sehr häufig treten unangenehme Erinnerungen auf, wenn ein Reiter einmal von einem Pferd getreten wurde. Das wirkt sich beispielsweise beim Säubern des Hufes (Auskratzen) aus. Bei diesem Vorgang läuft dann die nachfolgende Ereigniskette ab. Ein Huftritt ist sehr schmerzhaft, somit wird der Reiter verunsichert den Huf hochheben und nicht genügend festhalten. Da das Pferd keinen richtigen Halt findet, wird es versuchen, den Huf wieder abzustellen. Durch die Angst vor einem erneuten Tritt zuckt der Reiter zunächst reflexartig zurück, lässt den Huf ein wenig los, um ihn dann erneut wieder an sich zu reißen. Das Pferd empfindet dies als Unsicherheit des Reiters. Da es als Fluchttier alle Beine auf dem Boden benötigt, wird es dem Reiter noch energischer den Huf entreißen und notfalls zutreten. Auslöser für den Tritt ist damit nicht das nervöse Pferd, sondern die Angst des Reiters vor einem erneuten Tritt.

Das Beispiel Huftritt zeigt, dass manche Blockaden nicht wirklich hilfreich sind. Deshalb ist es sinnvoll, sich von diesen Blockaden zu befreien. Dabei gilt ein wichtiger Grundsatz: Warten Sie nicht auf die Rettung von außen. Niemand kann Ängste wegnehmen. Sie müssen das Schicksal selber in die Hand nehmen.

10.5.9 Formen der Angst

Der Mensch, so die Psychologie, strebt sowohl bewusst als auch unbewusst nach Wohlbefinden, Lust, innerer und äußerer Sicherheit und Kompetenz. In diesem Streben liegen einige Quellen für unsere Ängste. Da ist die Angst vor Neuem, die Angst vor der sozialen Isolation und letztendlich die Angst vor dem Versagen. Leider treten diese Ängste nicht nacheinander auf, sondern meist zur gleichen Zeit und in potenzierter Form.

Die Angst vor dem Versagen macht sich nicht nur in Extremsituationen, wie vor einer Prüfung, bemerkbar. Vielmehr sind es die kleinen alltäglichen Aufgaben, in denen sie sich zeigt, immer wieder Besitz ergreift und damit weiter wächst. Zum Beispiel wenn bei der Ansprache in der Abteilungsbesprechung die Stimme versagt, die Erwartungen der anderen oder die eigenen nicht erfüllt werden, der „Trainings-Weltmeister" ein wichtiges Spiel verliert oder die Argumente ausgehen, wenn die eigene Meinung infrage gestellt wird.

10.5.10 Auflösen von Ängsten

Hinter der Angst vor dem Versagen verbirgt sich meist die tiefere Angst vor dem Verlust der Anerkennung eines geschätzten Menschen, vor der Ablehnung durch Freunde und vor dem Ausschluss aus der Gemeinschaft (soziale Isolation). Diese Ängste blockieren so sehr, dass alle Entscheidungen durch eine „Angstbrille" gesehen werden. Die Fokussierung auf das Scheitern ist dann systembedingt und muss in zwei Schritten durchbrochen werden: im ersten Schritt durch die Auflösung der selbstsabotierenden Gedanken und Selbstvorwürfe (siehe Abschnitt Macht der Gedanken) und im zweiten Schritt durch die Umwandlung der negativen, einschränkenden Gefühle (Angst, Wut, Ärger etc.) in positive Gefühle, die eine Veränderung zulassen. Die Psychologie hält zur Auflösung der Blockaden verschiedene Verfahren wie das Emotional Freedom Technique (EFT), die Prozessorientierte Energetische Psychologie (PEP) oder die energetischen Psychologie (www.klopfen.de) bereit.

Alle Verfahren, die wissenschaftlich untermauert sind, können selber durchgeführt werden und damit die alltäglichen Blockaden auflösen. Die Grenzen, wie weit Sie diese Techniken anwenden, stellen Sie selber auf. Falsch machen können Sie dabei nichts. Im schlimmsten Fall erzielen Sie keine Wirkung. Dann sollten Sie professionelle Unterstützung hinzuziehen.

10.6 Fazit

Die Arbeit mit Pferden hat mir einen neuen Blick auf das wirksame und individuelle Führen aufgezeigt. Einfach ist diese Lernmethode nicht. Aber mein Pferd hat mir deutlich gemacht – blaue Flecken und viele Schweißperlen inbegriffen – warum Führung wirksam sein muss und welche Maßnahmen dafür hinderlich und förderlich sind. Konsequentes Verhalten – das für mich Resultatorientierung, Belobigung bei der Zielerreichung und Bestrafung bei Fehlverhalten bedeutet – und gegenseitiges Vertrauen zählen seitdem für mich zu den wichtigsten Eigenschaften, die wirksame Führung ausmachen. Fehlt dieses Handeln, stehen der Reiter und auch die Führungskraft schneller auf der unteren Stufe der Rangordnung, als erwartet. Glaubt die Führungskraft jedoch an die vorgegebenen Ziele und kann sie die Zielerreichung glaubhaft vermitteln, folgen die Mitarbeiter ihrer Führungskraft auch in unwägbaren Zeiten. Wirksame Führung bietet für die Mitarbeiter Klarheit und Orientierungshilfe. Sie können sich darauf verlassen, dass auf Ereignisse auch eine Reaktion erfolgt – positiv wie negativ. Insbesondere wenn das Ziel noch nicht deutlich ist und die Veränderung von allen Beteiligten eine hohe Flexibilität erfordert.

Weiterführende Literatur

Assinger A, Klug G (2002) Auch Sieger haben Angst. WV Buch-Kunst-Musikverlag, Graz
Axelrod R (1987) The evolution of cooperation. De Gruyter Oldenbourg, Berlin
Baschab T, Prange P (2001) Träume wagen. Knaur, München
Bohne M (2007) Feng Shui gegen das Gerümpel im Kopf. Rowohlt Verlag, Hamburg
Boston Consulting Group (2013) Die 50 innovativsten Unternehmen der Welt. http://www.bcg.de/media/PressReleaseDetails.aspx?id=tcm:89-125532. Zugegriffen: 5. Sept. 2014
Buckingham M, Clifto D (2002) Entdecken Sie Ihre Stärken jetzt. Das Gallup-Prinzip für individuelle Entwicklung und erfolgreiche Führung. Campus, Frankfurta. M.
Callahan R (2001) Leben ohne Phobie. VAK Verlag, Kirchzarten
Diacont K (2004) Wie sag ich's meinem Pferd? Müller Rüschlikon Verlag, Stuttgart
Eberspächer H (2007) Mentales Training. Stiebner, München
Gallo FP (2000) Energetische Psychologie. VAK Verlag, Kirchzarten
Hattendorf K, Heidbrink L, Jung C, Morner M (2014) Führungskräftebefragung 2014, Studie der Wertekommission, Bonn. http://www.wertekommission.de/content/pdf/studien/Studie-Fuehrungskraeftebefragung-2014.pdf. Zugegriffen: 5. Sept. 2014
Havener T, Spitzbart M (2010) Denken Sie nicht an einen blauen Elefanten. Rowohlt Verlag, Hamburg
Heimsoeth A (2008) Mental-Training für Reiter. Müller Rüschlikon, Stuttgart
Hinterhuber HH (2000) Mentale Modelle der Führenden und strategische Ausrichtung der Unternehmen. In Hinterhuber S (Hrsg) Die Schwerpunkte moderner Unternehmensführung. Expert-Linde Verlag, Renningen, S 100–122
Höhler G (2003) Warum Vertrauen siegt. Econ, München
Hüther G (2004) Die Macht der inneren Bilder. Vandenhoeck & Ruprecht, Göttingen
Kegan R, Lahey L (2002) Der wahre Grund, weshalb Mitarbeiter sich nicht ändern. Harv Bus Manage 3:88–97
Osterhammel B (2006) Pferdeflüstern für Manager. Wiley Verlag, Weinheim
Owen H (2001) The spirit of Leadership. Führen heißt Freiräume schaffen. Carl Auer, Heidelberg
O.V. (2003) Wie energetisiert man Unternehmen, in Unternehmensentwicklung – die Praxis erfolgreichen Wandels, Wien
Pircher-Friedrich AM (2011) Mit Sinn zum nachhaltigen Erfolg. Erich Schmidt Verlag, Berlin
Rashid M (2002) Denn Pferde lügen nicht. Neue Wege zu einer vertrauten Mensch-Pferd-Beziehung. Franckh-Kosmos, Stuttgart
Roberts M (2003) Das Wissen der Pferde und was wir Menschen von ihnen lernen können. Bastei Lübbe, Bergisch Gladbach
Sprenger R (2002) Vertrauen führt. Worauf es im Unternehmen wirklich ankommt. Campus, Frankfurt a. M.
Watzlawick P (1999) Anleitung zum Unglücklichsein. Piper Verlag GmbH, München
Watzlawick P (2000a) Vom Unsinn des Sinns oder vom Sinn des Unsinns. Piper Verlag GmbH, München
Watzlawick P (2000b) Selbsterfüllende Prophezeiungen – in die erfundene Wirklichkeit. Piper Verlag GmbH, München
Welz H (2002) Pferdeflüstern kann jeder Lernen. Franckh-Kosmos, Stuttgart

11 Werteerhalt im Spannungsfeld zwischen Tradition und Wandel

Leonhard von Metzler

„Es gibt nichts Wichtigeres, als den Kunden zu verstehen.“
Friedrich von Metzler

Inhaltsverzeichnis

Zusammenfassung
In seiner langen Geschichte ist es dem Bankhaus Metzler immer wieder gelungen, das Geschäftsmodell am jeweiligen Bedarf der Zeit auszurichten. Das war und ist die Voraussetzung dafür, die Unabhängigkeit des 1674 gegründeten Bankhauses zu bewahren.

L. von Metzler (✉)
Untermainanlage 1, 60329 Frankfurt am Main, Deutschland
E-Mail: LvMetzler@metzler.com

N. Müller, C. Jäger (Hrsg.), *WERTEorientierte Führung von Familienunternehmen*,
DOI 10.1007/978-3-658-09237-5_11

Entscheidend sind Innovationen, die die Unabhängigkeit des Hauses stärken. Wichtiger Impulsgeber hierfür ist das permanente Gespräch mit dem Kunden, an dessen Bedarf sich die Dienstleistungen des Hauses orientieren. Auch die Weitergabe des Unternehmens in Familienhände ist dem Haus bislang stets geglückt – auch ohne umfangreiche Vertragswerke. Um die Führungsverantwortung auf mehrere Schultern zu verteilen, wurden aber auch immer wieder familienfremde Partner in die Geschäftsleitung einbezogen.

In Laufe der langen Unternehmensgeschichte haben sich drei Unternehmenswerte im Bankhaus Metzler ausgeprägt: Neben der Unabhängigkeit sind das die Werte Unternehmergeist und Menschlichkeit. Der Unternehmergeist der Mitarbeiter ist einer der wichtigen Erfolgsfaktoren für das Haus. Um dem Wert Menschlichkeit Gestalt zu verleihen, wurde ein umfangreiches Instrumentarium zum Führungsverhalten entwickelt. Es umfasst Vereinbarungen zu Leistungen, das Training von Konfliktbewältigung sowie eine Anerkennungskultur.

11.1 Geschäftsmodell Bank – seit 340 Jahren intakt

Frankfurt am Main, Große Gallusstraße 18 – das war fast 190 Jahre der Stammsitz des Bankhauses Metzler. Im Jahr 1826 erwarb Johann Friedrich Metzler, Bankier in der fünften Generation, das Anwesen und verlegte den Sitz der Bank dorthin. Im Herbst 2014 hat die Bank ein neues Domizil in Frankfurt aufgeschlagen – in der Untermainanlage 1 (Abb. 11.1). Das alte Haus war sanierungsbedürftig geworden, zudem eröffnete der Wegzug für die Kommune Frankfurt neue städteplanerische Perspektiven. Sind die Gäste und Kunden des Bankhauses an der neuen, fünf Fußminuten vom ehemaligen Gebäude entfernten Adresse angekommen, müssen sie sich aber kaum umstellen: Sie werden von

Abb. 11.1 Untermainanlage 1

einem Ambiente empfangen, das die lange Tradition des Hauses ebenso ausstrahlt wie der Stammsitz in der Großen Gallusstraße.

Das Bankhaus Metzler, 1674 gegründet, befindet sich heute in der elften Generation im alleinigen Besitz der Gründerfamilie. Die lange Geschichte des Hauses Metzler spiegelt schon der vollständige, etwas weitschweifige Name der Bank wider – „B. Metzler seel. Sohn & Co. KGaA" –, in dem sich Vergangenheit und Gegenwart treffen: Das „B." steht für den Vornamen des Gründers, Benjamin Metzler. Nach dessen frühem Tod wurde das damals übliche „seel." hinzugefügt – eine Abkürzung für „seelig", heute sagen wir „verstorben". Das „Sohn" steht für die Nachkommen, die heute noch in der Geschäftsleitung vertreten sind, ebenso wie die „Konsorten", die mit ihrem Vermögen für die Bank haften. Schließlich wurde das Haus 1986 von einer Personengesellschaft in eine Kapitalgesellschaft in Form einer Kommanditgesellschaft auf Aktien gewandelt. Seitdem haften die Komplementäre der Bank, die gleichzeitig deren Geschäftsleiter sind, mit ihrem persönlichen Vermögen (persönlich haftende Gesellschafter). Die Haftung der Aktionäre der alleinigen Kommanditaktionärin, der B. Metzler seel. Sohn & Co. Holding AG, ist auf ihre Einlage begrenzt.

Was aber befähigt ein Familienunternehmen, im Wandel der Zeiten zu bestehen? Eine Lebensdauer von gut 340 Jahren ist selbst für ein Familienunternehmen eine lange Zeit. Ungewöhnlich ist diese lange Lebenszeit insbesondere für ein Familienunternehmen mit dem Geschäftsmodell Bank, deren Zahl im vergangenen Jahrhundert rapide geschrumpft ist. Gab es vor gut 100 Jahren in Deutschland noch die unüberschaubare Anzahl von 1400 Privatbanken, so sind es heute kaum mehr zwei Dutzend und die wenigsten davon sind noch familiengeführt.

Unternehmenserhalt über Generationen

Die Faktoren, die entscheidend zum langjährigen Unternehmenserhalt des Bankhauses Metzler beigetragen haben, lassen sich unter mehreren Schlagworten subsummieren:

- das Gespür für die „richtige" Geschäftsentwicklung
- das konsequente Handeln im Sinne der nächsten Generation
- Risikoaversität
- Glück/Fortune

Die ersten drei Faktoren sind eng miteinander verzahnt und wurden im Bankhaus Metzler an allen wichtigen Wendepunkten der Unternehmensgeschichte offenbar beachtet. So ist Metzler heute die älteste deutsche Privatbank im ununterbrochenen Familienbesitz und auch noch am Gründungsort ansässig.

11.1.1 Geschäftsstrategie im historischen Wandel

Wie schafft es eine Privatbank, im Konzert der Großen aus eigener Kraft zu bestehen? Erste Hinweise auf den Weg zum Erfolg gibt die Geschichte unseres Hauses, durch die sich wie ein roter Faden der Wunsch nach Unabhängigkeit und ein langfristig orientiertes Denken ziehen. Das Bankhaus ging aus einer Tuchhandlung hervor, mit der sich Benjamin Metzler

Abb. 11.2 Karte von Frankfurt am Main und Umland, um 1700

im Jahr 1674 in Frankfurt am Main niedergelassen hatte. Schon damals machte der europaweite Fernhandel Wechselkredit-, Geldwechsel- und Devisengeschäfte notwendig. Diese Geschäftszweige wurden immer selbstständiger und wichtiger, so dass sich der Schwerpunkt des Hauses mehr und mehr vom Handels- zum Bankgeschäft verschob (Abb. 11.2).

Die an einem besonderen Verkehrsknotenpunkt gelegene Messestadt Frankfurt am Main war ein optimaler Standort für das Bankgeschäft, mit dem Metzler stark wuchs. Eine bedeutende Hürde nahm das Haus im letzten Drittel des 18. Jahrhunderts: Das Bankhaus avancierte zu einem bedeutenden Finanzier des preußischen Königshauses, was durch den Kapitalzuwachs aufgrund einer Heirat begünstigt wurde – hier mag also auch ein Quäntchen Glück im Spiel gewesen sein. Das Königshaus erwies sich im sprichwörtlichen Sinne als höchst preußischer Kunde: Stets pünktlich zahlte es die Zinsen und tilgte die Anleihen. Als das Anleihegeschäft während der Napoleonischen Kriege zum Stillstand kam, war das eine schwierige Zeit für die Bank. Sie konzentrierte sich mehr und mehr auf das Effektengeschäft, also auf den Handel mit fungiblen Wertpapieren wie Aktien und Anleihen. Das führte um die Mitte des 19. Jahrhunderts zu einer erneuten Blüte des Geschäfts.

Vor einer wegweisenden strategischen Entscheidung standen die damaligen Partner der Bank, als sich ab etwa 1850 Deutschland vom Agrarland zum Industrieland wandelte.

Die damit einhergehende Wertschöpfung ermöglichte es zum ersten Mal einer breiteren Bevölkerung, Rücklagen zu bilden. Das rief neue Bankenmodelle auf den Plan. Damals entstanden große Universalbanken, gegründet von der Industrie und einigen Privatbanken. Diese Institute übernahmen eine lebensnotwendige Funktion für die rasant wachsende deutsche Industrie: Sie sammelten Ersparnisse ein, um daraus langfristige Kredite zu vergeben. Die Privatbankiers standen damals vor der Frage, ob sie diesen Weg mitgehen sollten. Metzler entschied sich dagegen. Kleinere Privatbanken hätten an die Börse gehen müssen, um sich mit dem nötigen Kapital zu versorgen – nur so wäre ein Wachstum mit dem Spareinlagen- und Kreditgeschäft möglich gewesen. Ein Wettbewerb mit den neugegründeten Aktienbanken, so befürchtete die damalige Metzler-Geschäftsführung, würde ein rasches Bilanzwachstum notwendig machen, was die Unabhängigkeit des Hauses gefährden könnte. Die Reaktion auf diese Herausforderung war eine strategische Ausrichtung des Geschäfts, die noch heute, knapp 150 Jahre später, die Unternehmenspolitik bestimmt. Im Wesentlichen beinhaltet sie den Verzicht auf das bilanzwirksame Geschäft, also auf Spareinlagen und Kredite, zugunsten individueller Finanzdienstleistungen. Das Haus war und ist somit immer risikoavers aufgestellt gewesen.

In der ersten Hälfte des 20. Jahrhunderts durchlebte die Bank harte Zeiten. Sie musste spürbare Verluste verkraften – ausgelöst durch die Hyperinflation infolge des Ersten Weltkriegs, die Weltwirtschaftskrise wenige Jahre später und die große Bankenkrise 1931. Während des Nationalsozialismus bremsten starke gesetzliche Restriktionen und die Isolation vom Ausland das Geschäft. Nach dem Zweiten Weltkrieg lagen die Geschäftsräume in Schutt und Asche. Mühsam wurden sie wiederaufgebaut, mühsam knüpfte die Bank wieder an die Strategie der Vorkriegszeit an: Sie konzentrierte sich auf bilanzunwirksame Finanzdienstleistungen und baute nach und das Eigenkapital wieder auf. Dabei kamen der Bank alte Aktienbestände zugute, aber auch der Kauf neuer Aktien. So gelang es Metzler, die Unabhängigkeit des Hauses zu sichern. Die Spezialisierung auf Kapitalmarktgeschäfte wurde in den 1970er-Jahren mit der international einsetzenden Expansion der Wertpapiermärkte vorangetrieben. Seitdem liegt der strategische Fokus auf dem Wertpapiergeschäft, auf der Beratung im Zusammenhang mit Zinsen und Währungen, der Vermögensverwaltung für institutionelle und private Kunden sowie auf der Beratung im Corporate Finance. Diese knappe Beschreibung der Geschichte des Hauses zeigt, wie es Metzler an wichtigen Wegmarken immer wieder gelungen ist, das Geschäftsmodell an den jeweiligen Bedarf der Zeit anzupassen, das Haus durch Turbulenzen zu führen und dabei die Unabhängigkeit zu bewahren (Abb. 11.3).

Zeitgemäßes Geschäftsmodell

Mit Blick auf die internationale Konkurrenz ist es heute mehr denn je überlebenswichtig,

- dass die Dienstleistungen einer Privatbank „State of the Art“ sind und
- dass die strategische Ausrichtung der Geschäftsfelder es ermöglicht, unabhängig von Größe profitabel zu wirtschaften.

Abb. 11.3 Große Gallusstraße 18, vor 1940

11.1.2 Innovationen – ein dauerhafter Prozess

Die Notwendigkeit, innovativen Geschäftsideen konkrete Gestalt zu geben, gilt für die Gegenwart in noch ganz anderem Maße als für die vergangenen Jahrhunderte. Am Anfang einer neuen Idee für ein Produkt oder eine Dienstleistung stellt sich aber auch heute immer die Frage: Welche Innovation hilft uns dabei, im Wettbewerb weiter zu bestehen? Welche Innovation macht Bewährtes zeitgemäßer? Wie können wir einen bewährten Weg noch ausbauen – also mit einer grundlegenden Strategie noch besser werden? Selbstverständlich sind auch die Mitarbeiter in Innovationsprozesse eingebunden. Je nach Aufgabe verfügen sie über spezielle Fachkenntnisse und/oder kennen die Anforderungen jedes einzelnen Kunden. Die Erfahrung zeigt, dass ein offenes Gesprächsklima und das Zulassen von Einfällen und unterschiedlichen Meinungen zumal am Anfang eines Innovationsprozesses gute Voraussetzungen dafür sind, Ideen entstehen zu lassen.

Ganz entscheidend für die Strategie und die Abgrenzung gegenüber dem Wettbewerb sind und waren immer die Unternehmenswerte des Bankhauses Metzler. An erster Stelle steht die Unabhängigkeit des Hauses, die es in einem wettbewerbsintensiven Markt zu behaupten gilt und die zu bewahren permanente Anstrengung erfordert. Bei jeder Innovation steht also die Frage im Raum, ob sie unsere Unabhängigkeit stärkt oder schwächt. Entsprechend gründlich müssen Entscheidungen für oder gegen Innovationen abgewogen werden – nicht alles, was machbar ist, ist sinnvoll und nicht alles, was sinnvoll sein könnte, ist auch machbar. Trends zu verschlafen wäre ebenso riskant wie ein unkritisches Mitmachen. Hier ist Urteilsvermögen gefragt – ob eine Innovation zu der grundsätzlichen Geschäftsstrategie passt, ob sie mit den Unternehmenswerten vereinbar ist und schließlich, ob sie umsetzbar und dauerhaft erfolgversprechend ist.

Die wichtigste Voraussetzung dafür, unabhängig zu bleiben, liegt in der eigenen Kapitalkraft: Innovationen erfordern Investitionen, vor allem in personelle Kapazitäten, in die technische Infrastruktur und in IT-Lösungen. Die damit verbundenen Risiken müssen im Vorfeld gründlich analysiert und eingeschätzt werden. Ebenso sollte ein eventuelles Scheitern einer Innovation – beispielsweise einer neuen Geschäftsidee – immer ins Kalkül gezogen werden. Im besten Fall trägt eine Innovation dazu bei, die Kapitalkraft weiter zu stärken.

Innovationen bei Metzler sind in erster Linie getragen von der Orientierung am Bedarf eines Kunden oder einer Kundengruppe. Daher ist das permanente Gespräch mit dem Kunden ein wichtiger Impulsgeber für neue Ideen, die zumeist bewährte Produkte oder Dienstleistungen ergänzen oder weiterentwickeln. In diesem Sinne ist Innovation nie eine einmalige Leistung, sondern ein kontinuierlicher Prozess, zumal auch sich ändernde Rahmenbedingungen hier einfließen – seien es regulatorische oder aufsichtsrechtliche Vorgaben, makroökonomische Faktoren oder Veränderungen im Branchenumfeld. Bei diesem Prozess spielt neben der Produktgruppe beziehungsweise der Fachabteilung der Kundenbetreuer eine wichtige Rolle. Fachabteilung und Kundenbetreuung müssen den Bedarf des Kunden verstanden haben und richtig zuhören können. Sie müssen die Implikationen beispielsweise von veränderten Marktsituationen oder Gesetzesänderungen verstehen und im Sinne des Kunden neue Wege finden. Den Kundenbedarf genau zu kennen, ist also eine der wichtigsten Voraussetzungen für erfolgreiche Neuerungen.

Die weltweite Finanzindustrie ist findig im Entwickeln neuer Geschäftsmodelle. Dabei wird auch Katz und Maus gespielt: Auf die Krisenkaskaden in der ersten Dekade des neuen Jahrtausends haben die Finanzbehörden mit einer großen Zahl von Regularien reagiert, die ihrerseits sowohl Produktanpassungen oder -veränderungen notwendig machten als auch völlig neue Produkte auf den Plan riefen. Vorsicht ist dort geboten, wo Instrumente und Produkte zum Selbstzweck werden – also nicht mehr der Funktion gerecht werden, Finanzmittel fungibel zu machen oder Risiken abzusichern. Viele neue Produkte sind derart komplex, dass es schwer oder sogar unmöglich ist, ihre Konstruktion zu verstehen und die mit diesen Instrumenten verbundenen Risiken abzuschätzen.

Für das Bankhaus Metzler ist es wichtig, dass Innovationen das Haus nicht von seiner grundsätzlichen Strategie abbringen, dass Risiken kalkuliert und abgesichert werden können und dass auch Kunden den Nutzen verstehen. Das war vor der letzten großen Krise so, und das soll auch so bleiben.

11.1.3 Beispiel für Innovationen: Pension Management und Wertsicherung

Zwei aktuelle Beispiele schlagen den Bogen zur Jetztzeit und zeigen exemplarisch, wie das Bankhaus die jeweiligen Anforderungen des Marktes mit neuen Strategien beantwortet. In der jüngsten Vergangenheit hat Metzler Lösungen für die betriebliche Altersversorgung sowie für die Wertsicherung von Geldanlagen entwickelt. Angesiedelt sind beide Geschäftsmodelle im Geschäftsfeld Asset Management, das die Vermögensverwaltung für institutionelle Kunden (dazu zählen u.a. Versicherungen, Versorgungseinrichtungen, Pensionskassen und kirchliche Einrichtungen) und die Auflage von Publikumsfonds umfasst.

11.1.3.1 Lösungen für die betriebliche Altersversorgung

Die deutsche Bevölkerung altert, und das in doppelter Hinsicht: Zum einen sinkt die Geburtenrate, zum anderen steigt die Lebenserwartung kontinuierlich. Das hat inzwischen zu deutlichen Einschnitten in der gesetzlichen Rentenversicherung geführt, so dass sich mit der Rente aus dieser umlagefinanzierten Versicherung allein der gewohnte Lebensstandard nicht mehr sichern lässt. Die meisten Menschen – wollen sie im Alter auf Reisen, ein bequemes Auto und den Konzertbesuch nicht verzichten –, kommen kaum um eine kapitalgedeckte Altersvorsorge herum. Der Gesetzgeber hat diese Notwendigkeit erkannt und sowohl für die private als auch für die betriebliche Altersversorgung finanzielle Anreize geschaffen. Auch die Unternehmen haben reagiert; viele bieten inzwischen Modelle für die betriebliche Altersversorgung an. Das funktioniert nur mit einem spezialisierten Partner, mit dem sich die administrativen Hürden relativ leicht nehmen lassen.

Metzler hat die Entwicklungen der betrieblichen Altersversorgung in der vergangenen Dekade intensiv verfolgt und begleitet – mit Blick auf die spezifischen Bedürfnisse der Unternehmen und deren Mitarbeiter ebenso wie auf die gesetzlichen Bestimmungen. Vor diesem Hintergrund hat der Bereich Metzler Pension Management, der sich seit 2002 speziell mit der betrieblichen Altersversorgung befasst, innovative Ideen geliefert. Sie umfassen Dienstleistungen rund um das Thema Vorsorgekonzepte – betriebliche Altersversorgung, Lebensarbeitszeitkonten und Altersteilzeit. Auf Grundlage eines intensiven Austauschs mit den Kunden werden die unterschiedlichen Konzepte konsequent den Marktanforderungen angepasst und den Kundenwünschen entsprechend ausgebaut. Die Nähe zum Kunden und das Umsetzen seiner ganz speziellen Bedürfnisse zählen zu den besonderen Stärken einer Privatbank – entsprechend sind alle Anlagekonzepte unternehmensindividuell.

11.1.3.2 Wertsicherungskonzepte

Eine Privatbank kümmert sich um das Geld ihrer Kunden – unter Bedingungen, die seit Langem schon nicht gerade einfach sind. Die Kapitalmärkte haben in den zurückliegenden Jahren in ungewöhnlich rascher Folge ziemliche Höhen und Tiefen gesehen – vor allem der Aktienmarkt. Je nach Sicherheitsbedürfnis können solch wechselnde Höhenprofile einen Anleger arg strapazieren. Noch schwieriger wird es für institutionelle Anleger, die Zahlungsverpflichtungen nachkommen müssen, etwa Pensionskassen und Versicherungen, oder die zu einem bestimmten Stichtag berichten. Wer allerdings risikoreichere Investitionen in seiner Kapitalanlage meidet, für den ist das Spielfeld eng abgesteckt und er wird dauerhaft vermutlich nur unterdurchschnittliche Renditen erzielen können. Um diesem Dilemma zu entkommen, hat ein hochspezialisiertes Team des Hauses Metzler Wertsicherungsstrategien entwickelt, mit denen sich konstante und somit kalkulierbare Erträge auch dann erzielen lassen, wenn es an den Kapitalmärkten holprig zugeht. Für ein generelles Verständnis sei kurz ihre Funktionsweise skizziert: Eine festgelegte Wertuntergrenze soll auch in schwierigen Marktphasen nicht unterschritten werden und so den Anleger vor Verlusten schützen. Abhängig von der Höhe der festgelegten Wertuntergrenze besteht ein Budget, mit dem sich höhere Renditen erzielen lassen, als sie etwa ein Tagesgeldsatz bietet.

Mit Ideen zur Wertsicherung war Metzler schon früh präsent. Bereits Ende der 1990er-Jahre – vor der Entzauberung der zunächst euphorisierenden „New Economy“ – setzten

Kunden erste Wertsicherungslösungen zusammen mit Metzler um. Seither wurden die Strategien stetig optimiert. Wichtig dabei war die seit Jahren gepflegte gute Zusammenarbeit mit jungen Wissenschaftlern der Goethe-Universität in Frankfurt am Main, an der intensiv zum Thema geforscht wird. Und nicht nur das: Dank der guten Kontakte zur Hochschule konnten wir Spezialisten an Bord holen.

11.2 Erbe verpflichtet – das komplexe Thema der Unternehmensnachfolge

Mit Produkten am Markt vertreten zu sein, die dem Bedarf der Kunden entsprechen und die zu einer Privatbank im Familienbesitz passen, ist eine Conditio sine qua non für den langfristigen Erhalt der Bank und das Handeln im Sinne der nächsten Generation. Offen bleibt indes stets, ob die nächste Generation den Staffelstab auch annimmt, ob sie bereit ist, die Verantwortung für das Unternehmen zu tragen und ein damit einhergehendes hohes Arbeitspensum auf sich zu nehmen.

Natürlich ist die Übergabe eines Staffelstabs im Sportwettkampf nicht mit der Weitergabe eines Unternehmens vergleichbar. Die Übergabe eines Unternehmens will gründlich durchdacht und vorbereitet sein – und lässt sich leider nicht trainieren wie beim Sport, zumal ein solches Ereignis nicht in jedem Jahrzehnt vorkommt. Wenn auch die Übergabe nicht trainiert werden kann, lässt sie sich doch vorbereiten.

Das Selbstverständnis der Familie trug entscheidend dazu bei, dass die Weitergabe bislang gelungen ist. Kern der Familienidentität war stets das erfolgreiche Unternehmen. Die Bank hält die Familie zusammen und die Familie hält die Bank zusammen – ein Axiom, das allerdings einiger Richtlinien bedarf. Diese Richtlinien wurden über Generationen weitergegeben und sind so zum innerfamiliären Verhaltenskodex geworden, zu einer Art „kulturell-genetischem Erbgut". Umfangreiche Vertragswerke oder eine Familienverfassung gibt es nicht.

Innerfamiliärer Verhaltenskodex

Kernelemente dieser Richtlinien sind:

- Vorrang vor der Gewinnentnahme hat die Stärkung der Eigenkapitalbasis des Unternehmens durch Erhöhung der stillen Reserven. So lässt sich am besten sicherstellen, dass die Bank unabhängig und somit folgenden Generationen erhalten bleibt.
- Die Gesellschaftsanteile sollten bei den in der Bank tätigen Familienmitgliedern konzentriert werden. Anteilseigner, die ausschließlich an der Dividende interessiert sind, gibt es somit nicht.
- Zeigt ein ausreichend qualifiziertes Familienmitglied Interesse an der Bank, erhält es volle Unterstützung.

Ein wichtiger Aspekt dieser Richtlinien besteht darin, den Kreis der Teilhaber – und damit der Entscheider – möglichst klein zu halten. Ein Aspekt, der für familiengeführte Unternehmen sinnvoll sein kann und insbesondere bei Privatbanken häufig anzutreffen war und ist: Je kleiner der Entscheiderkreis, desto leichter fällt die Einigung und desto flexibler und schneller wird entschieden.

11.2.1 Familienmitglieder in der Geschäftsleitung

Auch wenn es immer wieder gelungen ist – es ist keineswegs selbstverständlich, dass ein Familienmitglied in die Geschäftsleitung einer Bank einsteigt. Anders als vielleicht noch bei früheren Generationen lässt sich ein Engagement heute nicht mehr einfach verfügen. Auch sollen Familienmitglieder keinen Sonderstatus genießen. Gefordert sind eine fachliche Qualifikation, Talent und langjährige Erfahrung im Bankgeschäft; wer sich bereit erklärt, in der Bank mitzuarbeiten und wichtige Aufgaben zu übernehmen, muss intensiv dafür arbeiten. Von Vorteil sind Menschenkenntnis und eine gute Portion gesunder Menschenverstand. Kommen noch Leidenschaft und Verantwortungsgefühl hinzu, sind das die besten Voraussetzungen für eine erfolgreiche Nachfolge.

In den gut 340 Jahren seit der Gründung der Bank gab es immer wieder auch bei Metzler Zeiten, in denen zunächst keine geeigneten Familienmitglieder für die Geschäftsführung zur Verfügung standen – oder auch Zeiten, in denen die Unternehmensausrichtung neue Fähigkeiten benötigte, die im Kreis der Familie nicht zu finden waren. Daher wurden mitunter ungewöhnliche Wege eingeschlagen. Im 18. Jahrhundert etwa lag die Leitung des Hauses 14 Jahre lang in einer weiblichen Hand, was damals höchst selten war. Doch jene Christina Barbara Metzler, Schwester des 1757 früh verstorbenen einzigen Inhabers Johann Albrecht Metzler, löste alle Aufgaben offenbar souverän und entscheidungsstark: Sie fand Lösungen für schwierige Erbangelegenheiten und kümmerte sich – selbst kinderlos – um eine gute Ausbildung für den Neffen Friedrich, der sich später als ein sehr guter Bankier erwies (Abb. 11.4).

Abb. 11.4 Christina Barbara Metzler

11.2.2 Die Partnerstruktur – Führungsverantwortung in familienfremden Händen

Um die Selbstständigkeit und Stabilität des Unternehmens zu erhalten, bezogen die verantwortlichen Familieninhaber immer wieder auch familienfremde Partner intensiv in die Führungsverantwortung ein. Der weiteste Schritt in diese Richtung erfolgte im Jahr 1987, als die gesamte Unternehmensgruppe Metzler eine neue Leitungsform erhielt: Mehrere Führungskräfte aus den operativen Bereichen wurden zu Partnern ernannt. Damit sollten die Führungskräfte aus dem operativen Geschäft stärker in die Verantwortung für das Gesamtunternehmen eingebunden werden. Dies trug dem ausdrücklichen Wunsch der Familie Rechnung, die Leitung der Bank auch für Fachleute außerhalb der Familie zu öffnen. Denn um innerhalb der kompetitiven Finanzindustrie zu bestehen, sollte die Führung einer Bank bei führenden Köpfen liegen. Der Partnerkreis mit klar geregelten Zuständigkeiten für die vier Geschäftsfelder Asset Management, Capital Markets, Corporate Finance und Private Banking hat sich bewährt. Eine wichtige Voraussetzung für die Ernennung zum Partner ist die Teamfähigkeit und selbstverständlich die Identifikation mit den Unternehmenswerten. Mitglieder der Familie sind in diesem Kreis „Par inter Pares", haben also nicht mehr oder weniger zu sagen als die anderen Partner. Fünf der aktuell sechs Partner sind persönlich haftende Gesellschafter; sie stehen mit ihrem Privatvermögen für das Unternehmen ein. Explizit ist einer der persönlich haftenden Gesellschafter verantwortlich für die Themen Compliance, Regulierung und Risikomanagement – Themen, die für die Stabilität der Geschäftsentwicklung entscheidend sind.

Die Partnerstruktur gewährleistet zudem Kontinuität. Wenn ein Partner ausscheidet, sind weder der Erfahrungsschatz noch die hohe Professionalität des Gremiums gefährdet.

11.3 Bedeutung der Familie für Kunden und Mitarbeiter

Familienunternehmen verfolgen zumeist eine langfristige Strategie. Das Unternehmenswachstum per se ist dabei kein Erfolgskriterium. Damit unterscheiden sie sich vom „Quartalsdenken" einiger kapitalmarktorientierter Gesellschaften und vom Renditedenken einiger in Private-Equity-Eigentümerschaft befindlicher Unternehmen. Die allermeisten Familienunternehmer haben den Wunsch, ihr Unternehmen zu erhalten und in bestem Zustand an die Nachkommen zu übergeben. Sie denken in Generationen. Kurzfristige Renditechancen interessieren hierbei weniger als eine langfristige Stabilität. Und sie wissen: Zielgerichtete Investitionen sind der Schlüssel für eine tragfähige Zukunft. Auch im Haus Metzler verstehen sich die Gesellschafter als Treuhänder für die nächste Generation, die das dauerhafte Bestehen der Bank sichern wollen. Daher liegt ihr Fokus auf einer nachhaltigen Weiterentwicklung des Geschäfts, auf einer Ausweitung und Anpassung bestehender Produkte und Geschäftsbereiche. Aus dieser Perspektive erweisen sich die vermeintlichen Gegensätze Stabilität und Flexibilität als zwei Seiten einer Medaille, sie ergänzen sich und bedingen einander.

Abb. 11.5 Wappen der Familie von Metzler

„Festina lente"

So lautet der Leitspruch des Familienwappens (Abb. 11.5), übersetzt heißt es „Eile mit Weile". Vielleicht verbirgt sich hinter diesen etwas antiquiert anmutenden Worten eines der Erfolgsrezepte des Hauses, das während seines langen Bestehens auch schwierige und turbulente Jahre zu überstehen hatte. Denn sie bedeuten nichts anderes, als mit Bedachtsamkeit und unter sorgfältiger Abwägung Pläne zu entwickeln und Entschlüsse zu fassen, um sie dann konsequent auszuführen. So unmodern ist das gar nicht: Heute spricht man von Nachhaltigkeit.

11.3.1 Unabhängigkeit und Kontinuität im Kundenkontakt

Der „lange Atem" ist einer der Vorteile eines Familienunternehmens gegenüber anderen Gesellschaftsformen. Ein weiterer Vorteil: Familienunternehmen haben häufig ein „Gesicht" und werden von außen als ein langfristig auf dem Markt aktives Unternehmen wahrgenommen. Für eine Privatbank ist es besonders entscheidend, dass ihre handelnden Akteure fest zum Unternehmen stehen und Glaubwürdigkeit ausstrahlen. Glaubwürdigkeit ist im Kontakt mit dem Kunden sehr wichtig. Denn die Produkte einer Bank unterscheiden sich wesentlich von denen aus „physischen Industrien". Wer Bankprodukte kauft, schenkt dem Verkäufer Vertrauen – zum Beispiel dahingehend, dass er nicht nur über die Chancen, sondern auch über die Risiken eines Produkts umfassend informiert wurde. Umso wichtiger ist es für das Haus Metzler, dass die Mitarbeiter glaubwürdig sind und diese Glaubwürdigkeit ausstrahlen.

Grundlegende Voraussetzung für ein glaubwürdiges Handeln ist die Unabhängigkeit des Hauses Metzler. Unabhängigkeit bedeutet Freiheit – in der Meinungsbildung, beim Gestalten von Dienstleistungen, bei der Markt- und Unternehmensanalyse und in der Kundenbetreuung. Dass die Dienstleistungen im Bankhaus Metzler von keinen unternehmensfremden Interessen beeinflusst werden, ermöglicht es den Kundenbetreuern, allein den Auftrag des Kunden zum Maßstab seines Handelns zu machen.

Auch gegenüber einigen Großbanken lassen sich Vorteile für Metzler ausmachen: Kunden des Privatkundengeschäfts haben in aller Regel über Jahre beispielsweise einen festen Ansprechpartner. Langjährige Kontakte bringen es mit sich, dass der Kundenbetreuer nicht nur die Vermögenssituation seines Kunden kennt, sondern – bei aller gebotenen Diskretion – auch um ihre persönlichen und familienspezifischen Lebensumstände weiß, die für eine umfassende Vermögensplanung eine erhebliche Rolle spielen. Als Familienunternehmen ist Metzler insbesondere vertraut mit den speziellen Wünschen von Unternehmerfamilien. Kontinuität im Kundenkontakt hat aber auch im Geschäft mit institutionellen Anlegern einen hohen Stellenwert: Erst die Dauerhaftigkeit ermöglicht es, umfangreiches Spezialwissen für bestimmte Kundengruppen aufzubauen. Gerade vor dem Hintergrund volatiler Kapitalmärkte und „Dauerkrisen" lässt sich beobachten, dass für viele Kunden verlässliche Strukturen immer wichtiger werden.

11.3.2 Identifikationspotenzial für die Mitarbeiter

Die langfristige Geschäftsausrichtung und das langfristige Engagement der Familie Metzler bieten Verlässlichkeit und ein hohes Maß an Sicherheit auch für die Mitarbeiter der Bank – durchaus ein „Asset" in der krisengeplagten Gegenwart. Zudem sollen die Mitarbeiter *gerne* ins Bankhaus kommen. Denn motivierte Mitarbeiter, die sich mit dem Handeln des Unternehmens identifizieren können, sind auch langfristig erfolgreich – das ist gut für sie selbst wie für das Unternehmen. Überdies gibt es bei der noch überschaubaren Zahl von rund 700 Mitarbeitern eine große Schnittmenge an Mitarbeitern, die sich kennen – das vereinfacht den schnellen Griff zum Telefon und ermöglicht kurze Entscheidungswege. Zudem wird von den Führungskräften verlangt, dass sie ein offenes Ohr für die Anliegen ihrer Mitarbeiter haben. Mehr noch: Die Mitarbeiter sollen wissen, dass sie bei Bedarf auch die Führungsspitze ansprechen können.

Möglicherweise spüren die Mitarbeiter auch, wenn das Unternehmen für die Unternehmerfamilie mehr bedeutet als nur ein Anhäufen von Gewinnen. Neben dem materiellen Vermögen – das als Kapitalbasis in einer Bank enorm wichtig ist – zählt auch das Ansehen eines Hauses. Dazu trägt neben einem erfolgreichen Geschäft zum Beispiel seine Verwurzelung in der Region bei. Das Bankhaus Metzler ist in Frankfurt am Main beheimatet. Frankfurt ist nicht nur der größte Finanzplatz Deutschlands, sondern nimmt im Zuge des Zusammenwachsens von Europa auch im europäischen Kontext eine Spitzenposition ein. Erhalt und Ausbau des Finanzplatzes Frankfurt ist Metzler ein bedeutendes Anliegen, zumal vor dem Hintergrund des mittlerweile fast weltweiten Wettbewerbs. In der Konsequenz engagiert sich das Haus in entsprechenden Gremien wie der Initiative „Frankfurt Main Finance" oder im „House of Finance" der Goethe-Universität Frankfurt am Main. Mit dem Bekenntnis zu dauerhaftem Engagement für Kunst und Kultur, für Sport oder Soziales zahlt jedes Unternehmen auf das Konto seiner Reputation ein.

► Mit „nichtmateriellen Vermögenswerten" bietet ein Unternehmen seinen Mitarbeitern ein hohes Identifikationspotenzial, dessen Stellenwert nicht unterschätzt werden sollte.

11.4 Zum Wert der Unternehmenswerte

Infolge der Häufung von Wirtschafts- und Finanzkrisen in der jüngsten Vergangenheit werden immer wieder Debatten über nachhaltiges Handeln und ethische Maßstäbe in der Wirtschaft geführt. Den Unternehmenswerten kommt hierbei eine hohe Bedeutung zu. Sie umreißen die Haltung, die „innere Einstellung", eventuell auch die Ideale eines Unternehmens im wirtschaftlichen oder sozialen Kontext. Dass sie zum Unternehmen, zu seinen angebotenen Produkten oder Dienstleistungen passen, ist eine erste Bedingung für ihre Glaubwürdigkeit. Die zweite, weit schwierigere, besteht darin, die Unternehmenswerte zu leben.

11.4.1 Erfolgsfaktoren Unabhängigkeit, Unternehmergeist und Menschlichkeit

Im Laufe der langen Unternehmensgeschichte von Metzler hat sich eine Unternehmenskultur ausgeprägt, die sich heute in drei Unternehmenswerten widerspiegelt: Neben der Unabhängigkeit sind das die Werte Unternehmergeist und Menschlichkeit.

Entscheidender Erfolgsfaktor für das Haus war und ist der Unternehmergeist der Mitarbeiter, die Anstöße für Veränderungen geben und die bereit sind, in neue Aufgaben hineinzuwachsen. Agieren statt Reagieren lautete stets die Maxime: Nur so konnte es dem Bankhaus gelingen, an strategischen Wendepunkten das Heft des Handelns in der Hand zu behalten, seine Strategie aktiv an den Erfordernissen der wechselnden Zeiten auszurichten, sich entsprechend früh in neuen Marktsegmenten zu positionieren – und so die Unabhängigkeit des Hauses zu sichern. Von den Mitarbeitern wird daher eine unternehmerische Einstellung unabhängig von jedweder Hierarchie erwartet. Jeder einzelne Mitarbeiter trägt Verantwortung nicht nur für Prozesse, sondern für unterschiedliche Kunden mit ganz individuellen Ansprüchen. Damit Mitarbeiter Unternehmergeist in jeder Position zeigen können, brauchen sie Freiräume. Flache Hierarchien begünstigen es grundsätzlich, dass sich jeder Mitarbeiter, selbst der jüngste, mit seinem Wissen, seinen Ideen und seinen Fähigkeiten engagieren kann. Leistungsfähige Unternehmen zeichnen sich dadurch aus, dass Führungskräfte ihren Mitarbeitern vertrauen und ihnen nicht nur Aufgaben, sondern auch Verantwortung übertragen. Die Mitarbeiter sollen eigenständig denken und ihre Meinung äußern, selbst wenn sie von der des Vorgesetzten abweicht. Denn – um noch einen Schritt weiterzugehen – Mitarbeiter tragen auch Verantwortung für ihre Vorgesetzten und kritisches Hinterfragen führt letztlich weiter als das bequemere Ja-Sagen.

► Der kooperative Führungsstil fördert eine offene Kommunikation und damit die Identifikation mit dem Arbeitsgebiet. Dies spiegelt sich in einer hohen Leistungs- und Verantwortungsbereitschaft jedes Einzelnen wider.

Der Unternehmenswert Menschlichkeit flankiert den Wert Unternehmergeist. Menschlichkeit in der Arbeitswelt heißt bei Metzler, dass alle Mitarbeiter die Chance haben, produktiv und kreativ in ihr mitzuwirken. Führungskräfte sind dazu angehalten, dieses Potenzial zu fördern und im Sinne einer Anerkennungskultur die Leistung ihrer Mitarbeiter zu würdigen – sie haben eine Vorbildfunktion. Unter Menschlichkeit verstehen wir auch, dass jeder Mitarbeiter die Zusammenarbeit im Unternehmen durch eine partnerschaftliche Haltung zum Ausdruck bringt. Hierzu gehören neben Kreativität auch Teamgeist und Kooperationsbereitschaft. Dazu bedarf es eines Klimas, in dem das Gespräch miteinander wichtiger ist als das Delegieren von oben nach unten. So bilden Menschlichkeit und Arbeitswelt keinen Gegensatz – vielmehr stellen sich Erfolg und Zufriedenheit dann ein, wenn das produktive Wechselspiel zwischen Mensch und Arbeit funktioniert. Bei der Einstellung eines neuen Mitarbeiters sind daher für uns nicht nur Wissen und Können entscheidend, sondern ganz wesentlich auch der Charakter. Für das persönliche Gespräch mit Bewerbern nehmen sich die Führungskräfte daher ausreichend Zeit. Es wird Wert darauf gelegt, dass der neue Mitarbeiter die Werte des Hauses teilt und auch menschlich gut ins Team passt – das ist eine der Voraussetzungen dafür, dass auch er sich an seinem neuen Arbeitsplatz wohlfühlt. Denn letztlich erbringen Mitarbeiter, die mit ihrem Arbeitsplatz zufrieden sind, langfristig die besseren Leistungen. Das Wohlfühlen am Arbeitsplatz entspricht also einer Win-Win-Situation für beide Seiten – für den Mitarbeiter wie für die Bank.

11.4.1.1 Ideale Werte und reale Arbeitswelt

Der Konsens über die Unternehmenswerte bildet eine Art grundlegende Verständnisebene, ein Fundament auch für das Handeln. Entscheidend ist, sie mit Leben zu füllen.

11.4.1.2 Konfliktmanagement – Mitarbeiter- und Führungskräfteschulungen

Selbst die besten Werte schützen nicht vor Auseinandersetzungen. Mitunter bergen die Werte selbst Konfliktpotenzial. Zum Beispiel der Wert „Unternehmergeist“: Was geschieht, wenn der Vorschlag eines Mitarbeiters bei der Führungskraft auf taube Ohren oder heftige Kritik stößt? Die Werte Unternehmergeist und auch Menschlichkeit mit Leben zu füllen, heißt, Wege für den Umgang mit Konflikten und möglichst Lösungen für Konflikte zu finden. Es liegt auf der Hand, dass ein harmonisches Arbeitsklima nicht nur dem Mitarbeiter guttut, sondern auch eine Voraussetzung für optimale Leistungen ist. Die Mitarbeiter sollen mit ihren Konflikten nicht allein gelassen, sondern es sollen ihnen Hilfen an die Hand gegeben werden. Ziel ist es, Divergenzen so auszutragen, dass sich ein Konsens finden lässt und unterschiedliche Bedürfnisse so weit wie möglich respektiert bleiben. Die Personalabteilung des Hauses hat hierfür Schulungen entwickelt: Unter dem Titel „Mit sich selbst und anderen konstruktiv umgehen“ bietet das Haus allen Mitarbeiterinnen und Mitarbeitern schon seit vielen Jahren inhaltlich aufeinander aufbauende Seminarmodule an. In mehrtägigen Trainings arbeiten die Teilnehmer gemeinsam mit einem Kommunikationsexperten daran, ihre Verständigung untereinander zu verbessern, das eigene Verhalten zu steuern und Techniken zur Konfliktbewältigung zu entwickeln. Dabei werden Führungskräften wie Mitarbeitern dieselben Inhalte vermittelt, so dass kein „Wissensvorsprung“ entsteht. Natürlich ist ein Seminarbesuch kein Zaubermittel. Auch gibt es keine Kontrolle, inwieweit Konflikte aufgrund der Seminare nun besser gelöst werden – das verbietet schon das Wahren der persönlichen Sphäre aller Konfliktbeteiligten. Allerdings sind die Seminare, an denen die Mitarbeiter freiwillig teilnehmen, stets nachgefragt. Auch manchem Gespräch im Kollegenkreis lässt sich entnehmen, dass viele Mitarbeiter um die Techniken wissen, mit denen sich Konflikte entschärfen lassen und die es ermöglichen, Konfliktlösungen zu finden.

► Konflikte gehören zwar zum Alltag in der Arbeitswelt, belasten aber die Mitarbeiter und können lähmend wirken. Techniken zur Konfliktbewältigung unterstützen dabei, Spannungen abzubauen, eine adäquate Gesprächsatmosphäre zu schaffen und Lösungen im Sinne aller Beteiligten zu finden.

11.4.1.3 Personalentwicklung

„Metzler-FührungsNavigator“ – so heißt das ab 2010 in mehreren Schritten eingeführte Führungskonzept bei Metzler. Dahinter verbirgt sich eine Führungsphilosophie, mit der sich Führungskraft und Mitarbeiter auf die Umsetzung der Unternehmensziele verständigen. Diese Anpassung war erforderlich, da die Berg- und Talfahrten an den Kapitalmärkten erhöhte Anforderungen an ein modernes Führungsverhalten mit sich brachten, denen das alte Führungssystem nicht mehr entsprach. Das neue System bietet mehr Flexibilität und ermöglicht so schnellere Antworten auf Marktveränderungen, die häufig mit neuen Aufgaben einhergehen.

Ausgangspunkt für die Vereinbarungen mit den Mitarbeitern sind die Aufgaben und Ziele des Unternehmens. Um diese Aufgaben möglichst optimal zu bewältigen und die Ziele zu erreichen, wird jeder Mitarbeiter in seinen individuellen Stärken gefördert und gefordert, indem ihm Aufgaben entsprechend seinen Stärken und Talenten übertragen werden. Dahinter steht die Überzeugung, dass Menschen umso motivierter an ihre Aufgaben herangehen, je mehr sie ihr ureigenes Potenzial einsetzen und entfalten können. Der FührungsNavigator ist hierfür ein aus mehreren Gesprächsmodulen bestehendes Hilfsmittel, das die Führungskräfte situations- und bedarfsgerecht unterstützt und flexibel einsetzbar ist. Herzstück sind die Vereinbarungs- und Leistungsgespräche, in denen auch die individuelle Personalentwicklung und der Weiterbildungsbedarf thematisiert werden. Die verabredete Weiterbildung ist die Grundlage für firmenspezifische wie individuelle Qualifizierungen der Mitarbeiter.

Metzler-FührungsNavigator

Der FührungsNavigator umfasst die wichtigsten Schritte für erfolgreiches Führen:

- Er lenkt den Blick über den Tellerrand des eigenen Verantwortungsbereichs hinaus auf Erfolgskriterien für das gesamte Unternehmen.
- Er hilft, die Stärken der einzelnen Mitarbeiter genauer zu erkennen. Entsprechend eingesetzt, erzielen sie für sich und das Unternehmen mehr Erfolgserlebnisse.
- Er fördert die Gesprächskultur und das vernetzte Denken über Hierarchieebenen hinweg.

Weiterführende Literatur

Becker W, Stephan P (2001) Unternehmensnachfolge in mittelständischen Familienunternehmen. In: Bamberger betriebswirtschaftliche Beiträge, Nr. 127. Otto-Friedrich-Universität Bamberg, Bamberg

Mach A (2012) Das Handbuch für Familienunternehmen: Eine Schriftensammlung. Alphazirkel, München

Plate M, Groth T, Ackermann V, von Schlippe A (2011) Große deutsche Familienunternehmen. Generationenfolge, Familienstrategie und Unternehmensentwicklung. Vandenhoeck & Ruprecht, Göttingen

Steinbeis M (2009) Familienfirma. Erfolge, Krisen, Fortbestand. Steinbeis, Brannenburg

Stiftung Familienunternehmen (2011) Die volkswirtschaftliche Bedeutung von Familienunternehmen. Stiftung Familienunternehmen, München

Zimmermann W (2012) Unternehmer sind Verrückte. Wie Unternehmer Grenzen überwinden und was Manager von ihnen lernen können. Gabler, Wiesbaden

Werte in die Zukunft tragen – Unternehmensnachfolge erfolgreich gestalten

12

Nicolai Müller

„Das Wort ‚Familienbande' hat einen Beigeschmack von Wahrheit." Karl Kraus

Inhaltsverzeichnis

Zusammenfassung
Unternehmensübergaben können Fluch und Segen gleichermaßen sein. Sie stellen Familienunternehmen auf eine Belastungsprobe wie kaum ein anderes Ereignis. Gelingt es, das Unternehmen erfolgreich in die nächste Generation zu führen, stärkt dies sowohl das Familienunternehmen als auch die Unternehmerfamilie. Scheitert eine Unternehmensnachfolge, steht im schlechtesten Fall die gesamte Existenz auf dem Spiel.

N. Müller (✉)
Zeppelinstraße 34, 47638 Straelen, Deutschland
E-Mail: n-mueller@stb-straelen.de

N. Müller, C. Jäger (Hrsg.), *WERTEorientierte Führung von Familienunternehmen*,
DOI 10.1007/978-3-658-09237-5_12

Das Kapitel zeigt Ihnen, warum Kinder schon früh ein ambivalentes Verhältnis zum Familienunternehmen entwickeln können und warum das gemeinsame Mittagessen schnell zum Streitschauplatz werden kann. Sie erfahren, warum es sich lohnt, als Familie zusammenzuhalten und warum am Ende nur das gerecht ist, was als gerecht empfunden wird. Abschließend erhalten Sie einen Einblick in das Thema Mediation, welche, je nach Intensität des geführten Konflikts, schnell zu einer Operation am offenen Herzen wird.

12.1 Spannungsfeld Unternehmensnachfolge

Im Volksmund heißt es: „Der Vater stellt's, der Sohn erhält's, beim Enkel zerfällt's.“ So schaffen es 30 von 100 Familienunternehmen in die zweite Generation und nur drei davon erleben eine Übernahme durch die dritte Generation. Gerade beim Thema Unternehmensnachfolge zeigt sich, wie krisensicher der Familienzusammenhalt ist. Es gibt vielfältige Gründe, warum Unternehmensnachfolgen gerade bei Familienunternehmen konfliktanfällig sind.

Wie das Wort Familienunternehmen bereits impliziert, sind zwei Systeme zu unterscheiden: die Familie und das Unternehmen. Dennoch sind beide Systeme kaum voneinander zu trennen, da sie sich gegenseitig beeinflussen und voneinander abhängig sind. Tagiuri und Davis haben daher ein Zwei-Kreise-Modell entworfen, in dem die Überschneidung der beiden Bereiche deutlich wird. Später wurde das Modell um das System Eigentum ergänzt. Alle drei Systeme sind gleichermaßen autonom als auch voneinander abhängig, was oftmals zu Spannungen und Konflikten führen kann. Dabei verfolgt jedes System seine eigene Logik (Abb. 12.1).

System Familie

Der Zusammenhalt der Unternehmerfamilie definiert sich über Werte wie Loyalität, Treue und Liebe. Diese können beispielsweise in Form von Anerkennung und Wertschätzung zum Ausdruck gebracht werden. Familienmitglieder bilanzieren dabei sehr genau, welche Leistungen sie über die Jahre für andere erbracht haben und welche sie im Gegenzug empfangen haben. Steht die Unternehmensübergabe in die nächste Generation an, werden diese Verdienst- und Schuldenkonten als Maßstab für eine gerechte Verteilung der Unternehmensanteile und Führungspositionen gesehen.

System Unternehmen

Anders ist es im System Unternehmen. Beziehungen sind hier vor allem juristisch geprägt. Die Bindung entsteht zum Beispiel durch Arbeitsverträge. Im Idealfall bemisst sich der Wert einer Person und die damit verbundene Entlohnung nach ihrer erbrachten Leistung und Qualifikation. Was passiert, wenn die Systeme Familie und Unternehmen aufeinander treffen, verdeutlicht das Beispiel Fallschirmsprung.

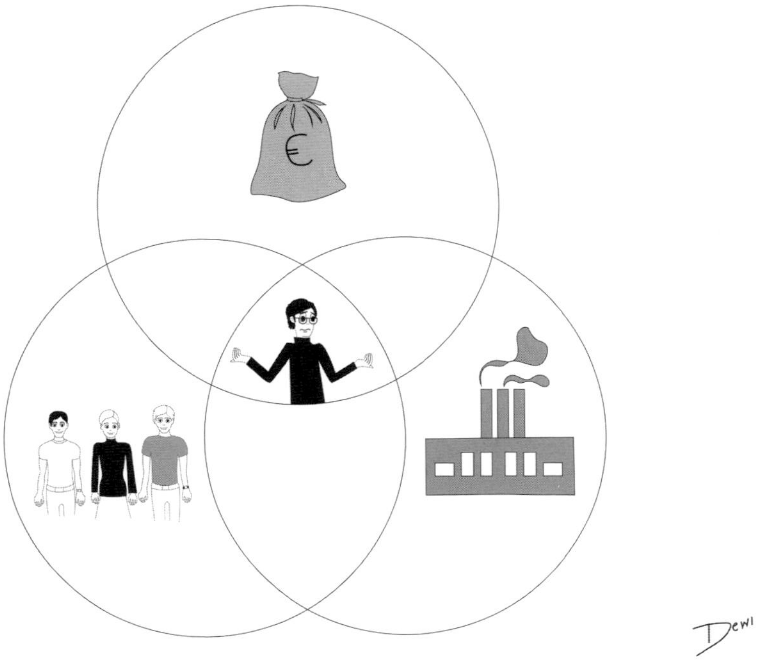

Abb. 12.1 Drei-Kreise-Modell (in Anlehnung an Tagiuri und Davis)

Fallschirmsprung

Die Nachfolge im Unternehmen Traumschiff besteht aus drei Geschäftsführern: zwei Geschwister – Bruder B und Schwester S – sowie ein Fremdgeschäftsführer F. Das Unternehmen wurde vor 40 Jahren vom Gründer G, dem Vater von B und S gegründet. Während Fremdgeschäftsführer F zusammen mit Schwester S rund um die Uhr für das Unternehmen da ist, liegt der Lebensmittelpunkt des Bruders B in der Ausübung von Extremsportarten wie Fallschirmspringen.

Der Vater und gleichzeitige Unternehmensgründer hatte zum Übertragungszeitpunkt in seiner Rolle als Familienoberhaupt versucht, eine gerechte Lösung für die Geschwisterkinder zu finden und beide zu Geschäftsführern gemacht. Da er beide gleichermaßen liebt, war es aus seiner Sicht die gerechteste Lösung, um den familiären Frieden zu wahren. Was aus Sicht des Systems Familie eine nachvollziehbare Lösung scheint, kann im System Unternehmen für viel Zündstoff sorgen (Abb. 12.2).

Im beschriebenen Fall zeichnet Bruder B nichts anderes aus, als dass er Sohn von Gründer G ist. Schwester S und Fremdgeschäftsführer F sind nicht länger bereit, B mit „durchzufüttern". Das Ziel von G, die Familie zusammenzuhalten, kann daher genau ins Gegenteil umschlagen. Aufgrund seiner familiären Entscheidungskriterien im Rahmen der Nachfolge – nämlich der Begründung des Arbeitsverhältnisse aufgrund des Verwandtschaftsgrads von G zu B – gefährdet G nicht nur das familiäre Verhältnis, sondern riskiert auch, dass

Abb. 12.2 Die falsche Entscheidung?

Fremdgeschäftsführer F die vom Gründer gewählte Geschäftsführungskonstellation auf lange Sicht nicht toleriert und irgendwann kündigt. Hätte G aus Sicht des Unternehmers gehandelt, hätte er B wohl nie in die Geschäftsführung berufen.

System Eigentum

Eigentümer sind in der Regel aktiv oder passiv am Familienunternehmen beteiligt. In ihrer aktiven Rolle nehmen sie gleichzeitig operativ am Geschäftsbetrieb als Geschäftsführer oder in einer anderen Position teil. Als passive Eigentümer besitzen sie Unternehmensanteile und üben ihren Einfluss zum Beispiel über die Gesellschafterversammlung aus. Konflikte können dann entstehen, wenn es unterschiedliche Vorstellungen darüber gibt, wie das Familienunternehmen zu führen ist. Einerseits verbindet alle beteiligten Personen der Wunsch nach dem Erhalt des Unternehmens. Andererseits können ihre Interessen voneinander abweichen, wenn es zum Beispiel um die Verwendung erwirtschafteter Gewinne geht.

Maschinenkauf versus Gewinnausschüttung

Im Rahmen der Unternehmensnachfolge entschließt sich Gründer Dagobert, sein Unternehmen zu gleichen Teilen an seine drei Kinder Tick, Trick und Track zu übergeben. Da Tick und Track zum Zeitpunkt der Übergabe bereits seit langer Zeit zufrieden einen anderen Beruf ausüben, kommt nur Trick als Geschäftsführer in Frage.

Alle erklären sich damit einverstanden, dass Trick die alleinige Geschäftsführung im Familienunternehmen übernimmt. Nach fünf Jahren erfolgreichen Wirtschaftens und jährlichen Gewinnausschüttungen für alle drei Gesellschafter, ändern sich durch einen neuen Mitbewerber schlagartig die Marktbedingungen und das Familienunternehmen gerät in eine Krise. Um die schwierige Situation zu bewältigen, sieht Trick sich gezwungen, eine neue Maschine für eine halbe Million Euro zu kaufen. Einen Teilbetrag davon muss er fremdfinanzieren. An Ausschüttungen ist in den nächsten Jahren nicht zu denken. Trick stellt seinen Plan im Rahmen der Gesellschafterversammlung vor. Die Geschwister reagieren mit Unverständnis und fordern eindringlich günstigere Alternativen, um das Unternehmen erhalten zu können. Schließlich hätten sie gerade privat neu gebaut und seien dringend auf die Gewinnausschüttungen angewiesen. Tick und Track machen Trick Vorwürfe, ob er wohl wolle, dass sie bald mit ihren Familien auf der Straße stünden. Der Konflikt eskaliert.

Was ist passiert? Im Beispiel Maschinekauf versus Gewinnausschüttung kollidieren die Systeme Eigentum und Unternehmen, da Tick, Trick und Track unterschiedliche Interessen verfolgen. Tick und Track sind passive Eigentümer. Sie gehen zwar einem Beruf nach, haben jedoch die jährlichen Gewinnausschüttungen fest in ihren Lebensstil einkalkuliert. Trick ist aktiver Eigentümer, da er nicht nur Unternehmensanteile hält, sondern als Geschäftsführer für das Wohl der Firma verantwortlich ist. Die Schieflage des Unternehmens trifft ihn somit doppelt hart. Nicht nur, dass die Gewinnausschüttung wegfällt, auch sein Gehalt muss von dem Familienunternehmen getragen werden. Somit ist er von allen drei Kindern derjenige, der unmittelbar darauf angewiesen ist, dass das Unternehmen in Zukunft erhalten bleibt.

▶ Allen Systemen gerecht zu werden, ist nahezu unmöglich. So kann es sein, dass eine richtige Entscheidung in dem einen System, gleichzeitig eine falsche Entscheidung für ein anderes System darstellt.

Investiert Trick, wie es aus seiner Sicht dringend notwendig ist, in die Maschine, gefährdet er damit die Hausfinanzierungen der beiden anderen Familienmitglieder und damit auch den Familienfrieden.

Um Konflikten dennoch bestmöglich vorzubeugen, ist es wichtig, bereits im Vorfeld der Unternehmensübergabe möglichst viele Szenarien, beispielsweise die jährliche Gewinnverwendung, zu besprechen und Interessenkonflikte frühzeitig zu klären.

12.2 Familienunternehmen: eine Hassliebe

Das, was Familienunternehmen auf den ersten Blick von anderen Unternehmen unterscheidet, ist der Zusatz „Familie" in ihrer Bezeichnung. Neben einem starken Familienzusammenhalt sind klare Strukturen ein positives Merkmal, da sich die handelnden Personen sehr gut kennen. Diese Stärken sind auch gleichzeitig Schwächen. In jeder Familie gibt es

Streitigkeiten und Probleme. Diese potenzieren sich, wenn es nicht nur um die Familie als solche, sondern zusätzlich auch noch um das „Familienmitglied Unternehmen“ geht. Treten dadurch bei den Familienmitgliedern persönliche Befindlichkeiten, das Streben nach Macht und/oder finanzielle Interessen in den Vordergrund, kann die Unternehmerfamilie schnell zur existenziellen Bedrohung für das eigene Unternehmen werden.

Auch die Beziehung zwischen den Kindern und dem Unternehmen spielt eine wichtige Rolle und birgt Konfliktpotenzial. Die Kinder sehen im Unternehmen oftmals einen Konkurrenten. Es wird zu einer Art „Kuckuckskind“, das die gleichen Ansprüche an die Gründereltern stellt, wie die Kinder selbst. Der Vater nimmt an einer geschäftlichen Besprechung teil und hat keine Zeit, das Tennisturnier der Kinder zu besuchen. Beim Abendessen wird über betriebliche Belange statt über schulische Leistungen gesprochen und der Jahresurlaub wird wegen eines dringenden Vorfalls im Unternehmen wieder einmal abgebrochen. Das Unternehmen kann so zum Gegner der Kinder im Kampf um elterliche Aufmerksamkeit und Zuneigung werden.

Gleichzeitig kann sich genau diese Konkurrenzsituation für die Kinder als Sprungbrett erweisen. Das Interesse am Unternehmen und eine potenzielle Generationennachfolge bieten den Kindern die Möglichkeit, sich bei den Eltern wieder in den Mittelpunkt zu stellen.

12.2.1 Streitschauplatz Mittagstisch

Wie viele andere Familien trifft sich auch die Unternehmerfamilie häufig am Mittagstisch. Doch während es im Gespräch bei anderen Familien eher um private Angelegenheiten und Probleme geht, dreht es sich bei der Unternehmerfamilie sowohl um Privates als auch um Geschäftliches. Das ist insofern nicht verwunderlich, da das Unternehmen einen wesentlichen Lebensbereich der Familie darstellt. Eine klare Trennung von privaten und geschäftlichen Themen ist daher kaum denkbar.

Diese wechselseitige starke Beeinflussung von Familie und Unternehmen fördert Beziehungskonflikte. Es wird insbesondere dann problematisch, wenn am Mittagstisch wie im Unternehmen gesprochen wird und sich die Rollen „Unternehmensmitglied“ und „Familienmitglied“ vermischen. So kann es durchaus vorkommen, dass der Vater im väterlichen Ton spricht, das Thema jedoch rein berufsbezogen ist.

Vermischung der Rollen

Vater: „Sohn, du hast mich enttäuscht, dass du den Auftrag nicht an Land gezogen hast. Ich hatte das doch schon alles für dich vorbereitet.“ (Abb. 12.3)

Auch wenn es für den Sohn aus inhaltlicher Perspektive offensichtlich ist, dass der Vater gerade über das Unternehmen spricht, entsteht das Gefühl, dass dieser in der Rolle als Vater von ihm enttäuscht ist und nicht als Nachfolger im Unternehmen. Fragen wie „Mag mein Vater mich jetzt nicht mehr?“ treten schnell in den Vordergrund und können bei regelmäßigem Auftreten einen guten Familienzusammenhalt beschädigen.

Abb. 12.3 Streitschauplatz Mittagstisch

► Gerade in Familienunternehmen kommt es häufig vor, dass die Familienmitglieder zeitgleich Mitarbeiter und Kollegen sind. Auch wenn es schwerfällt, ist es wichtig, zu überlegen, aus welcher Rolle heraus agiert wird.

Das kann die Empfindung eines Gesprächs und auch dessen Ausgang in einem erheblichen Maße beeinflussen. Wenn der Vater mit dem Sohn über seine Position oder Aufgabe im Unternehmen spricht, dann agiert er vordergründig in der Rolle des Unternehmers oder Geschäftsführers. Wenn er zu Beginn eines Gespräches verdeutlicht, dass er nun als Inhaber und nicht als Vater sprechen wird, kann der Sohn sich darauf einstellen. Es erleichtert ihm, das Gesagte richtig zu interpretieren und aus seiner Rolle als Nachfolger zu antworten.

Umgekehrt sollte sich der Sohn bewusst machen, dass die Erwartungen seines Vaters in der Rolle des Unternehmers andere sind als in der Rolle des Familienoberhauptes. Denn oftmals gehen die Rollen als Vater und Unternehmer fließend ineinander über. Solange alle Familienmitglieder wissen, woran sie sind und die Verhaltensweisen der jeweils anderen akzeptieren können, bereitet die Vermischung der Rollen und Themen kaum Probleme. Es ist durchaus möglich, dass auch in privater Atmosphäre Unternehmensthemen ausdiskutiert werden. Auseinandersetzungen dieser Art sollten daher nicht grundsätzlich als „Liebesentzug" aus familiärer Sicht, sondern als sachliche Kritik auf Unternehmensebene gesehen werden.

12.2.2 Im Schatten dominanter Eichen

Der Wunsch des Gründers, nur schwer oder gar nicht ersetzbar sein zu können, kann eine Unternehmensübergabe deutlich erschweren. Auf der einen Seite hat der Übergebende den ehrlich gemeinten Wunsch, das Unternehmen zu übertragen und Verantwortung abzugeben. Gleichzeitig muss er sich aber eingestehen, dass er ab diesem Moment nicht mehr oder zumindest deutlich weniger gebraucht wird. Eine ungewohnte Rolle.

Denn als Unternehmens- und oftmals zugleich Familienoberhaupt ist er über viele Jahre im Unternehmen und in der Familie tonangebend. Er beweist als Selbständiger eine hohe Leistungsbereitschaft, geht Risiken ein und ist um das Wachstum seines Unternehmens bemüht. Er schätzt die Unabhängigkeit und Selbstbestimmtheit und diese Eigenschaften spiegeln sich auch in seinem Führungsstil wider.

Diese Wesensmerkmale sind notwendig, um das Unternehmen voranzubringen. Gleichzeitig erschweren sie aber die Beziehung zwischen Vater und Kindern, da von den Nachfolgern eine widersprüchliche Verhaltensweise gewünscht wird. Zum einen wird treue Gefolgschaft und klare Unterordnung gegenüber dem Senior erwartet. Zum anderen sollen sich die potenziellen Nachfolger zu starken, eigenständigen und unabhängigen Charakteren entwickeln. Dass dieses dominante Verhalten Folgen haben kann, zeigt schon die Natur. Im Schatten dominanter Eichen fällt es den meisten Pflanzen schwer, sich zu entwickeln (Abb. 12.4).

Abb. 12.4 Unter großen Eichen

Stehen Nachfolger ihr ganzes Leben im Schatten des Unternehmensinhabers, haben sie nur schwer die Chance, sich so zu entwickeln, wie es für eine erfolgreiche Fortführung des Familienunternehmens notwendig wäre. Es fehlt ihnen an Selbstbewusstsein, Führungs- und Entscheidungskompetenz. Oft sind es genau diese fehlenden Eigenschaften, die der Übergebende bei seinen Nachfolgern bemängelt, ohne zu sehen, dass er einen großen Teil zu dieser Situation beigetragen hat.

Die emotionale Distanz des Firmeninhabers in zweiter Generation zum Unternehmen wirkt sich positiv auf das Verhältnis zur dritten Generation aus. Mindestens ein Elternteil hat bereits eigene Erfahrungen mit der Rolle des Nachfolgers gemacht. Der folgenden, dritten Generation wird dadurch mehr Verständnis und Empathie für Probleme und Herausforderungen entgegengebracht, welche eine Unternehmensnachfolge mit sich bringen kann.

Wurde es versäumt, die familiären Nachfolger rechtzeitig zur Selbständigkeit und dem Treffen von eigenen Entscheidungen zu erziehen, kann dies schwerwiegende Folgen für die Zukunft eines Unternehmens haben.

Später Streit

Zu Lebzeiten hat der Gründer die Familie zusammengehalten und darüber bestimmt, wer was bekommt und sich wie zu verhalten hat. Er hat alle Entscheidungen getroffen und ein Korsett der Verhaltensweisen gebildet. Da er von allen Familienmitgliedern akzeptiert wurde, sind Konflikte nicht eskaliert. Mit Versterben des Gründers gibt es auch kein Korsett mehr und mögliche Konflikte, wie zum Beispiel die Ungleichbehandlung der Kinder, beginnen zu eskalieren und außer Kontrolle zu geraten. Hinzu kommt, dass die Kinder durch die Dominanz des Gründers einige Verhaltensweisen schlichtweg nicht erlernt haben, weil diese durch den Vater diktiert wurden. Das kann dazu führen, dass die Kinder ohne ihren Vater nicht in der Lage sind, Entscheidungen zu treffen. Dann kann nur noch fremde Hilfe – wie zum Beispiel ein Mediator – retten, was noch zu retten ist.

Nachfolger sind auf einen Vertrauensvorschuss angewiesen. Zum Zeitpunkt der Übergabe hatte der Übergebende ein ganzes Leben Zeit gehabt, Kompetenzen aufzubauen. Diese Erfahrung kann ein Nachfolger noch gar nicht haben. Nicht umsonst heißt es: „Der Mensch wächst mit seinen Aufgaben." Auch der Nachfolger kann wichtige Kompetenzen und frischen Wind einbringen, der es dem Unternehmen ermöglicht, sich weiterzuentwickeln.

Rolle des Übergebenden

Fragen Sie sich in der Rolle des Übergebenden einmal selbst, wie es sich früher angefühlt hat, als Sie das Unternehmen gegründet oder übernommen haben. Welche Herausforderungen mussten Sie im Laufe des Lebens meistern? Was waren Ihre wertvollsten Erfahrungen und aus welchen Fehlern konnten Sie am meisten lernen? Was würden Sie ändern, wenn Sie noch einmal die Chance dazu hätten?

Daher sind Unternehmensinhaber dazu aufgerufen, ihren Nachfolgern Fehler zuzugestehen. Zu einem gewissen Grad ist dies auch sicherlich möglich. Aber nicht in allen Fällen. Dauernde Kritik wird irgendwann eher als Bevormundung gesehen und anstatt den gut gemeinten Rat anzunehmen, regt sich bei den Nachfolgern zunehmend Widerstand.

Erschwerend kommt hinzu, dass sich die wirtschaftlichen Zeiten geändert haben. Was in der Vergangenheit goldrichtig war, kann, angewendet auf die Nachfolgegeneration, genau falsch sein. Die Kunden- und Mitarbeitertreue war in den vergangenen Jahrzehnten deutlich ausgeprägter als sie es jetzt ist. Das geänderte Loyalitätsverhalten erfordert einen anderen Führungsstil. Stellt sich ein Nachfolger darauf ein und ändert seine Vorgehensweise, bedeutet dies nicht automatisch, dass er die Arbeit seines Vorgängers nicht wertschätzt. Wichtig ist hier, in gemeinsamen Gesprächen Transparenz und Nachvollziehbarkeit im Handeln herzustellen und gegenseitiges Verständnis und Wertschätzung zum Ausdruck zu bringen.

12.2.3 Gerecht ist, was als gerecht empfunden wird

Nicht nur die Beziehung zwischen Gründer und Nachfolgern kann problematisch sein. Auch die Beziehung zwischen Geschwistern birgt Konfliktpotenzial. Neben der Konkurrenz um elterliche Aufmerksamkeit, Zuneigung und Liebe geht es bei Konflikten zwischen Geschwistern auch um die Angst, bei der Verteilung des Privat- und Unternehmensvermögens benachteiligt zu werden.

Bei der Vermögensverteilung sind daher mehrere Blickwinkel zu beachten: die Perspektive des Übergebenden und die der Übernehmenden. Es ist möglich, dass jedes Familienmitglied eine andere Definition von Gerechtigkeit hat. Dass Gerechtigkeit unterschiedlich definiert werden kann, zeigt das Beispiel „Gerechtigkeit" mit seinen drei Varianten, bei denen Familienunternehmer Dagobert sein Unternehmen an seine drei Kinder Tick, Trick, Track übertragen möchte.

Gerechtigkeit – Variante A

Da es drei Kinder gibt, sieht Dagobert es als gerecht an, die Unternehmensanteile zu dritteln, um so jedem Kind dengleichen Anteil am Unternehmen zu vererben. Weiterhin soll eines der drei Kinder Geschäftsführer werden. Wer diese Position bekommt, bestimmt der Gründer. Seine Auswahl trifft er aufgrund seiner Beurteilung der Qualifikation und Leistungen der Kinder. Privatvermögen ist in absehbarer Zeit nicht zu verteilen.

Da Dagobert unter den Kindern ein hohes Ansehen genießt, wird seine Entscheidung von allen Kindern akzeptiert. Es ist wichtig, Entscheidungswege transparent zu machen und den Nachfolgern zu ermöglichen, im Vorfeld Bedenken zu äußern.

Gerechtigkeit – Variante B

Dagobert möchte allen seinen Kindern die Möglichkeit geben, ins Familienunternehmen einzusteigen. Schlagen die Kinder diese Möglichkeit aus, verzichten sie gleichzeitig auf ihre Unternehmensanteile. Zum Ausgleich wird den Kindern, die sich für einen anderen Weg entscheiden, mit Hilfe von 100.000 € aus dem Barvermögen von Dagobert ein guter Start ins Leben ermöglicht.

In diesem Fall wird Gerechtigkeit nicht absolut bemessen. Vielmehr wird allen Kindern die Möglichkeit geboten, etwas aus ihrem Leben zu machen, egal welchen Weg sie einschlagen möchten.

Gerechtigkeit – Variante C

In diesem Fall existieren neben dem Unternehmensvermögen verschiedene fremdvermietete Privatimmobilien, welche einen geringeren monetären Wert haben. Während Tick und Trick in das Unternehmen einsteigen, sucht Track eine andere berufliche Herausforderung. Die Familie beschließt gemeinsam, dass Tick und Trick die Unternehmensanteile erben und Track die Privatimmobilien.

Variante C zeigt, dass auch eine, aus monetärer Sicht ungleiche Verteilung von Unternehmens- und Privatvermögen eine von allen Nachfolgern akzeptierte Lösung sein kann. Das Unternehmen hat zwar auf der einen Seite einen höheren Wert als die Immobilien, auf der anderen Seite ist die Fortführung des Unternehmens mit einem höheren Risiko verbunden. Während die Mieteinnahmen von fremdvermieteten Immobilien als relativ sicher gelten, müssen die Gewinne im Unternehmen jährlich neu erwirtschaftet werden. Somit sind rein monetäre Entscheidungskriterien nicht immer ausschlaggebend.

Weiterhin ist denkbar, dass ein Unternehmensgründer keinen Nachfolger findet, da sich potenzielle Nachfolger gegen einen operativen Einstieg in das Unternehmen entscheiden.

Enkelkinder

Ein Unternehmen wird durch zwei Familienstämme geführt, beide jeweils durch die Väter Meyer und Schmidt vertreten, welche zu gleichen Teilen Anteile halten und beide Geschäftsführer sind. Sowohl Meyer als auch Schmidt haben zwei Kinder. Im Rahmen der Unternehmensnachfolge wird vereinbart, dass jeweils ein Kind pro Stamm operativ nachfolgen kann. Anteile können von allen vier Kindern gehalten werden. Während es beim Familienstamm Meyer einen nachfolgenden Geschäftsführer gibt, möchten die Kinder von Stamm Schmidt weiter ihrem erlernten Beruf nachgehen und „nur" Gesellschafter werden.

Unternehmer und Vater Schmidt hat daraufhin die Sorge, dass es auf lange Sicht keinen Nachfolger mehr aus der eigenen Familie gibt und seine Familie aus dem Unternehmen herausgedrängt wird, wenn es nur noch einen Geschäftsführer gibt. Es kommt zu einem Konflikt zwischen Meyer und Schmidt.

In weiteren Gesprächen wird deutlich, dass es Schmidt sehr wichtig ist, dass sein Familienstamm auf lange Sicht Bestand im Unternehmen hat. Um dies sicherzustellen, einigen sich die Väter darauf, einen Fremdgeschäftsführer einzustellen. Weiterhin wird vereinbart, dass die Enkel von Schmidt bis zum 25. Lebensjahr eine Einstiegsoption in das Unternehmen bekommen und somit die darauffolgende Generation wieder die Chance hat, einen Geschäftsführer zu stellen.

Wie die Beispiele zeigen, können Gerechtigkeitsempfindungen ganz unterschiedlichen Maßstäben unterliegen. Ein Konflikt entsteht, wenn das eigene Empfinden von Gerechtigkeit gestört wird.

Daher ist es wichtig, die verschiedenen Gerechtigkeitsvorstellungen offen mit allen Beteiligten zu besprechen. Hier geht es in erster Linie nicht darum, sich auf eine allgemeingültige Definition der Begrifflichkeit zu einigen, sondern darum, festzuhalten was jede einzelne Person innerhalb der Familie als gerecht empfindet. Hierauf aufbauend lassen sich Lösungen erarbeiten, die optimaler Weise von jedem akzeptiert und mitgetragen werden. Sicher ist dies nicht immer möglich, aber diese Vorgehensweise ist zumindest ein wichtiger Schritt, um das gegenseitige Verständnis zu verbessern.

► Beziehen Sie alle Unternehmensmitglieder rechtzeitig in die Suche nach einem geeigneten Fremdgeschäftsführer mit ein. Achten Sie darauf, dass dieser das Vertrauen und die Akzeptanz aller Gesellschafter hat. Anderenfalls können wichtige Entscheidungen durch die Gesellschafterversammlung aus Misstrauen blockiert werden und im schlechtesten Fall steht das Familienunternehmen führungslos dar.

12.3 Unternehmensnachfolge erfolgreich gestalten

Um Unternehmensnachfolgen erfolgreich zu gestalten, ist es wichtig, beide Generationen – Nachfolger und Übergeber – zu verstehen und anzuerkennen. Erfahrungsgemäß sind es nicht nur die Übergeber, die sich mit der Anerkennung des Nachfolgers schwer tun. Auch die Nachfolger sind mit ihrer Kritik an die übergebende Generation nicht immer zurückhaltend.

12.3.1 Risiko Unternehmertum

Zum Zeitpunkt der Unternehmensübergabe befinden sich die übergebende und übernehmende Generation in unterschiedlichen Lebensphasen. Während die Nachfolgegeneration noch große Teile des Arbeitslebens vor sich hat und etwas erreichen möchte, befindet sich die übergebende Generation in der Phase der Vermögensabsicherung und ist nicht unbedingt bereit, noch große Risiken einzugehen. Sind keine anderen Einnahmequellen vorhanden, bildet das Familienunternehmen den Mittelpunkt der Altersvorsorge.

Pensionszusage

Der Gründer hat sein ganzes Leben im Unternehmen verbracht, hat Höhen und Tiefen miterlebt und möchte vor allem seinen Lebensabend genießen. Um dies finanziell zu gewährleisten, wurde bereits in frühen Jahren eine Pensionsrückstellung im Unternehmen gebildet sowie eine Rückdeckungsversicherung in Höhe von 480.000 € abgeschlossen. Damit soll nach seinem Ausscheiden aus der Geschäftsführung eine Pension in Höhe von 4000 € monatlich finanziert werden. Es wird davon ausgegangen, dass diese Summe in elf Jahren aufgebraucht ist. Im Anschluss daran muss das Unternehmen die monatlichen 4000 € solange erwirtschaften, wie der Gründer weiterlebt.

Was auf den ersten Blick normal und logisch erscheint, birgt Konfliktpotenzial. Der Nachfolger sieht mit dem Kauf des Unternehmens und der Verwendung der 480.000 € für die Pension, seine finanziellen Verpflichtungen als erledigt an. Für ihn ist es in der Zukunft wichtig, eine kalkulierbare Belastung für das Unternehmen zu haben und nicht bis ans Lebensende des Gründers monatlich 4000 € zahlen zu müssen. Der Gründer kann diese Haltung nicht verstehen, da für ihn das Interesse nach finanzieller Absicherung, durch das von ihm aufgebaute Unternehmen im Vordergrund steht. Ein Konflikt ist vorprogrammiert.

Erschwerend kommt hinzu, dass der Gründer am finanziellen Tropf des Unternehmens hängt. Mit vollständiger Übergabe des Unternehmens verliert er seinen Einfluss auf die Zahlung seiner Pension insoweit, dass er nicht mehr eingreifen kann, wenn das Unternehmen in eine Schieflage geraten sollte. Überspitzt gesagt, gibt er sein Schicksal in fremde Hände.

Auch wenn grundsätzliches Vertrauen in den Nachfolger besteht, entsteht in dieser Situation oft der Wunsch nach einer Garantie, dass das Unternehmen erfolgreich weitergeführt wird. Diese Sicherheit wird es jedoch nicht geben, auch wenn es natürlich im Interesse des Nachfolgers liegt, das Unternehmen erfolgreich weiterzuführen.

Da sich Pensionsrückstellungen jedoch oftmals nicht zu wirtschaftlich vertretbaren Konditionen beseitigen lassen, hilft es hier nur, den Tatsachen ins Auge zu sehen und die 4000 € monatlich bis zum Versterben des Seniors zu zahlen.

Das zuvor beschriebene Szenario kann schnell in einem Teufelskreis enden. Der Unternehmer will nicht übergeben, da ihm das Risiko zu groß ist, dass das Unternehmen von der Nachfolge heruntergewirtschaftet wird. Die Nachfolgegeneration kann nicht so agieren, wie sie es für nötig hält, um das Unternehmen erfolgreich weiterzuführen und wird zunehmend frustrierter. Hier sind beide Seiten gefragt. In dieser Situation nichts zu tun, ist in der Regel die schlechteste Variante. Unternehmertum ist immer risikobehaftet. Umgekehrt bietet es dafür aber auch die Chance für Erfolge.

- Ein Nachfolger wird nie eine Garantie abgeben können, dass das Unternehmen bis in alle Ewigkeiten Erfolg haben wird. Das hätte der Übergebende auch nicht machen können. Wichtig ist, dass sich Nachfolger und Übergeber dieser Tatsache bewusst werden.

Da dieser Konflikt jedoch oftmals hoch emotional geführt wird, da unter anderem Existenzängste eine große Rolle spielen, kann eine frühzeitige Begleitung durch Externe hilfreich sein. Auch die Installation eines Beirats für das Familienunternehmen ist eine Möglichkeit. Ein externes Gremium berät dabei die Gesellschafter und/oder Geschäftsführer in verschiedenen Fragestellungen und gibt Handlungsempfehlungen.

12.3.2 Zusammenspiel der Generationen

In den nachfolgenden Beispielen entstehen Konflikte zwischen den Generationen. Die Gründe, warum solche Konflikte entstehen, sind vielschichtig. Unterschiedliche Generationen sind von unterschiedlichen Wertvorstellungen geprägt, die anerzogen, erlernt oder durch selbst Erlebtes erfahren wurden. Sind diese Wertvorstellungen völlig gegensätzlich, entstehen automatisch Konflikte, weil jede Generation das eigene Handeln und die eigene Denkweise als richtig empfindet, wie das Beispiel Generationenkonflikt zeigt.

Generationenkonflikt

Unternehmer Hans hat sein ganzes Leben nahezu rund um die Uhr im Familienbetrieb verbracht, während seine Frau Berta für die Erziehung des Sohns Peter zuständig war. Dieser ist vor einiger Zeit dem Vater ins Unternehmen nachgefolgt. Peter sieht das Unternehmen zwar als sehr wichtig an, möchte seine Kinder jedoch, anders als damals Hans, zusammen mit seiner Frau Anna erziehen und legt weiterhin großen Wert auf Familienurlaube.

Für Unternehmer Hans ist diese Haltung nicht verständlich. Er wäre schließlich früher die ganze Zeit im Unternehmen für seine Mitarbeiter und Kunden da gewesen. Urlaub habe es, wenn überhaupt, nur sehr selten gegeben. Und für die Kinderziehung seien schließlich die Frauen zuständig. Inhaber hätten eine Vorbildfunktion und die gehe mit einer hohen Präsens im Unternehmen einher. Immer wieder kommt es zu Konflikten.

Die im Rahmen der Unternehmensnachfolge entstehenden Generationenkonflikte können nur behoben werden, wenn sich alle Parteien an einen Tisch setzen, offen über ihre Einschätzung der Situation sprechen und gemeinsam zu einer Lösung finden.

Stellen Sie sich dazu ein Schachbrett vor. Es gibt die Türme, Springer, Bauern, Läufer, die Dame und den König. Jeder von ihnen hat spezielle Eigenschaften. Durch die geschickte Kombination verstärkt sich die Wirkung der einzelnen Figuren. Macht eine Figur

Abb. 12.5 Individuelle Stärken nutzen

einen Alleingang, wird sie möglicherweise vom Schachgegner aus dem Spielfeld geschlagen. Ähnlich verhält es sich bei Familienunternehmen und der Unternehmensnachfolge (Abb. 12.5).

▸ Jedes Familienmitglied verfügt über individuelle Stärken und Kompetenzen, die es bestmöglich zu nutzen gilt. Gerade das macht Familienunternehmen aus: sich gegenseitig zu stützen, Rückhalt zu bieten und Alleingänge zu vermeiden.

In dem geschilderten Beispiel gelangten die Parteien zu folgender Lösung: Dem Gründer war es vor allem wichtig, sicherzustellen, dass Kunden und Mitarbeiter sich weiterhin gut betreut fühlen. Da sich der Sohn, anders als der Vater, sehr gut mit Computern auskennt, konnte er durch E-Mail und Skype auch während des Urlaubs Kontakt zu Kunden und Mitarbeitern halten. Beide vereinbarten, dass sich der Sohn im Urlaub hierfür täglich zwei Stunden Zeit nimmt. Für den Vater war das eine gangbare Lösung, da er auch ansonsten die IT-Kompetenz seines Sohnes schätzt.

Was die Kindererziehung angeht, konnte die Ehefrau des Gründers positiv auf ihren Mann einwirken und ihn milder stimmen. Es wurde vereinbart, dass der Vater für die Zeit, in der der Sohn wegen der Kinder abwesend war, im Betrieb „die Stellung hält“. So wird er weiterhin gebraucht und auch der Sohn kann seinen Interessen nachgehen.

12.3.3 Das Prinzip Königshaus

Bei allen familiären Herausforderungen, die eine Unternehmensnachfolge mit sich bringt, darf ein wichtiger Bestandteil des Familienunternehmens nicht vergessen werden: die Stakeholder. Das sind alle die, die im mittelbaren oder unmittelbaren Kontakt mit dem Unternehmen stehen, wie zum Beispiel Lieferanten, Kunden und Mitarbeiter. Besonders Mitarbeiter und Kunden betrachten oft mit Argusaugen, was im Rahmen einer Unternehmensnachfolge geschieht. Ist der Nachfolger fähig? Wird er das Unternehmen weiterführen können? Wie ist das Verhältnis zwischen Senior und Junior? Was denkt der Nachfolger über mich? Wird jetzt alles umgekrempelt? Über allem steht oft die Frage für die Mitarbeiter: Werde ich meinen Job behalten können?

Es ist ein nur allzu menschliches Verhalten, Grenzen auszutesten. So werden auch Mitarbeiter das Verhältnis zwischen Nachfolger und Senior auf die Probe stellen. Gibt der eine nicht die erhoffte Antwort, wird einfach der jeweils andere gefragt. Hat sich erst einmal herumgesprochen, dass Nachfolger und Senior sich nicht immer einig sind, wird im schlechtesten Fall versucht, die Familienmitglieder gegeneinander auszuspielen, um die eigenen Interessen durchzusetzen.

Auch wenn Mitarbeiter einfach nur bestmöglich ihre Arbeit erledigen wollen, bringen sie unterschiedliche Arbeitsanweisungen in unangenehme Situationen, welche zu Stress und Überforderung führen können. Denn auf einmal stehen sie zwischen den Fronten und wissen nicht mehr, an wen sie sich halten sollen. Schließlich stehen sie in einem Abhängigkeitsverhältnis zu ihrem Arbeitgeber. Daher gilt es, solche Situationen, in ohnehin sensiblen Nachfolgeprozessen, zu vermeiden und als Unternehmerfamilie eine einheitliche Meinung nach außen zu vertreten. Als Beispiel für ein einheitliches Auftreten führe ich gerne die Königshäuser an. Selbst wenn es im Innenverhältnis zu Konflikten kommt, wird bei offiziellen Anlässen Einigkeit präsentiert (Abb. 12.6).

Abb. 12.6 Das Prinzip Königshaus

Vertriebsmeeting

Gründer Gustav führt das Unternehmen Schraubentraum nunmehr seit 40 Jahren und hat es durch geschicktes vertriebliches Engagement groß gemacht. Daher pflegt er auch zu seiner Vertriebsmannschaft ein fast freundschaftliches Verhältnis. Seit einiger Zeit kriselt das Geschäft und Gustav führt die Situation vor allem auf den härter werdenden Wettbewerb zurück.

Neben Gründer Gustav sind seit drei Jahren Nachfolger Bernd und Christian ins Unternehmen eingestiegen. Sie führen die schlechten Zahlen darauf zurück, dass der Vertrieb zu große Freiheiten genießt und sich auf seinen Lorbeeren und großzügigen Gehaltszahlungen ausruht. Daher schlagen sie ihrem Vater vor, ein Vertriebscontrolling einzuführen, um die Tätigkeiten der Vertriebsmannschaft besser auswerten zu können. Auch wenn Gustav nicht so richtig an die aus seiner Sicht neumodischen Managementmethoden glaubt, gibt er in der Vorbesprechung sein „Okay". Nicht mehr und nicht weniger.

Die Nachfolger sprechen das Thema Vertriebscontrolling in der nächsten Vertriebssitzung an und es regt sich harter Widerstand. Die Nachfolger hätten doch keine Ahnung, wie Vertrieb funktioniert und sollten erst einmal selber Kunden akquirieren und nicht versuchen, alle Probleme in der Theorie zu lösen. Das hätte noch nie Geld gebracht. Die Vertriebler pochen auf ihre langjährige Berufserfahrung und versuchen Gustav auf freundschaftlicher Ebene auf ihre Seite zu ziehen. Irgendwann gibt Gustav nach und die Besprechung für die Einführung des Controllings wird auf die nächste Sitzung vertagt. Bernd und Christian verstehen die Welt nicht mehr und sind über das Verhalten ihres Vaters verärgert. Wie kann er ihnen einfach in den Rücken fallen? Es war doch vorher alles abgesprochen.

Was ist passiert? Durch die Argumentation der Vertriebler ist Unternehmer Gustav in einen Loyalitätskonflikt geraten. Auf der einen Seite sieht er die Problematik des erhöhten Wettbewerbsdrucks und Handlungsbedarf. Auf der anderen Seite möchte er das gute und jahrelang aufgebaute Verhältnis zu seiner Vertriebsmannschaft nicht gefährden.

Um ein uneinheitliches Auftreten zu vermeiden, bietet es sich an, konträre Meinungen, mögliche Loyalitätskonflikte sowie das weitere Vorgehen bereits im Vorfeld zu besprechen. Der Vater hatte zwar im Vorfeld den Vorschlag der Kinder nicht verneint, hat sich aber auch nicht wirklich damit auseinandergesetzt.

Eine klare Trennung von Zuständigkeiten bietet sich im Außenverhältnis ebenfalls an. Beispielsweise kann sich einer um das Personal und ein anderer um den Vertrieb kümmern. Kommt ein Mitarbeiter dennoch mit einer Frage außerhalb des vereinbarten Kompetenzbereichs, ist stets auf die andere Person zu verweisen.

Auch die Kunden haben einen Anspruch darauf, zu wissen, wie es mit dem Unternehmen in Zukunft weitergeht. Gerade langjährige Kunden möchten auch künftig eine gute Betreuung gesichert wissen. Ist über Jahre zwischen Senior und Kunde ein Vertrauensverhältnis entstanden, muss dieses zwischen Junior und Kunde erst noch aufgebaut werden.

- Beziehen Sie Ihre Kunden frühzeitig mit ein, wenn die Nachfolge als gesichert gilt.

Sollte es auch auf Kundenseite einen Nachfolger geben, empfiehlt es sich daher, neben dem Kontakt zum Senior auch den Kontakt zu dessen Nachfolger zu suchen. In der Unternehmen-Kundenbeziehung kann so auf gleicher Ebene gesprochen werden. Senior zu Senior und Junior zu Junior.

12.3.4 Hindernisse überwinden

In den vorherigen Kapiteln ist gezeigt worden, dass es eine Menge Fallstricke bei der Unternehmensnachfolge geben kann. Durch unterschiedliche Vorstellungen, Meinungen und Ideen kann es schnell zu Konflikten kommen. Je mehr Personen an der Nachfolge beteiligt sind, desto schwieriger wird es. Genau das ist der Grund, warum es so viele Unternehmen nicht in die nächste Generation schaffen. Hier gilt es entsprechend vorzubeugen und nicht erst zu reagieren, wenn es zu spät ist.

Mediation oder eine Begleitung des Nachfolgeprozesses mit mediativen Elementen bieten hier eine interessante Möglichkeit. Im Vergleich zur Mediation setzt die mediative Beratung keinen Konflikt voraus.

Was ist Mediation und was ist sie nicht? Mediation ist ein strukturiertes Verfahren, bei dem es zwei oder mehr Konfliktparteien ermöglicht wird, eigenverantwortlich eine Lösung für ihren Konflikt zu finden. Der Mediator nimmt dabei eine allparteiliche Rolle ein, indem er alle Parteien gleichermaßen dabei unterstützt, ihre Wünsche und Bedürfnisse zu formulieren. Er tritt als Vermittler ohne Entscheidungskompetenz auf.

Diese Elemente werden bei einer mediativen Begleitung ebenfalls aufgegriffen. So wird Gründern und Nachfolgern ein strukturiertes Verfahren in einem vertraulichen Rahmen geboten. Vertrauen und Offenheit sind tragende Aspekte, da es oftmals um emotionale Themen geht und die Parteien sich öffnen müssen. Mediation gleicht dabei einer Operation am offenen Herzen, wobei der Ausgang nie vorausgesagt werden kann (Abb. 12.7).

Durch die starke emotionale Prägung hängt der Erfolg einer Lösungsfindung neben den Fähigkeiten des Mediators nicht zuletzt entscheidend von der Bereitschaft der Parteien ab, den Konflikt abzuwenden beziehungsweise lösen zu wollen.

Ein Konflikt, insbesondere im familiären Kontext, hat sich oft über Jahre durch eine Vielzahl von kleineren und größeren Enttäuschungen und Verletzungen angestaut. Diese können in der Regel nicht von jetzt auf gleich vergessen werden. Daher kann eine Aufarbeitung der Vergangenheit oft nur sehr kleinteilig erfolgen. Mediation hat nicht zwangsweise einen „Happy-End-Charakter", bei dem sich alle Beteiligten nach Abschluss freudestrahlend in den Armen liegen. Ein Ergebnis kann es beispielsweise sein, dass Gründer und Nachfolger ihre Handlungsweisen gegenseitig nachvollziehen können, gleichzeitig aber erkennen, dass eine alltägliche Zusammenarbeit nicht machbar ist. In jedem Fall bietet sowohl die Mediation als auch die mediative Begleitung die Chance, durch strukturier-

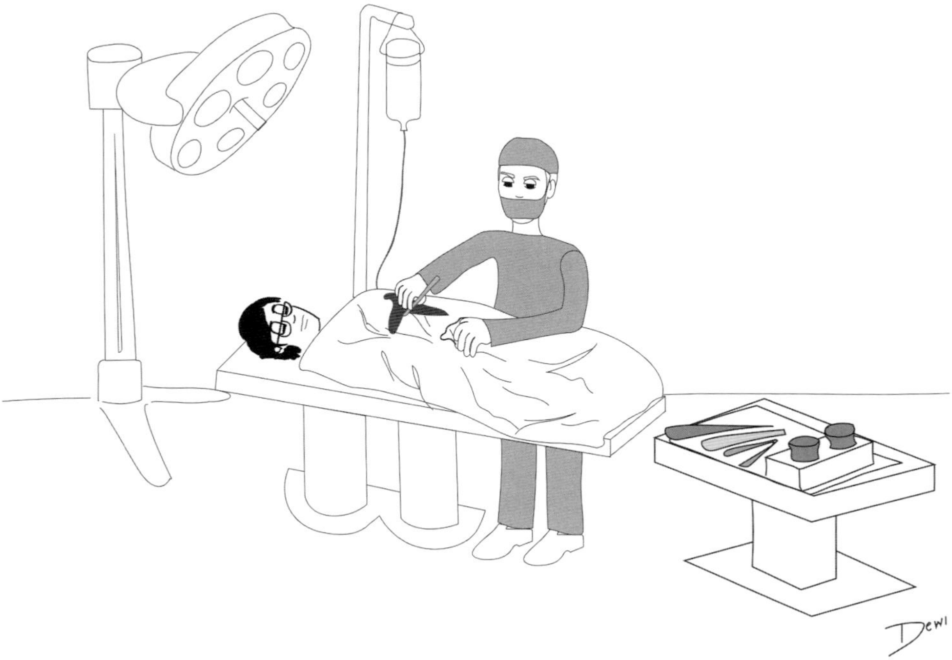

Abb. 12.7 Mediation – Operation am offenen Herzen

te und offene Gespräche mit allen Beteiligten, einen positiven Beitrag zur Verbesserung der Gesamtsituation zu leisten.

Wenn Sie jetzt denken: „Das hört sich ja alles ganz toll an, aber ich brauche das nicht.“, möchte ich Ihnen an einem Beispiel zeigen, warum externe Begleitung schon bei vermeintlich banalen Sachverhalten eine große Hilfe sein kann und Ihnen die Möglichkeit gibt, sich auf die wesentlichen Dinge im Leben zu konzentrieren.

Die Orange

Ein in der Mediation viel zitiertes Beispiel:

Zwei Schwestern streiten sich um eine Orange. Beide beanspruchen die Orange für sich und sind nicht bereit, einen Kompromiss einzugehen, indem sie die Orange teilen.

Glauben Sie, die beiden Schwestern schaffen es, ihren kleinen Streit alleine beizulegen? Nein. Um den Streit zu schlichten, könnte vielleicht die Mutter eingreifen und vorschlagen, die Orange in der Hälfte durchzuschneiden und zu teilen. Allerdings wären dann beide Schwestern unzufrieden gewesen.

Was würde ein Mediator tun? Er würde beide Schwestern fragen, wofür die Orange gebraucht wird. Erst so kommt heraus: Die eine Schwester möchte einen Kuchen backen und braucht dafür die Orangenschale. Die andere möchte den Saft trinken. Werden die Interessen nicht berücksichtigt, erscheint es vordergründig so, dass beide die Orange haben wollen und der Konflikt nicht lösbar ist. Daher ist das Hinterfragen der Interessen eine wesentliche Voraussetzung, um im Anschluss eine Lösung zu finden. In diesem Fall ist die Lösung recht einfach gewesen. Nachdem die eine Schwester die Orangenschale zum Backen benutzt hat, kann sich die andere Schwester den Saft auspressen.

Der Umgang mit Lösungsoptionen
Wie bekomme ich gute Ideen? Ich erlebe es in Workshops oft, dass gute Ideen bereits im Keim erstickt werden. Dabei ist es entscheidend, erst einmal frei von jeglicher Bewertung alle Möglichkeiten zu sammeln. Erst im Anschluss daran kann gemeinsam überlegt werden, welche Option für die beiden Streitenden die bestmögliche Lösung ist. Dies ist für viele ein ungewohnter Prozess. Oftmals kritisieren wir Vorschläge und Ideen allzu schnell. Versuchen Sie, dies zu verhindern und machen Sie deutlich, dass die Sammlung von Lösungsoptionen und deren Bewertung zwei unterschiedliche Prozesse sind.

Auch wenn die Lösung in unserem Beispiel recht einfach erscheint, ist dies nicht immer der Fall. Und Sie werden mir zustimmen, dass die Übergabe eines Unternehmens deutlich komplexer ist. Um eine Nachfolgeregelung allumfassend und nachhaltig zu klären, dürfen zudem nicht nur Einzelfragen herausgegriffen und auf akute Probleme reagiert werden. Professionelle Unternehmerfamilien setzen auf Prävention, eignen sich Konfliktlösungskompetenzen an und setzten auf einen offenen und wertschätzenden Umgang.

Auf der Suche nach einem geeigneten Mediator zur Begleitung einer Unternehmensnachfolge möchte ich Ihnen einige Tipps mit auf den Weg geben. In jedem Fall sollte der gewählte Mediator bereits Unternehmensnachfolgen begleitet haben. Holen Sie sich Referenzen ein, bestenfalls sogar bei den Familienunternehmern selbst.

Testen Sie im Vorgespräch, ob sich der Mediator von Ihrer Meinung überzeugen lässt und für Sie Partei ergreift. Sie mögen das vielleicht als sehr angenehm empfinden. Aus Sicht der Mediation ist dies jedoch ein schwerer Kunstfehler. Schließlich soll am Ende der Mediation ein für alle Beteiligten gangbarer Weg gefunden werden. Anderenfalls ist die Mediation das falsche Verfahren für Sie.

Zu guter Letzt ist die Wahl des Mediators Vertrauenssache. Die Durchführung einer Unternehmensnachfolge ist ein großer Schritt. Nur wenn Sie dem Mediator Vertrauen schenken und Sympathie empfinden, kann er Sie sicher durch das Verfahren begleiten.

Weiterführende Literatur

Diez H, Krabbe H, Thomsen C (2009) Familien-Mediation und Kinder: Grundlagen, Methodik, Techniken. Bundesanzeiger Verlag, Köln

Gersick K, Davis J, McCollom Hampton M, Lansberg I (1997) Generation to generation – life cycles of the family business. Harvard Business School Press, Boston

Gläßer U, Kirchhoff L (2013) Lehrmodul 2: Interessenermittlung - Spannungsfeld zwischen Emotion und Präzision. Zeitschrift für Konfliktmanagement 8(4):130–133

Kellermanns F, von Schlippe A (2010) Konflikte in Familie und Unternehmen erkennen, managen und vermeiden. In Koeberle-Schmid A, Fahrion HJ, Witt P (Hrsg) Family Business Governance – Erfolgreiche Führung von Familienunternehmen. Erich Schmidt Verlag, Berlin, S 209–320

Kessen S, Troja M (2009) Die Phasen und Schritte der Mediation als Kommunikationsprozess. In Haft F, von Schlieffen K (Hrsg) Handbuch Mediation. C. H. Beck, München, S 293–319

May P (2011) Erfolgsmodell Familienunternehmen. Das Strategie-Buch. Murmann, Hamburg

Montada L, Kals E (2007) Mediation. Ein Lehrbuch auf psychologischer Grundlage. Beltz, Weinheim

Neuvians N (2011) Mediation in Familienunternehmen. Chancen und Grenzen des Verfahrens in der Konfliktdynamik. Gabler, Wiesbaden

Schlippe A von, Nischak A, El Hachimi M (2008) Familienunternehmen verstehen. In: Schlippe A von, Nischak Al, El Hachimi M (Hrsg) Familienunternehmen verstehen. Gründer, Gesellschafter und Generationen. Vandenhoeck und Ruprecht, Göttingen

Simon F (Hrsg) (2011a) Die Familie des Familienunternehmens. Ein System zwischen Gefühl und Geschäft. Carl-Auer-Verlag, Heidelberg

Simon F (2011b) Familienunternehmen als Risikofaktor. In: Schlippe A von, Nischak Al, El Hachimi M (Hrsg) Familienunternehmen verstehen. Gründer, Gesellschafter und Generationen. Vandenhoeck und Ruprecht, Göttingen

Simon F, Wimmer R, Groth T (2005) Mehr-Generationen-Familienunternehmen. Erfolgsgeheimnisse von Oetker, Merck, Haniel u. a. Carl-Auer Verlag, Heidelberg

Stalk G, Foley H (2012) Schwieriger Übergang. Harv Bus Manage 3:6–9

Tagiuri R, Davis J (1992) On the goals of successful family companies. Family Bus Rev 5:43–62

Kommunikation als unterschätzter Wert – Reden Sie noch oder werden Sie schon verstanden? 13

Julia Hanisch und Alkje Vopersal

„Die Worte sind die Quelle aller Missverständnisse." Antoine de Saint-Exupéry

Inhaltsverzeichnis

J. Hanisch (✉)
Auf den Kempen 6, 41352 Korschenbroich, Deutschland
E-Mail: juliakatharinahanisch@gmail.com

A. Vopersal
Am Schürken 3, 47624 Kevelaer, Deutschland
E-Mail: alkje@vopersal.de

N. Müller, C. Jäger (Hrsg.), *WERTEorientierte Führung von Familienunternehmen*,
DOI 10.1007/978-3-658-09237-5_13

Zusammenfassung

Betrachten Sie Kommunikation auch als gegeben und selbstverständlich? Oder wundern Sie sich manchmal, warum es trotz aller Bemühungen nicht so läuft, wie Sie es sich wünschen? Wir reden jeden Tag, um mit anderen Menschen zu kommunizieren und benutzen dafür durchschnittlich 16.000 Wörter. Dabei passiert es leider zu oft, dass wir zwar die Worte des anderen, nicht aber den Inhalt verstehen.

Gerade für Sie als Führungskraft ist es für die Zusammenarbeit und den Unternehmenserfolg essenziell, sich ein Bild über die eigene Kommunikation zu verschaffen und die Grundregeln gelungener Kommunikation zu kennen. Darüber hinaus ist es wichtig, dass Sie lernen, Ihre Kollegen zu verstehen. Nur so können Sie optimale Bedingungen für alle Beteiligten schaffen. Kommunikation ist eine komplexe Angelegenheit. Botschaften werden kodiert und entschlüsselt. Wer hier die eigene Wahrnehmung als Maß aller Dinge nimmt, läuft Gefahr, sich in Missverständnissen zu verheddern. Kommunikation will gelernt und trainiert sein. Lösungsorientierte Kommunikation beugt Konflikten vor und ermöglicht das Verständnis für den wertschätzenden Umgang miteinander. Nur so können Sie einen wichtigen Weg ebnen, damit Sie in Zukunft nicht nur reden, sondern auch verstanden werden.

13.1 Reden Sie noch oder werden Sie schon verstanden?

Kennen Sie das auch? Sie besprechen mit einem Kollegen einen konkreten Vorgang und am Ende handelt er gar nicht so, wie Sie es vereinbart haben? Das passiert uns im Alltag häufig. Wir reden mit jemandem und glauben, beide verstehen dasselbe. Erst in der Umsetzung oder im Rückblick zeigt sich, dass das Gegenteil der Fall ist.

> „Gedacht ist nicht gesagt.
> Gesagt ist nicht gehört.
> Gehört ist nicht verstanden.
> Verstanden ist nicht einverstanden."
> Konrad Lorenz

Kommunikation ist eine schwierige Sache. Für jeden. Denn jeder von uns hat eine andere Vorstellung von Begrifflichkeiten. Wenn Sie Ihren Kollegen bitten: „Legen Sie die Unterlagen bitte bis morgen auf meinen Schreibtisch." Was erwarten Sie dann? Erwarten Sie die Unterlagen lediglich ausgedruckt oder geheftet und gelocht oder in einer Mappe? Wollen Sie die Unterlagen am Vormittag, am Nachmittag oder am Abend vorliegen haben? Wahrscheinlich gibt es noch mehr Möglichkeiten, wie die Bitte zu verstehen ist. Wie aber soll ein Kollege nun wissen, was zu tun ist und was Sie erwarten?

Sie geben Ihrem Kollegen damit ein Rätsel auf. Ohne weitere Erklärung ist es schwer, zu wissen, was der andere meint. Ohne weitere Worte kann Ihr Rätsel nur durch Erfahrung, Beispiele oder Vorleben gelöst werden. Daher ist es am einfachsten, wenn Sie Ihre Bitte wesentlich konkreter formulieren: „Bitte legen Sie mir die ausgedruckten Unterlagen zusammengeheftet bis morgen früh 11:00 Uhr auf meinen Schreibtisch. Ich habe um 11:30 Uhr eine Besprechung, für die ich die Unterlagen benötige und möchte Sie mir vorher noch einmal ansehen." So lassen Sie keinen Raum für Interpretation und Mutmaßungen. Sogar den Grund für Ihre Bitte liefern Sie gleich mit. So gibt es für Ihr Rätsel nur eine Lösung und Ihr Kollege weiß genau, was zu tun ist (Abb. 13.1).

In der Regel halten wir es aber nicht für notwendig, uns darüber auszutauschen, was der andere mit einem Begriff in Verbindung bringt. In den wenigsten Fällen kommt es uns überhaupt in den Sinn, dass es auch anders zu verstehen ist. Wir setzen voraus, dass andere Menschen das gleiche denken und das gleiche verstehen. Da das fast jeder von uns so handhabt, sind Missverständnisse vorprogrammiert.

13.1.1 Die Schwierigkeit miteinander zu kommunizieren

Die Schwierigkeit in der sprachlichen Kommunikation besteht durch Kodierung. Vor langer Zeit haben wir Menschen uns darauf verständigt, was welches Wort bedeutet. Diesen

Abb. 13.1 Unklare Kommunikation gibt Rätsel auf

Code und damit die Bedeutung der Wörter lernen wir von Geburt an. Das soll uns den Austausch von Botschaften erleichtern. Um den Code nutzen zu können und uns mit anderen darüber zu verständigen, ist es Voraussetzung, dass wir über denselben Code kommunizieren. Wenn wir den Code nicht kennen oder ihn nicht entschlüsseln können, verstehen wir nichts. Das ist ungefähr so, als wenn Sie vor einem Haus stehen, aber keinen Schlüssel besitzen. Dann können Sie das Haus nicht betreten und dementsprechend auch nicht sehen, was sich hinter der Tür befindet. Im Falle der Kommunikation hören Sie zwar die Worte, verstehen Sie aber nicht, da Sie der Sprache nicht mächtig sind.

Selbst wenn beide Gesprächspartner denselben Code verwenden, also in derselben Sprache miteinander kommunizieren, ist nicht gewährleistet, dass wir einander verstehen.

Wenn wir zum Beispiel von einem Auto sprechen, weiß jeder, der der deutschen Sprache mächtig ist, was ein Auto ist. Ein Gefährt mit Rädern, Fenstern und Türen. Das Grundverständnis von einem Auto ist also das gleiche. Wenn man allerdings mal genauer nachfragt, stellt sich doch jeder etwas anderes unter einem Auto vor. Denn neben dieser Grundvorstellung ergänzen wir intuitiv die Aussage und verstehen damit mehr, als eigentlich gesagt worden ist. So sieht der eine einen Sportwagen, der nächste eine Limousine und der dritte einen Bus. Von der Innenausstattung mal ganz zu schweigen. Auch die Farbe der Karosserie und die Anzahl der Türen werden in jeder Vorstellung unterschiedlich sein (Abb. 13.2).

In diesem Fall verstehen wir die Worte und deren Bedeutung, aber es ist nicht sichergestellt, dass unser Gesprächspartner das gleiche versteht. Dann ist es so, als wenn Sie

Abb. 13.2 Unterschiedliche Vorstellungen

zwar einen Schlüssel haben, aber vor dem falschen Haus stehen und der Schlüssel dementsprechend nicht zum Schloss passt.

Wir können jetzt natürlich anfangen, uns darüber zu streiten, dass jeder wissen sollte, wie ein Auto auszusehen hat, solange wir nicht von einem bestimmten Modell eines bestimmten Autobauers reden. Wir können aber auch einfach akzeptieren, dass jeder von uns die Welt durch seine eigene Brille wahrnimmt. Diese Wahrnehmung ist geprägt von unserer Erziehung, der Umwelt und unseren Erfahrungen. Die so erhaltenen Informationen und Erlebnisse, unsere kulturelle Prägung und sogar Werte und Interessen steuern, wie wir die Welt wahrnehmen und erleben. Dadurch hat aber jeder von uns eine andere Vorstellung von der Welt, die sich in manchen Fällen stark von der Wahrnehmung eines anderen unterscheiden kann. So gesehen ist die Welt, wie jeder einzelne von uns sie wahrnimmt, immer nur ein Ausschnitt aus der Wirklichkeit.

Die Blinden und der Elefant

Es war einmal ein König, der seine Gelehrten auf die Probe stellen wollte. Er ließ einen Elefanten in einen dunklen Raum bringen und bat sie, ihm zu sagen, was sich in diesem Raum befinde. Die fünf Gelehrten standen nun um das Tier herum und versuchten, sich durch Ertasten ein Bild von dem Elefanten zu machen.

„Es ist eine Art Schlange", sagte der erste Gelehrte. Der zweite Gelehrte spottete: „Schwachsinn. Es ist wie ein großer Fächer." Der dritte entgegnete: „Aber nein, es ist doch eine große Säule." Der vierte meinte, es könne sich nur um eine ausgefranste Strippe handeln. Der fünfte fand, es sei eine riesige Masse mit Rundungen und Borsten. So sehr sie sich auch bemühten, sie konnten Ihre Wahrnehmungen der Wirklichkeit nicht übereinbringen und gerieten darüber in Streit. Gemeinsam gingen sie zum König, um zu erfahren, wer von ihnen Recht habe.

Der König lächelte weise: „Ihr seid alle im Recht: Ein Elefant ist ein Tier mit einem Rüssel, der wie ein langer Arm ist, mit Ohren, die wie Fächer sind, mit Beinen, die wie starke Säulen sind, mit einem Schwanz, der einer kleinen Strippe mit ein paar Haaren daran gleicht und mit einem Rumpf, der wie eine große Masse mit Rundungen und ein paar Borsten ist."

Die Gelehrten senkten beschämt ihren Kopf, nachdem sie erkannten, dass jeder von ihnen nur einen Teil des Elefanten ertastet und die eigene Wahrnehmung als Maßstab aller Dinge betrachtet hatte (Abb. 13.3).

Wie in dem Beispiel dargestellt, gibt es viele verschiedene Wahrnehmungen, da jeder einen anderen Fokus hat. Unsere Aufmerksamkeit kann immer nur einen Teilaspekt erfassen. Wenn wir über die Straße laufen, sehen wir nur, was vor uns passiert. Die Geschehnisse, die hinter unserem Rücken passieren, liegen nicht direkt in unserem Aufmerksamkeitsfokus und sind daher nicht direkt wahrnehmbar. Unsere Wahrnehmung ist somit immer subjektiv. Das heißt aber nicht, dass andere Menschen mit ihrer Wahrnehmung falsch liegen. Ihre Aufmerksamkeit liegt dann lediglich auf einem anderen Fokus.

Abb. 13.3 Die Blinden und der Elefant

Da in Unternehmen eine Vielzahl unterschiedlicher Menschen zusammenkommt, gibt es auch eine Reihe von unterschiedlichen Wahrnehmungen. Das lässt sich nicht vermeiden, denn es sind immer noch Menschen, mit denen Sie zusammenarbeiten.

13.1.2 Kommunikation als unterschätzter Faktor

Die Kommunikation ist im betrieblichen Alltag das am häufigsten eingesetzte Mittel. Es ist Voraussetzung, um sich mit anderen zu verständigen. Es ist die Basis unseres zwischenmenschlichen Zusammenseins. Dennoch wird es in der Regel nicht als notwendig erachtet, die Kommunikation und den Umgang damit zu trainieren, zu reflektieren oder gegebenenfalls zu ändern. Im Verhältnis dazu wird für jede neue Einführung einer Maschine oder eines Verfahrens ein Training für alle Mitarbeiter vorangesetzt, damit im alltäglichen Gebrauch nichts schiefgeht. Warum aber vernachlässigen wir so häufig das wichtigste Mittel?

Kommunikation ist eine Grundlage für beruflichen Erfolg – sowohl für das Unternehmen als auch für jeden einzelnen Beschäftigten. Durch Kommunikation geben wir etwas von uns preis. Wir zeigen, wer wir sind und wie wir von anderen gesehen werden möchten. Durch Kommunikation drücken sich unsere Einstellungen und Werte aus. So zeigen Sie als Repräsentant des Unternehmens mit Ihrer Kommunikation auch die Werte und Philosophie des gesamten Unternehmens.

„Man kann nicht nicht kommunizieren." Paul Watzlawick

Die Kommunikation und den zwischenmenschlichen Umgang setzen wir allzu oft als gegeben voraus. Schließlich lernt jeder von uns seit der Geburt, mit anderen zu kommunizieren. Der eine macht es mehr, der andere weniger gut und respektvoll. Dabei kann gerade bei der Kommunikation sehr viel schieflaufen. Und ist das Kind erst einmal in den Brunnen gefallen, ist es schwer, das Ganze wieder zu beheben. Wenn Sie einen Kollegen auf dem falschen Fuß erwischen oder ein falsches Wort sagen, ist ein Konflikt quasi vorprogrammiert. Die Beilegung eines Konfliktes aber ist ein weiter und schwerer Weg. Zwischenmenschliche Verhärtungen lassen sich nicht mal eben so aus dem Weg räumen wie das Reparieren eines Maschinenteils. Daher gilt es Konflikte nach Möglichkeit zu vermeiden. Dazu müssen wir aber wissen, wie Kommunikation abläuft und wie wir Menschen ticken.

13.2 Der Faktor Mensch

Kommunikation könnte so einfach sein, wenn der Mensch nicht wäre. Wie bereits im ersten Abschnitt beschrieben, ist es schwierig, zu kommunizieren, weil wir Menschen so unterschiedlich sind. Unsere Kommunikation ist kaum derart zu steuern, dass eine Aussage 100-prozentig so verstanden wird, wie sie gemeint ist. Je nach Situation und Persönlichkeit kann eine Aussage anders wahrgenommen werden. Daher müssen wir bei der Kommunikation immer mehrere Faktoren beachten.

13.2.1 Wir hören nur, was wir hören wollen

Mit der Kommunikation bezwecken wir in erster Linie den Austausch von Informationen. Allerdings ist es sehr oft so, dass wir nicht nur die Information hören. Im Gegenteil: Wir hören nur das, was wir hören wollen. So auch Frau Meyer, wenn der Vorgesetzte zu ihr sagt: „Frau Meyer, die Rechnungen sind nicht sortiert."

Was würden Sie an Stelle von Frau Meyer verstehen? Es gibt verschiedene Varianten, wie wir diesen Satz verstehen und wie wir auf ihn reagieren können.

Was wir hören – Beispiel Nr. 1

Der Vorgesetzte sagt: „Frau Meyer, die Rechnungen sind nicht sortiert." Frau Meyer nimmt die Information wahr und antwortet: „Vielen Dank für die Erinnerung. Ich habe es nicht vergessen und werde mich darum kümmern."

In diesem Fall nimmt Frau Meyer die Botschaft als reine Information wahr. Leider ist es nicht immer so, dass wir nur das verstehen, was gesagt worden ist. Allzu häufig interpretieren wir eine Aussage. Wie in diesem Beispiel.

Was wir hören – Beispiel Nr. 2

Der Vorgesetzte sagt: „Frau Meyer, die Rechnungen sind nicht sortiert.“ Frau Meyer hört den Satz, erinnert sich an vorherige Situationen und denkt: „Jetzt hetzt der mich schon wieder und will mir immer nur meine Fehler präsentieren.“ Durch ihre eigenen Gedanken und ihre Interpretation schaukeln sich ihre Emotionen hoch und sie wird sauer. Daher antwortet sie ihrem Vorgesetzten: „Das weiß ich auch selber, dass ich das noch machen muss. Sie müssen mich ja nicht immer so hetzen. Ich kann auch nicht alles auf einmal machen.“

In diesem Fall hört Frau Meyer nicht nur, was ihr Vorgesetzter sagt, sondern sie geht weiter und interpretiert den Satz. Sie überlegt, warum er diese Aussage tätig und bezieht es auf sich und ihre Arbeitsleistung.

▶ Es ist nicht wichtig, was gesagt worden ist. Es zählt nur, was beim Empfänger ankommt.

Der Kommunikationswissenschaftler Schulz von Thun hat sich ausgiebig mit unserer Kommunikation beschäftigt und festgestellt, dass jede unserer Aussagen vier verschiedene Botschaften enthält. In erster Linie geben wir mit jedem gesprochenen Satz eine sachliche Information. Darüber hinaus appellieren wir an den Empfänger der Botschaft. Mit jedem Satz geben wir auch ein Stück von uns selbst preis. Letztendlich lässt die getroffene Aussage einen Schluss auf die Beziehung zwischen uns und dem Empfänger der Botschaft zu.

So enthält auch unser Beispielsatz vier verschiedene Botschaften. Zum einen kann es lediglich um die Information gehen. Der Vorgesetzte möchte Frau Meyer darüber informieren, dass die Rechnungen nicht sortiert sind. Zum anderen kann er mit dem Appell etwas bei Frau Meyer erreichen wollen. Er könnte auch sagen: „Frau Meyer, bitte sortieren Sie die Rechnungen.“ Des Weiteren kann er etwas von sich selbst zu erkennen geben: „Ich brauche die sortierten Rechnungen und bin auf Ihre Vorarbeit beziehungsweise Hilfe angewiesen.“ Oder er kann zu erkennen geben, was er von Frau Meyer hält und wie er zu ihr steht: „Alleine denken Sie nicht daran, die Rechnungen zu sortieren.“

Sie sehen an dem Beispiel, dass wir immer mehrere Möglichkeiten haben, eine Aussage zu verstehen. Welche Botschaft der Vorgesetzte Frau Meyer damit überbringen möchte, wissen wir nicht genau. Es ist vorher auch nicht mit Sicherheit zu sagen, welche der vier Botschaften der Gesprächspartner, in diesem Fall Frau Meyer, aufnimmt. In den seltensten Fällen aber sind wir in der Lage, aus dem Gesagten lediglich die Sachinformation aufzunehmen. Meistens beziehen wir die Aussage auf uns persönlich. Das macht es für unser Gegenüber besonders schwierig, wenn es ihm eigentlich um die Sachinformation geht.

▶ Unterstellen Sie Ihrem Gegenüber nicht automatisch, dass er etwas Schlechtes für Sie will. Auch wenn es schwerfällt, versuchen Sie Aussagen von anderen nicht automatisch zu interpretieren. Fragen Sie lieber nach. Umgekehrt, können Sie Ihre Worte im Vorfeld bedenken und so auswählen, dass Sie wenig Raum für Missverständnisse lassen.

13.2.2 Wir sind emotional

Ein sehr erheblicher Punkt, den viele Menschen bei der Kommunikation vernachlässigen, sind die Emotionen und Empfindungen des Kommunikationspartners. Eine falsche Formulierung und unser Gegenüber fühlt sich gekränkt. Natürlich ist jeder Mensch anders. Während der eine auch die härteste Kritik nicht zu persönlich nimmt, reagiert der andere auf die kleinste Anmerkung. Generell nehmen wir Äußerungen schnell negativ und persönlich wahr. Genau dadurch entstehen innerhalb von Sekunden Missmut, Ärger und im schlimmsten Fall Konflikte.

► Sprache ist niemals wertfrei.

Wie oben erläutert, besteht jede Aussage von uns aus vier Aspekten. Der Beziehungsaspekt entscheidet letztendlich darüber, wie wir etwas verstehen möchten. Wenn Sie mit einem Kollegen ein freundschaftliches Verhältnis pflegen und Sie sich gegenseitig sympathisch sind, wird Ihnen ein kleiner emotionaler Ausrutscher garantiert verziehen oder sogar überhört werden. Wenn Sie sich gegenseitig eher unsympathisch finden oder nicht auf einer Wellenlänge liegen, kann das schon ganz anders aussehen. Das ist auch der Grund, warum wir Mitmenschen, die wir nicht so gerne mögen, ungerne Recht geben. Auch wenn die Information korrekt ist und es nichts auszusetzen gibt, werden wir unsere Emotionen nicht so umstimmen können, dass wir die Aussage eines Kollegen, der uns unsympathisch ist, bejubeln werden.

Emotionen spielen aber nicht nur eine Rolle, wenn Sie sich während des Gesprächs entwickeln. Auch Emotionen, die vorher entstanden sind und zur Zeit des Gesprächs noch andauern, können die gegenseitige Kommunikation erschweren. Daher ist es wichtig, ein Gespür dafür zu entwickeln, ob der andere gerade in der Lage ist, ein konstruktives Gespräch zu führen. Konflikte, Zeitdruck, Hunger oder andere negative Gefühle erschweren einen sinnvollen Austausch. Die gegenwärtig negativen Emotionen überlagern in dem Moment alles andere.

Ein erhöhter Adrenalinausstoß schränkt unsere Fähigkeit zu logischem Denken stark ein. Ein sachlicher Austausch ist in einem Zustand von starkem Ärger oder Aggression unmöglich. In solchen Situationen müssen Gespräche auf einen Zeitpunkt verschoben werden, zu dem die extremen Emotionen sich wieder normalisiert haben und Körper und Geist zu einem konstruktiven Dialog in der Lage sind.

► Bei innerlicher Erregung und starken Emotionen wie Ärger, Aggression oder Frustration ist ein sachlicher Austausch nicht möglich.

Emotionen können wir hauptsächlich am Gesichtsausdruck unserer Mitmenschen erkennen. Die grundlegenden Emotionen Freude, Überraschung, Wut, Trauer, Angst, Ekel und Verachtung sind am leichtesten zu erkennen, da sie eine eindeutige Mimik haben. Diese Gefühle lösen bei jedem von uns charakteristische Gesichtszüge aus. Achten Sie vor allem auf die Mund- und Augenpartie Ihres Gesprächspartners, um zu erkennen, wie es ihm gerade geht.

Versuchen Sie, Emotionen zu erkennen

Freude	Bei Freude gehen die Mundwinkel nach oben. Um die Augen bilden sich Lachfältchen. Gleichzeitig heben sich die Wangen an, die Nasenflügel werden auseinandergezogen und die Stirn entspannt sich.
Überraschung	Bei Überraschung werden die Augen weit aufgerissen. Der Mund öffnet sich leicht. Dadurch sind die Wangen angespannt.
Wut	Bei Wut kneifen wir die Augen zusammen, so dass die Augenbrauen heruntergezogen werden. Die Lippen werden mit Druck aufeinandergepresst.
Trauer	Bei Trauer hängen die Oberlider und der Mundwinkel nach unten. Der Blick ist starr.
Angst	Bei Angst werden die Augen weit aufgerissen, so dass die Augenbrauen nach oben gehen und die Nase leicht hochgezogen wird. Die Mundwinkel werden auseinandergezogen.
Ekel	Bei Ekel werden die Nase und die Oberlippe hochgezogen, so dass Falten zwischen Nasenflügel und Mundwinkeln entstehen. Die Unterlippe wird nach vorne geschoben.
Verachtung	Bei Verachtung ziehen wir einen Mundwinkel leicht nach oben. Dadurch werden die Wangen etwas angehoben. Die Oberlieder hängen herunter und der Blick ist starr.

Mit ein wenig Übung können Sie erkennen, welche Gefühle Ihr Gegenüber gerade empfindet und was in ihm vorgeht. Dies ist ein entscheidender Vorteil für Sie. Wenn Sie wissen, wie es Ihrem Gegenüber geht und was er gerade denkt, können Sie dieses Wissen für Ihre Kommunikation nutzen. Sie können die Gefühle konkret ansprechen und gezielt nachfragen, warum der andere so empfindet.

Darüber hinaus werden Sie Ihren Gesprächspartner verblüffen. Denn im Unternehmensalltag wird viel über Zahlen, Daten und Fakten gesprochen, aber kaum darüber, wie es den Menschen geht und was Sie fühlen. Denn das sind vermeintlich Dinge, die im Unternehmensalltag nichts zu suchen haben.

13.2.3 Wir nehmen verschiedene Rollen ein

Jeder von uns nimmt im Alltag verschiedene Rollen ein. Im beruflichen Alltag als Mitarbeiter, Kollege, Führungskraft, Kunde, Dienstleister usw., im privaten Leben sind wir Kind, Vater oder Mutter, Bruder oder Schwester, Oma oder Opa, Onkel oder Tante, Neffe oder Nichte, Freund oder Freundin. Unsere Rolle wechselt mehrmals am Tag, je nachdem, in welcher Situation oder Interaktion wir uns gerade befinden. Wir kommunizieren dann aus der gerade eingenommenen Rolle heraus. Dabei ist es entscheidend, dass auch unser Gegenüber unsere Rolle differenziert wahrnimmt. Ob wir uns gemäß der Rollenerwartung verhalten haben, erkennen wir oftmals erst an der Reaktion der anderen.

Gerade in Familienunternehmen kann es vorkommen, dass Vorgesetzte und Mitarbeiter nicht nur geschäftlich miteinander verbunden sind, sondern auch privat ein gutes Verhältnis pflegen. Schwierig wird es, wenn der Vorgesetzte an seinem befreundeten Mitarbeiter Kritik äußern muss. Gelingt es nicht, bereits im Vorfeld zu verdeutlichen, dass die geübte Kritik auf rein professioneller Ebene stattfindet und in keinster Weise das freundschaftliche Verhältnis betrifft, ist Unmut vorprogrammiert. Daher ist es wichtig, zu verdeutlichen, in welcher Rolle Vorgesetzter und Mitarbeiter gerade agieren.

Üben Sie die Kommunikation aus Ihrer Rolle heraus

Fragen Sie sich als Redner: In welcher Rolle möchte ich wahrgenommen werden?

Fragen Sie sich als Zuhörer: Wer spricht zu mir?

Auch der umgekehrte Fall ist denkbar. Wenn der Mitarbeiter Kritik an seinem Vorgesetzten äußert, sollte deutlich werden, in welcher Rolle er die Kritik übt. In diesem Moment kritisiert der Mitarbeiter nicht den Vorgesetzten als Privatperson, sondern in seiner Rolle als Führungskraft. Diese Äußerungen lassen das private Verhältnis außen vor. Machen Sie sich also bewusst, dass Ihr Mitarbeiter in einer solchen Situation mit Ihnen als Führungskraft unzufrieden ist.

▶ Führen Sie sich vor Augen, dass berufliche Äußerungen Sie stets in Ihrer Rolle als Führungskraft ansprechen und nicht als Privatperson.

13.2.4 Wir wollen abgeholt und mitgenommen werden

Stellen Sie sich vor, Sie nehmen einen Kollegen morgens mit zur Arbeit. Dann werden Sie ihn wahrscheinlich zu Hause abholen und den gesamten Weg bis zur Arbeit mitnehmen. Während der Fahrt darf er neben Ihnen auf dem Beifahrersitz Platz nehmen und genießt denselben Komfort des Autos wie Sie. Oder kämen Sie auf die Idee, Ihren Kollegen im Kofferraum unterzubringen, die Heizung oder Klimaanlage für ihn auszustellen oder ihn auf halbem Weg wieder abzusetzen? Natürlich nicht. Und genau das erwarten wir auch in der Kommunikation (Abb. 13.4).

Wenn Sie sich als Führungskraft in einem Gespräch mit einem Kollegen befinden, dann erwartet er von Ihnen, dass Sie sich auf seine Gesprächsebene begeben, ihn auf seinem Wissenstand abholen und ihn über das gesamte Gespräch mitnehmen.

Holen Sie Ihren Gesprächspartner ab

Finden Sie eine gemeinsame Gesprächsebene.

Holen Sie Ihren Gesprächspartner dort ab, wo er steht.

Nehmen Sie Ihren Gesprächspartner während des Gesprächs mit.

Abb. 13.4 Gesprächspartner abholen

Kommunikation heißt nicht einfach nur etwas zu sagen. Kommunikation muss auf derselben Ebene stattfinden. Nur so haben beide Gesprächspartner die Möglichkeit, aus dem Gespräch mehr mitzunehmen als aneinandergereihte Worte. Ansonsten führt das Gespräch zu nichts. Zudem zeugt es von Respekt und Wertschätzung, wenn Sie sich auf Augenhöhe mit Ihrem Kollegen begeben.

Ob wir unseren Gesprächspartner während des Gesprächs mitnehmen, verrät bereits seine Mimik. Versteht unser Gegenüber zwar die Worte, aber nicht, was wir damit sagen wollen, steht ihm geradezu ein Fragezeichen ins Gesicht geschrieben.

Wenn Sie Ihrem Kollegen etwas erklären, von dem er wenig bis kein Hintergrundwissen hat, dürfen Sie nicht mit Fachbegriffen um sich werfen. Ebenso dürfen Sie kein Spezialwissen voraussetzen. Ihr Kollege wird schnell nicht mehr zuhören und das Interesse an dem Gespräch verlieren. Warum? Sie sind einfach Ihren Weg gegangen und haben Ihren Kollegen dabei ignoriert. Sprechen Sie lieber in einer einfachen Sprache. So stellen Sie sicher, dass Sie verstanden werden. Ihr Kollege weiß dann, was Sie von ihm verlangen und was er tun muss.

Der Nebeneffekt dieser Vorgehensweise: Sie begeistern Ihren Kollegen. Denn Sie signalisieren mit Ihrer Kommunikation, dass Ihnen etwas daran liegt, von ihm verstanden zu werden. Sie stellen Ihn nicht als dumm dar, weil er etwas nicht kennt oder weiß, sondern erläutern es und reden so auf Augenhöhe. Das macht eine gute Führungskraft aus.

13.3 Gespräche erfolgreich gestalten

Wann ist ein Gespräch für Sie erfolgreich gelaufen? Wenn Sie Ihr Ziel erreicht und Ihren Willen durchgesetzt haben? Wenn Sie Ihren Gesprächspartner von Ihrer eigenen Meinung überzeugt haben?

Das mag zunächst verlockend klingen: Ich habe mein Ziel erreicht, also bin ich mit dem Gespräch zufrieden. Als Führungskraft und Unternehmensverantwortlicher greift dieser Ansatz aber zu kurz. Als Führungskraft sind Sie nicht nur für sich selber verantwortlich, sondern für das gesamte Unternehmen. Als solches müssen Sie sichergestellt wissen, dass auch Ihre Kollegen zufrieden aus dem Gespräch gehen.

Es ist Ihre Pflicht als Führungskraft, beide Ziele erfüllt zu wissen, auch wenn diese sich stark unterscheiden. Ihren Kollegen wird es in erster Linie darauf ankommen, gehört zu werden. Gerade wenn Sie nicht allzu oft die Gelegenheit haben, mit Ihnen als Führungskraft zu reden, sollten Sie sich Zeit nehmen und zuhören. Mitarbeiter wollen oftmals nur ein offenes Ohr für Ihre Bedürfnisse finden. Daher sollte eines Ihrer Ziele immer sein, die andere Seite anzuhören und in ihrem Anliegen ernst zu nehmen. Damit signalisieren Sie Ihre Wertschätzung. Denn im Gespräch geht es darum, dass wir miteinander und nicht über- oder gegeneinander reden.

► Stellen Sie sicher, dass in einem Gespräch die Bedürfnisse von beiden Seiten erfüllt werden. Dann sind beide Seiten mit dem Gespräch zufrieden und gehen motiviert an ihre Aufgaben.

Überlegen Sie sich vor jedem Gespräch, was Ihr Ziel ist. Was möchten Sie mit dem Gespräch erreichen? Klären Sie zu Beginn eines jeden Gespräches die gegenseitigen Erwartungen ab und vergewissern Sie sich am Ende des Gesprächs, dass die Erwartungen erfüllt worden sind.

Grundvoraussetzung für ein erfolgreiches Gespräch ist die innere Bereitschaft, dem anderen respektvoll zuzuhören und seine Botschaft anzunehmen. Wenn diese nicht vorliegt, verläuft das Gespräch im Sande. Zumal sich Ihre innere Haltung in Ihrer Körpersprache ausdrückt und Sie damit Ihrem Gesprächspartner unbewusst signalisieren, dass Sie kein Interesse an dem Gespräch oder an der Person haben. Damit investieren Sie Ihre Zeit umsonst. Das muss nicht sein.

Gestalten Sie Gespräche erfolgreich

- Vergegenwärtigen Sie sich das Ziel.
- Klären Sie die gegenseitigen Erwartungen ab.
- Stellen Sie sich auf Ihren Gesprächspartnern ein.
- Zeigen und haben Sie eine innere Bereitschaft zum Gespräch.

13.3.1 Bedenken Sie Ihre Rolle als Führungskraft

Als Führungskraft müssen Sie sich immer darüber bewusst sein, dass Sie Botschafter des Unternehmens sind. Das heißt, alles, was und wie Sie es sagen, wie Sie handeln, fällt auf das Unternehmen zurück.

► Stellen Sie sich zu Beginn eines Gesprächs die Frage: Was möchte ich meinem Gegenüber vermitteln?

Über unsere Kommunikation und unser Verhalten drücken wir unsere Werte aus. Dabei ist nicht nur entscheidend, was wir sagen, sondern auch wie wir es sagen. Sind die Worte wertschätzend oder beleidigend, anerkennend oder kritisierend, respektvoll oder distanzlos?

Es wird Ihnen leichter fallen, mit anderen Menschen ins Gespräch zu kommen und zu kommunizieren, wenn Sie ein positives Menschenbild haben. Unterstellen Sie anderen nicht pauschal eine Schlechtleistung, Absicht, Boshaftigkeit oder ähnliches. Gehen Sie zunächst davon aus, dass jeder Kollege sein Bestes gibt und sowohl Ihnen als auch dem Unternehmen wohlgesinnt ist.

Als Führungskraft sollten Sie versuchen, Informationen verständlich zu vermitteln. Verwenden sie eine einfache Sprache, damit jeder Sie verstehen kann. Auch komplizierte Dinge sind mit einfachen Worten zu sagen. Wenn Sie Ihre Sätze systematisch aufbauen, kann jeder den Inhalt schnell erfassen. Dazu ist es ebenso hilfreich, wenn Sie sich kurz fassen. Kürze und Prägnanz hat mehr Aussagekraft als weitschweifende Ausführlichkeit.

Am allerwichtigsten ist aber, dass Sie in Ihrer Kommunikation authentisch sind. Sagen Sie nichts, von dessen Inhalt Sie nicht überzeugt sind. Wenn Sie als Führungskraft nicht hinter Ihren Worten stehen, wie sollen es dann Ihre Kollegen?

13.3.2 Bedenken Sie Ihre Formulierungen

Es ist wichtig, die Formulierungen genau zu bedenken. Nur dann hat unsere Kommunikation Erfolg. Was in Alltagsgesprächen oft unter geht, bemerken wir spätestens in offiziellen Besprechungen. Wie so oft steckt der Teufel im Detail. Mit einigen kleinen Änderungen können Sie Ihr Gespräch auf eine gute Basis stellen. Denn Sie bewirken durch Ihre Formulierungen, dass sich Ihr Gesprächspartner öffnet – die Grundvoraussetzung für ein ebenbürtiges und erfolgsversprechendes Gespräch.

Widerstände vermeiden
In den vorangegangenen Kapiteln haben wir gezeigt, wie schnell es zu Missverständnissen kommen kann. Um dies zu vermeiden und eine konstruktive Gesprächsatmosphäre zu schaffen, ist es hilfreich, wenn wir von uns selbst und unseren Vorstellungen reden. So unterstellen wir den anderen nicht etwas, was sie gar nicht gemeint haben und greifen sie nicht unnötig an. So bewerten wir den anderen nicht. Dadurch verhindern wir zugleich, dass Widerstand beim Gesprächspartner entsteht.

Die Formulierung macht den Unterschied

Was empfinden Sie als angenehmer?

a. Wenn Ihr Kollege zu Ihnen sagt: „Jedes Mal kommst du zu spät zu unserer Besprechung. Das kann ja wohl nicht sein. Wenigstens einmal kannst du doch pünktlich kommen.“

b. Wenn Ihr Kollege sagt: „Es stört mich, wenn wir nicht rechtzeitig mit unserer Besprechung anfangen können. Ich komme sonst mit meinen anschließenden Aufgaben und Terminen in Zeitdruck."

Wie in dem Beispiel gezeigt, können wir besser von uns selbst, als über über unseren Gesprächspartner reden. Wenn wir über uns selber sprechen, können wir dem anderen unsere Vorstellungen und Gedanken, aber auch unsere Gefühle schildern und so näherbringen. Zum einen machen wir so unsere eigene Welt für unseren Gesprächspartner erlebbar und zum anderen sind wir nicht angreifbar. In dem obigen Beispiel wird der Kollege eher Verständnis für die Situation des Redners aufbringen können, wenn ihm das aus seiner Unpünktlichkeit resultierende Problem geschildert wird. In der Folge wird er auch eher bereit sein, pünktlich zum nächsten Termin zu erscheinen.

Ausdrücke, auf die wir verzichten können

Es gibt Worte und Floskeln, die wir gar nicht leiden können. Manche Worte wirken auf uns wie ein rotes Tuch und wecken unverzüglich negative Emotionen. Sobald auch nur jemand ein solches Wort in den Mund nimmt, reagieren wir gereizt und sind nicht mehr in der Lage, uns auf die eigentliche Aussage zu konzentrieren. Dieses Wort überlagert einfach alles.

Hierzu gehören Verallgemeinerungen wie „immer", „nie", „jeder", „alle" oder „dauernd". Damit unterstellen wir pauschal ein Verhalten. Sie wissen selber, dass niemand etwas immer macht. Es ist unserer Wahrnehmung geschuldet, dass wir häufige Verhaltensweisen als Generalisierung interpretieren. Durch solch generelle Unterstellungen von anderen fühlen wir uns selber sofort angegriffen und unfair behandelt. Denn wir wissen intuitiv, dass dies nicht den Tatsachen entspricht und versuchen, solche Unterstellungen von uns zu weisen. Wir begeben uns unverzüglich in eine Verteidigungsposition.

Auch Ausdrücke wie „müssen", „können", „sollen" und „dürfen" wecken häufig Widerstand. Mit diesen Begrifflichkeiten verbinden wir schnell Zwang, Druck und Fremdbestimmung. Allesamt Situationen, denen wir Menschen ungern ausgesetzt sind. Daher reagieren wir auf Sätze, die mit „Sie müssen doch…" oder „Sie dürfen nicht…" beginnen negativ.

Die Verwendung von pauschalisierenden Begriffen behindert unsere Kommunikation. Sie werden damit nichts erreichen. Wenn Situationen oder Verhaltensweisen gehäuft vorkommen, können Sie dies in abgeschwächter Form darstellen und am besten mit konkreten Beispielen belegen. Damit weiß der Gesprächspartner, was Sie meinen. Die Situation und die Anmerkung werden so greifbarer und sind nicht nur ein theoretisches Konstrukt. So verhindern Sie, dass Ihr Gegenüber sich angegriffen fühlt. Wenn Sie etwas stört, dann formulieren Sie dies nicht als Vorwurf, sondern sagen Sie konkret, was Sie sich wünschen.

Negatives in Positives umkehren

Versuchen Sie, negative Formulierungen zu vermeiden. Zum einen fühlen wir uns durch negative Ausdrücke eher kritisiert und zum anderen werden positive Aussagen vom Gehirn schneller verarbeitet.

Abb. 13.5 Negative Formulierungen vermeiden

Negatives in Positives umkehren

Im Meeting sagt die Führungskraft: „Bitte denken Sie jetzt nicht schon ans Mittagessen. Wir müssen noch einige Punkte besprechen."

Wenn Sie das Beispiel lesen, an was denken Sie sofort? An das bevorstehende Mittagessen. Unser Gehirn kann die Verneinung schlecht verarbeiten. Das liegt daran, dass unser Gehirn aus zwei Hälften besteht. Die linke Gehirnhälfte, die für die Logik zuständig ist, kann die Sachinformation aufnehmen. Die rechte Gehirnhälfte, die für Emotionen und Erlebnisse zuständig ist, allerdings nicht. Hier wird der Satz in ein Bild umgewandelt und das zeigt uns ein wohlduftendes warmes Gericht. Durch Verneinungen und negative Formulierungen stiften wir nur Verwirrung im Gehirn unserer Gesprächspartner. Hinzu kommt, dass sich die Besprechungsteilnehmer im Beispiel kaum noch auf die Diskussion konzentrieren können (Abb. 13.5).

Betonung

Neben den Formulierungen kommt es auch auf die Art und Weise an, wie Sie etwas sagen. Je nach Betonung können Sie einem anderen Aspekt des Satzes einen Schwerpunkt verleihen.

Auf die Betonung achten

Wie kann ich Ihnen weiterhelfen?

Wie ich kann *Ihnen* weiterhelfen?

Viel wichtiger ist aber noch der Unterton, mit dem Sie einen Satz sagen. Untertöne sind immer negativer Art. Auf Untertöne die Abwertung beziehungsweise Geringschätzung und Bevormundung suggerieren, reagieren wir besonders empfindlich.

► Sie werden sehen, dass eine positive Ausdrucksweise bei Ihren Mitmenschen besser ankommt. Versuchen Sie, alles Negative zu vermeiden und stattdessen eine positive Formulierung zu wählen. So treten Sie Ihren Gesprächspartnern respektvoll und wertschätzend gegenüber.

13.3.3 Sprechen Sie in Bildern

Die wohlüberlegte Auswahl unserer Worte und Formulierung unserer Sätze ist von Bedeutung, da Sie Bilder und Gefühle bei unseren Gesprächspartnern erzeugen. Diesen unbewussten inneren Reaktionen unterliegen alle Menschen. Nicht jedes Wort ist in jeder Situation passend. Je nach Kombination der Worte in einem Satz, kann der Satz eine vollkommen andere Wirkung sowie eine andere Bedeutung haben.

► Bilder sagen mehr als 1000 Worte.

Die Beschreibung „Wir haben einen Haufen Arbeit vor uns." wirkt anders als „Wir haben einen Strauß an Aufgaben zu erledigen." und löst dementsprechend andere Emotionen aus. Allein die Worte „Haufen" und „Strauß" assoziieren wir gegensätzlich. Bei einer positiven Assoziation freuen wir uns auf die vielfältigen Aufgaben und gehen mit einer positiven Grundstimmung an die Arbeit.

Benutzen Sie zielgerichtete Metaphern und Formulierungen, um unerwünschte Assoziationen und Gefühle bei Ihren Gesprächspartnern zu vermeiden. Sprache erschafft Bilder, Gefühle und Assoziationen. Das gilt es stets im Hinterkopf zu haben.

► Sprache erschafft Bilder, Gefühle und Assoziationen.

Wenn wir anhand von Beispielen oder Metaphern erklären, was wir sagen wollen, erleichtern wir unserem Gegenüber, den Inhalt zu verstehen. Die Informationen sind für den anderen so schneller und einfacher zu erfassen. Missverständnisse werden minimiert.

Je lebhafter wir sprechen, desto leichter machen wir es unserem Gesprächspartner, den Inhalt unserer Worte zu verstehen. Denn unser Gehirn kann Botschaften, die mehrere Sinne ansprechen, besser verarbeiten als abstrakte Informationen. Um die Wirkung einer Botschaft zu erhöhen, können wir mehrere unserer fünf Sinne gleichzeitig ansprechen.

Jeder Mensch bevorzugt einen anderen Sinneskanal. Welcher Sinneskanal das ist, lässt sich oft schon anhand der gewählten Formulierung erkennen. Visuell orientierte Personen nutzen sprachliche Ausdrücke, die innere Bilder und Vorstellungen beschreiben, wie „Das ist doch glasklar." oder „Das sehe ich anders.". Auditiv orientierte Menschen achten hingegen darauf, was sie hören. Sie genießen Musik und angenehme Unterhaltungen, sind eher lärmempfindlich. Auch dies lässt sich an der Sprache heraushören: „Das hört sich gut an." oder „Da schrillen bei mir alle Alarmglocken.". Menschen, die sich vorwiegend über den kinästhetischen Kanal orientieren, lassen sich von Bewegungs- und Berührungsempfindungen leiten. Sie treffen Äußerungen wie „Ich stehe auf dem Standpunkt, dass …" oder „Da läuft es mir eiskalt den Rücken herunter."

Um lebhaftere Assoziationen zu erzeugen, benutzen Sie Vokabular aus allen drei Bereichen. Erzählen Sie interessante und spannende Geschichten, um zu überzeugen. Üben Sie sich darin, den vorwiegend genutzten Sprachkanal Ihres Gegenübers zu erfahren und passen Sie Ihre Formulierungen dementsprechend an, um Ihrem Gesprächspartner das Verständnis zu erleichtern.

13.3.4 Was sagt Ihr Körper?

Die Körpersprache im Blick haben

Die Führungskraft sagt zum Kollegen: „Ich freue mich darauf, deine Ideen und Ausarbeitungen zu unserem neuen Projekt zu hören." Zeitgleich guckt er dabei auf die Uhr und liest anschließend seine E-Mails.

Passt das für Sie zusammen? Das Gesagte und die Körpersprache sind in dem oben genannten Beispiel gegensätzlich. Den Kollegen wird dieses Verhalten irritieren und verunsichern. Welchem Signal soll er nun Glauben schenken?

„Man lügt wohl mit dem Munde; aber mit dem Maule, was man dabei macht, sagt man doch die Wahrheit." Schon Friedrich Nitzsche hat erkannt, dass wir unsere wahren Gedanken und Gefühle nicht verbergen können. Die Mikrobewegungen unserer Muskeln erfolgen nahezu unbewusst, sind aber für unsere Gesprächspartner wahrnehmbar. Daher ist es wichtig, dass unsere Körpersprache mit unseren Worten übereinstimmt. Sonst wirken wir schnell unglaubwürdig und werden als Lügner enttarnt. Für Sie als Führungskraft ein ungünstiger Umstand. Wenn Sie einmal das Vertrauen Ihrer Kollegen verlieren, ist es schwer, sich neues Vertrauen zu verdienen.

Da sich Menschen an ihrer visuellen Wahrnehmung orientieren, sind Kongruenz und der zielgerichtete Einsatz von Körpersprache in der Kommunikation ein wichtiges Werkzeug. Wenn unsere Kommunikation nicht die Resultate liefert, die wir uns wünschen, kann das unter Umständen an unserer Körpersprache liegen.

Vermeiden Sie negative Körpersprache

Vermeiden Sie nach Möglichkeit folgende Gestik und Mimik, um keine falschen Rückschlüsse hervorzurufen:

- Gesten über Schulterhöhe und ein erhobenes Kinn interpretieren viele als Dominanzverhalten.
- Eine gehobene Augenbraue interpretieren viele als Skepsis.
- Eine gerümpfte Nase interpretieren viele als Verachtung oder Ekel.
- Den erhobenen Zeigefinger interpretieren viele als Altklugheit oder Arroganz.
- Herumspielen an Fingern, Schmuck etc. interpretieren viele als Nervosität oder Unsicherheit.

Jeder Mensch hat gewisse Bewegungen und Körperhaltungen, die er bevorzugt und daher überwiegend benutzt. So gibt es viele Menschen, die während eines Gesprächs gerne die Arme vor der Brust verschränken – ohne zu ahnen, wie dies auf ihr Gegenüber wirkt. In der Regel assoziieren wir mit verschränkten Armen einen Widerstand, eine Abwehrhaltung oder einen Protest. Auch wenn es den meisten bei dieser Haltung lediglich um Bequemlichkeit geht, gewisse Verhaltensweisen werden von anderen Menschen als überwiegend negativ wahrgenommen.

Wenn Sie die Körpersprache von anderen interpretieren, vergewissern Sie sich, dass diese Deutung richtig ist. Eine gerunzelte Stirn kann ein Hinweis auf Verärgerung sein. Doch wenn Sie nun annehmen, dass sich diese (interpretierte) Verärgerung auf Sie selbst bezieht, handeln Sie voreilig.

Körpersprache lesen wir am besten im zeitlichen Verlauf und unter Beachtung des Kontextes. Je mehr Hinweise wir aufnehmen, desto leichter fällt es uns, das unbewusste Verhalten des anderen zu verstehen. Wenn jemand in einem Gespräch zum Beispiel nach einiger Zeit den Fuß in Richtung Ausgang dreht, wiederholt dorthin oder auf die Uhr sieht, den Blickkontakt unterbricht, die Stirn runzelt, die Lippen zusammenpresst, sich mit der Hand über den Nacken streift und Rumpf oder Unterleib von Ihnen wegdreht, liegt der Gedanke nahe, dass derjenige das Gespräch beenden möchte. Dennoch kennen wir den Grund hierfür nicht. Es könnte sich um ein Thema handeln, das dem anderen unangenehm ist oder er hat es eilig.

Am einfachsten ist es, wenn Sie Ihre Wahrnehmung aussprechen und klar von einer möglichen Interpretation trennen: „Wenn ich Sie so ansehe…, bekomme ich den Eindruck…“. Wenn Sie auf der anderen Seite in einer solchen Situation sind, können Sie Ihrem Gegenüber aktiv Ihr Verhalten erläutern: „Entschuldigen Sie, aber ich muss nun los zu meinem nächsten Termin …“. So können Sie Missverständnisse vermeiden und respektvoll Interesse für die Gedanken und Gefühle des anderen signalisieren.

13.3.5 Schaffen Sie eine Verbindung

Mehr als die Hälfte der Informationen, die wir aus der Kommunikation erhalten, werden unbewusst verarbeitet. Benutzt jemand ähnliche Gesten oder Phrasen wie wir selbst, stellen wir schnell fest: Der ist ja wie ich. Da wir uns selbst fast immer positiv beurteilen, steigt die Wahrscheinlichkeit, dass wir denjenigen sympathisch finden.

Mit Menschen, die wir als angenehm und liebenswert empfinden, können wir ganz automatisch und wie von selbst eine Verbindung aufbauen. Sitzen enge Freunde gemeinsam im Restaurant, können wir sehen, dass sie zum Beispiel den gleichen Arm auf den Tisch stützen, die Oberkörper zueinander richten, im gleichen Rhythmus nicken, die Beine ähnlich kreuzen usw.

Diesen Sympathieeffekt können Sie auch im Unternehmensalltag nutzen. Indem wir eine Brücke zu anderen bauen und uns ihrer (Körper-)Sprache anpassen, schaffen wir Einklang. Das erleichtert das gegenseitige Verständnis.

Bauen Sie eine Verbindung auf

Üben Sie im Alltag und in belanglosen Situationen, eine Verbindung zu Ihrem Gesprächspartner herzustellen.

Beobachten Sie die Körpersprache Ihres Gesprächspartners, ohne ihn anzustarren.

Nimmt Ihr Gegenüber einen Stift in die Hand, warten Sie eine Weile und ergreifen Sie dann Ihrerseits ganz beiläufig ebenfalls einen Stift. Nach und nach wird es Ihnen immer leichter fallen, Ihr Verhalten und Ihre Gesten an die Ihres Gesprächspartners anzupassen.

Am einfachsten ist es, zunächst auf die Körpersprache zu achten. Versuchen Sie sich einfühlsam und vorsichtig an die Körpersprache Ihres Gesprächspartners anzupassen. Sie können es sich auch so vorstellen, dass der andere den Eindruck hat, in einen Spiegel zu sehen und seine Körperbewegungen wahrzunehmen. Allerdings müssen Sie dies vorsichtig tun. Es ist ein behutsames und zeitversetztes Anpassen an den anderen. Es darf nicht im Nachäffen enden. Dann machen Sie sich unsympathisch und erreichen das Gegenteil.

Auch verbal können wir eine Verbindung aufbauen, indem wir Sprachgeschwindigkeit und -rhythmus sowie Sprachmelodie, Tonlage und Lautstärke anpassen. Ebenso können wir in Maßen einzelne Worte, Phrasen oder Redewendungen übernehmen, um uns unserem Gesprächspartner anzunähern. Achten Sie jedoch darauf, authentisch zu bleiben.

► Bei allem, was wir tun und sagen, sollten wir uns selbst treu und damit authentisch bleiben.

Wenn wir es schaffen, eine echte Verbindung herzustellen, ist es ein Zeichen dafür, dass ein guter Draht zwischen zwei Menschen besteht. Wenn Sie als Führungskraft im Gespräch schaffen, diese Verbindung zu Ihren Mitarbeitern aufrechtzuerhalten, neigen sie dazu, Gesagtes eher positiv zu bewerten und Ihnen eher zu vertrauen.

► Eine Verbindung zu unserem Gesprächspartner ermöglicht gegenseitiges Verständnis. Sie ist erkennbar durch ein hohes Maß an Harmonie und Übereinstimmung in Körpersprache und sprachlichem Ausdruck. Darüber hinaus schafft sie ein Gefühl von Vertrauen und Verstandenwerden und hilft uns, die Position des anderen nachzuvollziehen.

13.3.6 Hören sie aktiv zu und fragen Sie nach

Die meisten Menschen halten sich selbst für gute Zuhörer. Zuhören bedeutet aber nicht, im eigenen Kopf bereits die Antwort auf das Gesagte zu formulieren. Zuhören bedeutet, so genau hinzuhören, dass wir das Gesprochene später sinngemäß in eigenen Worten zusammenfassen können. Zuhören ist also eine aktive Handlung.

Wer umfassend und aktiv zuhört, der hört nicht nur die gesagten Worte, sondern noch mehr. Derjenige hört den Unterton, die Betonung der Worte und liest sozusagen zwischen den Zeilen. Denn hier sind die Emotionen zu Hause.

Hören Sie Ihrem Gesprächspartner wirklich zu

- Ich unterbreche meinen Gesprächspartner nicht und rede erst, wenn er fertig ist.
- Ich lege meine Antwort erst zurecht, wenn der andere ausgesprochen hat.
- Ich spreche die Sätze für den anderen nicht zu Ende, denn ich weiß ja gar nicht, was er sagen möchte.
- Ich bin mit meinen Gedanken und meiner Konzentration ganz beim Gespräch.
- Ich möchte verstehen, was mein Gesprächspartner sagt.

Wir können unserem Gesprächspartner aktiv über verbale und nonverbale Signale zeigen, dass wir ihm zuhören. Auf der einen Seite können wir Augenkontakt halten, hin und wieder nicken oder den Oberkörper zu unserem Gesprächspartner hinwenden. Auf der anderen Seite bieten sich kurze Bestätigungslaute wie „mhm", „ah" usw. an.

Auch wenn wir noch so gut zuhören und die Signale des anderen wahrnehmen, können wir nicht davon ausgehen, dass wir ihn verstanden haben. Dies gilt es aber sicherzustellen. Besonders in Gesprächen, in denen sich beide Parteien stark mit dem Inhalt identifizieren, ist es wichtig, abzugleichen, ob das Verstandene und die gesendeten Informationen identisch sind. Daher ist es ein probates Mittel, das Gehörte noch einmal mit unseren eigenen Worten zusammenzufassen und wiederzugeben. Versuchen Sie herauszufinden, worum es dem anderen geht. Es passiert leider oft genug, dass wir mit unserer Vermutung falsch liegen. Durch diese Vorgehensweise geben wir aber unserem Gesprächspartner die Möglichkeit, unsere Annahme zu korrigieren und sein Anliegen zu wiederholen.

Wenn wir uns nicht sicher sind, ob wir unseren Gesprächspartner verstanden haben, können wir direkt nachfragen. Auch so geben wir unserem Gesprächspartner die Möglichkeit, sein Anliegen nochmal vorzubringen.

So gelingt Kommunikation – durch die aktive Beteiligung beider Gesprächspartner. So reden wir wirklich miteinander anstatt nacheinander.

Scheuen Sie sich nicht, Fragen zu stellen. Es ist vollkommen normal, dass wir nicht alles, was unsere Kommunikationspartner von sich geben, verstehen. Durch Nachfragen geben wir dem anderen aber das Signal, dass seine Botschaft nicht eindeutig ist. Viel schlimmer ist es, wenn beide Seiten davon ausgehen, dass sie das gleiche denken, es aber nicht tun.

Durch das aktive Zuhören fördern Sie das gegenseitige Vertrauen. Es zeugt von Respekt. Eine solche Art der Kommunikation setzt eine mitfühlende und offene Grundhaltung voraus.

► Ein erfolgreiches Gespräch besteht aus der gelungenen Kombination vieler Kleinigkeiten. Sie erhalten einen klaren Vorteil gegenüber Ihren Mitmenschen, wenn Sie sich darüber im Klaren sind, was ein Gespräch alles ins Negative driften lässt. Generell möchten wir Menschen von anderen ernst genommen werden. Gehen Sie auf Ihren Gesprächspartner ein und begegnen Sie ihm mit Respekt und Wertschätzung.

Kommunikation findet auf der zwischenmenschlichen Ebene statt. Wenn Sie erfolgreich kommunizieren möchten, dann müssen Sie gerne mit Menschen umgehen und sich bereitwillig auf unterschiedliche Persönlichkeiten einlassen.

Erfolgreiche Gespräche führen

1. Bereitschaft zum Gespräch: Stellen Sie sich innerlich auf Ihren Gesprächspartner und das Thema ein. Überlegen Sie, was das Ziel des Gesprächs sein soll und klären Sie zu Beginn die gegenseitigen Erwartungen ab. So schaffen Sie die Ausgangsbasis für ein erfolgreiches Gespräch.
2. Bewusstsein über Ihre Rolle als Führungskraft: Als Führungskraft sind Sie Botschafter des Unternehmens.
3. Bewusste Wahl von Formulierungen: Wählen Sie Ihre Sätze mit Bedacht. Reden Sie in einer einfachen und positiven Sprache.
4. Verwendung von bildhafter Sprache: Nutzen Sie die Bildsprache, um Ihre Aussagen erlebbar zu machen.
5. Einsatz kontrollierter Körpersprache: Stellen Sie sicher, dass Ihre Körpersprache und das Gesagte zusammenpassen. Sonst sind Sie nicht authentisch.
6. Aufbau einer Verbindung: Schaffen Sie eine Verbindung zu Ihrem Gesprächspartner.
7. Aktiv Zuhören: Hören Sie Ihrem Gesprächspartner sichtbar zu. Machen Sie dies durch gezieltes Nachfragen deutlich.

13.4 Kommunikation im Unternehmensalltag

Der Unternehmensalltag besteht häufig aus einer Vielzahl an Gesprächen und mit den verschiedensten Menschen als Gesprächspartner. Sie als Führungskraft sind dafür verantwortlich, ob ein Gespräch erfolgreich verläuft oder nicht.

Als Führungskraft sollten sich in Ihrer Kommunikation auch die Unternehmenswerte widerspiegeln. Wenn Sie einen offenen und wertschätzenden Umgang miteinander pflegen, sollten Sie diese Offenheit und Wertschätzung auch für die Kommunikation übernehmen. Nehmen Sie sich also für Gespräche und für jeden Einzelnen ausreichend Zeit. Wenn Sie offen mit Ihren Mitarbeitern reden, werden diese auch eher dazu bereit sein, Ihnen offen und frei zu erzählen, welche Probleme sie haben.

Gerade für Sie als Führungskraft besteht ein Hauptteil Ihrer alltäglichen Arbeit aus Kommunikation. Warum? Nun, wie wollen Sie sonst Ihren Kollegen erläutern, was zu tun ist, welcher Kunde welches Produkt wünscht, was das Jahresziel ist usw. Und Ihre Kommunikation ist die Grundlage für den Unternehmenserfolg. Mit Ihrer Kommunikation können Sie viel Schaden anrichten, aber auch im umgekehrten Fall viel erreichen. Motivieren und begeistern Sie Ihre Kollegen.

Die gelungene Kombination aus Kommunikation und Führung entscheidet über Ihren Erfolg und den Unternehmenserfolg.

Sie als Führungskraft können den Kollegen mit Ihren Worten den Sinn der Arbeit vermitteln. Wenn Sie richtig kommunizieren, dann haben Sie große Chancen, dass Ihre Mitarbeiter Ihren Anweisungen folgen und ihre Arbeit gerne machen. Gespräche und die zwischenmenschliche Kommunikation nehmen viel Zeit in Anspruch. Aber es ist gut investierte Zeit. Denn so können Sie Missverständnisse ebenso wie Widerstände reduzieren.

Grundvoraussetzung dafür ist eine offene, glaubwürdige, verlässliche und persönliche Kommunikation sowie ein gegenseitiges Verständnis füreinander. Ihre Aufgabe als Führungskraft ist es, diese Aspekte vorzuleben und im Unternehmen zu etablieren.

Für den gesamten Umgang mit der Kommunikation gilt: Finden Sie Ihren eigenen Weg. Nicht jede Ausdrucksweise passt zu jeder Führungskraft. Seien Sie einfach Sie selbst und bleiben Sie authentisch. Dann kommt der Erfolg von ganz allein zu Ihnen.

13.4.1 Gespräche am Telefon

Bei Gesprächen am Telefon gestaltet sich die Kommunikation mit anderen Menschen noch schwieriger, als sie ohnehin schon ist. Denn am Telefon fehlt ein entscheidender Faktor: der Sichtkontakt. Wenn wir die andere Person nicht sehen, können wir ihre Körpersprache nicht beobachten und diese auch nicht zur weiteren Interpretation zu Rate ziehen. Deswegen führt Ironie am Telefon eher zu Missverständnissen, als in der direkten Kommunikation von Angesicht zu Angesicht. Da Ihr Gegenüber nicht sehen kann, wenn Sie nicken, sind in diesen Gesprächen die verbalen Bestätigungslaute noch häufiger einzusetzen. So vermeiden Sie ein „Sind Sie noch dran?".

Auch die eigenen Emotionen wirken auf den Körper und spiegeln sich in der Stimme wider. Geraten Sie beim Telefonieren in Stress, wechseln die meisten Menschen von der Bauchatmung in die flachere und schnellere Brustatmung. Durch die veränderte Atmung klingt die Stimme dann schnell gepresst und wirkt unsympathisch.

Wenn Sie sitzen, halten Sie sich in jedem Fall gerade. Sie wären überrascht, wenn Sie wüssten, wie sehr sich Ihre Körperhaltung auf Ihre Stimme überträgt.

Beim Telefonat muss auch Ihr Gegenüber auf die Details Ihrer Körpersprache zur Entschlüsselung der Botschaft verzichten. Daher sind bewusst gesetzte Pausen nötig, die ihm helfen, über das Gesagte nachzudenken und zu antworten. Stellen Sie Kontroll- und Bestätigungsfragen um sicherzugehen, dass Sie das Gesagte auch richtig verstanden haben.

Bevor Sie also das nächste Mal zum Telefonhörer greifen, überlegen Sie sich, ob diese Form der Kommunikation dem Anlass entsprechend ist. Gerade, wenn es sich um sensible oder persönliche Themen handelt, sollten Sie das direkte Gespräch vorziehen.

13.4.2 Feedbackgespräche

Erfahrene Ehemänner wissen: Sie treffen auf deutlich weniger Skepsis, wenn sie ihrer Frau regelmäßig Rosen schenken, als wenn sie es nur im Konfliktfall tun. Ebenso werden Ihre Mitarbeiter Feedbacksituationen eher begrüßen, wenn diese regelmäßig und aus positivem Anlass stattfinden, als wenn sie nur zur Maßregelung durchgeführt werden (Abb. 13.6).

Bei Feedbackgesprächen kann vieles falsch gemacht und dadurch die Beziehung zwischen Führungskraft und Mitarbeiter auf ungünstige Füße gestellt werden. Daher sollten Sie daran interessiert sein ein wertschätzendes, konstruktives und zielgerichtetes Feedbackgespräch zu führen.

Feedbackgespräche verfolgen den Zweck, Mitarbeitern eine Rückmeldung über ihr Verhalten und ihre Arbeitsleistung zu geben. Sie fördern die persönliche Entwicklung und führen zu einer besseren Selbsteinschätzung. Daher haben diese Gespräche immer zwei Seiten. Sie dienen dazu, Kritik, aber auch Lob, zu äußern.

Abb. 13.6 Nicht nur im Konfliktfall handeln

Bei der Äußerung von Kritik müssen wir besonders vorsichtig vorgehen. Wie bereits in den vorherigen Abschnitten festgestellt worden ist, nehmen wir uns Kritik stets zu Herzen und immer persönlich. Sie als Führungskraft möchten aber nicht eine Eigenschaft der Person kritisieren, sondern ein Verhalten der Person in ihrer Rolle als Mitarbeiter. Dies gilt es für den Mitarbeiter erlebbar zu machen.

Feedback kann Einschätzungen zu den verschiedensten Bereichen der beruflichen Handlungskompetenz enthalten und sich auf fachliche, soziale oder selbstorganisatorische Kompetenzen beziehen. Gutes Feedback bezieht sich aber immer auf Umstände, die der Mitarbeiter auch aus eigener Kraft verändern kann. Sprechen Sie von konkreten Situationen und über konkret beobachtetes Verhalten. Ihr Gegenüber kann so besser verstehen, was Sie meinen und nimmt Ihre Kritik oder Ihren Ratschlag eher an. Sprechen Sie über Verhaltensänderungen, die Sie sich für die Zukunft wünschen.

Feedbackgespräche sind im Idealfall ergebnisoffen, um Raum für Veränderung zu schaffen. Signalisieren Sie glaubwürdiges Interesse: sprachlich ebenso wie mittels Ihrer Körpersprache. Hören Sie genau zu, welche Vorschläge und Bedürfnisse Ihr Mitarbeiter hat und wiederholen Sie, was Sie verstanden haben. Reden Sie offen darüber, was Sie beobachtet haben und formulieren Sie dabei Ihre persönliche Wahrnehmung.

Äußern Sie Kritik konstruktiv

- Konstruktive Kritik richtet sich immer auf ein Problem – und nicht auf die Person.
- Sie ist immer konkret – und nicht allgemein.
- Konstruktive Kritik will etwas ändern – und nicht beschuldigen.
- Sie ist eher auf die Zukunft gerichtet – und nicht auf die Vergangenheit.

Achten Sie auf die Trennung von Wahrnehmung und Interpretation, um Ihrem Mitarbeiter nichts Falsches zu unterstellen. So vermeiden Sie negative Reaktionen. Unvoreingenommenheit Ihrerseits ist äußerst wichtig, da Sie so auf die Bedürfnisse Ihres Gegenübers eingehen können.

▶ Vorwürfe bringen Sie nicht weiter. Was zählt sind Lösungen.

Im Feedbackgespräch sollten auch positive Aspekte zu Wort kommen. Erwähnen Sie Stärken und Talente des Mitarbeiters. Nur wenn Sie ein ausgewogenes Verhältnis von positiven und negativen Aspekten darstellen, sind Sie als Führungskraft glaubwürdig. Denn niemand verhält sich immer richtig oder immer falsch.

Feedbackgespräche sind aber noch mehr. Was bringt es Ihnen, wenn Sie lediglich Ihrem Kollegen eine Rückmeldung geben, aber selbst keine bekommen? Nutzen Sie das Gespräch zum gegenseitigen Austausch. Führen Sie einen Dialog und fragen Sie Ihren Kollegen aktiv, was Sie bereits gut machen und was Sie besser machen können.

Wie im ersten Kapitel erwähnt, ist unsere Wahrnehmung immer eingeschränkt. Dementsprechend kann Ihr Kollege Situationen gänzlich anders wahrnehmen als Sie. Aber auch die Bedürfnisse, die während der Ausführung von Aufgaben entstehen, wie zum Beispiel benötigtes Arbeitsmaterial, kann jemand der direkt von der Situation betroffen ist, direkter wahrnehmen als die Führungskraft. Daher sind Sie auf Hinweise Ihrer Kollegen angewiesen. Ein ehrlicher und offener Umgang miteinander und gegenseitige Rückmeldungen bringen beide Seiten weiter.

13.4.3 Beschwerdegespräche

Beschwerdegespräche

Es ist Dienstagmorgen. Herr Schneider macht sich auf den Weg zu seinem Vorgesetzten und fängt direkt nach Eintreffen im Büro von Herrn Schmidt an zu reden.

„Also Herr Schmidt, jetzt muss ich Ihnen aber mal was sagen. Es stört mich ja schon seit Langem, aber so geht es nicht weiter …"

Wenn ein Kollege mit einer Beschwerde zu Ihnen kommt, können Sie sicher sein, dass er emotional bereits sehr aufgewühlt ist. Ansonsten würde er den Weg zu Ihnen nicht suchen. Er braucht in dieser Situation jemanden, der ihm zuhört und bei dem er seinem Ärger erst einmal Luft machen kann.

Sie haben es aber in der Hand, das Gespräch positiv zu beenden. Durch Ihre kommunikativen Kompetenzen und Ihre Feinfühligkeit können Sie Ihren Kollegen beschwichtigen und gemeinsam mit ihm eine Lösung finden.

In solch emotional aufgebrachten Situationen ist es Ihrem Kollegen egal, was Sie gerade bewegt oder was Sie für Probleme haben. Er sieht gerade nur seine Perspektive. Für alles andere ist er blind. Daher ist es Ihre Aufgabe als Führungskraft, ihn aufzufangen und auf seine Bedürfnisse einzugehen.

Wie im Beispiel von Herrn Schneider müssen wir in solchen Situationen erst einmal unserem Ärger Luft machen können. Durch Aufmerksamkeitsreaktionen (z. B. „ja", „ach so") können Sie deutlich machen, dass Sie zuhören. Zeigen Sie in jedem Fall Verständnis für die Situation. Ihr Kollege muss sich ernst genommen fühlen. Er will, dass Sie sich in seine Lage hineinversetzen und nachempfinden können, wie es ihm geht. Machen Sie deutlich, dass Sie ihm helfen möchten, aber unterbrechen Sie nicht seinen Redefluss.

Gerade in solchen Situationen kann es vorkommen, dass Ihr Kollege unfreundlich, ausfallend oder beleidigend wird. Provozierende Bemerkungen müssen Sie an dieser Stelle nicht persönlich nehmen und überhören. Durch positive Formulierungen und einen freundlichen Ton Ihrerseits gelingt es in der Regel, Ihren Kollegen zu beschwichtigen und zu einem sachlichen Gespräch zu gelangen.

Oftmals wird das eigentliche Problem oder die Beschwerde nicht explizit ausgesprochen. Durch Nachfragen können Sie den tatsächlichen Grund herausfinden und anschließend gemeinsam an einer Lösung arbeiten. Machen Sie allerdings keine Versprechen, die Sie nicht einhalten können oder wollen.

Gestalten Sie Beschwerdegespräche positiv

- Bleiben Sie freundlich.
- Hören Sie aktiv zu.
- Lassen Sie Ihren Gesprächspartner ausreden.
- Finden Sie die Ursache für die Beschwerde heraus.
- Erarbeiten Sie gemeinsam eine Lösung.
- Halten Sie Zusagen ein.

13.5 Selbstreflexion

Wir haben in den vorhergehenden Abschnitten eine Vielzahl von Tipps und Hinweisen für Sie zusammengefasst, damit Sie die menschliche Kommunikation verstehen und nachvollziehen können. Aber auch, damit Ihre Gespräche in Zukunft noch konstruktiver und zielgerichteter verlaufen können und Missverständnisse, soweit es geht, vermieden werden können.

Natürlich ist es für Sie hilfreich zu wissen, wie Sie anderen Menschen begegnen können. Ausschlaggebend für eine Verbesserung der Kommunikation ist aber, dass Sie sich bewusst machen, wie Sie selber kommunizieren. Fehler und Missstände erkennen wir bei anderen meist schnell, aber es ist ebenso wichtig, dass wir unser eigenes Verhalten reflektieren können.

► Überlegen Sie sich: Wie kommuniziere ich mit meinen Kollegen?

Dazu zählt auch, wie Sie als Führungskraft im Unternehmen auftreten sollten. Ihre Kommunikation muss sich Ihrem Auftreten anpassen. Gerade für Sie als Führungskraft, die auch Vorbild für die Kollegen ist, ist es wichtig, sich selbst in der Kommunikation und damit im zwischenmenschlichen Umgang zu trainieren. Denn gerade die zwischenmenschlichen Probleme kosten das Unternehmen viel Geld.

Setzen Sie bei sich selbst an. Machen Sie sich Ihre eigene Kommunikation, aber auch Ihre Reaktion und Ihr eigenes Verhalten bewusst. Wenn Sie zum Beispiel wissen, dass Sie auf bestimmte Worte geradezu allergisch reagieren, können Sie lernen, sich in solchen Situationen selber zu beruhigen und in der Folge respektvoll mit Ihrem Gesprächspartner kommunizieren.

Üben Sie zu kommunizieren

a. Überprüfen Sie Ihre Ausdrucksweise. Bevor Sie einen Satz sagen, überlegen Sie sich, was Ihr Gesprächspartner darunter verstehen könnte. Wenn Sie bereits selbst feststellen, dass Ihre Ausdrucksweise Raum für Missverständnisse und Fehlinterpretationen lässt, dann formulieren Sie den Satz um.

b. Machen Sie sich selbst bewusst, mit welchem Ohr Sie bevorzugt hören.
c. Überlegen Sie: Gibt es Formulierungen, die Sie selbst häufig benutzen, die Ihre Gesprächspartner aber stören?

Wie bei so vielen Sachen müssen wir auch an uns und unserer Kommunikation kontinuierlich arbeiten. Erst wenn sich die Führungskräfte in Ihrem Unternehmen mit der Thematik beschäftigen und Sensibilität für die menschliche Kommunikation erlangen, können Sie ein Umdenken bei Ihren Mitarbeitern erreichen und schrittweise die Kommunikation im gesamten Unternehmen verbessern.

Zur Verbesserung unserer Kommunikation und im zwischenmenschlichen Umgang ist in erster Linie unsere Haltung und innere Einstellung entscheidend. Wir müssen akzeptieren, dass jeder Mensch anders ist und diese Gegebenheit hinnehmen. Erst in zweiter Linie geht es auch darum, unser Verhalten zu ändern. Denken Sie aber daran, es ist ein langer Weg dahin und nichts, was sich von heute auf morgen umsetzen lässt. Geben Sie sich selbst die Zeit. Dann werden Sie zukünftig erfolgreiche Gespräche führen und von Ihren Mitmenschen verstanden werden.

Weiterführende Literatur

Dilts R (2011) Die Magie der Sprache. Junfermann Verlag, Paderborn

Hansch D (2006) Erfolgsprinzip Persönlichkeit. Springer Medizin Verlag, Heidelberg

Korzybski A (1980) Science and sanity. Institute Cenceman, New York

McDermott I, O'Connor J (1999) NLP für die Management-Praxis. Junfermann Verlag, Paderborn

Mehl M, Vazire S, Ramirez-Esparza N, Slatcher R, Pennebaker J (2007) Are women really more talkative than men? Science 317(5834):82

Miller S, Nunnally EW, Wackman DB, Saline C (1986) Gespräche selbstsicher und ebenbürtig führen. Mvg, Landsberg am Lech

Navarro J (2010) Menschen lesen: Ein FBI-Agent erklärt, wie man Körpersprache entschlüsselt. Mvg, Landsberg am Lech

Schulz von Thun F (2010a) Miteinander reden 1: Störungen und Klärungen. Allgemeine Psychologie der Kommunikation. Rowohlt Verlag, Reinbeck

Schulz von Thun F (2010b) Miteinander reden 2: Stile, Werte und Persönlichkeitsentwicklung. Differentielle Psychologie der Kommunikation. Rowohlt Verlag, Reinbeck

Schulz von Thun F, Rupperl J, Stratmann R (2003) Miteinander reden: Kommunikationspsychologie für Führungskräfte. Rowohlt Verlag, Reinbeck

Warum Konflikte wertvoll sein können

14

Nicolai Müller

„Ewiger Sonnenschein schafft Wüste." Arabisches Sprichwort

Inhaltsverzeichnis

Zusammenfassung

In unseren Köpfen sind Konflikte oft negativ verankert. Aber auch Konflikte können wertvoll sein. Es kommt ganz darauf an, wie wir mit ihnen umgehen. Das Kapitel zeigt Ihnen, wie Sie durch eine positive Konfliktkultur Kosten sparen und Imageschäden vermeiden können. Ein ungelöster Konflikt gleicht einer Grippe. Wird diese verschleppt, kann daraus schnell eine Lungenentzündung werden.

Erfahren Sie, warum Konflikte im Unternehmensalltag entstehen können. Sie haben oft ganz andere Ursachen, als es im ersten Moment den Anschein hat. Dieses Kapitel

N. Müller (✉)
Zeppelinstraße 34, 47638 Straelen, Deutschland
E-Mail: n-mueller@stb-straelen.de

N. Müller, C. Jäger (Hrsg.), *WERTEorientierte Führung von Familienunternehmen*,
DOI 10.1007/978-3-658-09237-5_14

zeigt Ihnen, wie sich durch den richtigen Umgang mit Fehlern Konflikte vermeiden lassen und warum die exzellente Leistung eines einzelnen Mitarbeiters ohne ein gutes Miteinander deutlich weniger wert ist. Bei allem ist ein positives Menschenbild die Voraussetzung für eine konfliktfeste Unternehmenskultur.

14.1 Konflikte – eine Bestandsaufnahme

Konflikte sind jedem von uns in seinem Leben schon begegnet. Sei es im Privaten oder im Umgang mit Kollegen, Kunden, Mitarbeitern oder Vorgesetzen. Die Behauptung, „In einem Unternehmen gibt es keine Konflikte", kann für mich nur auf zwei Arten bewertet werden: Entweder lügt der Unternehmer oder es herrscht Unwissenheit über das Vorkommen von Konflikten im Unternehmen.

Harte Vorwürfe werden Sie denken. Ich möchte Ihnen erläutern, wie ich zu dieser Aussage komme. Es ist eine weitverbreitete Befürchtung, dass Unternehmer, die Probleme und Konflikte in ihrem Unternehmen haben und darüber auch noch offen reden, als schlechte oder unfähige Führungskräfte dargestellt werden. Daraus resultiert: Über Unternehmensprobleme wird höchstens im engsten Verwandten- und Freundeskreis gesprochen. Die Erfahrung zeigt, dass dies der falsche Weg ist. Natürlich sollen Sie jetzt nicht ausschließlich über Probleme reden. Es gibt Themen, die nicht für die Öffentlichkeit bestimmt sind. Aber Sie können sicher sein, dass auch andere Unternehmer Probleme haben, die Ihren ähneln. Das Verständnis anderer Unternehmer für Ihre Probleme ist oft viel größer als Sie denken. Es kann für beide Seiten entlastend sein zu sehen, dass auch bei anderen Unternehmen nicht alles rund läuft. Deswegen ist das Unternehmen noch lange nicht schlecht.

Daher kann ich Ihnen gratulieren, wenn Sie den Punkt erreicht haben und die Probleme in Ihrem Unternehmen (er)kennen. Denn nur was man kennt, kann man bekämpfen.

Aber warum ist es so wichtig, ein Konfliktbewusstsein zu entwickeln? Die wirkliche Gefahr eines Konflikts besteht darin, dass er verschleppt wird. Ähnlich wie bei einer leichten Grippe, die sich schnell zu einer Lungenentzündung entwickeln kann (Abb. 14.1). Die Folgeschäden, die ein Konflikt anrichtet, können nachhaltig das gesamte Unternehmensklima verschlechtern. Konflikte dürfen nicht ignoriert oder halbherzig gelöst werden. Früher oder später werden diese Konflikte zurückkommen und zwar in einem stärkeren Ausmaß als zuvor. Ein Luxus, den man sich bei einem immer härter werdenden Wettbewerb, gepaart mit einem zunehmend höheren Führungsanspruch von Arbeitnehmern an ihre Arbeitgeber nicht leisten kann.

Viele Führungskräfte sind sich nicht im Klaren darüber, wie viele Ressourcen durch Konflikte verschwendet werden. Es gibt verschiedene Ansichten dazu, wie hoch die Kosten für Konflikte in einem Unternehmen sind. Um das Ausmaß einmal in Zahlen darzustellen, hier ein einfaches Rechenbeispiel für ein Dienstleistungsunternehmen mit 32 Mitarbeitern.

Abb. 14.1 Verschleppte Konflikte

Ressourcenverschwendung

Die Sachbearbeiterin Frau Streit regt sich über die in ihren Augen unrealistischen Vertriebsvorgaben ihres Vorgesetzten auf. Währenddessen ruft Kunde König an und bekommt die geballte Ladung Frust ab.

Zur gleichen Zeit ärgern sich die Mitarbeiter Herr Kon und Herr Flikt über den allgemein schlechten Informationsfluss in der Firma und fühlen sich mehr und mehr ausgeschlossen. Den halben Vormittag haben sie damit verbracht, sich aufzuregen und auch in der Mittagspause sind die beiden und ihr Ärger Thema Nummer eins.

Nach der Mittagspause haben zehn weitere Kollegen schlechte Laune und so nimmt der sich selbst verstärkende Teufelskreis langsam Fahrt auf.

Bei angenommenen Personalkosten von 45 € pro Stunde pro Person und einer täglichen unproduktiven Konfliktzeit von 15 min kommen auf diese Weise bei 32 Mitarbeitern acht Stunden zusammen. Das entspricht fast 360 € Personalkosten pro Tag, die Sie als Unternehmer bezahlen müssen, obwohl keine Leistung erbracht wurde. Passiert dies an 200 Arbeitstagen im Jahr, entstehen jährliche Konfliktkosten in Höhe von 72.000 €. Und glauben Sie mir, 15 min summieren sich schneller als Sie denken.

Dass andauernde Konflikte bei einem Mitarbeiter auch zur inneren Kündigung oder zum Burnout führen können, berechnen wir an dieser Stelle lieber nicht. Das Beispiel zeigt, wie schnell aus einer Mücke ein Elefant werden kann und Kosten produziert werden, die sich vermeiden lassen.

Darüber hinaus endet die Frustration der Mitarbeiter nicht mit ihrer Arbeitszeit. Daher nimmt das private Umfeld oftmals an den unternehmerischen Problemen teil. Der Wunsch sich mitzuteilen, ist bei negativen Punkten meist um ein Vielfaches größer als bei positiven. Ihnen muss bewusst sein, dass Ihre Mitarbeiter sowohl Sprachrohr als auch Repräsentant nach außen sind. Imageschäden sind also die Folge. Denken Sie an die verschleppte Grippe und die Lungenentzündung und die möglichen Ansteckungsgefahren für alle anderen Kontaktpersonen des „Erkrankten".

Neben allgemeiner Imageverschlechterung kann ein anfänglich kleiner Konflikt bei vermehrtem Auftreten auch ganz konkrete Auswirkungen haben. Auf der dringlichen Suche nach neuen Mitarbeitern schalten Sie für viel Geld eine Stellenanzeige. Die Anpreisung eines guten Betriebsklimas darf dabei nicht fehlen. Allerdings bleiben die gewünschten Bewerbungen aus. Das kann bedeuten, dass die Konflikte Ihrer Mitarbeiter und somit die internen Informationen über den tatsächlichen Ruf Ihres Unternehmens schneller waren als Ihre Anzeige. Schon eine Hand voll ungelöster Konflikte reicht aus, um das Image eines Unternehmens nachhaltig zu zerstören. Die Wiederherstellung eines guten Images dauert Jahre.

Um einen Konflikt erkennen zu können, müssen wir uns die Frage stellen „Was ist ein Konflikt?" und „Wie können sich Konflikte darstellen?".

Was ist ein Konflikt?

Ein Konflikt entsteht, wenn zwei oder mehr Menschen sich in einer Sache so uneinig sind, dass diese Meinungsverschiedenheit eskaliert. In Abhängigkeit von Situation und Charakter reagieren Menschen dabei unterschiedlich. Die einen sind eher laut, impulsiv, extrovertiert und lassen alle sehen und spüren, was sie denken und fühlen. Sie gehen keiner Auseinandersetzung aus dem Weg und treten entschieden für ihren Standpunkt ein. Andere sind hingegen eher leise und introvertiert. Sie zeigen wenig bis keine Emotionen. Auseinandersetzungen vermeiden sie lieber und sind dafür auch bereit, ihren Ärger hinunterzuschlucken.

Sind alle Konflikte gleich?

Die Konflikte, die hitzig, impulsiv und emotional ablaufen, werden als heiße Konflikte bezeichnet. Der „Vorteil" von heißen Konflikten ist, dass sie für die Beteiligten, aber auch für Außenstehende, sichtbar sind. Nur so lässt sich ein Konflikt bearbeiten und im besten Fall befrieden.

Im Gegensatz dazu stehen die kalten Konflikte. Diese sind für Außenstehende oftmals schwer erkennbar. Daher stellen kalte Konflikte die größere Gefahr dar. Können heiße Konflikte nicht zur Zufriedenheit aller Konfliktbeteiligten gelöst werden, besteht die Gefahr, dass das unbefriedigende Ergebnis Unmut, Frustration und Hass erzeugt. So wandelt sich der heiße Konflikt zu einem kalten Konflikt. Die negativen Gefühle verleiten dazu, dass das ursprüngliche Streitthema des heißen Konflikts in den Hintergrund rückt. Im kalten Konflikt gilt es nur noch, dem Gegenüber zu schaden. Frei nach dem Motto: Wenn ich mein Ziel nicht erreichen kann, dann wirst du es erst recht nicht.

Kalter Konflikt

Die beiden Führungskräfte Herr Kon und Herr Flikt arbeiten gemeinsam an einem Projekt. Da es einen Projektleiter geben soll, wird Herr Kon vom Vorgesetzten als Projektleiter bestimmt. Das ist seinem Kollegen Herrn Flikt höchst zuwider, da er selbst unbedingt die Verantwortung übernehmen wollte. Deshalb enthält er dem neuen Projektleiter wichtige Informationen vor, damit dieser das Projekt nicht in vollem Maß zufriedenstellend beenden kann. Wo er nur kann, versucht er den Kollegen Kon beim Vorgesetzten auflaufen zu lassen. Ebenso versucht er, die Projektmitarbeiter gegen Herrn Kon aufzuhetzen. Dadurch gerät das Projekt immer mehr ins Stocken und das Arbeitsklima verschlechtert sich erheblich. Am Ende verlieren alle.

Wie im Beispiel beschrieben, wird mit allen zur Verfügung stehenden Mitteln versucht, dem anderen zu schaden. Kalte Konflikte können ein ganzes Unternehmen in Gefahr bringen. Kollegen werden gemobbt, Aufträge boykottiert und Anweisungen nicht befolgt. Menschen geraten bei sozialen Konflikten stark unter Stress und erleben die gegenseitigen Verletzungen als sehr schmerzhaft. Es kommt zu einer permanenten Überforderung mit der Situation, welche im schlimmsten Fall zum Burnout führen kann. Wenn versäumt wird, einen konstruktiven Umgang mit Konflikten zu lernen, kann das Versäumnis auf lange Sicht ein ganzes Unternehmen in Gefahr bringen.

So unterschiedlich heiße und kalte Konflikte sind, so verschieden muss auch mit ihnen umgegangen werden. Was tun Sie, wenn Ihnen zu warm oder zu kalt ist? Sie kühlen sich ab oder wärmen sich auf. Genau das sind auch die sinnvollen Maßnahmen bei dieser Art von Konflikten. Bei einem heißen Konflikt müssen sich die Emotionen abkühlen. Bei einem kalten Konflikt kann das Anheizen, oder vorsichtiger ausgedrückt, das Sichtbarwerden von Emotionen helfen, dem Konflikt mehr Menschlichkeit zu verleihen (Abb. 14.2).

Abb. 14.2 Kalte Konflikte auftauen

Eskalationsstufen

Jeder geht unterschiedlich mit Konflikten um und erlebt sie in einer anderen Intensität. Während der eine schon die kleinste Meinungsverschiedenheit als Konflikt ansieht, nimmt der andere Konflikte auch in extremer Form kaum wahr. Das zeigt sich auch im Gespräch. Während es für den einen eine harmlose Diskussion ist, fühlt es sich für den anderen wie ein Weltuntergang an.

Die unterschiedliche Wahrnehmung macht eine Einordnung des Konfliktes schwierig. Glasl hat hierzu neun Eskalationsstufen entwickelt (Abb. 14.3). Machen Sie einmal folgenden Test. Wenn Sie an Ihre gesamte Zeit als Führungskraft oder auch Ihr Privatleben denken, was war die höchste Stufe, die Sie erreicht haben?

Die Erfahrung zeigt, dass Menschen ihre eigenen Konflikte eher in die ersten beiden Stufen einordnen. Wo liegt die Problematik? Folgende Überlegung:

Alles halb so wild?

Herr Flo regt sich bereits das dritte Mal in dieser Woche über Frau Kati auf, da diese seiner Meinung nach die ihr aufgetragenen Aufgaben zu oberflächlich ausführt. Er äußert, dass er keine Zukunft in der Zusammenarbeit sieht, wenn das so weitergeht (Stufe 6 – Drohung). Frau Kati, für die die allgemein bekannte cholerische Art von Herrn Flo schon normal geworden ist, hört sich mangels Alternativen den gesamten Vortrag an und kehrt anschließend wieder zum Tagesgeschäft zurück.

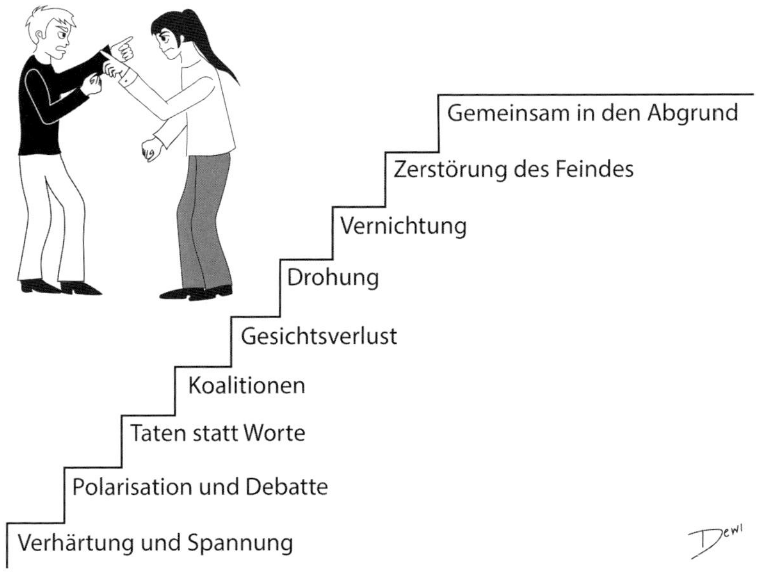

Abb. 14.3 Die Eskalationsstufen (in Anlehnung an Glasl)

Fälle, in denen wir resigniert haben und denken, dass wir sie nicht mehr ändern können, stufen wir als normal ein. Somit besteht die Gefahr, den eigentlichen Konflikt nicht mehr zu sehen. Denn nur weil etwas vermeintlich normal ist, ist es deswegen lange noch nicht gut.

Stellen Sie sich vor, Sie sind mit Frau Kati befreundet, welche Ihnen am Abend von dem Vorfall berichtet. Sie sollen den Konflikt auf der Eskalationsskala einstufen. Welche Stufe wählen Sie?

Gehen Sie mit dieser gewonnen Erkenntnis jetzt noch einmal in Gedanken Ihre eigenen Konflikte durch. Bleiben Sie bei Ihrer Einschätzung? Oder ist bei Ihnen auch schon einmal ein Satz gefallen wie: „So möchte ich nicht weitermachen." Denken Sie jetzt: „Ja, ist er, aber wir konnten das gut lösen"? Dass es in einer emotional geführten Diskussion hoch her geht, ist nur menschlich. Oft ist es so, dass Konflikte sich auf die gleiche Art zuspitzen, obwohl der Streitgegenstand ein anderer ist. Es entwickelt sich ein Konfliktmuster. Gefährlich wird es dann, wenn diese Konfliktmuster immer wiederkehrend auftreten und die Konflikte zu gegenseitigen Verletzungen führen. Im Laufe der Zeit können sich viele kleine Baustellen ansammeln, die über kurz oder lang eine solch destruktive Dynamik entwickeln, dass es zu einer heftigen Auseinandersetzung mit zuvor nicht geahntem Ausmaß kommt. Diese Art von Konflikt zu befrieden kann, wenn überhaupt möglich, nur in sehr kleinen Schritten erfolgen und bedarf eines langen Zeitraums.

Was können Sie tun, wenn unterschiedliche Verhaltensweisen im Gespräch aufeinandertreffen? Hier hilft es, im Nachgang über die unterschiedlichen Empfindungen zu sprechen. Wenn sich die Wogen geglättet haben, kann jeder dem anderen näher bringen, wie er die Art der Kommunikation empfunden hat. Erst dann kann gemeinsam eine Lösung gefunden werden.

Ein weiterer wichtiger Punkt bei der Befriedung eines Konflikts ist seine Thematik. Worum geht es bei dem Konflikt wirklich?

Konfliktthema

In einer Sitzung ist ein Sachverhalt besprochen und dieser im Protokoll festgehalten worden. Ein halbes Jahr später kommt das gleiche Thema wieder auf die Agenda. Über die Diskussion hinaus, ob dieser Punkt schon einmal behandelt wurde oder nicht, entsteht ein Konflikt über den generellen Informationsfluss im Unternehmen. Zunächst erscheint die Lösung des Konfliktes denkbar einfach: Das Nachlesen im Protokoll schafft Klarheit. Aber ist der Konflikt damit wirklich gelöst?

Wie das Beispiel Konfliktthema zeigt, ist die Lösung schnell gefunden, wenn es nur um die Sache geht. Oftmals verbirgt sich hinter einem Sachkonflikt aber ein Beziehungskonflikt, was die eindeutige Zuordnung erschwert. Beziehungskonflikte entstehen, wenn wir von einer anderen Person verletzt oder enttäuscht wurden oder uns nicht wertgeschätzt fühlen. Wir wissen jetzt, wie Konflikte aussehen können. Letztendlich stellt sich aber die Frage: Warum entstehen Konflikte und wie sollen wir damit umgehen?

14.2 Konflikte im Unternehmensalltag

In Unternehmen gibt es eine Vielzahl von Bedingungen, die das Zustandekommen von Konflikten begünstigen. Hier treffen unterschiedlichste Persönlichkeiten aufeinander. Unterschiede und Meinungsverschiedenheiten sind allgegenwärtig. Je nach Intensität der Zusammenarbeit und der räumlichen Nähe verbringen wir oft viele Stunden mit unseren Kollegen. Dieser Umstand bietet viel Potenzial für Konflikte. Dabei ist es nicht entscheidend, Konflikte zu vermeiden, sondern sie als Chance zu nutzen.

Um Konflikte systematisch lösen zu können, ist ein respektvoller und wertschätzender Umgang untereinander erforderlich. Die folgenden sechs Szenarien sollen Ihnen das notwendige Rüstzeug für den Umgang mit Situationen geben, die häufig Konfliktpotenzial bieten.

14.2.1 Effektivität als Konfliktprävention

Die meisten Unternehmer verfolgen wohl das Ziel, Gewinn zu erwirtschaften oder zumindest einen Verlust zu vermeiden. Bleibt das Ergebnis unter den Erwartungen, sind oftmals schnell die Ursachen gefunden. Der Markt ist härter geworden, Veränderungen werden immer schneller, der Erfolgs- und Kostendruck ist gestiegen und die Zeiten werden allgemein schlechter.

Leider ist es stark in unseren Köpfen verankert, dass sich Gewinn vor allem durch Einsparungen und schnelleres Arbeiten steigern lässt. Diese Aussage ist nicht komplett falsch, aber mit Einsparungen verbinden wir und insbesondere Arbeitnehmer überwiegend Negatives: Gehaltsverzicht, unbezahlte Überstunden, schlechtere Arbeitsmaterialien, die Absage der Weihnachtsfeier oder gar Stellenkürzungen. Bereits das Wort „Einsparung" erzeugt bei der Belegschaft Angst und diese ist bekanntlich ein schlechter Begleiter.

Auch die Aussage „schnelleres Arbeiten" werden Ihre Mitarbeiter nicht begrüßen. Warum? In Ihrem Wunsch, die Arbeitsleistung zu beschleunigen, unterstellen Sie Ihren Mitarbeitern bewusst oder unbewusst, dass diese faul und langsam sind und nicht ihr Bestes geben. Möchten Sie für jemanden arbeiten, der eine schlechte Meinung von Ihnen hat? Wären Sie bereit, tagtäglich Ihr Bestes für einen solchen Chef und sein Unternehmen zu geben? Wir reagieren verständlicherweise sensibel, wenn uns vorsätzliche Schlechtleistung unterstellt wird. Was also tun?

Schnelleres Arbeiten bedeutet Effizienzsteigerung. Grundsätzlich ein guter Gedanke und sicherlich lässt sich der ein oder andere Prozess noch optimieren. Ein noch viel größerer Hebel, wenn es um das erfolgreiche Wirtschaften geht, ist jedoch nicht das Verbessern der Effizienz, sondern das der Effektivität. Wo genau liegt der Unterschied?

Effizienz oder Effektivität?

Stellen Sie sich vor, vor Ihnen auf dem Boden liegen Geldscheine. Ein 100-Euro-Schein und viele Zehn-Euro-Scheine. Wonach würden Sie greifen, wenn auch andere Personen nach den Geldscheinen greifen dürften? Wohl nach dem 100-Euro-Schein. Das ist Effektivität. Mittels Effizienzsteigerung könnten Sie eine spezielle Technik entwickeln, die Zehn-Euro-Scheine möglichst schnell aufzusammeln. Am Ende wäre der Griff nach dem 100-Euro-Schein stets schneller.

Übertragen wir das Beispiel auf Konflikte. Wenn sich zwei Ihrer Mitarbeiter regelmäßig streiten und dafür immer wieder ein neues Thema finden, entwickelt sich bei ihnen mit der Zeit ein Konfliktmuster. Bei diesem Muster bleibt der Ablauf der Auseinandersetzung jedes Mal identisch. Was sich ändert, sind die Themen. Was können Sie als Führungskraft tun? Wenn Sie effizient handeln wollen, müssen Sie sich mit den Konfliktinhalten beschäftigen und überlegen, wie die Streitigkeiten schnellstmöglich beseitigt werden können. Im schlechtesten Fall werden die Konflikte im Laufe der Zeit immer schlimmer, da die ständigen Streitereien Verletzungen bei den Beteiligten verursachen und das Verhältnis zwischen den Mitarbeitern mit der Zeit immer angespannter wird. Ähnlich wie bei dem aus der griechischen Mythologie stammenden Ungeheuer Hydra „wächst“ so für jeden gelösten Konflikt mindestens eine weiterer nach und verschlimmert die Gesamtsituation.

Wenn Sie aber effektiv handeln wollen, müssen Sie überlegen, wie das Muster aufzubrechen ist, damit es in der Zukunft erst gar nicht zu einem Konflikt kommt. Hierzu ist es wichtig, dass auch die Streitparteien das Konfliktmuster und seine Regeln kennen. Wenn das Konfliktmuster deutlich wird, werden Möglichkeiten sichtbar, wie und an welcher Stelle der Kreislauf durchbrochen werden kann und Meinungsverschiedenheiten schonender gelöst werden können. Um solche Konfliktmuster erkennen und bearbeiten zu können, ist externe Beratung hilfreich, da die Konfliktparteien oft selbst im emotional geführten Konflikt „gefangen“ sind.

14.2.2 Konfliktherd Menschenbild

Bereits unsere falsche Erwartungshaltung über die Häufigkeit von Konflikten im Unternehmenskontext verursacht Stressgefühle. Während wir es im Privatleben für halbwegs normal halten, dass Konflikte auftauchen, erwarten viele, konfliktfrei durch den Arbeitsalltag zu kommen. Wieso sehen wir Konflikte nicht für beide Lebensbereiche gleichermaßen als gerechtfertigt an? Schließlich können wir uns im Privatleben meistens frei aussuchen, mit welchen Menschen wir Kontakt haben und mit welchen nicht. Im Arbeitsleben hingegen haben wir keine Wahl. Hier gibt es eine Vielzahl an Restriktionen und Vorgaben, die zu befolgen sind. Müssten wir dann nicht davon ausgehen, dass Konflikte im Arbeitsalltag eher vorkommen als im Privatleben? Theoretisch schon. Die Realität zeigt aber ein anderes Bild. Die meisten Mitarbeiter erheben den Anspruch auf ein Arbeitsklima, das bestenfalls noch die Harmonievorstellungen aus einem Disney-Film übertrifft. Diese Erwartungshaltung kann beim besten Willen nicht erfüllt werden.

Allein die Unterschiede zwischen Menschen können ein Nährboden für Konflikte sein. Wir neigen dazu, von uns auf andere zu schließen. Wir glauben, dass andere genauso handeln, denken und fühlen wie wir. Das ist insofern problematisch, da jeder Mensch ein Individuum ist und die verschiedenen Parameter, wie zum Beispiel Risikobereitschaft, höchst unterschiedlich ausgeprägt sein können. Während einige Menschen von Natur aus dazu neigen, Risiken eher einzugehen, sind andere zurückhaltend und vorsichtig. Dabei ist es nicht besser oder schlechter, zu der einen oder anderen Gruppe zu gehören. Beide Gruppen benötigen jedoch eine andere Führung. Was so einfach und logisch klingt, ist für die wenigsten selbstverständlich. Ich erlebe es im Alltag oft, dass es vielen nicht bewusst ist, dass es risikofreudige und risikoscheue Menschen gibt. Gerade risikofreudige Menschen tun sich schwer damit, die zurückhaltende Art risikoscheuer Menschen nachzuvollziehen.

Was hat das alles mit Konflikten zu tun?

Riskanter Auftrag

Stellen Sie sich folgende Situation vor: Die Mitarbeiter Kon und Flikt kommen mit einem Problem zu Ihnen. Es gab eine Diskussion darüber, einen Auftrag anzunehmen. Der Auftrag ist an bestimmte Prämissen gebunden. Wenn dieser klappt, lässt sich viel Geld verdienen, wenn nicht, gehen sie mit einem Verlust von 20.000 € raus. Während Mitarbeiter Kon zu der risikoaffinen Gruppe gehört und nach dem Motto lebt: „Wer nicht wagt, der nicht gewinnt", gehört Mitarbeiter Flikt zu den risikoaversen Menschen. Sein Grundsatz ist: „Lieber den Spatz in der Hand, als die Taube auf dem Dach." Was ist passiert? Beide Mitarbeiter sind projektverantwortlich und sollen gemeinsam entscheiden, ob der Auftrag angenommen wird. Der risikofreudige Kon reagiert mit Unverständnis auf die Zurückhaltung des risikoscheuen Flikt und sieht vor allem die Chance in dem Auftrag. Er versucht seinen Kollegen mit Aussagen wie: „das wird schon gutgehen", „sieh' doch mal die Chance" zu überzeugen.

Risikoaverse Menschen lassen sich mit solchen Aussagen nicht überzeugen. Meist passiert es in solchen Diskussionen, dass wir versuchen, dem anderen unsere Meinung aufzudrängen, ohne genau zuzuhören, was unser Gegenüber zu sagen hat. So haben wir den risikoscheuen Mitarbeiter bereits verloren. Er ist nicht mehr in den Prozess involviert und fühlt sich nicht ernst genommen oder sogar ausgeschlossen. Das gutgemeinte Bemühen von Kon bewirkt bei Flikt genau das Gegenteil. Anstatt Flikt die Angst zu nehmen, verhärten sich die Positionen und ein Konflikt wächst langsam heran. Was konkret tun?

Eine einfache Methode, die sich für jeden anwenden lässt, ist das „Prinzip der schlimmsten Annahme". Überlegen Sie sich, was im schlimmsten Fall passieren kann. Am Beispiel des risikobehafteten Auftrags sieht das wie folgt aus: Wenn Sie das Risiko eingehen, gewinnen Sie im besten Fall 30.000 € und erleiden im schlechtesten Fall einen Verlust von 20.000 €. Sehr viel Geld. Aber: Bringt dieser Verlust das Unternehmen in Gefahr? Müssen Sie beim Verlust der 20.000 € Mitarbeiter entlassen? Ist vielleicht sogar Ihr eigener Arbeitsplatz in Gefahr? Oder sind 20.000 € Verlust zwar ungünstig, können aber durch andere Aufträge wieder aufgefangen werden?

Im zweiten Fall könnte das Risiko aus rationaler Sicht eingegangen werden. Bringt es aber das Unternehmen in Gefahr, muss sich auch eine risikoaffine Person fragen, ob es sinnvoll ist, diesen Auftrag anzunehmen.

Erarbeiten Sie gemeinsam mit Ihren Mitarbeitern oder Kollegen diese Szenarien. Das schafft Vertrauen und macht das Risiko kalkulierbar. Auch wenn sich die risikoaverse Person nie wohlfühlt, wird sie durch dieses Vorgehen die Entscheidung eher mittragen können.

Sowohl die Führungskraft als auch die Mitarbeiter untereinander sollten stets ein Bewusstsein für die Individualität von Menschen haben und sensibel mit andersartigen Persönlichkeiten umgehen. Was sich für den ein oder anderen vielleicht harmlos anhört, ist einer der wichtigsten Grundsätze werteorientierter Unternehmensführung: „Die 4Ms – Man muss Menschen mögen." Stellen Sie sich einmal selbst die Frage, ob Sie Ihre Mitarbeiter mögen oder als Mittel zum Zweck sehen (Abb. 14.4).

- Unser Menschenbild entscheidet darüber, wie wir im Konfliktfall reagieren.

Versuchen Sie Konflikte zu lösen, weil diese Geld kosten, Unruhe bringen und Sie sich von der ständigen Streiterei genervt fühlen? Oder haben Sie das Bedürfnis, dass es Ihren Mitarbeitern danach besser geht. Unterbewusst merken Menschen, ob wir ernste Absichten haben. Denn wir strahlen ungewollt aus, was wir wirklich denken.

Abb. 14.4 Man muss Menschen mögen

▶ „Wenn wir den Menschen so sehen, wie er ist, machen wir ihn schlechter. Wenn wir ihn so sehen, wie er sein sollte, machen wir aus ihm das, was er werden kann." Johann Wolfgang von Goethe

Ohne ein positives Menschenbild wird sich nur schwer eine nachhaltige und konfliktfeste Unternehmenskultur aufbauen lassen. Denn am Ende werden Sie genervt hinschmeißen und denken: „Das ist mir alles zu lästig."

14.2.3 Arbeitnehmer ticken anders als Arbeitgeber

Seien Sie sich stets darüber im Klaren, dass Arbeitnehmer anders ticken als Arbeitgeber. Zwangsläufig müssen Unternehmer, um erfolgreich zu sein, einen anderen Blickwinkel auf das Unternehmen und Abläufe haben. Während Arbeitnehmer immer nur einen Ausschnitt des Unternehmens sehen können, liegt der Unternehmerfokus im Alltag auf dem Erhalt und der Zukunftsfähigkeit des gesamten Unternehmens.

In einer offenen Konflikt- und Unternehmenskultur werden Ihnen Ihre Mitarbeiter ehrlich ihre Meinung sagen. Was vielen nicht bewusst ist: Wahrheit kann auch wehtun. Feedback von Mitarbeitern kann, gerade wenn es ungefiltert und ehrlich geäußert wird, sehr unangenehm sein. An dieser Stelle ist es zunächst entscheidend, dass Sie diese Äußerungen nicht persönlich nehmen. Auch wenn Sie einen anderen Eindruck haben könnten, werden Sie dabei nicht als Privatperson, sondern in Ihrer Rolle als Geschäftsführer, Inhaber oder Führungskraft angesprochen.

▶ Für alle Führungskräfte gilt: Das eigene Ego hat in der Unternehmensführung nichts zu suchen.

Sie müssen sich daran gewöhnen, dass Mitarbeiter kein Verständnis für Anweisungen haben, die sie als unsinnig empfinden. Den Satz „Muss ich mir das bieten lassen?" müssen Sie gegen „Was kann ich an der Situation verändern, damit sie so nicht mehr vorkommt?" austauschen. Druck wird immer Gegendruck erzeugen und ist das letzte Mittel, das Sie als Führungskraft anwenden sollten. Mitarbeiter fühlen sich gemeinhin viel schneller unter Druck gesetzt, als Sie vielleicht denken. Das ist der Tatsache geschuldet, dass Sie am Ende des Tages darüber entscheiden, ob der Mitarbeiter den Arbeitsplatz behalten kann oder nicht.

Vor einigen Jahren hat mich ein Ereignis für die Sichtweise von Arbeitnehmern sensibilisiert: In unserem Unternehmen bieten wir den Mitarbeitern eine Reihe von außerunternehmerischen Aktivitäten an.

Als Arbeitgeber neigen wir dazu, uns als sehr großzügig zu empfinden. Auf der einen Seite ist das sicherlich auch so und wird von der Belegschaft geschätzt. Oft vergessen wir dabei jedoch einen wichtigen Punkt. Auch der Mitarbeiter bringt etwas ein: seine freie Zeit. Freizeit, die er alternativ mit seiner Familie, Freunden oder Hobbies verbringen könnte.

Wir hatten einen Ausflug in einen Park geplant und uns bereit erklärt, sowohl die Busfahrt als auch die Eintrittskarten zu bezahlen. Als der ein oder andere Mitarbeiter äußerte, dass er seinen Samstag dafür „opfern" müsste, war ich im ersten Moment geschockt und verärgert. Ich fühlte unsere „Großzügigkeit" nicht gewürdigt und empfand das Verhalten als sehr undankbar.

Ich habe mir jedoch im Laufe meiner Zeit als Führungskraft angewöhnt, grundsätzlich über Kritik nachzudenken und zu versuchen, mich in die Sichtweise meines Gegenübers hineinzuversetzen. Je mehr ich also darüber nachdachte, desto mehr sah ich ein, dass es auch für den Mitarbeiter etwas Besonderes ist, seine freie Zeit mit Kollegen und der Geschäftsführung zu verbringen. Das hat weniger damit zu tun, dass unser Betriebsklima schlecht wäre oder es keinen Spaß macht, mit Kollegen unterwegs zu sein. Vielmehr haben unsere Mitarbeiter in diesem Moment das Unternehmen privaten Aktivitäten vorgezogen.

Stellen wir als Arbeitgeber unser Denken dementsprechend umstellen und schätzen lernen, dass auch unsere Mitarbeiter etwas einbringen. So fühlen sich diese besser verstanden und schätzen den Einsatz des Arbeitgebers ebenso wert. So habe ich mich in meiner beschriebenen Situation auf der Rückfahrt bei unseren Mitarbeitern für ihre eingebrachte Zeit bedankt und im Gegenzug ebenfalls Dank erhalten. Durch fehlende gegenseitige Wertschätzung entsteht sonst schnell eine Undankbarkeitsdebatte.

14.2.4 Transparenz als unterschätzter Faktor

Führungskräfte unterschätzen oft, wie wichtig es für Mitarbeiter ist, das Handeln einer Führungskraft nachvollziehen zu können. Stellen Sie sich einen Raum ohne Fenster vor. Ohne Lichtquellen ist es dunkel und die meisten von uns werden sich unwohl und orientierungslos fühlen. Ähnlich ergeht es Mitarbeitern, wenn Entscheidungen nicht nachvollziehbar sind. Aus diesem Grund brauchen sowohl Räume als auch Unternehmen Lichtquellen.

Es kommt nicht darauf an, dass Sie ausschließlich positive Nachrichten haben. Es geht darum, offen mit Ihren Mitarbeitern zu kommunizieren und so Vertrauen zu schaffen. Treffen Sie Entscheidungen nicht aus einer Laune heraus. Das macht Sie für Ihre Mitarbeiter schlecht einschätzbar und unberechenbar. Denn je stärker dieses Verhalten wahrgenommen wird, desto ängstlicher werden Ihre Mitarbeiter.

Ängstliches Unternehmen

Stellen Sie sich eine Eventagentur mit 20 Mitarbeitern vor. Unternehmer Meyer hat das Unternehmen aus dem Nichts aufgebaut und ist schon lange erfolgreich auf dem Markt tätig. Wie auch in anderen Branchen steigt im Laufe der Zeit der Wettbewerbsdruck. Um Aufträge zu bekommen, müssen diese deutlich knapper kalkuliert werden oder gehen verloren. Seit 15 Jahren hat das Unternehmen erstmals einen Verlust geschrieben.

Aus Angst vor der Reaktion seiner Mitarbeiter entschließt Meyer sich, die Situation geheim zu halten. Er möchte nicht den Eindruck erwecken, dass das Unternehmen vor der Insolvenz steht. Gar nicht auszumalen, was erst passiert, wenn Kunden die Situation mitbekommen und seine Mitarbeiter zur Konkurrenz wechseln. Da Meyer über finanzielle Reserven verfügt, entscheidet er sich, zunächst einmal abzuwarten und zu sehen, ob sich die Lage wieder verbessert.

Doch genau das ist der falsche Weg. In einer Zeit, in der sich Marktbedingungen immer stärker wandeln und sich Kundenstrukturen ändern, ist es wichtig, offen mit dieser Situation umzugehen. Wenn Sie nicht mit offenen Karten spielen, entsteht immer mehr Misstrauen und Konflikte sind vorprogrammiert.

Gehen Sie von sich selbst aus. Sie möchten jemanden mobil erreichen und diese Person ist normalerweise immer erreichbar. Sie erreichen nur die Mailbox. Schnell malen Sie sich die schlimmsten Situationen aus, was passiert sein könnte. Ähnlich ergeht es den Mitarbeitern.

Transparentes Unternehmen

Jürgen Dormann hat während der 112-wöchigen Sanierungsphase des Elektronikkonzerns ABB jeden Freitag eine E-Mail an alle Mitarbeiter verschickt. Um das Unternehmen wieder auf Kurs zu bringen, musste er auch unangenehme Entscheidungen treffen. Im Gegensatz zu vielen anderen Führungskräften war er schonungslos transparent. Er legte jeden seiner Schritte offen und stärkte so das gemeinsame Verständnis für die Notwendigkeit seines Handelns. Damit konnte er den Mitarbeitern die allgemeine Verunsicherung über die Zukunft des Unternehmens nehmen. Er richtete eine E-Mail-Adresse ein, über die Mitarbeiter Fragen zum Vorgehen äußern konnten und stellte sicher, dass diese beantwortet wurden.

Unterschätzen Sie nicht, wie wichtig Mitarbeitern Informationen über Ihr Handeln sind. Das ist im Übrigen völlig unabhängig davon, wie es um Ihr Unternehmen steht. Wir neigen dazu, vom Schlimmsten auszugehen, wenn wir gar keine Informationen erhalten.

Um Ihre Mitarbeiter informiert zu halten und Gerüchten und dem berüchtigten „Flurfunk“ vorzubeugen, schreiben Sie zum Beispiel regelmäßig eine E-Mail, treffen Sie sich jeden Montag oder Freitagmorgen für 15 Minuten oder organisieren Sie Quartalstreffen, in denen Sie über die allgemeine Lage des Unternehmens berichten. Wichtig ist, dass alle Mitarbeiter daran teilnehmen und der Informationsfluss regelmäßig stattfindet. So haben Sie Einfluss darauf, worüber die Mitarbeiter nachdenken und sprechen.

14.2.5 Gemeinschaft vor Einzelleistung

Haben Sie in Ihrem Unternehmen exzellente Mitarbeiter, die in wesentlich höherem Maß zum Unternehmensgewinn beitragen als alle anderen? Das hört sich zunächst sehr positiv an. Häufig sind gerade solche Personen gut für Ihre finanziellen Ziele, aber schlecht für Ihr Unternehmensklima. Warum? Leider ist es so, dass gerade diese Menschen oft ein ungesundes Maß an Selbstbewusstsein entwickeln und der Meinung sind, sie stünden über allem. Das führt dazu, dass sie wenig Menschlichkeit an den Tag legen. Sie handeln in hohem Maße egoistisch, behandeln Kollegen wenig respektvoll und zeigen kaum soziale Verhaltensweisen. Damit handeln Sie sich nur Probleme ein. Geblendet von der vermeintlich guten Leistung, erkennen Sie im schlimmsten Fall nicht, was dieses Verhalten für einen Schaden anrichten kann. Selbstverständlich gibt es auch Leistungsträger, die diese Merkmale nicht aufweisen.

Bei der Bewertung von Mitarbeitern und ihrer Leistung für das Unternehmen sehen wir oftmals nur die fachliche Komponente. Die soziale Kompetenz, die so genannten Soft Skills werden oftmals vernachlässigt. Diese werden zwar gerne besprochen und über ihre Wichtigkeit philosophiert, doch im Endeffekt werden Entscheidungen dann doch lieber anhand von Zahlen getroffen, um vermeintlich auf Nummer sicher zu gehen.

Aber was ist, wenn Sie einen Mitarbeiter haben, der sich sehr stark für ein gutes Miteinander im Unternehmen einsetzt und die berühmte gute Seele im Unternehmen ist? Das Lösen von Konflikten, ein offenes Ohr oder die Unterstützung von Kollegen beansprucht Zeit. Dadurch geraten fachliche Aufgaben auch schon mal ins Hintertreffen. Diese Personen schaffen jedoch ein Gleichgewicht in der Firma. Einzelgänger hingegen schaffen ein Ungleichgewicht, das für Sie gefährlich werden kann.

Nash-Effekt
Wissenschaftlich hat sich der Wirtschaftsnobelpreisträger John Nash mit dieser Thematik beschäftigt. Das so genannte Nash-Gleichgewicht basiert auf der Annahme, dass eine Situation nur verbessert werden kann, wenn sich alle beteiligen. „Wissen ist Macht.“ So lautet ein altes Sprichwort, nach dem viele auch noch heute handeln. Würde jeder sein Wissen mit allen anderen teilen, würde sich das Wissen maximieren und jeder gewinnen. Sobald ein Mitarbeiter sich einen Wissensvorsprung erarbeiten möchte, indem er sein Wissen nicht mit den anderen teilt, beginnt eine Kettenreaktion mit fatalen Folgen für die Gesamtheit. Damit die anderen Beteiligten ihren Wissensrückstand aufholen können, fangen sie an, ihr Wissen ebenfalls für sich zu behalten. Am Ende verfügt jeder nur noch über sein eigenes Wissen und alle verlieren.

Bewerten Sie Ihre Mitarbeiter im Sinne der Unternehmenskultur und berücksichtigen Sie dabei mehrere Aspekte. Denn einen „guten“ oder „schlechten“ Mitarbeiter erkennen Sie nicht nur an seiner fachlichen Kompetenz. Vielmehr ist es ein Zusammenspiel von unterschiedlichen Stärken, die jeden Mitarbeiter ausmachen. Daher empfehle ich bei der Bewertung, drei Fragen beantworten zu lassen:

1. Wie habe ich mich persönlich weiterentwickelt?
2. Was habe ich getan, damit sich mein Team weiterentwickelt?
3. Was habe ich getan, damit sich das Unternehmen weiterentwickelt?

So werden Sie jedem Mitarbeiter und seinen Stärken gerecht und vermeiden damit eine Ungleichbehandlung. Dabei ist es absolut in Ordnung, wenn Ihre Mitarbeiter zu ihrem eigenen Vorteil handeln, solange sie die übergeordneten Team- und Unternehmensinteressen dabei im Blick behalten.

14.2.6 Der Umgang mit Fehlern – „Nobody is perfect"

Fehler: Sie können im Unternehmen für ordentlichen Zündstoff sorgen. Alleine das Wort weckt negative Assoziationen. Die Angst vor Fehlern und deren Folgen lähmt Ihre Mitarbeiter. In der Regel versuchen wir, unsere Fehler zu rechtfertigen und die Ursache außerhalb von uns zu suchen. Da sind dann die lauten Kollegen, der Computer oder das Wetter schuld. Das ist soweit menschlich. Dieses Verhalten nimmt noch zu, wenn die Führungskraft Fehler rügt oder sogar mit Sanktionen droht. Das führt dazu, dass Fehler gar nicht mehr angesprochen, sondern nach Möglichkeit vertuscht werden. Bei den Menschen erzeugt dies Stress und noch mehr Leistungsdruck.

Aber ist es wirklich zielführend, den Schuldigen zu suchen und eine Moralpredigt zu halten? Ist es nicht viel wichtiger herauszufinden, wie der Fehler behoben und in Zukunft vermieden werden kann? Mit jeder Schuldzuweisung unterstellen Sie Ihren Mitarbeitern schon vorsätzliches Fehlverhalten. Nicht gerade ein Vertrauensbeweis.

Fehler einzugestehen erfordert Mut. Dieser Mut sollte entsprechend belohnt und nicht bestraft werden. Wenn Fehler in Ihrem Unternehmen akzeptiert werden und die Kollegen nicht gleich Sorge haben müssen, ihren Arbeitsplatz zu verlieren, dann können sie ganz anders mit Fehlern umgehen.

► Wichtig ist, gemeinsam herauszufinden, warum der Fehler passiert ist und wie eine Wiederholung vermieden werden kann.

Oftmals sind es Kleinigkeiten, die den Unterschied ausmachen. Im extremsten Fall stellen Sie fest, dass der Mitarbeiter mit einer Aufgabe über- oder unterfordert ist, beziehungsweise die Aufgabe nicht zu seinen Stärken passt und er daher gar keine Chance hat es gut und richtig zu machen.

Seien Sie sich bewusst, dass Fehler menschlich sind. Es ist eben keiner perfekt. Menschen sind schließlich keine Maschinen. Versuchen Sie, dieses Bewusstsein auch in den Köpfen Ihrer Mitarbeiter zu verankern.

Bieten Sie Ihren Mitarbeitern die Möglichkeit, ihre Fehler mit anderen zu besprechen. Das kann zum einen eine Vertrauensperson sein, zum Beispiel ein Kollege, mit dem der Fehler besprochen werden kann. Zum anderen kann der direkte Vorgesetzte als Ansprechpartner dienen. Dieser kann gegebenenfalls auch besser entscheiden, wie mit dem Fehler umzugehen ist und er hat mehr Möglichkeiten zur Lösungsfindung. Im letzten Schritt muss immer auch die Tür der Geschäftsführung offen stehen. So wird in jedem Fall verhindert, dass der Fehler vertuscht wird. Machen Sie deutlich, dass dann alle verlieren und der Kunde irgendwann geht.

14.3 Interessen: der Schlüssel zum Erfolg

Die vorstehend beschriebenen Szenarien haben alle Konfliktpotenzial, da unterschiedliche Vorstellungen aufeinandertreffen. Um mit diesen Unterschiedlichkeiten umzugehen und Verständnis für Andersdenkende zu entwickeln, ist es notwendig, die Interessen der anderen zu (er)kennen.

Konflikte zwischen Menschen entstehen, weil jeder andere Interessen und Vorlieben hat. Der eine möchte das Fenster im Büroraum gerne geöffnet, der andere lieber geschlossen haben. Der nächste hört gerne Radio während der Arbeitszeit, sein Gegenüber kann Geräusche während der Arbeit gar nicht ertragen.

Was wir sehen, sind die unterschiedlichen Vorlieben. Wir sehen aber nicht, warum sie entstehen. Genau diese Präferenzen, begründet durch Wünsche, Ängste und Sorgen, liefern die Erklärung für einen Konflikt. In nahezu allen Konflikten sind Grundinteressen wie Sicherheit, Anerkennung oder Macht der ausschlaggebende Faktor. Sie bilden den Kern eines jeden Konfliktes. Nur, wenn wir in die Interessen des anderen Einsicht haben, kann der Konflikt nachhaltig gelöst werden. Sie zu kennen, ist der Schlüssel zum Erfolg.

Warum sollte das Fenster geöffnet oder geschlossen werden? Diese Fragen zu stellen, kommt uns meistens gar nicht in den Sinn. Aber nur dann werden wir in Erfahrung bringen, was hinter der Handlung steckt. Vielleicht braucht die eine Person frische Luft, um klar denken zu können, während die andere schnell friert. Beides grundlegende Bedürfnisse, um ungestört zu arbeiten. Dabei sehen wir unser eigenes Bedürfnis sehr klar. Für das Bedürfnis unseres Gegenübers sind wir meistens blind. Erst die Offenlegung der Interessen ermöglicht es, eine Lösung zu finden (Abb. 14.5).

Um überhaupt so weit zu kommen, müssen wir uns zunächst den Unterschied zwischen Position und Interesse bewusst machen, was folgendes Beispiel verdeutlichen soll.

Gegenseitige Interessen

Die Führungskraft Herr Kon möchte aus organisatorischen Gründen eine Aufgabe umverteilen. Rationale Gründe sprechen dafür: ein besseres Branchen-Know-how und gleichmäßig verteilte Arbeitsbelastung bei den Mitarbeitern. Er hält seinen Plan für tadellos und offenbart dem betroffenen Mitarbeiter Herrn Flikt die Idee. Zu seiner Verwunderung teilt Herr Flikt die Begeisterung nicht. Auch die rationalen Gründe sind nicht überzeugend und die sachlichen Argumente werden abgetan. Es fallen Sätze wie „Ich habe doch genug Zeit dafür.“, „Der Fall lässt sich nicht delegieren.“ oder auch „Es ist unmöglich, jemanden sinnvoll einzuarbeiten.“ Die Situation verhärtet sich.

Abb. 14.5 Interessen: der Schlüssel zum Erfolg

Was ist passiert? Im Gespräch tauschen Herr Kon und Herr Flikt ihre Standpunkte beziehungsweise ihre Positionen aus. Während Herr Kon die Aufgabe umverteilen möchte, setzt Herr Flikt alles daran, die Aufgabe zu behalten. Beide versuchen den anderen mit Hilfe von sachlichen Argumenten zu überzeugen, aber es gelingt nicht.

Die sachlichen Argumente können noch so logisch und korrekt sein. Ein wesentlicher Punkt wird jedoch ignoriert: die Emotionen. Emotionen wiegen immer schwerer als sachliche Argumente. In den Emotionen schwingen die eigentlichen Interessen mit. Bleiben die Interessen unberücksichtigt, kann das Handeln der Führungskraft falsch ausgelegt werden.

Was könnten in dem genannten Beispiel mögliche Interessen sein? Macht, Sicherheit, aber auch Anerkennung wären denkbar. Was bedeutet das konkret? Herr Flikt könnte die Sorge haben, dass mit dem Wegfall der Aufgabe sein Einfluss in der Firma sinkt und er somit um seine „Macht" fürchten muss. In Zeiten, in denen über Jahrzehnte erfolgreiche Firmen Insolvenz anmelden und langjährige Mitarbeiter ihren Arbeitsplatz verlieren, ist die Sorge um einen Arbeitsplatzverlust stets präsent. Selbst wenn es dem eigenen Unternehmen finanziell gut geht, gibt es im Umfeld in der Regel immer jemanden, bei dem es nicht der Fall ist. Dieser Umstand und die damit einhergehende Angst übertragen sich. Daher bekommt das Bedürfnis nach (Arbeitsplatz-)Sicherheit eine zunehmende Bedeutung. Die Angst, dass der Wegfall von Arbeit der erste Schritt in die Arbeitslosigkeit sein kann, ist bei vielen mittlerweile tief verankert.

Ein weiterer wesentlicher Antriebsfaktor in unserem Leben ist die Anerkennung, nach der wir streben. Bekommen wir Anerkennung für das was wir tun, führt dies zur Zufriedenheit und Erfüllung. Wir sind motiviert bei dem was wir tun. Anerkennung ist auch der Grund, warum so viele unterschiedliche Menschen an Wettkämpfen teilnehmen, um am Ende des Tages für ihre Leistung Wertschätzung zu erfahren. Was passiert, wenn wir uns über eine Aufgabe unsere Portion Anerkennung gesichert haben und genau diese Aufgabe soll uns jetzt weggenommen werden? Wir blockieren.

► In nahezu allen Konflikten sind Grundinteressen wie Sicherheit, Anerkennung oder Macht der ausschlaggebende Faktor. Sie bilden den Kern eines jeden Konfliktes. Nur, wenn wir in die Interessen des anderen Einsicht haben, kann der Konflikt nachhaltig gelöst werden.

Versetzen Sie sich in die Lage des anderen und fragen Sie im geschilderten Fall: Warum ist es wichtig für Sie, dass Sie die Aufgabe behalten? Wo liegt Ihre konkrete Sorge, wenn Sie die Aufgabe nicht mehr bearbeiten? Sagen Sie Ihrem Gegenüber aber auch, was Ihre eigenen Interessen sind, um ein gegenseitiges Verständnis zu schaffen.

Sie werden sehen: wenn sowohl die eigenen Interessen als auch die Interessen der anderen bekannt sind, lässt sich eine gemeinsame und gute Lösung für alle Beteiligten finden. Wenn auf diese Weise erreicht wird, dass am Ende alle zufrieden sind, dann war es ein wertvoller Konflikt.

Weiterführende Literatur

Alexander N, Ade J, Olbrisch C (2005) Mediation, Schlichtung, Verhandlungsmanagement – Formen konsensualer Streitbeilegung. Alpmann und Schmidt, Münster

Dulabaum N (2009) Mediation: Das ABC. Die Kunst, in Konflikten erfolgreich zu vermitteln. Beltz, Weinheim

Fisher R, Ury W, Patton B (2010) Das Harvard-Konzept. Campus Verlag, Frankfurt a. M.

Glasl F (2010) Konfliktmanagement. Ein Handbuch für Führungskräfte, Beraterinnen und Berater. Haupt Verlag, Bern

Hertel A (2008) Professionelle Konfliktlösung: Führen mit Mediationskompetenz. Campus Verlag, Frankfurt a. M.

Montada L, Kals E (2007) Mediation. Ein Lehrbuch auf psychologischer Grundlage. Beltz, Weinheim

Ponschab, R, Schweizer A (2010) Kooperation statt Konfrontation, Verlag Dr. Otto Schmidt, Köln

Schulz von Thun F (2010a) Miteinander reden 1: Störungen und Klärungen. Allgemeine Psychologie der Kommunikation. Rowohlt Verlag, Reinbeck

Schulz von Thun F (2010b) Miteinander reden 2: Stile, Werte und Persönlichkeitsentwicklung. Differentielle Psychologie der Kommunikation. Rowohlt Verlag, Reinbeck

Sind Talente Mehrwert? Wie Sie Konflikten mit Talenten frühzeitig verbeugen

15

Constantin von Rundstedt

Inhaltsverzeichnis

Zusammenfassung

In den letzten Jahren ist der Begriff des „Talent Managements" im Zusammenhang mit dem Personalwesen eines Unternehmens immer häufiger aufgetaucht. Als neues Mantra wurde dieser Begriff eingesetzt, um weiter verbreitete aber altbacken anmutende Worte wie „Personalwesen", „Personalentwicklung" oder „Personalbereich" zu

C. von Rundstedt (✉)
von Rundstedt Executive Search GmbH, Bleichstraße 20, 40211
Düsseldorf, Deutschland
E-Mail: cvrundstedt@rundstedt.de

N. Müller, C. Jäger (Hrsg.), *WERTEorientierte Führung von Familienunternehmen*,
DOI 10.1007/978-3-658-09237-5_15

substituieren. Doch diese Begrifflichkeit ist nicht selbsterklärend und schon gar nicht lässt sie auf den ersten und zweiten Blick erahnen, welche Besonderheiten der erste Teil „Talent" mit sich bringt.

Wer oder was sind Talente? Wann ist ein Talent ein Talent? Sind Sie ein Talent? Und falls nein, können Sie noch eins werden? Wie finden Sie Ihr Talent und das Ihrer Mitarbeiter am einfachsten und verlässlichsten heraus? Brauchen Sie Talente, um mit Ihrem Unternehmen auch in Zukunft erfolgreich zu sein? Falls ja, wie viele sind dafür notwendig und ab wann wird es eventuell sogar gefährlich? Ganz frei nach dem Motto: „Ein bisschen süß darf's schon sein, zu viel Zucker aber schadet auch Ihren Zähnen!"

Ich möchte Sie im Folgenden damit vertraut machen, was Talente sind und welche Herausforderungen sich im Umgang mit Talenten für Sie ergeben können. Vielleicht finden Sie sich in dem einen oder anderen Beispiel wieder.

15.1 Einleitung

Stellen Sie sich einmal eine perfekte Welt in Ihrem Unternehmen vor. Wie sieht es da aus? Was gibt es dort alles, das die Zustände paradiesisch wirken lässt? Und was gibt es in Ihrem Unternehmen, das die Stimmung nachhaltig trüben würde? Arbeiten in diesem Unternehmen Mitarbeiter, die alles können, niemals unnötige Fragen stellen, täglich geniale Ideen haben und diese sofort mit Ihnen teilen? Arbeiten diese Menschen bei Tag und bei Nacht, ohne zu murren, werden sie niemals krank und sind dem Wettbewerb gedanklich immer mindestens drei Schritte oder Jahre voraus? Werden diese Mitarbeiter nie müde, sind nie gelangweilt und bringen ihre persönlichen Probleme nicht mit an den Arbeitsplatz? Und verdienen diese Mitarbeiter ein normales Gehalt und stellen keine Ansprüche auf Gehaltserhöhungen und Urlaub? Können Ihre Mitarbeiter alles und das auch noch fehlerfrei? Beherrschen sie zudem noch die Kompetenzen, um die Arbeit ihrer Kollegen in der gleichen Geschwindigkeit und Qualität zu machen, so dass „alle alles" können?

Was sagen Sie? Wie bitte, Sie sagen: Nein? Was von dem oben Geschriebenen ist denn bei Ihnen anders? Werden Ihre Mitarbeiter etwa auch mal krank? Vergessen Ihre Mitarbeiter manchmal Dinge? Haben Sie etwa unzufriedene Kunden oder Lieferanten? Fehlen Ihnen an mancher Stelle doch Mitarbeiter mit Schlüsselqualifikationen, so genannte „Fachkräfte" oder „Experten"? Möchten Ihre Mitarbeiter etwa immer mehr Geld verdienen und gleichzeitig am besten gar nicht mehr arbeiten? Entwickeln Ihre Mitarbeiter nur hin und wieder fantastische bis mittelmäßige Ideen, die Ihr Unternehmen oder Ihren Bereich nicht so weit nach vorne bringen, wie Sie es gerne hätten?

Falls ja, dann sage ich zu Ihnen: „Herzlichen Willkommen in der Realität"! Solche Zustände, wie ich sie im zweiten Szenario beschrieben habe, sind also nicht Fiktion, sondern geschehen täglich in vielen Unternehmen dieser Republik und anderenorts. Es ist nichts Außergewöhnliches, dass Dinge nicht so ablaufen, wie Sie es sich wünschen und die Menschen nicht so funktionieren, wie Sie es gerne hätten. Nicht selten entstehen aus diesen „Unfertigkeiten" Unzufriedenheit und daraus wiederum Streitigkeiten, so genannte Konflikte. Und damit kommen wir zum Thema dieses Beitrags. Übrigens kann ich Sie beruhigen. Ihre Mitarbeiter denken über Sie vermutlich nicht anders, als Sie über sie.

▶ „Nobody is perfect! Führungskräfte sind auch nur Menschen!"

Dieses Statement haben Sie bestimmt schon einmal so oder ähnlich vernommen. Vielleicht auch aus Ihrem eigenen Mund? Vielleicht sind Sie selbst „Führungskraft", „Manager" oder aber „Chef" und zudem noch Inhaber? Vielleicht aber haben auch Sie einen Vorgesetzten, der Ihnen gegenüber diesen Satz schon einmal gebraucht hat? In dem einen und dem anderen Szenario gibt es jedoch eine Gemeinsamkeit: Der Satz ist wahr!

Und damit beginnt eigentlich auch schon das „Problem". Wir alle sind Menschen, auch Mitarbeiter und Führungskräfte. Und wir Menschen machen Fehler, permanent und ausnahmslos. Was bedeutet das konkret? Die Beziehungen von Vorgesetzten und ihren Mitarbeitern sind täglich neuen Herausforderungen ausgesetzt, so dass in guten wie in schwierigeren Zeiten das Miteinander und Füreinander immer wieder auf die Probe gestellt wird. Das gilt für Familienunternehmen ebenso wie für Nicht-Familienunternehmen.

In meinem beruflichen Umfeld beschäftige ich mich seit zehn Jahren täglich mit Menschen, die sich in einem beruflichen Wechsel befinden. Entweder weil sie sich verändern müssen oder aber sich selbst verändern wollen. Egal was den einzelnen Menschen umtreibt, es tauchen immer wieder Parallelen auf. So antworten mir zum Beispiel über 80 % der Menschen auf die Frage: „Wieso sind Sie in Ihre heutige Aufgabe gewechselt?" mit dem gleichen Satz: „Ich fand die Herausforderung so spannend."

Fast ebenso viele Menschen antworten aber auf die Frage: „Warum wechseln Sie jetzt Ihren Job?" entweder mit „Mein Chef und ich können nicht (mehr) miteinander." oder aber mit „Mein Chef hat den längeren Hebel in der Hand, deswegen muss ich leider gehen. Ich habe in diesem Unternehmen keine Chance mehr auf eine berufliche wie persönliche Weiterentwicklung". Das ist faszinierend wie traurig zugleich!

▶ Sie kommen wegen der Aufgabe und gehen wegen Ihres Vorgesetzten!

Nun gut, werden Sie vielleicht sagen, das ist nichts Neues. Möglicherweise haben Sie das so oder in sehr ähnlicher Form auch schon erlebt – ob als Führungskraft oder als Mitarbeiter. Aber selbst wenn Sie diese Situation schon kennen. Was würden Sie heute über die Auflösung der selbigen sagen? Sind Sie der Meinung, dass dieser (Aus-)Weg der richtige Weg war? Würden Sie wieder so handeln? Oder hätte es auch eine andere, bessere Lösung geben können? Was hätte passieren müssen, damit diese Situation gar nicht erst entsteht?

In diesem Kapitel möchte ich beleuchten, wie Mitarbeiter und ihre Führungskräfte miteinander umgehen. Und zwar nicht im normalen Alltag, sondern in einem aufgeheizten, konfliktbehafteten oder konfliktgefährdeten Umfeld.

Ihnen dürfte als aufmerksamer Leser nicht entgangen sein, dass ich in meiner Kapitelüberschrift den Begriff „Talent" benutzt habe. Das heißt konkret, dass ich nicht die typischen Konflikte untersuchen werde, die Sie aus Ihrem beruflichen Alltag zu Genüge kennen dürften. Auch will ich nicht die Konflikte beleuchten, die gemeinhin bei Familienunternehmen vermutet werden, das heißt Streitigkeiten zwischen Familienmitgliedern, zwischen Erben im Erbfall oder ähnliche, in der Familie angesiedelte Konflikte. Vielmehr will ich mich damit beschäftigen, wie so genannte Leistungs- und Potenzialträger in Familienunternehmen in solchen Konfliktsituationen agieren und wie die Unternehmen dabei reagieren.

Wenn Sie das alles interessiert, dann sollten Sie jetzt weiterlesen! Falls Sie aber wenig Zeit haben, dann schauen Sie sich doch bitte die Ratschläge am Kapitelende an. Vielleicht finden Sie dort noch wertvollen Input für Ihre alltägliche Arbeit im Familienunternehmen. Ich möchte Ihnen nachfolgend von meinen Erfahrungen berichten, die ich in mittelständischen familien- und inhabergeführten Unternehmen gemacht habe.

15.2 Definitionen

Im ersten Teil des Kapitels werde ich die wesentlichen Begriffe erläutern, die in diesem Beitrag von Bedeutung sind: Familienunternehmen, Konflikt und Talent.

Zum Zwecke der Nachvollziehbarkeit werde ich meinen Blick auf die mittelständischen Familienunternehmen richten. Eine Definition von Familienunternehmen finden Sie zu Beginn dieses Buches, so dass ich mir hier weitere Erläuterungen spare. Eine Definition von Konflikten finden Sie in Kap. 14. Daher werde ich mich im Folgenden darauf beschränken, den Begriff Talent zu definieren.

Was ist ein Talent? Sicherlich ist Ihnen in den letzten Jahren aufgefallen, dass immer mehr Unternehmen den Begriff „Talent Management" in den Mund nehmen und dafür Positionen im Unternehmen schaffen oder aber auch den eigenen Personalbereich einfach nur umbenennen. Auch in der Literatur erscheinen immer mehr Bücher oder Schriftbeiträge zu diesem Schlagwort und es scheint fast so, als sei das der nächste „Heilige Gral", den es zu finden gilt oder doch einfach nur die nächste „Sau, die durchs Dorf getrieben wird". Überall gibt es nur noch Talente, Überflieger und Leistungsträger. Selbst die Rekrutierungsverantwortlichen in einem Unternehmen sind heute plötzlich „Talent-Acquisition"-Verantwortliche, so als würde eine Rekrutierung von Nicht-Talenten gar nicht mehr vorkommen dürfen.

Warum brauchen Unternehmen überhaupt „Talente"? Was unterscheidet „Talente" von „Nicht-Talenten" und sind „Nicht-Talente" weniger wertvoll, weniger brauchbar und weniger erwünscht? Sind „Talente" das Maß aller Dinge oder steckt in jedem Ihrer Mitarbeiter ein verborgenes Talent? Ich kann an dieser Stelle nicht alle Fragen beantworten, aber in jedem Fall möchte ich darauf hinweisen, dass ein Unternehmen nur dann wie ein Organismus funktionieren kann, wenn alle Teile des Organismus gesund und uneingeschränkt leistungsfähig sind. Zu einem gesunden Körper gehören die von der Natur vorgesehenen Gliedmaßen, gesunde Organe und keinerlei andere Einschränkungen psychischer oder physischer Art. Gleiches gilt in Ihrem Unternehmen. Es bedarf vieler Fähigkeiten, damit die Dinge bei Ihnen rund laufen. Alphatiere, Betatiere und Gammatiere sind alle notwendig und sinnvoll, sonst kommen Ihre betrieblichen Abläufe ganz schnell ins Stocken: Der Lohnbuchhalter ist krank – es gibt kein Gehalt für Ihre Mitarbeiter; der Mitarbeiter des IT-Helpdesk wird andernorts benötigt – die Mitarbeiter mit IT-Problemen stehen still und sind unproduktiv. Die Innendienstmitarbeiter im Vertrieb sind mit der Administration total überlastet und können die Termine für die Außendienstmitarbeiter nicht adäquat vor- und nachbereiten. Der Vertrieb verkauft nicht genug. Das sind nur einige, aber doch schmerzvolle Beispiele, wie schnell Abläufe ins Stocken geraten. Doch ohne Ideen, ohne konsequentes Handeln, ohne strategischen und unternehmerischen Weitblick können Sie mit Ihrem Unternehmen nicht überleben, ebenso wenig die Buchhaltung, die IT und der Vertrieb.

Was fällt Ihnen bei dem Begriff „Talent" ein? Würden Sie dafür in ein Lexikon wie den Brockhaus schauen, einfach nur im Internet suchen oder vertrauen Sie mehr Ihrem gesunden Menschenverstand (übrigens gar kein so schlechtes Werkzeug) und formulieren etwa wie folgt: Talent ist die überdurchschnittliche Begabung für eine spezifische Tätigkeit? Alles wäre nicht falsch und vernünftig, dennoch möchte ich den Begriff ein wenig anders verstanden wissen.

Sie interessieren sich für Fußball? Dann kennen Sie doch sicherlich die Sätze aus der Sportschau: „Der Spieler ist ein Riesentalent!" Die weniger schmeichelnde Variante lautet dann: „Der Spieler ist eines dieser ewigen Talente." „Der Spieler war ein Riesentalent." „Es ist ein Jammer, wie dieser Spieler sein Riesentalent vergeudet." Fällt Ihnen etwas auf? In allen Fällen wird formuliert: Er oder sie IST ein Talent, nicht HAT ein Talent. Ein Fußballspieler, der auf höchstem professionellem Niveau spielen kann, hat zweifelsohne Anlagen und Fertigkeiten, die ihn dorthin gebracht haben und die ihn deswegen auch von anderen Spielern seiner Jugendmannschaft unterscheiden. Bleibt also noch das Thema Disziplin: „Der Junge verschleudert sein riesiges Talent. Wenn er sich doch einfach mehr auf die relevanten Dinge konzentrieren würde." (Abb. 15.1). Kann man aber Talent, wenn man eins IST, überhaupt verlieren beziehungsweise verschleudern? Erinnern Sie sich an den legendären Satz von Uli Hoeneß im Interview mit der Bild-Zeitung im Jahr 2007 über einen gewissen Spieler namens Bastian Schweinsteiger?

> Dem Schweini haben in den letzten sechs Monaten zu viele Leute Puderzucker in den Hintern geblasen. Den klopfe ich nun wieder raus. Ich akzeptiere nicht mehr, was da zuletzt abgelaufen ist. Er arbeitet auf dem Platz zu wenig.

Auf die Nachfrage nach einem weiteren Spieler, Roque Santa Cruz, antwortete Hoeneß sogleich: „Ihn werde ich auch härter anfassen. Talent allein reicht nicht. Die ‚Es-wird-schon'-Einstellung lasse ich nicht mehr durchgehen. Das wird dann bei mir gnadenlos angesprochen. Er ruft nicht 100 Prozent der Leistung ab."

Uli Hoeneß sprach Klartext, machte aber auch deutlich, dass ohne ein Wollen ein Können noch kein Talent macht.

Abb. 15.1 Ewige Talente

Was halten Sie also von dieser Definition? Der Begriff Talent beschreibt sowohl eine besondere Fähigkeit als auch eine Person mit besonderen Fähigkeiten – immer in Verbindung mit der Bereitschaft, durch deren Einsatz einen wertschöpfenden Beitrag zu leisten.

Ich denke, dass diese Definition es ganz gut trifft. Solange Sie über eine Fähigkeit verfügen, diese aber nicht zielgerichtet einbringen, sind Sie eben kein Talent. Erst wenn Sie es schaffen im Beruf diese Begabung, dieses Verständnis und diese Bereitschaft zur Wirkung zu bringen, erst dann sind Sie im Arbeitskontext auch ein Talent.

Talente werden (fast immer) besonders gefördert. Die oben genannten Funktionen im Personalwesen, die Personalentwicklung und das so genannte „Talent Management" sollen ja sicherstellen, dass die Mitarbeiter, die Talente sind, nicht nur in Scharen am Werkstor Schlange stehen, sondern auch auf Ewigkeit im Unternehmen verbleiben. Und hier geht die Schere bereits weit auseinander. Einerseits stehen die „Talente" nicht in der Schlange am Werkstor und andererseits bleiben sie auch nicht mehr auf ewig in ein und demselben Unternehmen bis zur Pensionierung. Vielmehr stehen immer weniger Menschen am Werkstor und bringen auch nicht immer die gewünschten Qualifikationen mit. Andererseits wechseln jüngere Menschen zunehmend öfter die Arbeitgeber. In der Summe führt das bereits mittelfristig zu einer kritischen Verknappung der Leistungsressource „Mensch".

Aber warum brauchen Unternehmen überhaupt Talente? Wieso „tun" es nicht auch die Mitarbeiter, die nicht als Talent beschrieben werden? Ich glaube, dass Menschen grundsätzlich leistungsfähig und leistungswillig sind. Ich glaube aber auch, dass nicht alle Menschen im gleichen Maß die gleichen Dinge zu leisten im Stande sind und dies auch nicht wollen. Deutschland war früher einmal Exportweltmeister. Diese Zeiten sind vorbei, seit 2009 ist das die Volksrepublik China. Mittlerweile exportieren wir Deutschen andere Dinge: Bildung, Ideen und Innovation. Und das nicht immer nur zu unserem Vorteil. Deshalb ist es wichtig, dass wir in Deutschland einen anderen Standortvorteil entwickeln und daran arbeiten, diesen Vorsprung auch über eine längere Zeit zu halten. Deshalb müssen Unternehmen in Deutschland erreichen, dass die jungen Menschen in diesem Land ihre tollen Ideen und ihre Kreativität in unseren Unternehmen ausleben und sich dort einbringen können, denn diese Ideen garantieren unsere Wettbewerbsfähigkeit auf globaler Ebene.

Die Arbeitswelt von morgen wird immer bunter und älter – junge Chefs haben alte Mitarbeiter, die Unternehmenssprache ist nicht mehr überall nur Deutsch, die Belegschaften bestehen immer öfter aus Menschen, die in verschiedensten Arbeitszeitmodellen und mit flexibilisierten Arbeitsplätzen ihren Aufgaben nachgehen. Die demografische Entwicklung zeigt schon heute auf beeindruckende Art und Weise, wie sich unsere Kinder verhalten und worauf sie sich einstellen werden müssen. An dieser Stelle soll es aber weniger um die Herausforderungen an unsere Gesellschaft aufgrund der demografische Entwicklung gehen, sondern ich möchte es bei dem Hinweis belassen, dass es zunehmend Konflikte in Unternehmen geben wird, die ihre Ursache in eben dieser demografischen Entwicklung haben.

Doch zurück zu den Talenten. Sehen Sie sich bitte die nachfolgende Liste von Personen an. Was haben die folgenden Personen gemeinsam?

- Richard Branson
- Michael Dell
- Walt Disney
- Albert Einstein
- Bill Gates
- Steve Jobs
- Elton John
- Ringo Starr
- Princess Diana

Alle haben ihre akademische Ausbildung abgebrochen, wenngleich aus verschiedensten Gründen. Dennoch ist aus allen etwas geworden, so zumindest meiner bescheidenen Einschätzung nach. Die eine wurde Prinzessin und Symbol einer Generation und eines bedeutenden gesellschaftlichen Wertewandels, ein anderer wurde sehr erfolgreicher Unternehmer, andere wiederum wurden Musiker und Sänger, ein anderer wiederum forschte und gestaltete unser Verständnis dieser Welt nachhaltig.

Ich glaube kaum, dass sie alle in ihren jungen Jahren genau wussten, was später einmal aus ihnen werden würde. Ebenso wenig dürften sie gewusst haben, welche Berufe sie später ausüben und ob sie darin erfolgreich sein würden. Dennoch haben sie zu einem gewissen Zeitpunkt in ihrem Leben Veranlagungen und Neigungen so eingesetzt, dass sie etwas Größeres erreichen konnten. Das sind namhafte Beispiele für Talente.

Abb. 15.2 Der Talent Pool

Aber zeitgleich sind sie auch alle dafür bekannt, dass sie nicht so ganz einfache Persönlichkeiten waren. Und das führt uns wieder zum Thema Konflikt zurück. Talente müssen nicht, können aber Diven sein. Darauf gehe ich später noch einmal ein. In jedem Fall sind diese Persönlichkeiten so genannte „High-Maintenance-Mitarbeiter", im Guten wie im Schlechten.

Haben Sie vielleicht einen Pool von besonders förderwürdigen Nachwuchskräften oder Nachwuchsführungskräften? Falls ja, wie nennen Sie ihn oder wird er in Ihrem Unternehmen „Goldfischteich" genannt? Wohlwissend, welche Dynamiken dadurch entstehen können, haben Sie schon einmal über den Begriff „Haifischbecken" nachgedacht? Wäre das vielleicht passender? In letzterem Gewässer gehen Sie wohl weniger gerne (freiwillig) schwimmen, oder (Abb. 15.2)?

Leider sind viele dieser gut gedachten „Talent Pools" nicht so gut gemacht, das heißt, die Stimmung unter den Mitgliedern (Mitschwimmern) oder den übrigen Mitarbeitern kann dadurch leicht und nachhaltig beeinträchtigt werden. Ich habe sogar schon Unternehmen kennengelernt, die solche Pools haben und deren Mitarbeiter gar nicht wissen, dass es sie gibt und sie selbst eventuell schon in diesem Pool „schwimmen". Über die Sinnhaftigkeit lässt sich trefflich streiten, ich möchte nur anmerken, dass der, der nicht schwimmt, in der Regel im Wasser irgendwann untergeht (so genanntes Archimedisches Prinzip). Und das ist mit Sicherheit kein wünschenswertes Szenario, weder beim Mitarbeiter noch beim Unternehmen.

15.3 Anlässe für Konflikte mit Mitarbeitern und Talenten

Im Nachfolgenden beleuchte ich anhand konkreter Beispiele, wie Konfliktsituationen mit Talenten gelöst werden können.

► Gestatten Sie mir noch einen Hinweis. Da wir Menschen verschieden sind, ist es auch wichtig, daran zu denken, dass wir selbst in vergleichbaren Situationen nicht zwangsläufig immer identisch reagieren. Das kann an unserer Tagesform liegen, an der Form unseres Gegenübers oder aber auch an der Qualität unserer Kommunikation.

Egal also, was Sie später in der Praxis versuchen, Sie dürfen nicht glauben, dass die Person vor Ihnen so reagieren wird, wie Sie es von ihr nach meiner „Schubladentypologie" erwarten.

15.3.1 Liebesentzug – das „Leberwurstprinzip"

Das Leberwurstprinzip

In einem Familienunternehmen gibt es eine erste Führungsebene, die regelmäßig unter anderem über einen E-Mail-Verteiler von der Geschäftsleitung über Entscheidungen und Veränderungen informiert wird. Durch einen Beschluss der Geschäftsleitung wird entschieden, dass die erste Führungsebene nicht mehr vollzählig, sondern nur noch ausgewählt informiert wird, weil sich einige Führungskräfte über die Frequenz der Informationen beschwert hatten.

Dies hat zur Folge, dass ein Mitarbeiter (ein Talent) vom E-Mail-Verteiler gelöscht wird. Die Maßnahme an sich ist völlig in Ordnung, der Mitarbeiter versteht diese Maßnahme aus seiner Sicht aber nicht. In der Vergangenheit war er stets über alle Themen informiert, nun aber bekommt er nicht mehr alles aus erster Hand, sondern gefühlt und faktisch zunehmend mehr aus zweiter Hand mit. Das führt sofort zu Frust und damit zu Abwehrreaktionen und einer Trotzhaltung des Mitarbeiters. Sie können sicher sein, dass er Stimmung unter den Kollegen machen und sich an anderer Stelle darüber beschweren wird. Der Konflikt ist vorprogrammiert! Der Mitarbeiter mimt die „beleidigte Leberwurst" und blockiert: „Bätsch! Dann spiele ich nicht mehr mit!"– daher nenne ich dieses Verhalten auch das „Leberwurstprinzip". Damit der Mitarbeiter, egal ob er nun Vegetarier ist oder nicht, sich wie eine solche Leberwurst verhält, muss es gar nicht so wie oben vonstattengehen, sondern es reicht, dass jemand nicht informiert wird, wenn er meint, informiert werden zu müssen.

Abb. 15.3 Das Leberwurstprinzip

Was tun?

Für den Mitarbeiter fühlt sich diese Situation, vielleicht nicht beim ersten Mal, aber zu einem späteren Zeitpunkt sicherlich wie ein Liebesentzug an. Bisher war er immer Teil eines inneren Zirkels, nun aber nicht mehr. Warum? Was hat er falsch gemacht? Wer hat es auf ihn abgesehen? Wieso werden andere informiert, die augenscheinlich noch weniger mit einem Thema zu tun haben als er? Hat er seinen „Status", seine Sonderrolle oder seine wertvolle Beziehung zu den Zentren der Macht verloren?

Als Führungskraft ist es sehr schwer, solche Konfliktsituationen einseitig zu lösen. Der Schmerzstachel sitzt tiefer, als Sie glauben, so dass es nur mit „ein bisschen Reden" nicht getan sein dürfte (Abb. 15.3).

Mein Rat an dieser Stelle: Versetzen Sie sich in die Situation Ihres Mitarbeiters. Nehmen Sie einen Perspektivwechsel vor! Versuchen Sie zu verstehen, wie Sie sich fühlen würden, wenn Ihnen dasselbe widerfährt. Worauf würden Sie Wert legen? Sprechen Sie Ihren Mitarbeiter auf Ihre Beobachtung und das wahrgenommene Verhalten an. Teilen Sie ihm mit, was dieses Benehmen mit Ihnen macht und warum Sie es nicht tolerieren. Bieten Sie ihm den Raum an, darüber offen zu sprechen. Ich bin überzeugt, Sie werden in den meisten Fällen auf offene Ohren und erstaunt dreinblickende Augen treffen. In den meisten Fällen hilft Ihrem Mitarbeiter der offene Dialog über die Situation. Erst dadurch wird auch das Finden einer Lösung möglich. Dann gewinnen Sie Verständnis und der Mitarbeiter kehrt zur Normalität zurück.

15.3.2 Die Eigentümergrätsche

Stellen Sie sich bitte einmal den folgenden Sachverhalt vor.

Eigentümergrätsche

Ein Mitarbeiter arbeitet schon seit zehn Jahren in verschiedenen Bereichen eines Familienunternehmens. Angefangen hat er als Auszubildender und er hat sich seitdem in seinen Aufgaben als besonders aufmerksam, umsichtig, unternehmerisch und engagiert gezeigt. Seine aktuelle Position ist die eines Key-Account-Managers im Vertrieb. Der geschäftsführende Gesellschafter kennt ihn noch aus persönlicher, gegebenenfalls familiärer Vergangenheit und schätzt ihn sehr. Nicht selten sind Sätze aus seinem Mund zu hören wie: „Wenn wir mehr von solchen Typen wie ihm hätten, dann wäre mir um die nächste Generation nicht bange." Oder aber: „Der gefällt mir sehr. Richtig viel Biss, immer mit dem Blick für das große Ganze und stets wertvolle Ideen."

Nun wird vom Unternehmen ein neuer Vertriebsleiter eingestellt, der mit seiner Erfahrung aus dem Markt und seiner letzten Station bei einem großen Konzern unter anderem den Vertrieb im Familienunternehmen professionalisieren und erfolgreicher machen soll. Schnell stellt der Vertriebsleiter fest, dass gewisse Prozesse nicht optimal sind und verändert diese als eine der ersten Taten. Dadurch müssen die Key-Account-Manager bundesweit mit neuen Berichtsformaten und Systempflegevorgaben arbeiten. Das gefällt unserem Key-Account-Manager natürlich nicht, weswegen er seinen guten Draht zum geschäftsführenden Gesellschafter sucht: „Hören Sie, Sie sehen doch, wie erfolgreich ich hier bin. Diese neuen Prozesse und Vorgaben sind doch alle sinnlos und Zeitvergeudung. Wir könnten ohne diese noch viel erfolgreicher sein. Könnten Sie nicht bitte dafür sorgen, dass ich diesen Käse nicht machen muss? Dann schaffe ich noch mehr für Ihr Unternehmen?" Und natürlich stimmt unser Geschäftsführer zu und bittet den Mitarbeiter, davon aber nichts dem Vertriebsleiter zu sagen. Es kommt wie es kommen muss: Auf Nachfrage des Vertriebsleiters, warum die Berichte unseres Mitarbeiters ausblieben, antwortet dieser: „Das habe ich mit dem Geschäftsführer so besprochen!" und Voilà!, da haben Sie Ihren Konflikt allererster Güte!

Was tun?

Was würden Sie tun? Würden Sie den Mitarbeiter anweisen, die Dinge entsprechend der Vorgabe zu tun? Würden Sie ihn freundlich bitten, die Dinge zu tun? Würden Sie den Geschäftsführer bitten, das Problem für Sie zu lösen? Würden Sie sich Rückendeckung vom Geschäftsführer holen?

Mein Tipp an Sie als Führungskraft: Sie müssen hier klarmachen, wessen Aufgabenbereich hier im Kern betroffen ist und den Mitarbeiter unmissverständlich auffordern, die Anweisungen umzusetzen. Sie dürfen keinesfalls erlauben, dass der Mitarbeiter Ihren Vorgesetzten (den Geschäftsführer und Inhaber) gegen Sie ausspielt. Machen Sie auch Ihrem Chef klar, was das für Konsequenzen für die gemeinsame Arbeit und Ihre Akzeptanz als

Führungskraft hat. Ich bin zuversichtlich, dass diese offene Form der Konfrontation die bessere Alternative ist, wenngleich sie nicht immer folgenlos bleiben wird.

Sollten sich die Dinge für Sie nicht bessern, werden Sie vermutlich das Unternehmen sowieso verlassen wollen, denn Ihre originäre Aufgabe, „zu führen", wird Ihnen durch dieses Verhalten unmöglich gemacht.

Mein Tipp an Sie als Inhaber: Mischen Sie sich in solche Themen bitte nicht ein. Lassen Sie Ihre Führungskräfte ihre Hausaufgaben und Arbeit machen. Stören Sie nicht die betrieblichen Abläufe, indem Sie Hierarchien (un-)gewollt durchbrechen. Der Schaden wird größer sein, als Ihnen lieb sein dürfte.

15.3.3 Unsichtbarkeit – Hilfe, mein (neuer) Chef sieht mich nicht (mehr)!

Es soll schon vorgekommen sein, dass Talente einen Vorgesetztenwechsel erleben oder aber bei Ihrem bisherigen Chef in Ungnade fallen. Die Gründe für den Sturz in die Ungnade können vielfältig sein. Einer ist häufig die gefühlte fehlende Loyalität gegenüber ihrem direkten Vorgesetzten. Da denkt sich der Chef: „Mein Mitarbeiter hat mich im Stich gelassen, weil er eine wichtige Frist zur Fertigstellung meines Projekts verstreichen ließ." Bei einer anderen Gelegenheit hat der Mitarbeiter seinem Chef die Show gestohlen und Lorbeeren geerntet, die der Chef haben wollte.

Bei dem Wechsel eines Vorgesetzten soll es schon passiert sein, dass der neue Chef in die Stadt Einzug gehalten hat mit der Ansage: „Ich bin der neue Sheriff in dieser Stadt! Ab jetzt tanzen alle nach meinen Regeln!" Dieser „Wind of Change" hat übrigens schon so manche Menschen aber auch Sheriffs ganz schnell aus der Tür zurück auf die Straße gepustet. Falls der neue Sheriff aber die Absicht hat, länger zu bleiben, dann kommt es durchaus vor, dass nach dem Mantra „Alte Besen kehren gut! Neue Besen kehren besser!" sich manche Dinge so verändern, dass gewisse Personen sich „entmachtet, herabgesetzt oder nicht wertgeschätzt" fühlen, unter anderem auch unser hier erwähntes Talent. Ob es mit Absicht oder unabsichtlich passiert, das ist egal. Faktisch gehen für Mitarbeiter Privilegien verloren und es ändern sich Vorgaben. Die Beziehung zu dem neuen Vorgesetzten muss erst neu aufgebaut werden und dafür kann eine persönliche Vorliebe oder aber auch Abneigung sehr hilfreich beziehungsweise wenig hilfreich sein.

Potenziale einschätzen

Stellen Sie sich vor, dass Ihnen als Führungskraft im Vorfeld oder im Rahmen Ihrer Einarbeitung jeder Mitarbeiter namentlich und mit seiner Vita persönlich vorgestellt wird. Der Talent-Management-Bereich liefert Ihnen gerne auf Nachfrage im Nachgang eine Einschätzung der Mitarbeiter im Hinblick auf ihre Positionierung in der so genannten Neun-Felder-Matrix. Sie wissen wohl, dass diese Einschätzung nicht Ihre eigene ist und Sie zu einer anderen Einschätzung kommen können und Sie sich sehr bald eine eigene Meinung bilden müssen. An dieser Stelle kann es also bald zu Verschiebungen der Mitarbeiter innerhalb der Neun-Felder-Matrix kommen. Mitarbeiter spüren diese Verschiebungen sehr bald und nicht selten kommt es darüber dann zum Konflikt.

Um Ihnen verständlich zu machen, was ich mit der Neun-Felder-Matrix meine, möchte ich Ihnen diese kurz vorstellen. Sie dient der Bewertung von Mitarbeitern in einem Unternehmen mit Blick auf deren Nutzen für die Wirtschaftlichkeit des Unternehmens. Dabei wird einerseits die Leistung der Mitarbeiter betrachtet und bewertet, das heißt, der heute geleistete Beitrag für das Unternehmen wird gemessen. Um die Leistung zu messen, können Sie die in Ihrem Unternehmen vorhandenen Werkzeuge zur Leistungserfassung wie zum Beispiel Zielvereinbarungsgespräche oder regelmäßige Rankings nutzen.

Im nächsten Schritt wird das Potenzial des Mitarbeiters für die persönliche und damit auch für das Unternehmen relevante berufliche Weiterentwicklung eingeschätzt. Potenzial ist hierbei die Wahrscheinlichkeit, dass der Mitarbeiter Fähigkeiten erlernen kann beziehungsweise wird, die für anspruchsvollere Aufgaben im Unternehmen Voraussetzung sind.

Wie messen Sie Potenzial? Ich empfehle Ihnen, dass Sie zunächst eine persönliche Einschätzung Ihres Mitarbeiters vornehmen und diese dann mit anderen Führungskräften und Ihrem Personalbereich in großer Runde diskutieren. Eine solche „Talentkonferenz" bringt für alle Beteiligten wertvolle Erkenntnisse und liefert zudem einen einheitlichen Bewertungsmaßstab.

In Tab. 15.1 finden Sie die einzelnen Felder wieder, in denen ich eine kurze Charakterisierung sowie eine Handlungsempfehlung für Sie hinterlegt habe.

Was tun?

Ich rate Ihnen, sehr frühzeitig mit Ihren Mitarbeitern so genannte Karriereinterviews zu führen und zu erfragen, was die Erwartungen des Mitarbeiters im Hinblick auf seine

Tab. 15.1 Neun-Felder-Matrix Talent Management. (Constantin von Rundstedt)

POTENZIAL			
Hoch	7 - Minderleister mit großem Potenzial - hat derzeit die falsche Aufgabe / Position im Unternehmen - Dringend erforderliches Mitarbeitergespräch - muss zeitnah eine neue Aufgabe erhalten, ansonsten wird diese Person das Unternehmen verlassen	8 - erreicht alle gesteckten Ziele - zeigt großes Potential - geeigneter Kandidat für eine Beförderung - Entwickeln und coachen	9 - Top Talent - heißer Kandidat für eine Beförderung binden Sie diesen Mitarbeiter in strategisch relevante Projekte mit ein - bieten Sie spezielle Entwicklungsmaßnahmen an
Mittel	4 - Minderleister - hat wahrscheinlich die falsche Aufgabe / Position - Dringend erforderliches Mitarbeitergespräch - Muss zeitnah eine neue Aufgabe erhalten bzw. zu einem Austritt aus dem Unternehmen gemanagt werden	5 - erreicht alle gesteckten Ziele - zeigt Potential für Weiterentwicklung - Trainings- und Entwicklungsmöglichkeiten anbieten	6 - erfüllt seine Ziele - benötigt größere Herausforderungen - Entwicklungsmaßnahmen anbieten - Herausfordерndere Ziele stecken
Gering	1 - Minderleister - arbeitet nur nach Vorgabe und Aufforderung - Austritt aus dem Unternehmen, wenn nach drei Monaten keine Verbesserung erkennbar geworden ist	2 - typischer Durchschnittsmitarbeiter - wenig Ambition - erfüllt die Grundvoraussetzungen und Anforderungen - möchte denselben Job für immer machen	3 - übererfüllt seine Ziele - benötigt größere Herausforderungen - Entwicklungsmaßnahmen anbieten - Herausfordernde Ziele stecken
	Gering	Mittel	Hoch
	LEISTUNG		

aktuelle Aufgabe und seine Entwicklung im Unternehmen sind. Lernen Sie Ihre Mitarbeiter kennen und vollziehen Sie nach, warum Ihr Vorgänger oder andere Führungskräfte diese Person als „Talent“ eingestuft haben. Insbesondere die Felder sechs und acht der Neun-Felder-Matrix sind hier relevant. Vielleicht entdecken Sie im Zuge dieser Gespräche auch „neue Talente“, nämlich solche, von denen Sie noch gar nichts wussten?

Nicht selten arbeiten Mitarbeiter in Ihrem Unternehmen, die ihren Beruf primär als eine Einkommensquelle betrachten und die ihr Engagement auch danach regeln. Dennoch können Sie auch diese Menschen „aktivieren“ und versuchen, Sie für das Unternehmen in zusätzlichen Zusammenhängen „nutzbar“ zu machen. Menschen wollen sich gebraucht fühlen. Deshalb ist es niemals Zeitverschwendung, wenn Sie sich mit Ihren Mitarbeitern intensiv auseinandersetzen und die „schlummernden Talente“ wecken.

In Familienunternehmen mit flachen Strukturen fällt es mithin leichter, zügig gute Lösungen für diesen Konflikt zu erarbeiten, weil die Dienstwege kürzer und das Handeln häufig pragmatischer ist als in großen Organisationen.

Ich bin überzeugt, dass es Ihnen mit guten und persönlichen Gesprächen relativ bald gelingen sollte, die Talente wieder für sich zu gewinnen. Aber denken Sie daran: Um Sie zu verstehen, müssen Sie den „Stuhl wechseln“. Wie würden Sie sich fühlen, wenn Sie in dieser Situation wären? Sobald Ihnen dieses Gefühl klar ist, können Sie sich an eine gute Lösung mit Ihren Talenten heranarbeiten.

15.3.4 Die Raupe Nimmersatt

Menschen, die als Talent beschrieben werden, bringen ihre Gaben zum Wohle des Unternehmens oder eines bestimmten Unternehmensziels ein. Daraus dürfen Sie aber nicht schließen, dass Talente immer leicht zu führende oder zwingend dankbare Menschen sind. Sicherlich gibt es auch viele dieser Art. Aber wo viel Licht ist, ist auch viel Schatten.

Haben Sie schon einmal jemanden getroffen oder haben Sie einen Mitarbeiter, der ein extrem talentierter, für Ihr Team besonders wertvoller Mensch ist? Hat sich dieser Mensch schon viele Jahre lang für das Unternehmen verdient gemacht? Kennen alle Mitarbeiter diese Person und wissen, wie wichtig er für den Unternehmenserfolg ist?

Wenn Sie diese Fragen mit JA beantworten können, dann lesen Sie jetzt bitte weiter. (Falls Sie mit NEIN geantwortet haben, dann tun Sie mir jetzt sehr leid!)

Ist dieser Mitarbeiter ein einfach zu führender, ein angenehmer Mensch? Oder aber ist er jemand, der immer nur fordert und sich ständig beklagt, was alles nicht gut läuft. Anpacken sollen andere, Sonderregeln sind gerne genommen. Egal was das Unternehmen tut, am Ende reicht es doch nicht aus, um ihn oder sie nachhaltig zufriedenzustellen. Wenn Sie solch einen Menschen kennen, dann ist das jemand, den ich die „Raupe Nimmersatt“ nenne. Mit diesen Mitarbeitern ist der Konflikt besonders herausfordernd, weil auf der Beziehungsebene ein Zusammenarbeiten nicht möglich beziehungsweise gewünscht ist, während auf der Sachebene gewährte Freiräume nicht dauerhaft Zufriedenheit schaffen

Abb. 15.4 Raupe Nimmersatt

und vor allen Dingen das Gerechtigkeitsempfinden anderer Mitarbeiter massiv beschädigt werden kann (Abb. 15.4).

Wieviel „Ego" verträgt ein Unternehmen? Ich habe schon Geschichten von solchen Egomanen gehört, die quasi das ganze Unternehmen „terrorisiert" haben und sich ihre Legitimation über ihre Leistungskurve geholt haben. Das Unternehmen hatte dann die Entscheidung zu treffen, ob es diesem Treiben tatenlos zusieht oder handelt. Wie viel darf sich ein „Talent" herausnehmen? Darauf kann ich Ihnen keine einzige Antwort geben, aber ich denke, Sie stimmen mir zu, wenn ich sage: „Die Freiheit des Einzelnen hört da auf, wo die Freiheit des Anderen beginnt."

Was tun?

Als Führungskraft ist es in Ordnung, dass Sie sich nicht jeden Tag um jeden Ihrer Mitarbeiter gleich intensiv kümmern. Das können Sie auch gar nicht, denn nicht selten sind einige Ihrer Mitarbeiter gar nicht physisch am selben Standort tätig. Insofern ist es auch in Ordnung, wenn Sie sich um einzelne Talente mehr kümmern als um andere Mitarbeiter (unabhängig vom Standort). Worauf Sie aber unbedingt achten müssen, ist, dass die „Extrawürste" nicht zur Normalität werden und Sie lernen, konstruktives Feedback zu geben. Nur durch Feedback gepaart mit der richtigen Dosis „Extrawurst" können Sie die „Raupe Nimmersatt" kontrollieren. Und wahrscheinlich ist das auch keine langfristige Strategie. Daher empfehle ich, hier frühzeitig einen Ersatz aufzubauen, einen Nachfolger auf dieser kritischen Position. Das muss nicht zwangsläufig eine Person sein. Das können auch mehrere Mitarbeiter sein, die einzelne Aufgaben des „Talents" erlernen, „stellvertretend" verantworten und umsetzen können.

Von einem erfahrenen Kollegen habe ich den Satz: „Jeder ist ersetzbar!“ noch gut im Ohr. Ich kann Ihnen versichern, dass ich schon mehrfach in meinem Leben in der Situation war, das nicht glauben zu wollen, aber glauben zu müssen. Und siehe da: Jedes Mal hat es langfristig gestimmt und war für alle Beteiligten der beste Weg.

Wie geht das „Feedback-Geben“ nochmal? Sie haben es sicherlich schon einmal in einem Seminar gelernt, können nun aber die Unterlagen nicht finden, richtig? Bestimmt erinnern Sie sich daran, dass es zwei entscheidende Dimensionen gab, nämlich das Geben und das Nehmen. Damit Sie nicht länger suchen müssen, hier sind sie in aller gebotenen Kürze.

Regeln beim Feedback-Geben

Das Feedback sollte …

- wertschätzend und in ICH-Botschaften formuliert sein,
- beschreibend sein (und nicht bewertend oder interpretierend),
- spezifisch sein (klar und genau formulierte Beispiele beziehungsweise Vorkommnisse),
- ausgewogen sein (Positives sowie Negatives hat seinen Platz),
- konkret und umsetzbar sein (auf Verhalten bezogen) und
- auf zukünftiges Verhalten blicken sowie
- Prioritäten setzen.

Regeln beim Feedback-Annehmen

Der Feedback-Nehmer sollte …

- den Feedback-Geber ausreden lassen und
- sich nicht rechtfertigen, erklären oder verteidigen und
- das Gesagte unbedingt so stehen lassen,
- sich für das Feedback bedanken,
- sich Zeit nehmen, um über die Inhalte des Feedbacks nachzudenken und für sich zu bestimmen, was daraus mitgenommen werden kann.

Ich möchte das an einem kurzen Beispiel verdeutlichen:

Stellen Sie sich bitte vor, Sie wären Vertriebsleiter und Sie hätten jede Woche eine Vertriebsbesprechung mit allen Key-Account-Managern. Ihr erfolgreichster Key-Account-Manager nimmt jedoch nur unregelmäßig an diesen Besprechungen teil, da er diese für vergeudete Zeit hält („Der Kunde geht vor!“) und er informiert Sie nur unvollständig und nur auf Nachfrage über seine Arbeitsergebnisse. Das fällt allen Kollegen auf und daher vereinbaren Sie mit Ihrem Mitarbeiter zeitnah ein Gespräch.

Ein gutes Feedback an Ihren Key-Account-Manager könnte so klingen:

Gelungenes Feedback

„Herr Schäfer, ich bin von Ihren Erfolgen beim Kunden immer wieder sehr beeindruckt und Sie beweisen jeden Monat aufs Neue, dass fokussierte und nachhaltige Arbeit sich für uns im Vertrieb bezahlt macht. Allerdings nehmen Sie nur selten an unseren wöchentlichen Vertriebstreffen teil. Wie Sie wissen, haben wir im gesamten Team diese Besprechungen als Arbeitsgrundlage vereinbart, um den Informationsfluss zwischen allen Kollegen sicherzustellen und die Zusammenarbeit zu fördern. Leider muss ich feststellen, dass Sie nicht nur immer wieder nicht teilnehmen, sondern auch relevante Informationen mit mir und dem Team spät und unvollständig teilen. Erst gestern haben Sie mir mitgeteilt, dass der Kunde A bereits vor zwei Wochen den wichtigen Folgeauftrag bei uns platziert hat, was sich unmittelbar auf meinen Umsatz-Forecast für die Geschäftsführung niedergeschlagen hätte. Damit habe ich der Geschäftsführung eine falsche Monatsprognose gemeldet.

Wenn sich das in den nächsten zwölf Wochen nicht deutlich verbessert, werde ich mit Ihnen über Ihre Zukunft in unserem Team sprechen müssen. Ich bin überzeugt, dass Sie weiterhin gerne mit uns arbeiten. Deswegen möchte ich Ihnen helfen. Was brauchen Sie von mir, damit Sie neben Ihrer Arbeit mit unseren Kunden auch an unseren wöchentlichen Vertriebsbesprechungen teilnehmen und diese wichtigen Informationen unverzüglich mit uns teilen?“

Die Botschaft an Herrn Schäfer ist relativ knapp aber deutlich formuliert und benennt die Tragweite seines Handels sowie mögliche Konsequenzen. Im nächsten Schritt gilt es, diesem Feedback auch Taten folgen zu lassen. Damit wir uns richtig verstehen: Feedback hat nichts mit Kuschelkultur oder Samthandschuhen zu tun. Dennoch ist ein wertschätzender Umgang mit Mitarbeitern Grundvoraussetzung für ein produktives und gutes Miteinander.

15.3.5 Der Indianer vom Stamme NIMM

Manchmal geht es in Unternehmen zu wie im Wilden Westen. Das meine ich mehr bildlich als faktisch, denn der Schusswaffengebrauch ist ja zum Glück nicht mehr an der Tagesordnung.

In diesem Beispiel möchte ich über den gegenseitigen Vertrag sprechen, den Arbeitgeber und Arbeitnehmer eingegangen sind – nicht den arbeitsrechtlichen, eher den moralischen. Der Wortlaut dieses Vertrages klingt ungefähr so: „Ich gebe Dir meine Arbeitskraft. Du gibst mir ein angemessenes Arbeitsentgelt. Ich bringe mich in dieses Unternehmen ein. Du förderst mich und entwickelst mich weiter.“

Haben Sie solche Vereinbarungen mit Ihren Mitarbeitern? Gut, dann komme ich jetzt wieder zum Wilden Westen zurück. Dort gibt es nämlich den Stamm der NIMM, ein, wie ich finde, höchst unsympathisches Völkchen und ein nur schwierig zu führendes. Sie haben auch einen Vertrag mit ihrem Arbeitgeber, der hat jedoch einen leicht angepassten

Abb. 15.5 Mitarbeiter vom Stamme Nimm

Wortlaut: „Du gibst mir ein angemessenes Arbeitsentgelt. Ich gebe Dir meine Arbeitskraft, aber nicht immer oder nicht mehr so wie früher. Du gibst mir ein höheres Arbeitsentgelt als den anderen, dann bringe ich mich auch in dieses Unternehmen ein. Du förderst mich und entwickelst mich weiter. Dann schauen wir mal, was aus uns wird!“ (Abb. 15.5).

Diese Menschen können immer nur NEHMEN, das Wort GEBEN kommt in ihrem Wortschatz nicht vor, deshalb auch der Name ihres Stammes: NIMM. Diese Indianer sind Ihnen eventuell auch als „Diven“ bekannt. „Diven“ sind Menschen, die sich ihrer Fähigkeiten, ihrer Bedeutung für das Unternehmen, ihres Status und ihrer Privilegien sehr bewusst sind. Nicht selten sind solche Diven auch als „Talent“ im Unternehmen anerkannt. Da heißt es dann schnell von Seite der Kollegen, wenn es mal wieder ein Vorkommnis mit einem „Indianer“ beziehungsweise einer „Diva“ gab: „Der darf sich das rausnehmen. Der ist ja ein Talent und sooo wichtig für die Firma!“

Hier ist die Assoziation mit dem Begriff „Talent“ eine durchweg negative. Der Mitarbeiter, der die Bodenhaftung verloren hat, kann nicht so einfach wieder auf den Boden der Tatsachen zurückgeholt werden. Das ist in der Regel ein schwieriger Prozess.

Was tun?

Dieser mangelnde partnerschaftliche, nicht auf Augenhöhe stattfindende Umgang ist nicht tolerierbar. Wenn jemand in Ihrer Organisation sich so verhält, dann müssen Sie ihm dieses Verhalten spiegeln – unmittelbar und ungeschönt. Dabei beachten Sie bitte die Feedbackregeln.

Zeigen Sie Grenzen und Konsequenzen des Verhaltens auf. Sie werden eventuell feststellen, dass der Indianer vom Stamme NIMM mehr und mehr zur Raupe Nimmersatt mutiert. Es darf nicht sein, dass andere Mitarbeiter durch solches Verhalten drangsaliert, eingeschüchtert oder einfach nur ausgebremst werden.

Wenn dem so ist, dann müssen Sie sich vom Mitarbeiter trennen, da ein derartiger Konflikt in seiner Persönlichkeitsstruktur verankert und durch Sie als Führungskraft nur schwerlich lösbar ist. Die Leidensfähigkeit eines Unternehmens sollte niemals so hoch sein, dass Sie dieses Verhalten Ihrer Leistungs- und Potenzialträger zulasten anderer Mitarbeiter dulden.

15.3.6 Wieso die, warum nicht ich? – die Gläserne Decke

In meinem letzten Beispiel möchte ich noch eine Besonderheit von Familienunternehmen beleuchten. Hier geht es um die Situation, in der ein Mitarbeiter nicht befördert wird, obwohl er von seiner Befähigung für eine höhere Aufgabe überzeugt und er mit dieser Meinung im Unternehmen auch nicht alleine ist, beispielsweise weil er „Goldfisch" in dem besagten Teich ist.

Stattdessen kommt jemand auf diese Position, der die fachliche Befähigung nachweislich nicht hat und diese in der gebotenen Kürze auch nicht erlernen wird. Diese Person ist zudem noch Mitglied der Unternehmerfamilie, egal ob eingeheiratet oder per Abstammung. Wie fühlt sich diese Situation wohl für unseren Goldfisch an? Was meinen Sie? Können Sie nachvollziehen, wie es sich für Ihren Mitarbeiter anfühlen muss, „außen vor zu bleiben"?

Diese Situation ist wie eine gläserne Decke. Da Blut dicker als Wasser ist, wird es auch auf absehbare Zeit nicht möglich sein, dass das „Talent" sich weiterentwickelt und eine längere, spannende Karriere im Unternehmen vor sich hat. Die Konsequenz: Es kommt zur Trennung durch das „Talent".

Es gibt sogar Familienunternehmen, in denen es separate Gremien gibt, die allein über die Besetzung von Positionen durch Familienmitglieder entscheiden. Aber nicht nur über die Besetzung wird dort entschieden, sondern auch über den Rücktritt eines Familienangehörigen. Und hier tut sich ein eklatanter Unterschied zu Nicht-Familienunternehmen auf. Als Führungskraft ist es eine Ihrer originären Aufgaben, den Mitarbeiter zu führen, aber eben auch im Falle einer fehlenden gemeinsamen Perspektive die Trennung zu beschließen und umzusetzen.

Zwar geht es hier im Beitrag nicht um die Konflikte, die Sie mit den Eigentümern haben, sondern um Ihren Konflikt als Führungskraft mit dem Mitarbeiter, unabhängig von Ihrer gesellschaftsrechtlichen Verbindung zum Unternehmen. Dennoch ist diese besondere Verquickung von familiären und geschäftlichen Angelegenheiten von großer Bedeutung.

Was tun?

Im ersten Schritt müssen Sie feststellen, warum die „Blutsverwandtschaft" zu dieser Besetzung geführt hat. Sie müssen sich sozusagen erst einmal ein vollständiges Lagebild verschaffen. Vielleicht gibt es ja Dinge, die Ihren Blick auf den Sachverhalt nachhaltig verändern würden? Wenn dem so ist, dann lassen Sie sich von den entsprechenden Personen umfänglich aufklären, damit Sie Ihre Botschaft auch adäquat senden können.

Ihr Mitarbeiter, der an die gläserne Decke gestoßen ist, muss dann in einem Gespräch die Zusammenhänge aufgezeigt bekommen. Informieren Sie ihn ganzheitlich und überlegen Sie gemeinsam, was Sie für ihn tun können und was seine Vorstellungen an eine nächste Herausforderung sind. Sehr hilfreich kann es auch sein, wenn Sie die Geschäftsführung oder den Inhaber für ein persönliches Gespräch mit dem Talent gewinnen können. Wertschätzung ist hier der Schlüssel zum Erfolg.

Die Einrichtung eines „Familienrats" oder eines „Gremiums für Familienangelegenheiten" an sich ist nicht zu beanstanden. Schwierig finde ich die Vorstellung, dass es Familien gibt, die darin ausschließlich positive Aspekte sehen. Ich bin überzeugt, dass genauso negative wie positive Effekte entstehen können. Mitarbeiter, die als Talent behandelt werden und aus Frust das Unternehmen mangels Perspektive verlassen, sind in der Regel nicht die besten Markenbotschafter für Ihr Unternehmen. Diejenigen, die im Unternehmen verbleiben und Zeuge diese Entwicklung geworden sind, sprechen für gewöhnlich auch nicht nur positiv über die Vorkommnisse. Durch die sozialen Medien gibt es nun auch öffentliche Portale, wo Mitarbeiter ihren Arbeitgeber nach festgelegten Kriterien bewerten können und diese Bewertung öffentlich machen. Für Bewerber sind solche Portale und Arbeitgeberbewertungen zunehmend relevant bei der Entscheidung, ob sie sich bei diesem Unternehmen konkret bewerben möchten. Nicht nur einmal haben Firmen sich gewundert, dass sie nach einer Krise des Unternehmens mit Personalabbau beim Wiederaufbau nur wenige (zu wenige) Bewerber begrüßen konnten.

Der Grund dafür liegt oft darin, dass der Umgang mit den Mitarbeitern in der Krise nicht gerade vorbildlich war. Für Familienunternehmen tut sich hier aber auch eine große Chance auf, denn sie können aufgrund der kurzen Wege und der Nähe zu den Menschen sehr viel klügere und nachhaltigere Entscheidungen zum Wohle des Unternehmens treffen, ohne Konzernvorgaben oder -richtlinien berücksichtigen zu müssen.

15.4 Mitarbeiter im Unternehmen halten

Wenn Mitarbeiter sich entscheiden, das Unternehmen zu verlassen, können ebenfalls Konflikte entstehen. Spontan erfüllen den Eigentümer oder auch den Vorgesetzten Enttäuschung, Traurigkeit und Unverständnis. Diese Gefühle wandeln sich bald in Unmut oder sogar Wut und können die zukünftigen Personalentscheidungen nachhaltig negativ beeinflussen.

Wie können Sie nun etwas dagegen unternehmen, dass Talente sich von Ihnen verabschieden?

15.4.1 Die Motivation muss stimmen!

Klingt einfach, ist aber verdammt schwierig. Das stärkste Motiv, das Menschen antreibt, ist – allen idealisierenden Gesellschaftssystemen und Theorien zum Trotz – immer noch der Eigennutz. Wenn Sie einem Menschen erklären können, welchen Nutzen die Erreichung eines Ziels oder auch nur die Ausführung einer Aufgabe für ihn persönlich bringt, dann macht dieser Mensch das Ziel oder die Aufgabe zu seinem eigenen Ziel oder zu seiner eigenen Aufgabe – und wird seine Energie in deren Erreichung, respektive Umsetzung investieren. Ist jedoch nicht klar, was sein Ziel oder seine Aufgabe dem betroffenen Menschen persönlich bringt, wird auch keine wirkliche Energie dafür freigesetzt. Welche Ergebnisse Mitarbeiter erzielen, die nur durch die „Chef-Autorität" dazu gebraucht werden, etwas zu tun, ohne allerdings darin einen persönlichen Nutzen zu sehen, ist in der Führungspraxis hinlänglich bekannt.

▶ Senden Sie also stets über den stärksten Radiosender der Welt: WII-FM „What's in it for me?"

Und bitten denken Sie nun nicht, dass ich Ihnen vorschlagen will durch Geld die Motivation zu verändern, idealerweise nach oben. Dass das nicht funktioniert, ist durch Studien belegt. Geld ist wichtiger, als viele zugeben wollen, machen wir uns nichts vor. Wir können nie genug verdienen. Aber Geld ist nicht alles. Der Klassiker unter den Studien zu diesem Thema ist das so genannte Zwei-Welten-Experiment.

Zwei-Welten-Experiment

Man stellt Probanden vor die Wahl zwischen zwei finanziellen Welten. In der einen Welt verdienen sie 60.000 €, während das Durchschnittseinkommen bei 30.000 € liegt. In der anderen Welt verdienen sie das Zehnfache: 600.000 €. Allerdings liegt in dieser Welt das Durchschnittseinkommen bei 1 Mio. €.

Was glauben Sie: Für welche Welt entscheiden sich die befragten Menschen mehrheitlich? Für den zehnfachen Betrag, der aber unter dem Durchschnitt liegt? Nein. Die meisten Menschen sind bescheiden. Sie würden den niedrigeren Betrag nehmen – ihnen ist es viel wichtiger, dass ihr Einkommen über dem ihrer Mitmenschen liegt, als dass es absolut gesehen besonders hoch ist.

15.4.2 Fehlerquellen identifizieren und abschalten

Menschen verlassen Unternehmen, weil sich Parameter verschieben. Vielleicht weil das Unternehmen nun in Geschäftsfeldern aktiv ist, die den ethischen Wertvorstellungen eines Mitarbeiters zuwiderlaufen. Vielleicht aber auch, weil eine Umorganisation Macht- und damit Reputationsverlust bedeutet. Vielleicht ist es aber auch einfach nur eine menschliche Beziehung, die verloren gegangen oder neu entstanden und die nicht tragfähig ist.

Die Antwort vieler Unternehmen ist es, bei zunehmender Fluktuationsquote mit Maßnahmen des Employer Brandings für Nachwuchs und neue Bewerber zu sorgen. Dabei

Abb. 15.6 Fass ohne Boden

vergessen sie jedoch, die Löcher zu stopfen, die in erster Linie zum Talentschwund geführt haben. Stellen Sie sich ein Fass vor, in dessen Boden Löcher sind und mit der Zeit werden es immer mehr. Eine sinnvolle Lösung kann nicht sein, ständig mehr und mehr Wasser nachzugießen, um den Verlust durch die vorhandenen Löcher auszugleichen (Abb. 15.6). Taktisch klug, strategisch aber sehr unklug. Doch leider ist das die Denkweise einiger Unternehmenslenker in Deutschland. Diesen Kampf, werden Sie zwangsläufig verlieren und das liegt eben in der Demografie begründet.

Meine Sicht auf den demografischen Wandel ist zweischichtig. Die Abnahme unserer Reproduktionsrate führt dazu, dass es in absehbarer Zeit einen sehr schmerzhaften Mangel an qualifizierten Mitarbeitern geben wird. Die Mitarbeiter, die mit Ihnen heute und zukünftig als Bewerber über eine Zusammenarbeit sprechen, sind Menschen mit einem veränderten Wertegerüst, das Sie nicht gewohnt sind. Wir sprechen hier von der Generation Z. Und Menschen dieser Generation und der Generation Y machen schon heute Dinge, die Sie nicht für möglich halten möchten: zum Beispiel, sich für eine Arbeitsstelle in einem anderen Unternehmen entscheiden und das bei weniger Gehalt und gleicher Arbeitszeit, sofern die Aufgabe einen sinnstiftenden Inhalt bietet. Das wäre vor 15 Jahren wohl nur sehr wenigen Menschen in unserem Land eingefallen.

15.5 Ratschläge zum Schluss

Wie Sie sehen, sind Konflikte mit Talenten und Mitarbeitern in Ihrem Unternehmen wichtig und immer lösbar. Jede einzelne Auseinandersetzung wird Sie persönlich reifen lassen und Ihre Fähigkeiten als Führungskraft weiterentwickeln. Daher möchte ich Sie ermutigen, die Konflikte, wenn Sie sich abzeichnen, ganz aktiv anzunehmen und als Chance für eigenes Wachstum zu begreifen.

- Holen Sie sich Rat bei Personen, denen Sie vertrauen. Schildern Sie ihnen Ihre Situation und nutzen Sie diese Personen für eine intensive Reflexion. Häufig bekommen Sie für Ihren Konflikt wertvolle Ideen und Blickwinkel, die Sie bei der Lösung unterstützen.

Talente sind auch nur Menschen – sie sind nicht immer unfehlbar und benötigen Sie und Ihre Führung für ihre eigene Weiterentwicklung. Machen Sie ihnen Angebote zur konstruktiven Zusammenarbeit, fordern Sie sie heraus und schützen Sie Ihre Mitarbeiter vor inakzeptablen Auswirkungen übersteigerter Egos.

Machen Sie sich bewusst, dass Ihr Unternehmen und Ihre Struktur Ihnen Handlungsmöglichkeiten geben, die anderen Firmen und Führungskräften nicht gegeben sind, um die Konflikte im Sinne aller Beteiligten schnell und konstruktiv zu lösen. Sie mögen es nicht glauben, aber da draußen gibt es viele Menschen, die Sie in Ihrer Rolle als Unternehmer schon deswegen beneiden, dass Sie die Dinge, die Sie für richtig halten, einfach tun können.

Ich wünsche Ihnen für Ihre Aufgabe viel Mut und viel Erfolg!

Weiterführende Literatur

Bröckermann R (2010) Handbuch Personalentwicklung. Schäffer-Poeschel, Stuttgart

Davey L (2013) You first. Wiley, Hoboken

Echter D (2011) Führung braucht Rituale. Vahlen, München

Kitz V (2010) Das Frustjobkillerbuch. Heyne Verlag, München

May P (2008) Jahrbuch: Familienunternehmen heute. INTES Akademie für Familienunternehmen, Bonn

McNair F (2000) It's ok to ask 'em to work. Amacom, New York

Molinaro V (2013) The leadership contract. Wiley, Hoboken

Reif M (o. J.) Generation Z … es ist schon kompliziert, es wird alles andere als einfach. http://www.reif.org. Zugegriffen: 2. Dez. 2014

Schermuly C (2013) Führung. Deutscher Psychologen Verlag, Berlin

Scholz C (2014) Generation Z: Willkommen in der Arbeitswelt. http://www.Die-Generation-Z.de. Zugegriffen: 2. Dez. 2014

Der Wert der Lüge – die Gefahr sozial erwünschter Antworten im unternehmerischen Führungsalltag

16

Alkje Vopersal

„Was ist angenehmer als die wohlwollende Zuwendung anderer Menschen, was wohliger als ihre teilnehmende Einfühlsamkeit? [...] – Die Aufmerksamkeit anderer Menschen ist die unwiderstehlichste aller Drogen. Ihr Bezug sticht jedes andere Einkommen aus.“
Georg Franck

Inhaltsverzeichnis

A. Vopersal (✉)
Am Schürken 3, 47624 Kevelaer, Deutschland
E-Mail: alkje@vopersal.de

N. Müller, C. Jäger (Hrsg.), *WERTEorientierte Führung von Familienunternehmen*,
DOI 10.1007/978-3-658-09237-5_16

Zusammenfassung

Haben Sie heute schon gelogen? Jeder von uns würde auf so eine Frage empört reagieren und sie wie selbstverständlich verneinen. Selbst wenn die Antwort nicht der Wahrheit entspricht, gehen wir davon aus, dass eine andere Antwort von unseren Mitmenschen verurteilt werden würde. So schnell entsteht eine soziale erwünschte Antwort. Diese Art, eine Frage zu beantworten, ist auch im Unternehmenskontext zu beobachten. Wir alle möchten uns selber und anderen gefallen, weshalb wir Äußerungen tätigen, die nicht unserer tatsächlichen Meinung entsprechen.

Im unternehmerischen Alltag gibt es viele Situationen, in denen es einfacher ist, sozial erwünschte Antworten zu geben, als sich selbst negativ darzustellen. Führungskräfte können solche Situationen aber erkennen und versuchen, sie zu vermeiden. Schenken Sie Ihren Mitarbeitern Anerkennung und gestatten Sie Meinungsverschiedenheiten in Ihrem Unternehmen. Sie werden schnell sehen, dass Menschen, die Bestätigung erhalten, sich eher trauen, ihre eigene Meinung zu vertreten, anstatt nur gesellschaftlichen Normen zu entsprechen. Erfahren Sie, welche Möglichkeiten Sie haben, soziale Erwünschtheit zu erkennen und wie Sie dieser Antworttendenz in Ihrem Unternehmen entgegenwirken können. Finden Sie heraus, was Ihre Mitarbeiter wirklich denken.

16.1 Haben Sie heute schon gelogen?

Was war Ihr spontaner Gedanke, als Sie die Frage gelesen haben? Haben Sie auch instinktiv und ein Stück weit empört gedacht „Natürlich nicht!". Dann geht es Ihnen so, wie jedem anderen auch. Eine einfache Frage, auf die jeder dieselbe Antwort gibt. Sie fragen sich jetzt vielleicht, warum das so ist. Es handelt sich hierbei um ein weit verbreitetes psychologisches Phänomen, das intuitiv bei allen Menschen dieselbe Reaktion hervorruft.

Stellen Sie sich einmal vor, jemand stellt Ihnen die Frage und Sie antworten mit: „Aber natürlich habe ich heute schon gelogen." Was glauben Sie, wie andere Personen auf Ihre Antwort reagieren würden? Wahrscheinlich wären sie überrascht, verwundert, erschrocken oder auch empört. In jedem Fall reagieren sie mit Unverständnis. Sie können Ihre Aussage nicht nachvollziehen, sie nicht verstehen und den Sinn Ihrer Antwort nicht akzeptieren. Bereits durch diese kurze Aussage laufen Sie Gefahr, von anderen verurteilt zu werden. Würden Sie diese Gefahr eingehen? Wohl kaum.

Instinktiv antwortet jeder auf die Frage gleich. Die Antwort muss dabei nicht zwangsläufig der Wahrheit entsprechen. Unsere Angst vor Verurteilung und Sanktionierung ist größer. Lügen ist in unserer Gesellschaft ein negativer Wert, der nicht akzeptiert wird. So entstehen Antwortverzerrungen. Die hier beschriebene Form der Antwortverzerrung wird als sozial erwünscht bezeichnet. Wir geben eine Antwort, weil wir davon ausgehen, dass andere es so von uns erwarten. Wir wollen den Erwartungen von anderen Menschen entsprechen und tendieren deshalb dazu, unsere Äußerungen an gesellschaftliche Normen anzupassen.

► Wir alle streben nach gesellschaftlicher Anerkennung.

Die Gefahr sozial erwünschter Antworten im unternehmerischen Alltag ist hoch. Das fängt beim Bewerbungsgespräch an. Hier ist es für den Bewerber besonders wichtig, sich in ein gutes Licht zu rücken, um sympathisch zu wirken und die Stelle zu bekommen. Später möchte man bei den Kollegen anerkannt sein und nicht unangenehm auffallen. Dem Vorgesetzten möchte sowieso jeder gefallen, um die nächste Beförderung zu bekommen. Den Kunden wird das Blaue vom Himmel versprochen, um den Auftrag zu bekommen. Es gibt tagtäglich viele Situationen, in denen sich sozial erwünschte Antworten anbieten. Sowohl im Berufs- als auch im Privatleben. Wir tätigen eine Aussage, von der wir annehmen, dass sie den (vermeintlichen) Erwartungen unseres Gesprächspartners entspricht und dementsprechend akzeptiert und gut geheißen wird.

Für Sie als Führungskraft kann ein solches Verhalten weitreichende Folgen haben. Wenn Ihre Mitarbeiter und Kollegen Ihnen nur nach dem Mund reden, werden Sie ihre ehrlichen Meinungen, Sorgen und Ideen nicht erfahren. Probleme und Optimierungspotenzial werden verschwiegen oder nicht erkannt. Dadurch erhöht sich für Sie die Gefahr der Fehlentscheidungen. Dieser Gefahr gilt es entschieden vorzubeugen.

Aber warum geben Menschen sozial erwünschte Antworten und verhalten sich erwartungskonform?

16.2 Wie beeindrucken(d)

Sozial erwünscht – wie der Begriff bereits impliziert, geht jeder intuitiv davon aus, dass es Werte, Normen und Eigenschaften gibt, die von unserer Gesellschaft eher akzeptiert werden als andere. Wir alle wissen, dass Helfen ein positiver Wert, Lügen hingegen ein negativer Wert ist. Deshalb gehen wir davon aus, dass die Verweigerung einer Hilfestellung genauso wenig die Zustimmung anderer findet wie die Billigung einer Lüge. Die Äußerung unserer tatsächlichen Einstellung könnte also zur Missbilligung führen. Das versuchen wir tunlichst zu vermeiden. Die gesellschaftlichen Werte geben uns eine Orientierung in unserem Denken und Handeln. Deshalb bevorzugen wir instinktiv eine Aussage, die den allgemeinen Normen und sozialen Vorstellungen entspricht.

► Soziale Erwünschtheit bezeichnet die Tendenz, sich bei anderen in ein gutes Licht zu rücken. Dabei werden die „wahren" Einstellungen verschwiegen und die Aussagen so modifiziert, dass sie gesellschaftlich akzeptiert sind.

Niemand kann sich von dieser Antwortverzerrung frei sprechen, da es ein automatisch ablaufender Prozess im menschlichen Gehirn ist. Die Beschönigung unserer Äußerungen ist nicht rein negativ zu bewerten. Vielmehr beweisen wir damit unsere Kommunikationskompetenz. Wir haben verstanden, dass es gesellschaftliche „Spielregeln" gibt. Das Spiel besagt: Nur wer sich an die Regeln hält, wird von der Gemeinschaft akzeptiert.

Genau das ist der Grund, warum wir manche unserer Ansichten äußern und andere lieber für uns behalten. Jede unserer Reaktionen soll die Zustimmung einer sozialen Gruppe finden. Das rührt aus dem menschlichen Bedürfnis nach gesellschaftlicher Anerkennung. Wir alle möchten als guter und als gesellschaftlich akzeptierter Mensch gelten. Das Streben nach Anerkennung ist allen Menschen gemein. Der Wunsch nach Lob und Anerkennung ist ein menschliches Grundbedürfnis und tief im Unterbewusstsein verankert.

In den heutigen Unternehmensstrukturen geht es vordergründig um Teams und um Zusammenarbeit. Unser Arbeitsumfeld besteht hauptsächlich aus Gruppen: Fachabteilungen, Projektteams, Berufsgruppen, aber auch Gruppen denen wir aufgrund der Position im Unternehmen angehören, wie Führungskräfteteams oder Auszubildende.

Die sozialen Normen einer Gruppe haben entscheidenden Einfluss auf jeden Einzelnen. Befürworten und befolgen wir die Normen der sozialen Gruppe, gehören wir dazu. Tun wir es nicht, gehören wir nicht dazu. So einfach ist das. Dasselbe gilt für das Unternehmen als Ganzes. Jeder Einzelne hat die Spielregeln des Unternehmens akzeptiert und hält sich an die geforderten Bedingungen.

Wir halten uns an die Spielregeln, weil wir die Anerkennung der anderen Gruppenmitglieder bekommen möchten. Das ist der Grund, warum wir uns gerade im direkten Gespräch oft nicht unserer Einstellung entsprechend verhalten. Eine Äußerung wird direkt mit der eigenen Person in Verbindung gebracht. Es gibt keine Gruppe, hinter der wir uns verstecken können.

► Je sensibler das Thema ist, desto eher wird die eigene Denkweise vor einer Äußerung auf soziale Konventionen und allgemeine Akzeptanz überprüft.

Ursprünglich ist das Konzept der sozialen Erwünschtheit als Antwortverzerrung in Persönlichkeitsfragebögen und anderen Selbsteinschätzungsverfahren aufgetreten. Inzwischen ist bekannt, dass bei jeder Form von Selbstbeschreibung und -einschätzung Verzerrungen auftreten. Entweder wollen wir damit andere oder uns selbst beeindrucken.

16.2.1 Wir wollen andere beeindrucken

Wir wollen andere beeindrucken

Max ist leidenschaftlicher Fußballfan. Seine Mannschaft ist der FC Bayern. So oft es geht, ist er im Stadion, um jedes Spiel hautnah mitzuerleben. Letztes Wochenende hat der FCB mal wieder gewonnen. Das muss Max sofort seinem Freund Moritz erzählen. „Wir haben das Spiel natürlich gewonnen.“ In den höchsten Tönen schwärmt er von dem schönen Spiel. „,… und überhaupt, wie wir gespielt haben. Die anderen konnten direkt einpacken. Richtig vorgeführt haben wir die. Das war echt ein super Spiel. Wir waren wirklich gut.“

Eine Woche später war Max wieder im Stadion. Weil er gar nichts erzählt hat, fragt Moritz einige Tage später nach: „Wie war denn eigentlich das Spiel?“ Max ist von der Frage gar nicht begeistert. Mürrisch sagt er nur: „Sie haben verloren.“

Fällt Ihnen an dem Beispiel etwas auf? Während Max nach dem erfolgreichen Spiel von „wir“ spricht, redet er im anderen Fall von „sie“. So wie Max, versuchen wir alle, uns von negativen Ereignissen zu distanzieren. Bei positiven Ereignissen aber wollen wir ein Stück vom Kuchen abhaben.

Unbewusst streben wir alle danach, Anerkennung zu bekommen. Deshalb zeigen wir Zusammenhänge zwischen uns selbst und positiven Ereignissen aktiv auf. So wollen wir unser eigenes Ansehen erhöhen.

Bei allem, was wir tun oder sagen, wollen wir bei anderen einen positiven Eindruck hinterlassen. Unser alltägliches Handeln und die Interaktion mit anderen Menschen sind davon geprägt. Dementsprechend überlegen wir bewusst, was wir sagen. Wir wollen einen guten Ruf, Beachtung und ein positives Image erreichen. Das geht nur durch Selbstinszenierung und Selbstdarstellung. In jedem von uns steckt also ein kleines Schauspieltalent (Abb. 16.1).

Abb. 16.1 Selbstdarstellung: der Wolf im Schafspelz

Das Bedürfnis, Eindruck zu erwecken, darf nicht negativ oder verwerflich verstanden werden. Das Verschweigen von Schwächen ist ein evolutionär bedingtes Überbleibsel. Nur wem es gelingt, von anderen wahrgenommen zu werden, ist präsent. Nur wer es schafft, den eigenen Wert zu steigern, kommt weiter. Und nur derjenige wird erfolgreich sein.

16.2.2 Wir wollen uns selbst beeindrucken

Genauso wie wir andere beeindrucken wollen, ist es auch wichtig, uns selbst zu beeindrucken. Jeder hat ein eigenes Bild von sich und seiner Persönlichkeit. Ein Idealbild.

Wir brauchen ein Idealbild, um ein Ziel zu haben, etwas, wonach wir streben. Das gibt unserem Leben einen Sinn. Wir versuchen, unser Selbstbild, also das Bild, das wir von uns selbst haben, so gut es geht an das Idealbild anzupassen. Daran orientieren wir uns und richten unser Handeln und Denken dementsprechend aus.

Jede psychisch gesunde und gut angepasste Person will das eigene Selbstbild wahren und sich selbst schützen. Daher schätzen wir uns selbst als positiver ein und sehen dies als wahre Gegebenheit an. Wenn wir selber nicht motiviert wären, uns als Person positiv zu sehen, wer dann?

Zum Schutz der eigenen Person entsprechen Antworten und unser Bild nicht gänzlich der „Wahrheit". Dieser Prozess läuft unbewusst ab. Aber nur so können wir uns selbst als Person annehmen, akzeptieren und mit uns zufrieden sein. Eine innere Zufriedenheit ist Bedingung für eine positive Selbstwahrnehmung. Nur, wenn wir mit uns selbst zufrieden sind, trauen wir uns selbst etwas zu. Wer mehr Selbstbewusstsein hat, geht mutiger an Herausforderungen heran. Im Berufsleben sehen wir oft, dass Menschen mit einem hohen Selbstbewusstsein mehr leisten können und wollen, mit sich und ihrer Leistung zufriedener und dadurch auch erfolgreicher sind.

Wir müssen also versuchen, uns selbst zu beeindrucken, um nicht in Tristesse zu verfallen. Dadurch sehen wir uns selbst immer positiver als es eine andere Person tut.

16.3 Her mit der Anerkennung!

Die Tendenz, sozial erwünscht zu antworten, ist natürlich nicht zu jedem Zeitpunkt gleichermaßen gegeben. Dazu sind die Menschen in ihren Eigenschaften zu unterschiedlich. Aber auch das Bedürfnis nach Anerkennung und das Bestätigungsbedürfnis von der Gruppe sind nicht immer identisch stark ausgeprägt. So spielen der Zeitpunkt und die jeweilige Situation auch eine Rolle. Zudem kommt es darauf an, mit wem wir uns über welches Thema unterhalten. Alle diese Faktoren sind stark miteinander verknüpft und treten in unterschiedlichen Kombinationen auf. Daher ist es nicht möglich, eine pauschale Aussage zu treffen, wann soziale Erwünschtheit auftritt. Vielmehr sind es viele kleine Faktoren, die soziale Erwünschtheit im Berufsalltag begünstigen.

Was soziale Erwünschtheit begünstigt

- Erwerbsfähiges Alter
- Die Zugehörigkeit zu einer schwächeren sozialen Gruppe
- Niedriges oder zeitweise erschüttertes Selbstwertgefühl
- Unmittelbar vorangegangene sowie aktuell positiv oder negativ erlebte Situationen
- Besonders sensible oder intime Themen
- Interaktion mit unangenehmen Gesprächspartnern
- Interaktion mit hierarchisch höher Gestellten und autoritären Führungskräften
- Interaktion mit machtausübenden Menschen

16.3.1 Persönlichkeit = individuelles System + einzigartige Umweltanpassung

Jeder von uns ist einzigartig. Das macht uns als Person aus. Daher reagiert aber auch jeder anders auf Beeinflussung von außen. Es hat sogar jeder eine unterschiedliche Vorstellung von dem, was als sozial erwünscht gilt. Das wird bedingt durch die individuellen Motive und Werte, die durch unsere Erziehung und den kulturellen Hintergrund beeinflusst werden. Das erschwert es, eine allgemeine Aussage zu treffen, durch welche Charaktereigenschaften wir dazu verleitet werden, sozial erwünscht zu antworten. Dennoch gibt es einige Faktoren, die sozial erwünschte Antworten begünstigen.

► Es gibt keine allgemeingültige Aussage, was als sozial erwünscht gilt.

Im Laufe unseres Lebens durchlaufen wir verschiedene Altersstufen. Mit jedem Lebensabschnitt werden wir reicher an Erfahrung und in jedem Lebensalter stehen andere Dinge im Vordergrund. Jeder kann sich vorstellen, dass ein Teenager seine Äußerungen anders bedenkt und für ihn andere Motive und Faktoren eine Rolle spielen als für eine Person mittleren Alters. Teenager lassen sich kaum von sozialen Faktoren beeinflussen. Sie sind in einer Phase der Abgrenzung und antworten eher entgegen der Norm. Während der Erwerbsjahre lassen wir uns am stärksten von sozialen Konventionen beeinflussen. In dieser Lebensphase liegt unser Fokus unter anderem auf dem beruflichen Erfolg. Dabei geraten wir stets in Abhängigkeit zu anderen Personen. Wir müssen also in einem gewissen Maß den Erwartungen anderer entsprechen.

Wie im vorherigen Abschnitt erläutert, wollen wir andere und uns selbst beeindrucken. Ist unser Selbstwert erschüttert, müssen wir es zum eigenen Schutz wieder aufbauen. Daher antworten Menschen mit einem geringeren Selbstwertgefühl und solche, die temporär ein Bedürfnis haben, ihr eigenes Selbstwertgefühl zu steigern, eher sozial erwünscht. So sollen der Wunsch nach Anerkennung und das Bedürfnis nach Zugehörigkeit befriedigt werden.

Abb. 16.2 Der narzisstische Superheld

► Der Wunsch nach Anerkennung und das Bedürfnis, unser Selbstwertgefühl zu steigern, verleiten uns dazu, sozial erwünschte Antworten zu geben.

Nach einer Studie von Johnson und van de Vijver ist die Eintrittswahrscheinlichkeit von sozialer Erwünschtheit bei Personen aus schwächeren sozialen Gruppen wahrscheinlicher. Die Zugehörigkeit zu einer schwächeren Gruppe führt zu geringerem Selbstvertrauen. Dadurch sind diese Personen in erhöhtem Maße bestrebt, einen guten Eindruck zu hinterlassen. Durch eine überzogen positive Darstellung besteht die Möglichkeit, sich von der Zugehörigkeit der Gruppe abzugrenzen und einen höheren Status zu erlangen. Daher orientieren sie sich verstärkt an den Normen einer stärkeren sozialen Gruppe, um so deren Beachtung und Ansehen zu gewinnen. Im Berufsalltag ist es also wahrscheinlicher, dass wir unseren Vorgesetzten imponieren wollen, als den Kollegen.

Letztendlich gilt es für jeden von uns, sein idealisiertes Selbstbild zu wahren. Das Selbstbild, sowie die eigenen Motive und Werte beeinflussen unsere Persönlichkeit und damit auch unser Verhalten im höchsten Maß. Dementsprechend ergeben sich die unterschiedlichen Antwortverzerrungen. Menschen mit einem stark ausgeprägten Ego neigen zum Beispiel zur egoistischen Verzerrung, wodurch sie sich selbst unrealistisch positiv darstellen. Sie schreiben sich selbst Eigenschaften wie Dominanz, emotionale Stabilität, Intelligenz und Kreativität zu. Sie sehen sich als „narzisstischen Superhelden" (Abb. 16.2). Personen, die hingegen stark moralisch orientiert sind, sehen sich selbst in übertriebenem Maße als umgänglich und gewissenhaft. Gleichzeitig streiten sie alle neurotischen Verhaltensweisen ab und neigen dazu, sich als „Heiligen" darzustellen.

16.3.2 Besondere Situationen erfordern besondere Maßnahmen

Genauso wie jede Person ist auch jede Situation individuell. Gerade in außergewöhnlichen und nicht alltäglichen Situationen möchten wir uns besonders gut präsentieren. Sozial erwünschte Antworten sind zum Beispiel sehr häufig in Bewerbungssituationen zu finden.

Sozial erwünschte Antworten in Bewerbungsgesprächen

Stellen Sie sich eine Bewerbungssituation vor.

Abiturienten werden in dem Bewerbungsgespräch mit folgender Frage konfrontiert: Sie machen eine Klassenfahrt. Wo fahren Sie lieber hin: nach Berlin oder nach Mallorca?

Durch so eine Frage wie im Beispiel ist die soziale Erwünschtheit geradezu vorprogrammiert. Mit Mallorca verbindet jeder erst einmal den Ballermann und ein ausschweifendes Partygeschehen. Das spricht junge Leute an. Aber würden Sie so etwas Ihrem zukünftigen Chef offenbaren wollen? (Abb. 16.3)

Ich behaupte, dass keiner der Abiturienten zugeben würde, lieber nach Mallorca zu wollen. Die Angst, sich als feierliebend zu outen, ist zu groß. Es wird erst einmal angenommen, dass Geschäftsführer oder Personalchefs damit etwas Negatives verbinden. Zugleich wird angenommen, dass Berlin als „richtige" Antwort erwartet wird. Auch wenn Berlin sicherlich dieselben Ausgehmöglichkeiten bietet wie Mallorca, wird die Bundeshauptstadt nicht primär damit in Verbindung gebracht. Woran denken Sie beim Begriff

Abb. 16.3 Was wir sagen – was wir denken

Berlin als Erstes? Meistens fallen uns das Brandenburger Tor, der Reichstag und die geteilte Stadt ein. Berlin gilt als Stadt der Künste, der Wissenschaft, der Politik und der Kultur. Mallorca aber wird primär mit dem Ballermann assoziiert und im nächsten Schritt mit Urlaub.

Das Prekäre an einem solchen Thema und dieser Fragestellung ist allerdings, dass beide Gesprächspartner die vermeintlich „wahre" Lösung kennen, sich aber keiner traut, selbiges zu äußern.

▶ Sie sollten sich im Vorfeld gründlich überlegen, was Sie mit einer Frage bezwecken wollen.

Es ist aber nicht nur so, dass die aktuelle Situation einen Einfluss auf die Antwort hat. Auch die vorangegangene Situation hat, durch Präsenz im Gedächtnis, einen nachfolgenden Effekt auf unser Handeln. So reagieren wir bei vorherigen positiven Erlebnissen anders als bei negativen.

Einfluss von positiven Erlebnissen

Es ist Mittwoch, der Abiturient Moritz hat nachmittags ein Bewerbungsgespräch. Am Vormittag bekommt er in der Schule die Deutsch-Klausur zurück. Eine sehr gute Leistung. Der Lehrer lobt ihn für seine beeindruckende Analyse und die tolle Argumentation. Glücklich und noch vom Lob des Lehrers beflügelt geht er am Nachmittag zum Bewerbungsgespräch.

Das positive Erlebnis vor einem Bewerbungsgespräch lässt den Bewerber selbstbewusst und sicher zum Gespräch kommen. Er weiß sich positiv zu verkaufen, vertraut in seine eigenen Fähigkeiten. So jemand macht einen ganz anderen Eindruck auf die Personalentscheider. Wahrscheinlich wird diese Person sich auch eher trauen, ihre eigene Meinung zu äußern.

Wenn aber umgekehrt ein negatives Ereignis vorangegangen ist, fühlt der Bewerber sich noch unwohl. Seine Selbstsicherheit ist ein Stück weit verlorengegangen, er sieht sich selbst eher negativ. Glauben Sie, er wird sich in dieser Situation trauen, offen und ehrlich zu seiner Meinung zu stehen? Wohl kaum.

Einfluss von negativen Erlebnissen

Es ist Mittwoch, der Abiturient Moritz hat nachmittags ein Bewerbungsgespräch. Am Vormittag bekommt er in der Schule die Englisch-Klausur zurück. Leider ist das Ergebnis alles andere als gut. Der Lehrer fragt, woran es lag, dass die Klausur so schlecht ausgefallen ist. Er redet Moritz ins Gewissen. Er hätte die Vokabeln besser lernen müssen und überhaupt eine bessere Ausdrucksweise wählen sollen. Deprimiert über das Ergebnis und noch über die Worte des Lehrers grübelnd, geht er am Nachmittag zum Bewerbungsgespräch.

Die beiden Beispiele zeigen, dass es besonders wichtig ist, die äußeren Umstände zu erfassen. Wenn Sie glauben, Ihr Gesprächspartner ist durch vorangegangene Ereignisse verunsichert oder auch zu euphorisch, sprechen Sie dies an. Allein das Wissen darüber kann für Sie hilfreich sein, die Antworten zu interpretieren. Im Extremfall ist es ratsam, das Gespräch zu vertagen. Die Situation, in der wichtige Gespräche stattfinden, sollte so neutral wie möglich sein.

16.3.3 Darüber wird nicht geredet

Es gibt immer Themen, über die wir lieber reden als über andere. Manche Themen eignen sich zum Smalltalk und für Gespräche mit relativ unbekannten Personen, da sie wenig polarisieren. Übers Wetter kann man immer reden. Über die politische Einstellung eher weniger, über Intimitäten gar nicht. Stellen Sie sich nun vor, ein Unbekannter fragt Sie nach Ihrem Kontostand oder nach Ihrer Krankengeschichte. Hier würden Sie wahrscheinlich gar nicht oder ausweichend antworten.

Jetzt werden Sie wahrscheinlich denken: Das passiert doch sowieso nie. Nehmen wir daher noch ein anderes Beispiel. Sie werden nach Ihrem Fernsehkonsum gefragt. Das ist generell kein unangenehmes Thema. Ein übermäßiger Fernsehkonsum wird aber gesellschaftlich eher negativ bewertet. Insofern werden Sie hier nur wahrheitsgemäß antworten, wenn Ihr Fernsehkonsum eher gering ist. Da wissen wir direkt: Das finden andere gut. Aber fragen Sie mal andere Menschen, ob Sie sich sogenanntes Trash-TV, wie Big Brother oder das Dschungelcamp, ansehen. Erfahrungsgemäß streitet die Mehrheit der befragten Personen dies ab. Verallgemeinernd dürfte also kaum jemand solche Sendungen ansehen. Die hohen Einschaltquoten sprechen jedoch eine andere Sprache. Die Mehrzahl traut sich also nicht, zuzugeben, solche Sendungen anzusehen, da es als banal und primitiv gilt und damit gesellschaftlich wenig akzeptiert ist.

► Je heikler die Frage oder das Thema aus Sicht des Befragten ist, desto eher muss mit einer sozial erwünschten Antwort gerechnet werden.

Aus diesen Situationen resultieren Antwortverzerrungen wie die soziale Erwünschtheit. Es werden Fragen gestellt, die einen beschämenden oder stigmatisierenden Charakter haben. Da Menschen immer den Weg des geringsten Widerstandes wählen, wird in solchen Situationen sehr viel eher unwahrheitsgemäß geantwortet oder ganz ausgewichen. Das Problem dabei ist, dass nur der Antwortgeber die eigentlich richtige und somit „wahre" Antwort kennt. Der Fragesteller kann nicht mit Sicherheit sagen, ob die Antwort unter Einfluss gegeben worden ist oder nicht.

16.3.4 Was sag ich bloß?

Jeder weiß aus eigener Erfahrung, dass es angenehme und unangenehme Gesprächspartner gibt. Die Gründe dafür können vielfältig sein. Fakt ist aber, wenn ich mich mit jemandem unterhalte, der mir sympathisch ist und mit dem ich mich gerne unterhalte, gebe und verhalte ich mich anders. Wir treten Menschen anders gegenüber, wenn wir sie wertschätzen, sie bewundern oder zu ihnen aufsehen.

Die Gemeinsamkeit bei allen Gesprächen ist aber, dass wir einen guten Eindruck hinterlassen möchten. Was der gute Eindruck ist, kann sich von Person zu Person unterscheiden. Während wir bei Kollegen als besonders kollegial und teamfähig erscheinen möchten, präsentieren wir uns dem Vorgesetzten gegenüber eher als durchsetzungsfähig.

► Die Beziehung zwischen Vorgesetztem und Mitarbeiter ist immer durch das Machtverhältnis der beiden Parteien beeinflusst.

Der Vorgesetzte hat gegebenermaßen mehr Macht als der Mitarbeiter: Macht über Entscheidungen, Einfluss auf Mitarbeiter, Einfluss auf die Aufgabenverteilung usw. Die Machtdivergenz zwischen den Parteien macht dem Mitarbeiter unbewusst immer klar, dass der Vorgesetzte das letzte Wort hat. Oftmals glauben Mitarbeiter, dass sie mit ihrem Vorgesetzten einer Meinung sein müssen, wenn sie im Unternehmen Erfolg haben und es zu etwas bringen wollen. Dadurch pflichten sie ihm, gerade in wichtigen Entscheidungen, gerne bei. Dies ist für sie die scheinbar einfachste Lösung. Sie glauben, indem sie den Vorstellungen, Normen und Werten des Vorgesetzten entsprechen, werden sie z. B. bei Beförderungen eher beachtet und bevorzugt behandelt. Dieses Verhalten legen sie an den Tag, da sie glauben, es sei sozial erwünscht. So werden Mitarbeiter zu Ja-Sagern (Abb. 16.4).

Die Ja-Sage-Tendenz, oder Akquieszenz, wird mit sozial erwünschtem Verhalten gleichgesetzt. Je eher eine Frage mit sozialen Werten oder Normen verknüpft ist, desto eher tendieren wir dazu, der Frage zuzustimmen. Dabei ist die Antwort durch reine Zustimmung inhaltsunabhängig. Stärker ausgeprägt ist die Zustimmungstendenz bei Personen mit einem geringeren Bildungsstand sowie bei ängstlichen und konservativen Menschen. Sie fühlen sich der Situation und dem Thema nicht gewachsen oder haben Angst vor einer Missbilligung des Gesprächspartners. Autoritären Persönlichkeiten wird zudem eher zugestimmt.

► Ängstliche, konservative und weniger ausgebildete Menschen neigen eher zur Akquieszenz (Ja-Sage-Tendenz).

Die Motivation zur Zustimmung während eines Gesprächs mit Vorgesetzten kann es sein, einer möglichen Bestrafung zu entgehen. Die Vermeidung von Bestrafung ist immer stär-

Abb. 16.4 Der Ja-Sager

ker ausgeprägt als die Aussicht auf Belohnung bei einer Gutleistung. Bestrafen und belohnen können aber nur hierarchisch höher gestellte Personen. Daher haben Führungskräfte gerade bei den genannten Personengruppen einen noch stärkeren Einfluss, als sie ihn ohnehin schon haben. Wer Macht hat, kann Einfluss ausüben – sowohl positiv als auch negativ. Schon Max Weber hat gesagt „Macht bedeutet jede Chance, innerhalb einer sozialen Beziehung den eigenen Willen auch gegen Widerstreben durchzusetzen, gleichviel worauf diese Chance beruht." Machen Sie sich also die positiven Aspekte zunutze und inspirieren Sie Ihre Angestellten und Kollegen!

16.4 Wissen, was zu tun ist

Sie fragen sich jetzt wahrscheinlich, was Sie tun können, um soziale Erwünschtheit in ihrem Unternehmen zu minimieren. Wer die Hoffnung hat, es gäbe ein Patentrezept, um soziale Erwünschtheit vollständig zu umgehen, der wird enttäuscht werden. Wie bereits erwähnt, ist die Antwortverzerrung der sozialen Erwünschtheit ein automatisch ablaufender kognitiver Prozess, der sich nicht gänzlich vermeiden lässt. Zumal jede Person das Bedürfnis hat, sich selbst gut darzustellen. Auch das ist nichts, was Sie beeinflussen können. Aber die gute Nachricht ist, Sie können etwas tun!

Unabhängig von den persönlichen und situationsbezogenen Faktoren, die sich nie vollständig kontrollieren lassen, gibt es andere Faktoren, die kontrollierbar sind. Überlegen Sie einmal. Was haben alle Menschen im Unternehmen gemein? Was ist für alle gleich?

Vorrangig sind das die Arbeitsbedingungen. Und wer bestimmt die? Richtig, Sie als Führungskraft, Vorgesetzter, Geschäftsführer oder Inhaber. Das heißt aber auch: Sie haben es in der Hand, die Menschen in Ihrem Unternehmen in die „richtige" Richtung zu lenken.

► Führungskräfte können durch ihr eigenes Verhalten gegensteuern und sozial erwünschte Antworten minimieren beziehungsweise versuchen, sie zu erkennen.

Denken wir kurz zurück. In Abschn. 16.2 haben wir festgestellt, dass jeder von uns die Anerkennung und Akzeptanz einer sozialen Gruppe bekommen möchte und deshalb seine Äußerungen modifiziert. Wenn wir soziale Erwünschtheit vermeiden wollen, heißt das im Umkehrschluss, wir müssen jeden so wertschätzen, wie er ist. Wir müssen Andersartigkeit akzeptieren und Individualität sowie eigene Meinungen einfordern.

Es gibt allerdings noch eine Schwierigkeit. Die Schwierigkeit besteht darin, dass nicht nur Sie selbst umdenken müssen, sondern auch Ihre Angestellten. Das heißt, um den Weg dahin zu ebnen, müssen Sie als Führungskraft diese Dinge vorleben. Sie müssen mit gutem Beispiel vorangehen und dann systematisch mit Ihren Angestellten einen neuen Wert in Ihre Unternehmenskultur aufnehmen, der auch entsprechend gelebt wird.

16.4.1 Mit gutem Beispiel vorangehen

Genauso wie Eltern Vorbilder für ihre Kinder sind, sind hierarchisch höher Gestellte ein Vorbild für die Kollegen. Seien Sie sich Ihrer Vorbildfunktion bewusst.

► Führungskräfte sind Vorbilder.

Führungskräfte werden automatisch stärker beäugt. Sie werden als Maßstab für das eigene Verhalten genommen. Diese Vorbildfunktion ist unabhängig von der Thematik. Das heißt aber auch, dass Führungskräfte durch eigenes positives Verhalten das Verhalten der Kollegen beeinflussen können. Vorgelebtes Verhalten wirkt sich unbewusst auf das Verhalten von anderen aus. Auch wenn es für Sie nicht sichtbar ist, seien Sie sich gewiss, dass Ihr eigenes Verhalten immer eine Auswirkung hat. Leider ist es auch so, dass negatives Verhalten stärker ins Auge fällt als positives. Positive Dinge werden oft als selbstverständlich hingenommen. Sie fallen nur auf, wenn Sie fernbleiben. Umgekehrt fallen negative Aspekte nur auf, wenn sie präsent sind. Hier wird das Fernbleiben eher als selbstverständlich angesehen. Dementsprechend werden Sie eher für ihr negatives Verhalten gerügt, als für Ihr positives Verhalten gelobt.

Negatives Verhalten fällt eher auf

Max hat es sich zum Ritual gemacht, jeden Vormittag im Büro einen Rundgang zu machen und den Kollegen einen „Schönen Morgen" zu wünschen. Dies wird von den Kollegen als sehr positiv wahrgenommen. Sein Interesse und seine so ausgedrückte Wertschätzung werden wahrgenommen und finden bei den Kollegen Anklang. Allerdings hält es niemand für nötig, Max dies zu sagen und ihm eine positive Rückmeldung für sein Verhalten zu geben. In den Köpfen wird es als schönes morgendliches Ritual abgespeichert.

An einem Morgen lässt Max seinen Rundgang ausfallen. An diesem Tag geht es besonders hektisch zu. Dies wird von den Kollegen sofort registriert und wird prompt zum morgendlichen Gesprächsthema. Aufgrund dessen wird Max später von Moritz angesprochen, warum er denn an diesem Tag nicht, wie üblich, vorbeigekommen sei.

Hinterfragen Sie Ihr eigenes Auftreten und Verhalten. Inwiefern beeinflussen Sie die Unternehmenskultur und das Verhalten Ihrer Mitmenschen? Zeigen Sie, was Ihnen wichtig ist. Treten Sie authentisch auf. Sie können und wollen es nicht jedem recht machen. Gerade bei Familienunternehmen müssen diese Punkte in den Köpfen der Führungsetage verankert sein. Egal ob familienfremder Geschäftsführer oder nicht – die Führungsetage lebt die Werte der Familie vor und beeinflusst dadurch in erheblichem Maß die Unternehmenskultur. Die Vorbildfunktion wirkt hier und in kleineren Unternehmen wesentlich stärker. Die Mitarbeiter sind näher an den Führungskräften dran und nehmen inkonsistente Verhaltensweisen direkter wahr.

Leben Sie als Führungsriege die eigenen Ideale und Vorstellungen. So können Sie auch andere in diese Richtung bewegen. Es hilft wenig, Erwartungen und Wünsche zu kommunizieren, aber diese selbst nicht zu leben. Lassen Sie sich von Vertrauten im Unternehmen ein Feedback geben, wie Sie nach außen wahrgenommen werden. Unser Selbstbild weicht vom Fremdbild ab. Ein Blick von außen kann befreien.

Fordern Sie Ihre Mitmenschen auf, es Ihnen gleichzutun und authentisch zu sein. Animieren Sie jeden dazu, die eigene Meinung zu äußern. Und loben Sie den Mut und die Ehrlichkeit. Ein direktes Lob hat eine positive Verstärkung zur Folge. Werden wir für etwas gelobt und erfahren Anerkennung für unser Handeln, wiederholen wir dies. Lob und Anerkennung will jeder von uns bekommen. Einmal gewusst wie, wird das Verhalten in Zukunft wiederholt. Werden wir hingegen für unser Verhalten bestraft, überlegen wir uns demnächst zweimal, was wir sagen. So erzeugen Sie also das Gegenteil.

Führungskräfte sind Vorbilder

- Reflektieren Sie Ihr eigenes Handeln.
- Lassen Sie sich zu Ihrem Selbstbild das Fremdbild kommunizieren.
- Handeln Sie im Sinne des Unternehmens.
- Richten Sie alle Ihre Handlungen an den Unternehmenswerten aus.
- Seien Sie authentisch und treten Sie auch so auf.
- Zollen Sie Ihren Mitmenschen Anerkennung und Wertschätzung.
- Animieren Sie Ihre Mitarbeiter, es Ihnen gleichzutun.
- Bedanken Sie sich für ehrliche Antworten.

16.4.2 Die Mischung und jeden Einzelnen wertschätzen

Was macht für Sie einen guten und leckeren Obstsalat aus? Da jeder einen anderen Geschmack hat, werden die Antworten sehr unterschiedlich ausfallen. Der eine will vielleicht viele Äpfel haben, der andere lieber gar keine. Der nächste bevorzugt Bananen. Aber eines wird jede Antwort gemein haben: die Mischung. Wenn Sie nur Äpfel in eine Schüssel geben, haben Sie noch lange keinen Salat. Es fehlen vielleicht Orangen, Trauben, Birnen oder auch Kiwis. In jedem Fall kommt es auf die Kombination von verschiedenen Obstsorten an. Ansonsten schmeckt der Salat sehr langweilig.

► Die Mischung macht's.

Genauso ist es auch im Unternehmen. Es kommt auf die Mischung an. Die Mischung aus Persönlichkeiten, Meinungen, Denkweisen. Unterschiedliche Meinungen bringen das Unternehmen, aber auch die Entwicklung der Teams und jeder einzelnen Person voran. Wenn alle Mitglieder einer Gemeinschaft dieselben Ansichten haben, wird es schnell langweilig. Die entscheidende Prise Innovation und Kreativität fehlt und es stellt sich bald eine kollektive Verblödung ein. Nur wenn eine gewisse Diversität im Unternehmen herrscht, können neue Denkweisen etabliert und neue Richtungen eingeschlagen werden.

Setzen Sie auf die Verschiedenartigkeit und Vielfalt der beteiligten Personen. Führen Sie die unterschiedlichen Menschen und Ideen zusammen. Sie werden sehen, wenn der Azubi mit dem Chef zusammenarbeitet, ergeben sich andere Erkenntnisse, als wenn sich der Azubi mit Altersgenossen austauscht. Ebenso entsteht eine Gedankenvielfalt, wenn sich Mitarbeiter aus verschiedenen Abteilungen austauschen. Flexibel und je nach Gegebenheit können Menschen als Gruppe zusammenkommen. Durch stetige Diskussionen und gelegentliche Kontroversen mit unterschiedlichen Menschen werden neue Gedanken stimuliert. So entsteht eine Perspektivenvielfalt und mit ihr neue und innovative Ideen. So bekommen Sie jeden Tag eine neue Mischung und es entsteht die ein oder andere neue Idee.

Trotz oder gerade wegen dieser Diversität möchte jeder in seinen Anliegen ernst genommen werden. Hören Sie zu, wenn jemand etwas zu sagen hat. Gehen Sie davon aus, dass jeder etwas Sinnvolles für die Gemeinschaft und zum Unternehmenswohl beizusteuern hat. Jeder Beteiligte soll mit seinen Bedürfnissen, Anliegen und Meinungen wahrgenommen sowie gehört und nicht überhört werden. Nur wenn es gelingt, die verschiedenen Ansichten im Sinne des Unternehmenswohls zu überprüfen und kritisch zu betrachten, kann sich ein Unternehmen entwickeln. Dabei sollte das Hauptaugenmerk immer auf dem großen Ganzen liegen. Das Unternehmen steht im Fokus. Wenn es nur um persönliche Profilierung geht, verlieren letztendlich alle. Denn das gefährdet den Zusammenhalt der Gemeinschaft und damit das Unternehmen.

Zusammenhalt und gemeinsam an einem Strang ziehen wirkt sich auf die Motivation der Mitarbeiter aus. Wenn Sie aktiv auf Ihre Angestellten zugehen und sie nach ihrer Meinung fragen, fühlen sie sich angenommen und wertgeschätzt. Dies ist eine Art, Anerkennung zu zeigen und so dem menschlichen Grundbedürfnis Beachtung zu schenken. Sie werden sehen, zufriedene Mitarbeiter arbeiten konstruktiv zusammenarbeiten. Schließlich gilt es, gemeinsam für das Unternehmen etwas zu erreichen.

- Schaffen Sie eine Unternehmenskultur, in der Meinungsverschiedenheiten erwünscht sind und Konflikte ausgetragen werden dürfen.

Wo Menschen zusammenkommen sind Meinungsverschiedenheiten unvermeidbar. Unterschiedliche Einstellungen sind im Berufs- und Privatleben allgegenwärtig. Diese Diversität macht uns zu Individuen. Nur durch Diskussion und Austausch können wir andere Denkweisen kennenlernen. Nur so können wir unsere eigene Sicht kritisch betrachten, hinterfragen und uns weiterentwickelt. Schon Winston Churchill sagte: „Wenn zwei Menschen immer wieder die gleichen Ansichten haben, ist einer von ihnen überflüssig!" Ja-Sager bringen Sie nicht weiter.

Um die eigene Meinung auch gegenüber Vorgesetzten zu vertreten und nicht nur in Zustimmungstendenzen zu verfallen, bedarf es Vertrauen. Vertrauen müssen wir uns verdienen – sowohl die Angestellten von ihrem Vorgesetzten als auch umgekehrt die Vorgesetzten von ihren Angestellten. Wir gehen davon aus, dass jeder Mensch ein gewisses Maß an Grundvertrauen in andere Menschen hat und ihnen beim Kennenlernen einen Vertrauensvorschuss gewährt. Daraus kann sich weiteres Vertrauen entwickeln, wenn wir positive Erlebnisse haben. So erfahren wir – wir haben uns nicht getäuscht. Vertrauen besteht aber immer auch aus Geben und Nehmen. Dementsprechend muss es von allen beteiligten Personen gleichermaßen gewollt sein. Das ist ein Prozess, der seine Zeit benötigt. Vertrauen wächst, wenn wir Zeit miteinander verbringen. Richtig zeigt sich Vertrauen aber erst in kritischen Situationen. Hier können wir wirklich erfahren, ob uns jemand vertraut beziehungsweise wir jemandem vertrauen können. Hier zeigt sich, ob bisher Gesagtes auch in die Tat umgesetzt wird. Passiert das nicht, entsteht das Gegenteil, nämlich Misstrauen.

Stellen Sie die Weichen und pflegen Sie einen wertschätzenden Umgang. Zeigen Sie in Ihren Handlungen Konsistenz und beziehen Sie klar Stellung. So sind Sie für Ihre Mitmenschen einschätzbar und berechenbar, was Unsicherheiten minimiert. Gleichzeitig können Sie kommunizieren, dass Sie ebenfalls einen wertschätzenden Umgang unter den Mitarbeitern wünschen. Erzwingen können Sie es allerdings nicht.

Die Erfolgsaussichten steigen, wenn Sie zunächst die Personen zu sich ins Boot holen, die weniger kritisch sind und/oder einen stärkeren Einfluss auf die Mitmenschen haben. Fängt einmal eine kleine Gruppe an, den wertschätzenden Umgang vorzuleben, werden die anderen nachziehen.

Diversität im Unternehmen

- Fordern Sie individuelle Meinungen ein.
- Betonen Sie Unterschiedlichkeiten und Gemeinsamkeiten gleichermaßen.
- Fördern Sie das Zusammenkommen in unterschiedlichen Konstellationen.
- Lassen Sie Diskussionen zu.
- Fordern Sie Perspektivenvielfalt ein.
- Nehmen Sie jeden Einzelnen wahr und in seinen Anliegen ernst.
- Bauen Sie Vertrauen auf.
- Zeigen Sie Konsistenz in Ihren Handlungen und Transparenz in Ihrer Kommunikation.

Grundvoraussetzung für alle Individualität ist ein ausreichendes Maß an Gemeinsamkeit. Eine erfolgreiche Zusammenarbeit und Identifikation mit dem Unternehmen kann nur gelingen, wenn jeder nach den gemeinsamen Werten und entsprechend der Unternehmenskultur lebt. Schaffen Sie kein Wunschbild, sondern notieren Sie die gelebte Realität. Die Unternehmenswerte sollten von allen mitarbeitenden Personen geteilt werden. Denn Werte sind es, die uns vorantreiben und uns sowie unserer Arbeit einen Sinn geben. Wer keinen Sinn in seinem Handeln sieht, wird nicht erfolgreich sein. Diese Mitarbeiter werden Arbeit nach Vorschrift machen, aber sich nicht für das Unternehmen einsetzen. Das aber ist Voraussetzung für eine langfristige Partnerschaft zwischen Mitarbeiter und Unternehmen.

Inspirieren Sie Ihre Mitarbeiter zu einer Kultur des Verständnisses und Vertrauens. Schaffen Sie gemeinsame Werte und verbindende Erlebnisse, um ein Zusammengehörigkeitsgefühl zu (er)leben.

16.5 Was Sie morgen schon umsetzen können

Wie jede Veränderung und Weiterentwicklung sind auch die Aspekte aus dem vorherigen Abschnitt Prozesse, die sich langsam entwickeln müssen. Dennoch gibt es ein paar Dinge, die Sie bereits morgen aktiv in der Praxis anwenden können. Natürlich erfordert die Umsetzung ein wenig Übung und den ein oder anderen auch Überwindung. Aber es lohnt sich!

16.5.1 Schenken Sie Anerkennung

Alle Menschen streben nach gesellschaftlicher Anerkennung – der eine mehr und der andere weniger. Extrovertierte Personen legen sehr viel Wert auf die Anerkennung von anderen, da sie daraus Kraft schöpfen. Schüchterne Menschen hingegen brauchen Anerkennung, um Sicherheit in ihrem Handeln zu erlangen.

▶ Anerkennung ist ein wesentliches menschliches Bedürfnis.

Was meinen Sie, wie Sie Anerkennung schenken können? Die meisten Menschen antworten auf diese Frage mit: loben. Aber was assoziieren Sie mit Lob? Wahrscheinlich ein Schulterklopfen. Das bedeutet aber auch, dass sie sich über den Gelobten stellen. Dementsprechend funktioniert Lob nur, wenn Sie auch wirklich eine hierarchisch höhergestellte Funktion bekleiden. Lob beurteilt eine Leistung. Anerkennung aber ist mehr – sie ist Wertschätzung. Anerkennung ist ein positives Feedback, das hierarchieübergreifend funktioniert. Jeder kann jedem anderen Menschen Anerkennung schenken und seine Bewunderung für eine Gabe, Stärke oder Leistung ausdrücken. Allerdings müssen Sie aufpassen, was sie sagen, damit Anerkennung und Lob nicht verwechselt werden.

Lob und Anerkennung

Lob: Die Verhandlung hast du sehr gut geführt.

Anerkennung: Ich bewundere deine Ausdauer, das Projekt trotz der anhaltenden Schwierigkeiten innerhalb kurzer Zeit durchgezogen zu haben.

Da Anerkennung als Defizitfaktor gilt, der nur bemerkt wird, wenn er fehlt, kann dem aktiv entgegengewirkt werden. Für Führungskräfte heißt dass: durch eine regelmäßige Geste der Anerkennung kommt es gar nicht zu dem Defizit. In der aktuellen Literatur zu Mitarbeiterführung ist Anerkennung daher ein häufig genannter Faktor für zufriedene Mitarbeiter. Auch in Studien und Analysen oder Mitarbeiterbefragungen wie beim Institut Great Place to Work wird Anerkennung als zentraler Faktor für die Zufriedenheit von Mitarbeitern bewertet.

> „Ein Wort der Anerkennung hält den Menschen drei Winter lang warm." Chinesisches Sprichwort

Anerkennung zu geben, ist nicht schwer und kostet nichts. Es ist also ein einfaches Mittel, um andere Menschen glücklich zu machen und ihr Selbstvertrauen zu stärken. Positives und anerkennendes Feedback wird direkt vom Belohnungszentrum des Gehirns aufgenommen. In der Folge werden Endorphine und Dopamin, körpereigene Botenstoffe, freigesetzt, die uns glücklich machen. Auf diesem Weg führt Anerkennung zu mehr Motivation (Abb. 16.5).

Allerdings kann dabei auch viel falsch gemacht werden. Sie können es richtig machen, wenn Sie die folgenden fünf Punkte beachten.

1. Anerkennung muss aufrichtig und ehrlich sein!

Wenn Sie anerkennende Worte nicht authentisch übermitteln können, dann lassen Sie es lieber gleich sein. Lob kann nur ernst genommen werden, wenn sich dabei niemand verstellen muss und es wahrheitsgemäß erfolgen kann. Wenn Menschen merken, dass es andere nicht ernst mit ihnen meinen, machen Sie mehr kaputt, als wenn sie gar keine An-

Abb. 16.5 Anerkennung schenken

erkennung schenken. Das Problem der sozialen Erwünschtheit oder die Ja-Sage-Tendenz würde sich dann sogar noch verstärken. Zudem sollte sich die Anerkennung am Adressaten ausrichten. Nicht immer trifft jede Wortwahl die Situation und spricht jede Person an. Standardisierte Worte fallen schnell negativ auf. Versuchen Sie immer, zur Situation und zur Person passende Worte zu finden.

2. Anerkennung soll unmittelbar auf eine konkrete Leistung folgen!

Nur so ist ein Zusammenhang zwischen der Leistung und dem Lob erkennbar. Dadurch hat die Anerkennung einen noch stärkeren Effekt beim Leistungserbringer. Sie loben das Verhalten, wodurch der Mitarbeiter ein positives Erlebnis hat. Zukünftig wird er bei seinen Aufgaben daran zurückdenken und sich erinnern: Wenn ich eine gute Leistung erbringe, wird dies belohnt. Motivierend wirkt hier, dass wir durch unser Verhalten gezielt eine Reaktion, nämlich die Anerkennung von anderen, auslösen können.

Benennen Sie klar, warum und wofür Sie anerkennende Worte aussprechen. Beziehen Sie sich dabei auf eine konkrete Situation, auf ein konkretes Beispiel und erläutern Sie, warum es Ihnen ein Lob Wert ist. Loben Sie auch nur, wenn es etwas zu loben gibt. Wenn Sie anfangen, in einer gewissen Regelmäßigkeit alles zu loben, verpufft die Wirkung der Anerkennung. Es soll nicht routinemäßig gelobt werden, weil das letzte positive Feedback schon eine Weile her ist.

3. Nur im Vieraugengespräch!
Anerkennung soll genauso wie Kritik nur im Vieraugengespräch erfolgen. Das hat verschiedene Gründe, die je nach Persönlichkeit und Situation variieren können. Zum einen besteht die Gefahr des Neides und der Missgunst des Kollegen, der keine Anerkennung erfährt. Zum anderen kann es dazu verleiten, dass der Gelobte sich in einer komfortablen Situation sieht und seine Leistung für eine gewisse Zeit stagniert, der nicht gelobte Kollege hingegen motiviert wird, um dieselbe Anerkennung zu bekommen.

4. Jeder hat Anerkennung verdient!
Jeder hat von Zeit zu Zeit Anerkennung verdient. Es geht nicht vordergründig darum, nur große und herausragende Leistungen zu honorieren. Im Arbeitsalltag sind besonders wichtige Aufgaben, aus denen hervorstechende Ergebnisse resultieren, eher die Seltenheit. Aber warum nur besondere Erfolge loben? Es gibt auch Positionen, in denen es hauptsächlich darauf ankommt, die kontinuierlich anfallende Arbeit verantwortungsbewusst und sorgfältig zu erledigen. Auch dies ist eine Leistung, die von Zeit zu Zeit anzuerkennen ist. Außerdem muss hier jeder Mitarbeiter individuell gesehen werden. Es gibt keine allgemeingültige Definition von guter Arbeit oder Leistung. Wenn jeder nach seinen Möglichkeiten das Beste gibt, sollten Sie damit zufrieden sein und zeigen, dass sie dies bemerken.

5. Niemals Anerkennung und Kritik im selben Gespräch anführen!
Wenn Sie wollen, dass die ausgesprochene Anerkennung direkt verpufft, dann kritisieren Sie ruhig direkt danach. Wenn Sie aber wollen, dass Ihr Mitarbeiter möglichst lange davon zehren kann, sollten Sie zeitnahe Kritik vermeiden. Negatives wirkt immer schwerwiegender als Positives. Daher verpufft die größte Anerkennung, wenn sie direkt mit negativen Aspekten in Verbindung gebracht wird. Auch wenn Sie Kritik äußern möchten. Stimmen Sie Ihr Timing mit sich selbst ab.

Anerkennung geben

- Sagen Sie nur das, was Sie auch meinen.
- Seien Sie authentisch.
- Beziehen Sie sich auf einen konkreten Anlass.
- Loben Sie nur im Vieraugengespräch.
- Schenken Sie jedem Anerkennung.
- Trennen Sie Anerkennung und Kritik zeitlich.

Ein Feedback fordert jeder von Zeit zu Zeit ein und das sollte auch jeder bekommen. Wir alle möchten wissen, wo wir stehen und wie unsere Leistung beurteilt wird. Positives Feedback gibt Bestätigung, Sicherheit und einen Schub für das eigene Selbstbewusstsein. Hierbei muss jede Führungskraft und jeder Vorgesetzte für sich selbst den richtigen Weg herausfinden.

▶ Etablieren Sie Anerkennung in Ihrer Unternehmenskultur.

Positive Rückmeldungen stärken jeden Einzelnen und machen zufriedener. Wenn Sie zufriedene Mitarbeiter haben, sind diese belastbarer, da sich die positive Energie sowohl auf die körperliche als auch auf die seelische Gesundheit auswirkt. Das wiederum wirkt sich auf das Betriebsklima und das gesamte Unternehmen aus.

Wenn Sie noch einen Schritt weiter gehen wollen, zeigen Sie Ihren Mitarbeitern, wie sie sich gegenseitig Anerkennung und Wertschätzung zollen können.

16.5.2 Stellen Sie die richtigen Fragen

Es spielt eine entscheidende Rolle im sozialen Umgang mit anderen Menschen, wie eine Frage formuliert ist. Die Fragestellung kann das Antwortverhalten erheblich beeinflussen.

Probieren Sie es aus

Machen Sie ein kleines Experiment. Stellen Sie die folgenden drei Fragen und beobachten Sie die Reaktionen sowie die Antworten.

a. Wie stehen Sie zu Teamarbeit?
b. Heutzutage kommt ein Unternehmen ohne Teamarbeit gar nicht weiter. Wie stehen Sie eigentlich zu Teamarbeit?
c. Heutzutage ist Teamarbeit der ausschlaggebende Erfolgsfaktor für Unternehmen. Wir müssen Wissen im Team bündeln, um erfolgreich zu arbeiten. Wie sieht das bei Ihnen im Team aus? Wie stehen Sie zu Teamarbeit?

Merken Sie den Unterschied zwischen den Fragen? Je nachdem, wie viele Informationen und in welcher Form Sie die Informationen geben, geben Sie dem Antwortenden bereits eine Richtung vor. Als Führungskraft ist es wichtig, die eigene Kommunikationskompetenz zu schulen und von Zeit zu Zeit zu überprüfen. Denn die Art und Weise, wie kommuniziert wird, kann die Mitarbeiter und Kollegen in ihrer eigenen Kommunikation und dem eigenen Verhalten stark beeinflussen. Um die richtigen Fragen zu stellen, bieten sich verschiedene Möglichkeiten an.

> „Wenn du eine weise Antwort verlangst, musst du vernünftig fragen.“ Johann Wolfgang von Goethe

Offene Fragen stellen

Möchten Sie in einem Gespräch die Meinung Ihres Gegenübers erfahren, dann sollten Sie Suggestivfragen vermeiden. Auf eine Frage wie „Finden Sie nicht auch, wir sollten unser Marketingkonzept umgestalten, um an der Konkurrenz dran zu bleiben? Wenn wir nichts verändern, bekommen wir bald keine Aufträge mehr“, wird kaum jemand dies verneinen.

Es bietet sich an, die Frage offen zu formulieren und den Anderen gezielt nach seiner Sichtweise zu fragen: „Wie denken Sie denn über unser Marketingkonzept?“ Hier schwingt die eigene Antwort nicht schon implizit in der Frage mit, wodurch die Wirkung eine völlig andere ist. Die Frage ist völlig wertfrei. Wenn Sie Ihrem Gesprächspartner den Vortritt lassen und erst im Anschluss Ihre eigene Meinung zu dem Thema kundtun, lässt sich die Ja-Sage-Tendenz eindämmen.

Seien Sie sich darüber im Klaren, dass alles, was Sie vor der Frage sagen, die Antwort beeinflussen kann. Ihre aktuelle persönliche Stimmung genauso wie alle ihre Aussagen. Dabei ist es unabhängig vom Thema. Menschen sind emotional und nehmen die Stimmung von anderen wahr. Wenn auch nur unbewusst, kann alles, was Sie tun oder sagen, Ihr Gegenüber beeinflussen. Äußern Sie sich vor der Frage besonders positiv, kann sich das auf die Beantwortung der Frage auswirken. Diese wird dann eher positiv ausfallen. Ebenso können sich aber auch negative Stimmungen oder Äußerungen auf die Antwort auswirken. In diesem Fall wird es wahrscheinlich eine eher negative Antwort sein.

Aussage überprüfen

Aussagen lassen sich gezielt auf ihren Wahrheitsgehalt hin überprüfen, indem gegenpolige Fragen gestellt werden. In einem Gespräch können Sie als Erstes eine zum Thema positiv formulierte Frage stellen („Haben Sie schon mal gelogen?“) und im späteren Gesprächsverlauf dieselbe Frage in negativer Weise („Haben Sie noch NIE gelogen?“). Nach demselben Prinzip können Sie auch folgende Fragen stellen: „Haben Sie schon einmal gelogen?“ und „Wann haben Sie das letzte Mal gelogen?“. So ist es eher möglich, die tatsächliche Meinung zu erfragen. Im direkten Vieraugengespräch fallen die meisten Antworten intuitiv aus beziehungsweise müssen innerhalb von wenigen Sekunden fallen. Da bleibt wenig Zeit zum Nachdenken. Lügner und Schauspieler lassen sich so schnell enttarnen, da sie in den wenigsten Fällen noch ihre vorherige Antwort parat haben und in der Lage sind, diese entsprechend umzuformulieren.

Sensible Themen verallgemeinern

Gerade bei sensiblen Themen, ist die Gefahr der sozialen Erwünschtheit groß. Um die Gefahr einzudämmen, können Sie Fragen beziehungsweise das Problem verallgemeinern. Wenn wir wissen, dass wir nicht alleine mit unserer Einstellung oder unserem Verhalten sind, geben wir eher wahre Antworten. Hierbei gibt es verschiedene Formulierungsmöglichkeiten. Zum einen können wir den Befragten einer Gruppe beziehungsweise der Allgemeinheit zuordnen: „Jeder hat schon einmal gelogen. Haben Sie auch schon mal gelogen?“ Zum anderen kann das Verhalten als „normal“ ausgegeben werden: „Viele Leute haben schon mal gelogen. Haben Sie auch schon mal gelogen?“ Denselben Effekt erreichen Sie, wenn Sie das Problem auf andere abwälzen: „Meinen Sie, andere lügen?“ Letztendlich können Sie die Ausnahme betonen: „Ist es schon einmal vorgekommen, dass Sie gelogen haben?“ Alle Formulierungen haben den Effekt, dass das Thema enttabuisiert wird. Wenn andere sich so verhalten, dann können wir das auch. Dann sind wir mit unserer Meinung nicht alleine. Das gibt Sicherheit in der Beantwortung.

Auswahlmöglichkeiten geben

Wem das zu lange dauert, der kann in einer Frage zwei gegenpolige Antwortmöglichkeiten zur Auswahl stellen. Dabei muss beachtet werden, dass beide Antworten wertungsfrei sind oder beide sowohl positive als auch negative Aspekte beinhalten. So kann zum Beispiel gefragt werden: „Arbeiten Sie lieber mit introvertierten oder mit extrovertierten Menschen zusammen?" Beide Antwortmöglichkeiten finden soziale Akzeptanz. Beide bringen positive und negative Eigenschaften mit sich. Daher lohnt es sich nicht, eine sozial erwünschte Antwort zu geben.

Um die Ecke fragen

In derselben Weise können intransparente Fragen gestellt werden. Dies erschwert es dem Antwortenden, eine sozial erwünschte Antwort zu geben. Eine intransparente Frage lässt nicht sofort erkennen, was der Fragesteller wissen will. Möchten Sie wissen, ob Ihr Gegenüber kontaktfreudig ist, können Sie fragen: „Schließen Sie leicht neue Bekanntschaften?". Wenn Sie aber den Sinn hinter der Frage nicht erläutern, wird vermieden, dass der Antwortende überlegt, welche Antwort Sie erwarten.

Die richtigen Fragen stellen

- Stellen Sie offene Fragen, um nicht schon vorher die Antwort zu beeinflussen.
- Überprüfen Sie Aussagen auf ihren Wahrheitsgehalt hin, indem Sie die gegenteilige Frage stellen.
- Verallgemeinern Sie Probleme bei sensiblen Themen.
- Stellen Sie zwei gleichwertige Auswahlmöglichkeiten zur Verfügung.
- Lassen Sie das Ziel der Frage offen.

Versüßen Sie sich und anderen den Tag, indem Sie die richtigen Fragen stellen. Sie werden sehen, wenn Sie die richtigen Fragen stellen, bekommen Sie viel mehr Informationen und lernen viel mehr über Ihre Mitmenschen.

Weiterführende Literatur

Chaudhuri A, Mukerjee R (1988) Randomized response: theory and techniques. Marcel Dekker, New York

Cialdini A, Richardson K (1980) Two indirect tactics of image management: basking and blasting. J Personal Soc Psychol 39:406–415

Diekmann A (2004) Empirische Sozialforschung: Grundlagen, Methoden, Anwendungen. Rowohlt, Reinbeck

Edwards AL (1954) Manual for the Edwards personal preference schedule. Psychological Corporation, New York
Edwards AL (1957) The social desirability variable in personality assessment and research. Holt, Rinehart & Winston, New York
Franck G (1998) Ökonomie der Aufmerksamkeit. Hanser, München
Humm DG, Wadsworth GW (1939) The Humm-Wadsworth temperament scale. Doncaster G. Humm, Los Angeles
Johnson T, van de Vijver F (2003) Social desirability in cross-cultural research. In: Harkness J, van de Vijver F, Mohler P (Hrsg) Cross-cultural survey methods. Wiley, Hoboken, S 195–205
Klapprott J (1975) Einführung in die psychologische Methodik. Kohlhammer, Stuttgart
Kromrey H (2009) Empirische Sozialforschung. Modelle und Methoden der standardisierten Datenerhebung und Datenauswertung. Lucius & Lucius, Stuttgart
Maslow A (1954) Motivation and personality. Harper, New York
Mummendey HD (1981) Methoden und Probleme der Kontrolle sozialer Erwünschtheit. Zeitschrift für Differentielle und Diagnostische Psychologie 2:199–218
Mummendey HD (1995) Die Fragebogen-Methode: Grundlagen und Anwendungen in Persönlichkeits-, Einstellungs- und Selbstkonzeptforschung. Hogrefe, Göttingen
Mummendey HD, Bolten H-G (1993) Die Impression-Management-Theorie. In: Frey D, Irle M (Hrsg) Theorien der Sozialpsychologie. Huber, Bern, S 57–77
Paulhus DL (1984) Two-component models of social desirable responding. J Personal Soc Psychol 46:598–609
Paulhus DL (2001) Normal narcissism. Two minimalist accounts. Psychol Inq 12:228–230
Rettler P, Göll S (2010) Anerkennung und Kritik als Erfolgskriterium moderner Personalführung. J Psychol 18:1–27
Scholl A (1993) Die Befragung als Kommunikationssituation. Westdeutscher Verlag, Opladen
Smith P (2004) Acquiscent response bias as an aspect of cultural communiaction style. J Cross Cult Psychol 35:50–61
Weber M (1921) Wirtschaft und Gesellschaft. Grundriss der verstehenden Soziologie. Mohr, Tübingen

Jeder gibt, was er hat – wie Werte uns beeinflussen

17

Torsten Will

Wenn wir wollen, dass sich in unserem Leben etwas bewegt, dann müssen wir uns zunächst bewegen – am besten auf andere zu.

Inhaltsverzeichnis

Zusammenfassung

Bei der Führung von Familienunternehmen und auch in anderen Situationen unseres Lebens begegnen uns viele Herausforderungen. Hierbei lohnt es sich, einmal die Perspektive zu wechseln und anders als gewohnt zu reagieren. Mit Reaktionen, die so

T. Will (✉)
TorstenWill.com, Egmondstrasse 62, 47608 Geldern, Deutschland
E-Mail: info@torstenwill.com

N. Müller, C. Jäger (Hrsg.), *WERTEorientierte Führung von Familienunternehmen*,
DOI 10.1007/978-3-658-09237-5_17

von unseren Mitmenschen nicht erwartet werden, können wir andere Menschen überraschen und ihnen zeigen: Es geht auch anders.

Können wir unsere Umwelt verändern? Sicher ist, wir können uns, unsere Einstellung und Haltung sowie den Umgang mit den täglichen Stolpersteinen, die uns in den Weg gelegt werden oder die wir uns gar selbst in den Weg legen, ändern. Wir haben jeden Tag die Wahl, zu entscheiden, was uns wichtig ist und wie wir uns gegenüber anderen Menschen verhalten wollen. Gehen Sie als Führungskraft mit gutem Beispiel voran. Trauen Sie sich, Ihren eigenen Weg zu gehen.

Das Kapitel zeigt Ihnen Wege auf, wie Sie die für Sie richtigen Entscheidungen treffen, Mitarbeiter für Ihre Ideen begeistern und so Unternehmensziele gemeinsam statt einsam erreichen.

17.1 Jeder gibt, was er hat

Wie würden Sie reagieren, wenn Ihr Nachbar Ihnen wiederholt sein Laub und Unkraut über den Gartenzaun wirft? Wahrscheinlich würden Sie sich ärgern, den Nachbarn empört zur Rede stellen und verständlicherweise die nachbarschaftliche Freundschaft beenden, vielleicht sogar einen Anwalt einschalten. So ein Szenario kann sich jeder von uns vorstellen. Auf ein unfreundliches Verhalten zeigen wir eine unfreundliche Reaktion.

Aber können Sie sich auch folgendes Szenario vorstellen? Ihr Nachbar wirft Ihnen wiederholt sein Laub und Unkraut über den Gartenzaun. Und was machen Sie? Sie kaufen eine Schachtel Pralinen, stecken eine Karte mit den Worten „Jeder gibt, was er hat!" dazu und werfen diese mit einem Lächeln über den Zaun. Eine Lösung ganz ohne Aufregung, Streit und Rechtsanwälte. Wären Sie auf diese Idee gekommen? Wahrscheinlich sind Sie eher verblüfft über die Idee, auf eine derartige Provokation freundlich zu reagieren. Sie können sicher sein, Ihren Nachbarn hätte es ebenso verblüfft (Abb. 17.1).

In vielen Situationen unseres Lebens und gerade, wenn es um die Führung von Unternehmen und ihren Mitarbeitern geht, lohnt es sich, entspannt und etwas verrückt zu reagieren. Mit Reaktionen, die so nicht erwartet werden, können wir andere Menschen verblüffen. Wir können sie aber auch beeindrucken und ihnen zeigen: Es geht auch anders.

Einen anderen Standpunkt einzunehmen bedeutet, eine andere Perspektive zu haben und die Welt anders zu erleben. Eine andere Sichtweise bedeutet aber auch andere Ergebnisse. Neuartige Ergebnisse bedeuten Veränderung.

▶ Wenn wir wollen, dass sich in unserem Leben etwas verändert, dann müssen wir uns zuerst verändern.

Unsere innere Werteskala bestimmt unsere innere Haltung. So entscheiden wir selbst jeden Tag aufs Neue, wie wir wahrgenommen werden wollen. Unsere persönliche Einstellung bestimmt dabei die innere Haltung. Diese zieht die äußere Haltung nach sich. Wir strahlen

Abb. 17.1 Jeder gibt, was er hat

aus, was wir denken, und bekommen entsprechendes zurück. Oder anders ausgedrückt: wie die Aussaat so die Ernte.

Das gilt nicht nur für jeden von uns als Privatperson, sondern auch für Sie in Ihrer Rolle als Führungskraft. Sie selbst haben es in der Hand, wie Sie jeden Tag wahrgenommen werden. Sie vermitteln über Ihre äußere Haltung, was Sie denken. Daher sollten Sie sich Ihrer inneren Haltung bewusst werden. Was möchten Sie ausstrahlen? Wie möchten Sie auf andere wirken? Um dies zu erreichen, müssen wir uns mit uns selbst beschäftigen, für den ein oder anderen vielleicht ein anstrengendes oder auch unangenehmes Thema. Aber wenn wir wissen, womit wir uns selbst eine Freude machen können, dann können wir andere mitreißen. Wenn Sie sich als Führungskraft bewusst machen, wofür Sie jeden Tag aufstehen und wofür Sie eintreten, dann können Sie Ihre Kollegen begeistern und gemeinsam zu einem noch erfolgreicheren Team werden.

17.2 Was geben Sie?

Jeder entscheidet selbst, was er gibt – sich selbst und anderen. Die Entscheidung dazu wird unter anderem von unseren Werten beeinflusst. Bevor wir aber anderen etwas geben können, müssen wir zunächst auf uns selbst achten. Denn wir können nichts geben, was wir nicht selbst haben. Wenn wir keine Freude im Leben verspüren, können wir auch keine Freude an andere weitergeben.

17.2.1 Achten Sie auf sich

Unsere innere Stimme sagt uns genau, wie wir uns am besten entscheiden, wem und was wir Glauben schenken und was wir wirklich tun sollten. Trotzdem missachten wir oft genug, was unsere innere Stimme sagt, hören lieber auf den Verstand und gehen so oft in eine andere Richtung. Wieder einmal hat unser Kopf über unsere Intuition gesiegt. Bedauerlich eigentlich, denn wir wissen heute, dass unser Bauch und die damit verbundene innere Stimme sich nicht irren kann. Warum lassen wir uns also ablenken?

Der Grund liegt in einem zunehmend rationalen Leben mit immer geringerer Selbstachtung. Immer häufiger versuchen wir, mit Ratio die vorteilhaften Wege zu beschreiten, statt uns einfach auf unser Bauchgefühl zu verlassen. Die vermeintlich richtige Meinung der anderen überlässt uns keine Möglichkeit mehr, so zu entscheiden, wie es wirklich gut für uns wäre. Selbstachtung aber beinhaltet, den eigenen persönlichen Wert zu kennen, sich seiner eigenen Bedürfnisse nicht nur bewusst zu sein, sondern diese auch zu leben und zu verwirklichen.

▶ Wenn wir uns gut um andere kümmern wollen, müssen wir uns zunächst um uns selbst kümmern.

Ganz besonders heikel ist dies für die meisten, wenn es um die Sorge und Pflege der eigenen Gesundheit, der körperlichen und geistigen Balance geht. Wir wissen alle, was gut und nötig wäre, damit wir lange fit und gesund bleiben. Wir alle haben das tiefe Verlangen nach einem langen, gesunden Leben und trotzdem achten wir nicht auf die Zeichen unseres Körpers, sondern verschieben die längst überfällige Auszeit immer weiter nach hinten. Statt regelmäßigem Training für eine bewusste Lebensweise voller Selbstachtung, trotten und hetzen wir den vermeintlichen Trophäen hinterher, die wir deutlich schneller erreichen würden, wenn wir nur mehr auf uns selbst achten würden.

Wenn wir uns gut um andere kümmern wollen, müssen wir uns zunächst um uns selbst kümmern. Wie heißt es bei der Sicherheitsansage zur Benutzung der Sauerstoffmasken im Flugzeug immer trefflich: „Ziehen Sie diese fest auf Mund und Nase und helfen Sie erst danach weiteren Passagieren." Der Grund hierfür ist klar: Würden wir uns erst um andere kümmern, verbliebe keine Zeit mehr für uns. Uns würde im wahrsten Sinne des Wortes die Luft ausgehen (Abb. 17.2). Überlegen Sie, wie Sie blau angelaufen aussehen. Wären Sie so noch attraktiv für den täglichen Erfolg und die Führung Ihres Unternehmens?

Eine hohe Selbstachtung zieht automatisch Selbstvertrauen nach sich. Wenn wir auf uns und unsere innere Stimme hören, uns hegen und pflegen, erleben wir, wie es uns von Tag zu Tag besser geht. Zunehmend können wir uns selbst mehr vertrauen. Erst, wenn wir uns selbst Vertrauen schenken, werden es auch andere tun. Erst dann wirken wir überzeugend. Wenn wir erleben, wie unser Bauchgefühl uns in die richtige Richtung führt, lernen wir, unseren inneren Impulsen zu vertrauen. Das macht uns unabhängig und beschleunigt unser Entscheidungstempo. Statt langem Abwägen und zähem Hin und Her, wissen wir

Abb. 17.2 Achten Sie auf sich

immer sofort, was, wann und wo zu tun ist. Vor allem, wenn es darum geht, uns selbst und andere Kollegen und Mitarbeiter in einen Top-Zustand zu bringen.

Daraus entwickelt sich unser Selbstbewusstsein: Die innere Kraft und Stärke, die wir brauchen, um unsere Frau und unseren Mann zu stehen; die Ausstrahlung, die nötig ist, um im Gespräch zu punkten. Denn wir alle wissen: Zuerst verkaufen wir uns selbst, dann erst das Produkt, die Nachricht oder Botschaft.

Es kommt also auf die drei S an: Selbstachtung, Selbstvertrauen, Selbstbewusstsein. Genau in dieser Reihenfolge hängen die Aspekte voneinander ab. Wo keine Selbstachtung ist, da gibt es wenig Selbstvertrauen und kaum Selbstbewusstsein. Alles beginnt damit, dass wir unserer inneren Stimme, unserem Bauchgefühl, Aufmerksamkeit schenken und den häufig unterbewussten Signalen folgen.

Verbessern Sie Ihre Selbstachtung

1. Geben Sie sich jeden Tag die Ruhe und Zeit, um ganz bewusst auf Ihren Bauch und Ihre innere Stimme zu achten. Was sagt Ihr Bauch Ihnen zu den Ereignissen des Tages und den getroffenen Entscheidungen? Wofür sollten Sie sich selbst anerkennen? Welche Leistungen machen Sie stolz?
2. Erinnern Sie sich daran, wo Sie besser beraten gewesen wären, wenn Sie sich in der Vergangenheit auf Ihre innere Stimme verlassen hätten, statt ganz sachlich nach Zahlen, Daten und Fakten an das Thema heranzugehen.

3. Wenn Sie in der Mittagespause oder bei Geschäftsterminen aus einer Speisekarte auswählen, treffen Sie ohne lange zu überlegen Ihre Wahl. Die wichtige Frage im Leben lautet immer: Was will ich wirklich und zwar jetzt gerade? Ihre erste Stimme hat Recht.
4. Überprüfen Sie Ihre Lebensziele und befragen Sie Ihren Bauch, ob es ihm gut dabei geht. Wie fühlt sich Ihre Planung an? Gibt es Widerstände, dann räumen Sie diese aus.
5. Achten Sie täglich wiederholt auf sich und Ihre Energiebalance. Wie sieht es mit dem körperlichen und geistigen Gleichgewicht aus? Was tun Sie für sich, um Ihre psychische und physische Verfassung immer in einem Spitzenzustand zu erhalten?
6. Nehmen Sie sich fest vor, welche wichtigen Entscheidungen Sie zukünftig nur noch intuitiv aus dem Bauch heraus treffen wollen und setzen Sie diese dann auch konsequent um.
7. Das wertvollste Geschenk, das Sie sich täglich selbst machen können, ist eine grundsätzlich positive Selbstachtung. Sie sind liebenswert und attraktiv, wenn Sie sich dafür halten. Diese Grundhaltung wird sich in Ihrer wertvollen Führung erlebbar machen.
8. Schreiben Sie täglich auf, worauf Sie bei sich stolz sein können, wofür Sie dankbar sind, was Sie zu einem besonderen Menschen macht.

17.2.2 Leben Sie „glückreich"

Wenn wir auf unsere innere Stimme hören, was wird sie uns wohl sagen? Was ist für Menschen am wichtigsten im Leben? Macht, Geld, Erfolg? Alles Faktoren, die sich erst im zweiten oder dritten Schritt ergeben. Ist es nicht das Wichtigste, dass wir selbst „glückreich" leben?

„Glückreich" – Sie werden das Wort vergeblich im Lexikon suchen. Bis auf einige wenige, die dieses Wort kennen und nutzen, ist „glückreich" nahezu völlig aus unserem aktiven Wortschatz verschwunden (Abb. 17.3).

Woran kann das liegen? Offensichtlich hat uns in den letzten Jahren eine Welle der erfolgreichen statt der „glückreichen" Lebensführung überrollt – auch sprachlich. Vielleicht ist das Wertekonzept Erfolg populärer geworden, da es eine recht kalkulierbare Größe ist. Schafft es einer nicht, erfolgreich zu sein, wird er eben als nicht erfolgreich abgestempelt. Das funktioniert bei Glück nicht. Jeder kann Glück haben.

► Jeder kann Glück haben. Es liegt an uns selbst.

Richard Wisemann hat in fast einem Jahrzehnt hunderte Menschen dabei beobachtet, glücklich zu leben. Sein Ergebnis: Zufriedener sind die, die Glück wirklich wollen. Glück

Abb. 17.3 Leben Sie „glückreich"

als wertvolles Gut, vielleicht sogar anstatt Erfolg? Die beobachtete Testgruppe war offener, redete mehr, war kommunikativer und hatte eine positive, entspannte und zukunftsorientierte Einstellung zum Leben. Alles Eigenschaften, die wir auch den Erfolgsstrebenden wünschen. Aber auch Eigenschaften, die wir häufig genug vergebens suchen. Der Grund liegt in zwei kleinen Worten: aufmerksame Dankbarkeit.

Wofür sind Sie in Ihrem Leben und Alltag so richtig dankbar? Fallen Ihnen spontan fünf Highlights der vergangenen Tage ein?

Unser Leben ist voll von täglichen Momenten des Glücks, für die wir so unsagbar dankbar sein KÖNNEN. Beginnen wir morgens mit dem Start in den Tag. Nicht, dass es schön ist, vom Klingeln des Weckers aus den Federn gerissen zu werden. Aber sehen wir es doch einmal positiv: Wir leben und das nicht schlecht. Wir haben Kleidung, ein Dach über dem Kopf und Nahrung. Wir können es uns leisten, sicher zu schlafen und genießen morgens eine warme Dusche. Das wiederum setzt voraus, dass wir die Stromrechnung bezahlt haben.

Wir haben mehr als die meisten Menschen auf der Welt und somit sicherlich auch genug Gründe, dankbar zu leben. Und das für einen Moment im Laufe des Tages, den wir alle eher weniger mögen: Das Aufstehen. Vielleicht haben wir sogar das große Vergnügen, morgens neben einem Menschen in den Tag zu starten, den wir lieben. Grund genug, einen dankbaren Freudensprung zu machen – für alle Menschen, die wir lieben und von denen wir geliebt werden.

Wenn Sie in den Spiegel blicken, dann schenken Sie sich selbst ein Lächeln. Lächeln lässt uns glücklicher und jünger aussehen. Wenn wir lachen, brauchen wir nur zehn Gesichtsmuskeln im Vergleich zu etwa 60 für einen ernsten Gesichtsausdruck. Lachen und glücklich sein ist also weniger anstrengend, als ernst durchs Leben zu gehen. Wenn wir uns häufiger selbst lächeln sehen, finden wir uns attraktiver und haben mehr Selbstbewusstsein. So entfaltet sich dann auch unser volles Glückspotenzial für viele Glücksmomente.

Die Definition von Leben ist: „Es geht weiter." Wie es weitergeht und mit welcher Grundeinstellung und Haltung bestimmen wir selbst. Wir können das Leben pessimistisch betrachten und an allem rumnörgeln. Doch „Neleis", also Menschen mit einer negativen Lebenseinstellung, haben es deutlich schwerer. Besser ein „Polei" sein, ein Mensch mit positiver Lebenseinstellung. Bei dieser Lebenseinstellung fällt uns das Glück einfach zu.

▶ Seien Sie ein Polei, ein Mensch mit positiver Lebenseinstellung.

Dankbare Aufmerksamkeit ist nicht nur der Schlüssel zu einem glückreichen Leben, sondern auch zu einem glückreichen Führungsstil. Gemäß dem Sprichwort „Wie Du in den Wald hineinrufst, so schallt es hinaus!" Mit welcher Stimme wir dies tun, hängt zu einem überragenden Teil von unserer Stimmung ab, die mit aufmerksamer Dankbarkeit deutlich anders klingt.

Tunen Sie Ihre Stimmung

1. Werden Sie ein Polei, ein Mensch mit einer positiven Lebenseinstellung, denn Neleis, Menschen mit negativer Lebenseinstellung, haben es schwerer. Neleis mag keiner und doch infizieren sie uns ständig. Lassen Sie das nicht zu. Die mächtigste Waffe im Kampf ist Ihr Lächeln.
2. Schenken Sie sich täglich selbst und anderen ein Lächeln, denn alles, was Sie geben, kommt zu Ihnen zurück.
3. Schaffen Sie sich stets und ständig Glücksmomente. Nehmen Sie auch die kleinen Geschenke Ihres Lebens wahr.
4. Leben Sie mit Spaß. Glückliche Menschen leben länger.
5. Seien Sie liebevoll. Liebe heißt Buchstabe für Buchstabe übersetzt: „Lasse immer eine Brücke entstehen".
6. Arbeiten Sie weniger in Ihrem Job und mehr an sich selbst. Entdecken Sie Ihre Fähigkeiten.
7. Setzen Sie Ihre Ziele richtig. Finden Sie das wahre „Warum" in Ihrem Leben und dann kommt das „Wie" von ganz allein – es fällt Ihnen zu.
8. Bewegen Sie sich täglich – sportlich (und) auf andere zu. Seien Sie interessiert an anderen. Vermeiden Sie, nur interessant sein zu wollen, sonst sind Sie wieder schnell in der Tretmühle des Erfolgs.
9. Achten Sie auf Ihre Gesundheit. Beherzigen Sie die Punkte 1 bis 8 und seien Sie dankbar, dass es Ihnen so gut geht.

10. Es beginnt damit, dass Sie dankbar sind. Orientieren Sie sich dabei an den vielen Kleinigkeiten, für die Sie in Ihrem Leben dankbar sein können. Man kann Ihnen alles nehmen, nur nicht Ihre Fähigkeiten. Eine Ihrer Fähigkeiten ist es, selbst zu entscheiden, wie Sie über etwas denken und wie sehr Sie für etwas dankbar sind oder es nur hinnehmen.

17.2.3 Vertrauen Sie in Ihre Fähigkeiten

Es liegt in der Natur des Menschen, dass wir immer unser Bestes geben wollen. Aber um unser Bestes geben zu können, müssen wir erst einmal wissen, worin wir besonders gut sind.

Kennen Sie Ihre Fähigkeiten, Ihre wirklichen Stärken? Viele Menschen beantworten diese Frage spontan mit „Ja". Wenn wir dann aber eine unserer Stärken nennen sollen, verstummen die meisten. Andere antworten mit Eigenschaften wie Ehrlichkeit oder Pünktlichkeit. Doch es geht dabei um unsere größten Ressourcen, die Fähigkeiten, mit denen wir es sicher schaffen können, mehr zu sein als nur Durchschnitt.

Haben Sie die Gewissheit, die absolute Zuversicht, dass es mit Ihren Fähigkeiten möglich ist, immer wieder zu überzeugen, zu begeistern, zu führen? Was sind diese besonderen Stärken, die Sie haben? Jeder Mensch hat etwas, das ihn in seiner Kommunikation und Führung auszeichnet, unverwechselbar und einzigartig macht. Häufig müssen diese besonderen Talente nur entwickelt und gefördert werden. Es ist noch kein Meister vom Himmel gefallen. Außerdem brauchen wir einen festen Willen, es schaffen zu wollen und den Glauben an uns selbst, dass unsere Vorhaben umsetzbar sind.

► Jeder Mensch hat etwas Besonderes. Eine Fähigkeit, die ihn einzigartig macht.

Wie sieht es bei Ihnen aus? Arbeiten Sie nur an Ihrem Ziel oder glauben Sie auch fest daran, es mit Ihrem Schatz an Talenten zu erreichen? Wie viel Zeit investieren Sie, Ihre Fähigkeiten zu stärken und die kleinen und großen Schwächen somit unbedeutend zu machen. Häufig fokussieren wir uns auf das, was wir nicht können. Wir sehen, was andere besser machen und versuchen, diesen Vorbildern vergeblich hinterherzurennen. Wir vergessen dabei, dass wir gar nicht die gleichen Anlagen haben. Daher ist es wichtig, die eigenen, wahren Stärken zu kennen und mit diesen das Fundament für einen wertvollen Führungserfolg zu legen.

Schauen Sie sich immer um, ob es nicht jemanden gibt, der etwas besser kann als Sie selbst. Dann bezahlen Sie denjenigen am besten für die Erledigung der Arbeiten. So bleibt Ihnen Zeit, mit Ihren eigenen Talenten zu agieren und Ihrem Ziel ein Stück näher zu kommen.

Ideen, die Sie näher an Ihre Stärken bringen und den festen Glauben an Ihre Talente fördern:

1. Sprechen Sie mit Freunden und Bekannten. Welche Fähigkeiten haben Sie in deren Augen?
2. Überlegen Sie sich, wobei Sie sich wirklich gut fühlen, wenn Sie es tun. Nutzen Sie Persönlichkeitsanalysen, die Ihnen helfen, Ihre wahren Talente und Werte zu kennen.
3. Beginnen Sie täglich, Ihre Stärken zu fördern. Lesen Sie Bücher zum Thema, hören Sie CDs, Podcasts, besuchen Sie Seminare, investieren Sie in Coachings.
4. Lassen Sie andere wissen, was Ihre Stärke, Ihr besonderes Talent und die Garantie ist, mit Ihnen zum Erfolg zu kommen.
5. Vermeiden Sie jegliche Konzentration auf Ihre Schwächen. Stattdessen fokussieren Sie Ihre Stärken.
6. Starten Sie den Aufbau Ihres persönlichen Talentpools: Menschen, die andere Begabungen haben, mit denen Sie gemeinsam ans Ziel gelangen.
7. Überlegen Sie sich vor Besprechungen, was die Talente Ihres Gesprächspartners sind. Haben Sie Gemeinsamkeiten?
8. Sind Ihre Werte und Talente im Einklang und gleichermaßen im Fokus Ihres Handelns?

17.3 Klar im Fokus

Ziele. Jeder von uns hat Ziele im Leben. Ziele sind wichtig, denn sie weisen uns unseren Weg. Anhand von Zielen wissen wir, was wir im Leben erreichen wollen. Aber es reicht nicht aus, nur Ziele zu haben. Denn die Ziele erfüllen sich nicht von selbst. Wir müssen aktiv etwas tun, um unsere Ziele zu erreichen.

Das Fundament dafür ist eine wertebewusste, positive Selbstausrichtung der eigenen Persönlichkeit, also die Fähigkeit und Aufmerksamkeit, unsere eigenen Ziele sowie Prinzipien und Werte zu leben. Es reicht nicht aus, sie nur zu kennen. Darüber hinaus müssen wir eine klare Vorstellung von uns selbst haben und wissen, wie wir unser Leben führen wollen.

Selbstausrichtung

Sie tragen eine Jeans älteren Jahrgangs, ein Polohemd, das bereits seine Farbe und Form leicht verloren hat, Strandlatschen und eine Plastiktüte eines bekannten Discounters. Das ganze mitten im Zentrum einer großen Metropole in der Nähe eines Luxushotels mit fünf Sternen. Davor ein aufmerksamer Hotelmitarbeiter, der vor der Tür wacht und eben nicht jeden willkommen heißt.

Wie würden Sie auftreten, wenn Sie a) arm wie eine Kirchenmaus sind und b) eine nicht unbedeutende Summe Geld in Ihrer Hosentasche haben?

Das oben genannte Beispiel klingt vielleicht banal. Bedauerlicherweise gibt es aber für viele Menschen die Realität wieder, ein verändertes Verhalten und Auftreten aufgrund unterschiedlicher finanzieller, aber auch persönlicher, gesundheitlicher und beruflicher Situationen.

Eine positive Selbstausrichtung bedeutet, dass wir, unabhängig von unserer aktuellen (finanziellen, privaten, persönlichen, beruflichen, gesundheitlichen) Situation, so klar ausgerichtet und fokussiert sind, dass uns nichts von unserem positiven Verhalten ablenken kann. Somit kann auch nichts unser Führungsverhalten beeinträchtigen oder verändern. Wenn wir die Prinzipien und Werte unseres Lebens kennen und vollkommen darauf fokussiert sind, wissen wir zu jedem Zeitpunkt und in jeder Lebenssituation genau, was zu tun ist. Es ist also nicht die Frage „Wohin will ich?“, sondern die Fragen: „Wer bin ich schon heute?“, „Für welche Werte und Einstellungen im Leben stehe ich und was zeichnet meine Denkmuster aus? Welche Prinzipien sind es, die ich lebe und anderen vermittele? Was sind meine Grundeinstellungen, auf die man sich bei mir zu 100 % verlassen kann?“. Erst, wenn Sie sich genau diese Fragen wirklich beantworten können, werden Sie auch Ihre Ziele umsetzen und erreichen können.

Erfolg können wir uns nicht erarbeiten. Erfolg ziehen wir an, weil wir für andere eine attraktive Persönlichkeit sind. Warum werden die Erfolgreichen immer erfolgreicher und warum haben die Glücklichen immer das meiste Glück? Weil beide Gruppen nur eine Richtung kennen: nach vorne.

Beklagen Sie sich über zu wenig Zeit, um Ihre Ziele zu erreichen? Zeit bleibt bei dem, der wertvoll mit ihr handelt und sie entsprechend schätzt. Ein Prinzip, das zu einer positiven Selbstausrichtung gehört. Wer die Zeit totschlägt, muss sich nicht wundern, dass sie wegläuft. Und wer das Geld voller Angst nur unter der Matratze spart, aber nie einen Cent investiert, muss sich nicht wundern, dass die vielen bunten Scheine nicht zu ihm finden.

Stärken Sie Ihre positive Selbstausrichtung

1. Erkennen Sie bewusst, welche Werte und Einstellungen Sie zu Themen wie Führung, Erfolg, Geld, Gesundheit und Partnerschaft wirklich haben.
2. Überlegen Sie, ob dies die Grundüberzeugungen sind, die attraktiv genug wirken, um Ihren Auftritt zu verbessern und all das vom Leben zu bekommen, was Sie sich wirklich wünschen.
3. Formulieren Sie Ihre Werte und Einstellungen so, dass Sie für sich und andere attraktiv werden.
4. Formulieren Sie Ihr persönliches Mission-Statement. Sagen Sie in wenigen klaren Sätzen, was andere und Sie selbst dauerhaft von sich erwarten können.
5. Unterschreiben Sie Ihr Mission-Statement und hängen Sie es an einen Ort, an dem Sie es täglich mehrmals sehen.

6. Lesen Sie sich mindestens einmal täglich laut Ihr Mission-Statement vor.
7. Nehmen Sie sich jeden Tag, jede Woche, jeden Monat einen Grundsatz heraus und fokussieren Sie diesen besonders. Fragen Sie sich, wann und was Sie für die zeitnahe Umsetzung Ihrer persönlichen Überzeugung mehrfach getan haben.
8. Leben Sie so, als hätten Sie Ihre Ziele schon erreicht. Das heißt nicht, dass sie bereits Geld ausgeben sollen, welches Sie noch nicht verdient haben. Aber Geld und Besitz sind kein Grundsatz für Einstellungen, Prinzipien und Wertetreue als Eckpfeiler Ihres Lebens.
9. Bleiben Sie sich, Ihren Prinzipien und Werten täglich treu. Halten Sie sich an Ihr persönliches Gesetzbuch für mehr wirkliche Attraktivität.
10. Ergänzen Sie regelmäßig Ihr Mission-Statement um neue Prinzipien und Werte, die Ihnen wichtig und richtig erscheinen, um Ihre Attraktivität mit der Zeit zu erhöhen.

17.4 Der Schlüssel liegt …

17.4.1 … im Tun

In den vorherigen Abschnitten haben wir betrachtet, wie wir eine positive Selbstausrichtung erreichen, unsere Ziele verwirklichen und ein Bewusstsein für unsere Stärken entwickeln. Doch das alles hilft uns wenig weiter, ohne das praktische Denken. Praktisches Denken ist die Fähigkeit, handlungsorientiert zu sein und vorausschauend zu agieren.

> „Es gibt nichts Gutes, außer man tut es.“ Erich Kästner

Thomas Alva Edison sagte einmal: „99 Prozent meines Erfolgs sind Transpiration und nur ein Prozent Inspiration.“ Dieses Zitat umschreibt, was die meisten erfolgreichen Menschen erleben. Erfolg ist dem gegönnt, der bereit ist, etwas zu tun. Der eine denkt, der andere handelt. Während die Schlauen überlegen, stürmen die anderen die Festung. Statt das Rad neu zu erfinden, macht es mehr Sinn, es zu fahren. Und trotzdem ertappen wir uns schnell dabei, doch wieder zu denken, anstatt zu lenken, zu überlegen, statt zu führen.

Wir glauben, durch ausreichend Gehirnaktivität, mehr erreichen zu können. Doch letztlich ist es nur das Tun, die Umsetzung der Ideen, die reine Aktion, das Gespräch, die Entscheidung. Sicherlich will diese durchdacht sein. Blinder Aktionismus ist auch kein Schlüssel zum Erfolg. Gerade, wenn wir im Team mit anderen zusammenarbeiten, ist es wichtig, sich einmal auf eine Marschrichtung zu verständigen und diese konsequent zu gehen. Was hilft es, ständig den Kurs zu ändern? Das führt nur zur Verwirrung der Mannschaft. Bringen Sie sich einmal in die richtige Position, entscheiden Sie sich einmal für einen Weg und dann gehen Sie diesen – motiviert, diszipliniert, dauerhaft und gemeinsam.

▶ Entscheiden Sie sich einmal für einen Weg und gehen Sie diesen dann konsequent.

Was kann Sie von Ihrem Weg abbringen? Lediglich Ihre Ungeduld und die Meinung anderer. Denken Sie daran: Alles braucht seine Zeit. Gras wächst nicht schneller, wenn wir daran ziehen. Von der Aussaat bis zur Ernte vergeht eine Zeit, die meist den Sommer einschließt. Hier muss die Aussaat gepflegt, kleine, zarte Pflänzchen geschützt werden. Zu erwarten, dass über Nacht jeder noch so kleiner Spross zu einer großen Pflanze wird, deren Früchte wir bereits ernten können, wäre dumm und im Kontext des Unternehmens fatal.

Warum also geben wir unseren Ideen nicht die nötige Zeit, sich zu entwickeln und zu wachsen? Warum behalten wir den einmal festgelegten Weg nicht bei und verändern viel zu häufig den Kurs? Vielleicht, weil wir zu oft auf den Teller anderer schauen, die unter Umständen scheinbar schneller ernten können. Ja und? Sie werden es auch sicher schaffen, Sie müssen nur weitermachen und Ihren Stil beibehalten.

Es gibt Menschen, die fahren Rennrad mit schmalem Sattel und andere Hollandrad mit breitem Wohlfühlsitz. Am Ziel kommen beide an. Auf dem Hollandrad mit Zeitverzögerung, aber dafür deutlich bequemer. Es sind die eigenen Werte, die eine große Rolle spielen, ob ich mich für das Rennrad oder Hollandrad entscheide, vielleicht sogar zu Fuß gehe. Wenn ich aber ungeübt bin oder nicht die Kondition habe, ist ein Rennrad für mich keine Alternative.

Daher ist es wichtig, sich für den Weg zu entscheiden, der zu einem passt. Behalten Sie Ihren Kurs bei, lassen Sie andere deren Weg gehen. Auf Dauer werden auch Sie sicher ankommen. Ein weiterer Grund, auf dem persönlichen Weg zu bleiben, ist die eigene Gesundheit und das Wohlbefinden. Greifen wir noch einmal den Vergleich Rennrad versus Hollandrad auf. Ein unterschiedlicher Sattel führt zu unterschiedlichem Sitzkomfort. Also suchen Sie sich bewusst einmal Ihr Vehikel aus und legen Sie los.

► Wählen Sie Ihren individuellen Weg. Den Weg der zu Ihnen passt.

Menschen machen nie das, was man ihnen sagt, sondern immer nur das, was man ihnen vormacht. Was leben Sie anderen vor? Gerade in der Unternehmensführung ist es von entscheidender Bedeutung, dass jeder Ihrer Mitarbeiter sagen kann: „Wir kennen unser Ziel und wissen alle, mit welchem Fahrzeug wir es erreichen werden." Sie müssen als Vorbild gelten, sonst setzen sich Ihr Weg und Ihre Arbeitsweise nicht fort. Unzufriedenheit macht sich breit, Verwirrung und Planlosigkeit sind das Ergebnis. Schon aus diesem Grund ist es manchmal besser, Hollandrad zu fahren, da fast jeder sofort auf sein eigenes Hollandrad aufspringen kann. Rennrad fahren aber will gelernt sein und geübt werden.

Bleiben Sie handlungsorientiert und vorausschauend

1. Überprüfen Sie, ob Sie bereits zu 99 % handeln und nur zu einem Prozent kreativ planen. Wenn das Verhältnis nicht stimmt, ändern Sie sofort den Kurs. Sie müssen ins Handeln und Kommunizieren kommen.
2. Entscheiden Sie sich für einen Weg und Plan und behalten Sie diesen bei. Änderungen bedeuten, dass Sie wieder von vorne beginnen müssen. Sie verlieren dabei Ihre „Aussaat".

3. Geben Sie Ihrem Saatgut mindestens 90 Tage, um sich entwickeln zu können. Alles braucht seine Zeit. Haben Sie Geduld und üben Sie sich in Ruhe.
4. Schauen Sie nicht zu oft auf die Teller anderer. Gehen Sie Ihren Weg.
5. Begegnet Ihnen dennoch ein Plan, der scheinbar besser ist, als Ihr Plan, dann behalten Sie Ihren Weg dennoch bei, ergänzen Sie lediglich. Verwerfen Sie Ihren Plan auf keinen Fall komplett.
6. Prüfen Sie, ob Ihr Tun und Handeln kopierbar ist und von anderen einfach dupliziert werden kann, insbesondere, wenn es um Ziele und Werte geht.
7. Nur als Vorbild werden Sie auf Dauer Anerkennung erhalten. Machen Sie selbst, was Sie von anderen erwarten.
8. Beherzigen Sie den Werbeslogan: „Just do it!". Besser, Sie handeln sofort, als immer nur zu überlegen, ob und was passieren könnte. Fehler machen ist besser, als nichts zu tun, aus der Angst heraus, Fehler machen zu können. Am Ende bereuen wir die Dinge, die wir nicht getan haben, statt die Fehler.
9. Beschäftigen Sie sich täglich mit Ihren Zielen, damit Sie die nötige Energie für das Handeln behalten.
10. Und: Sollte Sie Ihr Kurs wirklich nicht ans Ziel führen, dann ändern Sie ihn. Schauen Sie sich um, wer Ihr Ziel bereits erreicht hat und nutzen Sie dessen Wissen, in Ihrem Tempo. Nachmachen ist besser als versuchen und gegebenenfalls scheitern. Daher kann es sich lohnen, von Anfang an den Weg mit jedem zu gehen, der bereits am Ziel ist, der genau weiß, wie es geht und die Handwerkszeuge einfach zu übernehmen, statt sie selbst schlecht oder mit viel Aufwand zu erfinden. Besonders wichtig für Sie und Ihre Unternehmenskultur: Behalten Sie Ihre Werte bei. Es geht nur ums Nachmachen, nicht aber ums Klonen.

17.4.2 … im selbstbestimmten Leben

Wir alle kennen ihn: James Bond 007. Charismatisch, unerschrocken, Herr jeder Lage, und sei sie noch so ausweglos. Selbst wenn uns Normalos kein Ausweg mehr einfällt: 007 hat immer sein bekanntes Lächeln im Gesicht und ist sich seines Triumphes sicher. Und wir wissen: Es gibt nur einen Bond – den James Bond, Geheimagent im Auftrag seiner Majestät, der Königin von England.

Bond stirbt nur einmal und den Termin legt unser Held selbst fest, doch er hat Wichtigeres zu tun. Er bestimmt über sein Leben. Oft genug sterben wir hingegen tausend Tode, weil wieder scheinbar alles falsch läuft. Wir ärgern uns über Kleinigkeiten, schimpfen über das schon angesprochene Wetter, die Politik inklusive Steuersatz und am Ende ist womöglich der Nachbar an allem schuld. Dabei weiß schon jeder Anfänger-Segler: Nicht der Wind entscheidet über die Richtung unserer Reise, sondern alleine das richtige Setzen des Segels. Nicht die anderen, sondern unsere persönliche Einstellung und Haltung sind es, die den Unterschied machen.

► Bestimmen Sie selbst über Ihr Leben.

Stellen Sie sich James Bond einmal vor, wie er ratlos in Ballonseide gekleidet auf der Couch sitzt, eine Tüte Chips in sich hineinstopft und dabei murmelt, wie hoffnungslos alles ist, während er irgendeine Seifenoper auf sich einprasseln lässt. Unvorstellbar. Wir als Zuschauer würden wegschalten. So einen James Bond will keiner sehen. James hat doch Stil. Wodka-Martini, geschüttelt nicht gerührt, ein Dinner im Kerzenschein, auch wenn es scheinbar die letzte Mahlzeit ist und immer top gekleidet – einfach perfekt, so wie es seine Majestät erwartet. Und wie verhalten wir uns?

Keine Situation ist so ausweglos, dass wir sie nicht mit Stil und Stärke meistern könnten. Denken Sie wie 007: Im Auftrag Ihrer Majestät (das sind in Ihrem Leben Sie selbst). Handeln Sie voller Elan und Zuversicht und bestimmen Ihr Leben selbst. Jagen Sie dabei auch ruhig öfter Dr. No und Blofeld, die Erzfeinde von 007. In Ihrem Leben sind das vor allem die Oberflächlichkeit, Gleichgültigkeit und Ihr innerer Schweinehund. Dieses unscheinbare, im Untergrund lebende Getier hat nur einen Sinn: Sie zu lähmen und Ihren Mut zu zähmen. Zeigen Sie Ihrem Schweinehund, dass Sie mit modernster Kampftechnik von Q ausgestattet, immer ein Ass im Ärmel haben. Vielleicht Ihren Partner, einen Mitarbeiter, ein Netzwerk, so wie James seine Miss Moneypenny hat.

Ihr größtes Ass ist dabei Ihr unerschütterlich positives Denken. Lassen Sie sich nicht, wie heute üblich, in den Sumpf und Abgrund von Negativität und Stumpfsinnigkeit ziehen. Erfreuen Sie sich öfter an den Kleinigkeiten des Alltags. Der einfachste Weg zur Positivität ist dabei Ihre Dankbarkeit und die damit verbundene Erinnerung an die vielen schönen Momente in Ihrem Leben.

Schenken Sie anderen Anerkennung und belohnen Sie sich öfter für die Überwindung Ihres Schweinehundes. So werden Sie bestimmt schon bald ein 006,9 unter den Geheimagenten für mehr Lebensqualität und werthaltige Führung sein (Abb. 17.4). Und denken Sie immer daran: James Bond sagt „Niemals nie". Alles ist möglich. Das Unmögliche braucht vielleicht nur etwas länger. Also: einfach machen.

Abb. 17.4 006,9

17.4.3 … im Genießen

Machen Sie aus Rückschlägen Vorteile. Wie das gehen soll? Indem Sie Frust in Lust oder Frustration in Faszination umwandeln. Schon sind Sie auf der Sonnenseite des Lebens. Das lässt sich natürlich leicht sagen. Aber wir haben immer die Wahl. Wir können die Frustration genießen, sofern wir Schmerzen mögen. Wir können aber auch voller Elan und Energie, das Positive an und in jeder Situation erkennen und so mit einer grundsätzlich positiven Grundhaltung an die Arbeit gehen.

Eines ist sicher: Die Situation ist und bleibt die Gleiche. Daher ist es doch cleverer und smarter, sich auf das Gute daran und darauf zu konzentrieren, als nur die Schattenseiten zu betrachten. Unsere Einstellung ist entscheidend für unsere Stimmung. Die Stimmung beeinflusst unsere Haltung und unsere nonverbale Kommunikation, wie Gestik und Mimik.

Warum machen Sie es sich manchmal so unsagbar schwer im Leben, das zu ernten, was Sie verdienen zu bekommen? Nur, weil Sie sich an sowieso nicht verrückbaren riesigen Brocken festhalten, die eigentlich nur kleine Hinkelsteine sind? Egal ob beruflich oder privat. Wir sind innerhalb eines jeden einzelnen Herzschlages in der Lage, die Situation aus einer anderen, vorteilhafteren Perspektive zu betrachten und zumindest aus unserer körperlichen und inneren Haltung das Beste zu machen.

Faszination und Lust am Leben sind eine Überwindungsprämie. Leider neigen wir dazu, immer nur die negativen Aspekte zu betrachten. Der Hang zum Nelei setzt sich manchmal durch. Daher sollten Sie ein professioneller Hürdenläufer oder Hochspringer für das Positive werden. Ihr Fokus liegt dann aber nicht auf der Hürde oder der Messlatte, sondern alleine auf dem Ziel.

Stellen Sie sich einmal vor, Sie wären als Kellner im Service tätig. Ein Großteil Ihres Einkommens erzielen Sie aus Trinkgeldern. Was wäre Ihr Ziel? Nur einen guten Service zu leisten? In Wahrheit wollen Sie ein besonders hohes Trinkgeld erzielen. Automatisch werden Sie an die 100 % geben und engagiert sein, Ihren Gästen jeden einzelnen Wunsch prompt zu erfüllen. Vielleicht sind Sie sogar bereit, den Wagen im Regen zu parken oder den Gästen in den Mantel zu helfen. Sie tun, was Sie nur eben können.

▶ Leisten Sie immer das Doppelte von dem, was Sie vor hatten, zu tun.

Probieren Sie einmal immer das Doppelte von dem zu leisten, was Sie eigentlich vorhatten zu tun. Lassen Sie es nicht zu, dass Sie durch die kleinen Kieselsteinchen des Alltags, die man Ihnen vielleicht in den Weg legt, von Ihrem Weg, Ziel und Plan und Ihren Werten abkommen. Und hören Sie vor allem nicht auf die vielen Neleis, die Menschen mit negativer Lebenseinstellung. Werden Sie ein bekennender Polei und arbeiten Sie täglich härter an sich selbst, wie in Ihrem Job.

Alles beginnt in unserem Kopf mit einem klaren „Ja", den möglichen Herausforderungen (andere nennen das Problem) freundlich zu begegnen. Zu erwarten, dass die Unternehmensziele problemlos ohne Widerstände erreicht werden, wäre positives Denken ohne Fundament. Aber zu wissen, dass wir unsere Ziele erreichen werden, dass wir alle Blockaden sicher überwinden können. Das ist die richtige, erfolgsweisende Einstellung. Solange wir Zeit haben, uns über die Kleinigkeiten, die uns noch aufhalten, Gedanken zu machen, solange sind wir nicht produktiv genug und nur beschäftigt. Tun Sie einfach mehr und erlauben Sie sich nicht mehr den Freizeitspaß des Frustgenusses, der nur den Menschen vergönnt ist, die es mögen, über Vergangenes zu reden und dort zu leben.

Bringen Sie Mehrwert in Ihr Leben, indem Sie anderen und sich selbst eine positive Grundhaltung schenken, um mehr zu erreichen. Durch Ihre aktive Rolle, Frust gegen Lust zu tauschen und sich mehr auf die Faszination als auf die Frustration in Ihrem Leben zu konzentrieren, bringen Sie in Ihr eigenes und das Leben Ihrer Mitarbeiter, Freunde und Ihrer Familie automatisch einen Mehrwert.

Sicherlich haben Sie schon einmal von der Marke „Ich" gehört. Klar ist, dass Sie sich mit der entsprechenden Ausstrahlung einen unbezahlbaren Wert und Vorteil Ihrer „Ich-AG" verschaffen. Denn man wird sich gerade an Sie erinnern (funktioniert natürlich auch im negativen Fall).

Es ist also besonders wichtig, dass wir uns selbst zu verkaufen wissen. Damit uns in den wichtigen Situationen und Gesprächen nichts davon abhält, müssen wir vorher allen unnötigen Ballast abwerfen. Bevor wir in einen wichtigen Termin gehen, lassen wir Stress und alle negativen Einflüsse draußen. Denn die vorangegangenen Erlebnisse haben dafür keine Bedeutung. Sie können uns aber sehr wohl in unserer Stimmung beeinflussen.

Versuchen Sie, vor Gesprächen ein Ritual zu entwickeln und sinnbildlich nach einer Praline zu schnappen. Stellen Sie sich vor, dass über der Türschwelle von oben eine Praline am Türrahmen hängt, die Sie mit dem Mund schnappen wollen. Die Praline hängt jedoch gerade so hoch, dass Sie sich kurz auf die Zehenspitzen stellen müssen und sich nach oben strecken, um sie mit dem Mund zu schnappen (Abb. 17.5). Diese kleine Übung

Abb. 17.5 Die Praline schnappen

führt zu einer konkreten Haltungsveränderung. Sie haben ihre vorherige Körperhaltung entspannt, sind gelöst, entspannt und bereit für neue Taten. Außerdem entspannen Sie Ihr Gesicht und Ihren Kiefer. Sie strecken Ihren Rücken. Sie denken an etwas, das Ihnen schmeckt. Ihr Körper setzt Glückshormone frei und Sie atmen durch – eine gute Voraussetzung, um sich selbst positiv zu präsentieren.

Je positiver unsere Grundhaltung ist, desto weniger kann uns erschüttern. Meist sind es unsere Muster, die Frustrationen auslösen. Kein Verhalten oder Erlebnis auf dieser Welt hat eine Bedeutung außer genau der, die wir ihm geben.

Verwandeln Sie Frust in Lust:

- Schreiben Sie auf, wann und wo Sie entspannter und Ihren Werten entsprechender reagieren wollen.
- Wechseln Sie Ihren Standpunkt und verändern Sie Ihre Perspektive. Lernen Sie täglich etwas Neues: Vokabeln, Synonyme oder die Sichtweisen anderer Menschen.
- Beschäftigen Sie sich mit den richtigen Dingen. Vermeiden Sie Zeitblocker, Energiefresser und Sackgassengespräche.
- Investieren Sie in sich selbst – lassen Sie Ihre Erfolge Revue passieren. Belohnen Sie sich mit einer Konzertkarte oder einem Wellness-Tag mit Sauna und Massage und notieren Sie Ihre Erfolge in Ihrem Erfolgsjournal.
- Investieren Sie in andere – durch Lob, Dank oder ein paar nette Worte.
- Gönnen Sie Ihrem Körper hochwertige Nahrung und Getränke.
- Bewegen Sie möglichst täglich Ihren Körper. Tanken Sie Sauerstoff und damit neue Vitalität für mehr Energie dranzubleiben.
- Denken Sie optimistisch, gehen Sie offensiv auf neue Menschen und Aufgaben zu und präsentieren Sie Ihre Überzeugungen.
- Lassen Sie sich geistig und emotional durch Lesen, Gespräche, Musik bewegen und vergessen Sie die Empathie nicht.

17.5 Nehmen Sie andere mit

„Holen Sie Menschen da ab, wo sie stehen." Ein Ratschlag, den wir für den Umgang mit Menschen und gerade in Bezug auf Führung häufig hören. Diese Empfehlung hat in den letzten Jahren nahezu jeden von uns erreicht. Der Satz klingt auch erst einmal überzeugend. Aber ist das schon alles? Lassen Sie uns noch einen Schritt weiter gehen. Holen Sie Menschen nicht nur da ab, wo sie stehen, sondern holen Sie Menschen überzeugend und authentisch da ab, wo sie stehen. Wie das gehen soll? Mit der richtigen Dosis Empathie.

► Empathie ist mehr als nur Mitgefühl.

Empathie ist die Fähigkeit, intuitiv die Ansichten, Perspektiven, Meinungen und Gefühle anderer zu erkennen, zu verstehen und sich darauf einzulassen. Diese Fähigkeit ist jedem von uns angeboren. Die sogenannten Spiegelneuronen in unserem Gehirn sorgen dafür, dass wir nachempfinden können, was andere fühlen. Wir wissen, dass Menschen trauern, wenn sie einen Angehörigen verlieren. Wir wissen, dass Menschen sich freuen, wenn sie eine Herausforderung bewältigt haben. Wir kennen diese Gefühle selbst. Vielleicht aus anderen Situationen, aber wir können die Gefühle der anderen nachempfinden.

Nicht jeder von uns hat die gleiche Fähigkeit zur Empathie. Menschen mit ausgeprägter Empathie fällt es leichter, zu erkennen, wie es jemandem geht, welche Emotionen und Gedanken denjenigen gerade beschäftigen. Diese Menschen erkennen, wenn es jemandem nicht gut geht, er aber das Gegenteil behauptet und dabei noch lächelt.

Das reicht aber noch nicht aus, um jemanden da abzuholen, wo er steht. Wir müssen auch wissen, wie und in welchem Maß es Empathie zu zeigen gilt.

Einige von uns erkennen die Befindlichkeiten ihres Gegenübers schnell und wollen sofort mit einem gut gemeinten Rat helfen. Sofort wird eine Lösung skizziert. Selbst wenn die Lösung exzellent ist, werden Sie mit Ihrem gut gemeinten Ratschlag keine Hilfe sein. Was ihr Gegenüber in diesem Moment zunächst braucht, ist jemanden, der ihn auffängt. Jemanden, der die Situation und die damit verbundenen Gedanken und Gefühle versteht und nachvollziehen kann. Zu sehr sind wir in solchen Momenten noch in der Emotion verhaftet. Die Fähigkeit des rationalen Denkens und Handelns ist in diesem Moment nachrangig und rückt erst später in den Fokus.

Denken Sie in solchen Momenten daran: Geteilte Last ist halbe Last, geteilte Freude ist doppelte Freude. Genau diesen Effekt sollten Sie nutzen. Leiden oder freuen Sie sich mit. Das entscheidet, ob Sie mit Empathie führen.

Ein indianisches Sprichwort lautet: „In den Mokassins eines anderen gehen." Wir sollen uns also in den anderen hineinversetzen. Seine Gefühle, Gedanken, Emotionen und seine Handlungen nachvollziehen und aus seiner Sichtweise betrachten können.

Erleben Sie bewusst die Emotionen des anderen, so dass er sich wirklich verstanden fühlt und spürt, dass Sie ernsthaft interessiert und involviert sind. Wichtig ist, dass wir ein Bewusstsein für die Situation schaffen und aufmerksam sind. Sonst könnte es passieren, dass wir uns, gerade im Fall des Leidens, unbewusst mit in eine ungünstige emotionale Lage ziehen lassen und so am Ende, genau wie unser Gegenüber, Trübsal blasen. Wenn wir aber bewusst handeln und achtsam sind, lassen wir uns ein Hintertürchen offen. Dieses Hintertürchen ermöglicht es uns, zum geeigneten Zeitpunkt aus der Emotion auszusteigen und in die Beratung überzugehen.

Seien Sie sich bewusst, dass in solchen Situationen nicht nur das Einfühlungsvermögen und das Gesagte, sondern auch Ihre Körpersprache eine Rolle spielt. Nonverbale Kommunikation, wie Mimik und Gestik, macht einen Großteil unserer Kommunikation aus und kommt in jeder menschlichen Interaktion zum Tragen. Innerhalb der nonverbalen Kommunikation gibt es die sogenannte Ideomotorik. Damit sind unwillkürliche Bewegungen gemeint, die wir nicht bewusst steuern oder beeinflussen können, sondern die durch Muskelspannungen und -entspannungen hervorgerufen werden. Wir können noch so trainiert und konditioniert sein, keiner von uns kann diese feinen Reaktionen steuern. Unser Unterbewusstsein nimmt diese Regungen aber dennoch wahr. Anhand dieser feinen Reaktionen merkt unser Gegenüber schnell, ob wir wirklich Empathie leben und es ehrlich und aufrichtig meinen.

Wenn Sie jemandem Ihr Mitgefühl und Verständnis zum Ausdruck bringen, aber nicht wirklich nachempfinden, wie es Ihrem Gegenüber geht, wird Ihre Botschaft nicht den gewünschten Effekt haben. Seien Sie also vorsichtig in dem, was sie sagen und wie sie sich verhalten. Eine Inkongruenz der beiden Faktoren wird schnell entlarvt werden und das Vertrauen in Sie erschüttern.

Maximieren Sie Ihre Empathie

1. Fragen Sie sich häufiger, wie es Ihrem Gegenüber gerade geht?
2. Achten Sie dabei auf Inhalt und Körpersprache und trainieren Sie die Fähigkeit, beides zu deuten.
3. Achten Sie auf Ihr Bauchgefühl und Ihre innere Stimme. Verlassen Sie sich auf Ihren ersten Eindruck, auch dann wenn Sie diesen nicht erklären können.
4. Spiegeln Sie Gestik und Mimik und spüren Sie in sich hinein. Was erleben Sie?
5. Fragen Sie Ihr Gegenüber direkt, ob Ihre Wahrnehmung und Interpretation richtig sind. Bauen Sie so mehr Selbstsicherheit auf und lernen Sie, sich und Ihrer Intuition zu vertrauen.
6. Beobachten Sie Menschen in Stresssituationen und prüfen Sie, ob nonverbale und verbale Kommunikation passen. Ist Ihr Gegenüber authentisch?
7. Lernen Sie, sich bewusst von emotionalen Situationen anderer zu distanzieren, um unbelastet Ihren Weg gehen zu können.
8. Fragen Sie andere: Woran sieht man Ihnen an, wie es Ihnen geht? Welche „Marotten“ haben Sie? Verraten Ihre Gestik und Mimik Ihren Gefühlszustand?

Sie können sich Empathie in der Führung auch zunutze machen, indem Sie die Menschen auf ihrem Standpunkt abholen und mitreißen. Viele Menschen versuchen, in ihrer Kommunikation zu begeistern, zu überzeugen und zu motivieren. Dabei merken sie gar nicht, dass sie die ganze Zeit über Druck erzeugen. Druck ist für niemanden angenehm. Daher dürfen wir uns nicht wundern, wenn das Gespräch eine so gar nicht geplante Richtung einnimmt. Stattdessen können wir Sog erzeugen. Sog reißt andere Menschen mit sich. Als Führungsinstrument eignet es sich viel besser und die Menschen agieren aus freien Stücken. Wenn wir wissen, wie wir Sog aufbauen, bewegen wir unsere Gesprächspartner dazu, uns von sich aus zu folgen. Dann fordern sie mehr Informationen ein. Sie sind richtig emotionalisiert, an uns und unserem Angebot interessiert und bleiben es auch. Mit dem richtigen Quantum Empathie ist das möglich (Abb. 17.6).

Abb. 17.6 Erzeugen Sie Sog

Ein Zehn-Schritt-Programm für Sog

1. Fragen Sie sich: Wie fühlt sich mein Gegenüber wirklich?
2. Lassen Sie sich auf diese Emotionen ein und fühlen Sie mit.
3. Zeigen Sie Verständnis und drücken Sie dies in Worten und Gesten aus. Aber nur, wenn Sie die Emotion auch wirklich teilen. Sonst sagt Ihre Ideomotorik Ihrem Gegenüber etwas anderes.
4. Positionieren Sie Ihre Idee, Ihren Rat, Ihr Angebot oder Ihre Botschaft.
5. Wiederholen Sie immer wieder Schritt 1 bis 3.
6. Lassen Sie die Intervalle zwischen 1. und 3. zugunsten von 4. immer kürzer werden.
7. Bleiben Sie nun im Präsentationsmodus 4. und
8. führen Sie Ihr Gegenüber in Ihre Emotion.
9. Machen Sie diese Schritte ganz bewusst, um nicht in der Emotion Ihres Gegenübers zu lange zu verbleiben.
10. Werden Sie auf keinen Fall Opfer der Emotionen des anderen, da sie sonst die Führung komplett verlieren und unter Umständen das Gespräch nur belastet verlassen.

17.6 Immer und immer wieder

Montagmorgen, fünf nach neun und die Arbeitswoche nimmt kein Ende. So oder so ähnlich beginnt sie bei vielen: 52 Wochen á sieben Tage á 24 Stunden á 60 Minuten á 60 Sekunden: 31.536.000 s im Leben.

In jeder Sekunde regiert das gleiche Prinzip: Es gilt, eine Entscheidung zu treffen und dann auch entsprechend zu handeln. Manche Entscheidung ist einfach und schnell getroffen, vielleicht sogar unbewusst. Denn bei Millionen von Informationen, die unsere Sinnesnerven jede Sekunde erreichen, wäre es fatal, alles überdenken zu müssen. Andere Entscheidungen quälen uns, bereiten schlaflose Nächte und lassen uns unsicher werden. Wir zweifeln an unseren Werten und Überzeugungen. Vor allem dann, wenn wir uns endlich entschlossen haben. Eine endlose Schleife über die Entscheidung zur Entscheidung kommt dann häufig auf uns zu. Dann heißt es nach der Entscheidung ist vor der Entscheidung. Und manchmal passiert es, dass unsere lieben Mitmenschen, sobald sie von unserer Entscheidung, unseren Zielen, Träumen und Wünschen erfahren haben, nichts besseres wissen, als uns mitzuteilen, dass wir sowieso genau das Falsche getan haben und auf dem so genannten Holzweg sind. Wir verzweifeln.

Wieder andere teilen uns mit, dass wir schon so oft erzählt hätten, wie ernst es uns mit unserem guten Vorsatz sei. Und dann hätten wir ja doch nicht das nötige Durchhaltevermögen gehabt. Also wieder einmal nur heiße Luft. Demotivation pur. Und wo landen manche dann? Im Wartesaal der Hoffnung, mit dem Ticket der Hoffnung in der Hand, dass hoffentlich jemand kommen möge, der die beste Entscheidung im Reisegepäck hat.

Lassen Sie sich nicht demotivieren. Jede Sekunde haben Sie die Gelegenheit, eine Entscheidung für oder gegen Ihre Ziele und Werte zu treffen. Selbst wenn Sie seit Jahren am 1.1. mit dem Rauchen aufhören wollen und bereits am 2.1. bereits kapituliert haben, ist es nicht zu spät. Sie kennen doch die Definition von Leben: „Es geht weiter." Daher hilft auf Dauer nur, sich immer wieder neu vor den Spiegel zu stellen und sich seinen ganz persönlichen Herausforderungen, Werten, Anschauungen und Prinzipien neu zu stellen – ohne Wenn und Aber. Denn jeder von uns ist für den Unterschied in seinem Leben selbst verantwortlich. Es sind nie die anderen, die Politik oder das Wetter. Wir alleine haben die Möglichkeit, zu entscheiden, wie wir leben, führen, lieben oder uns freuen.

▶ Wir sind selbst für den Unterschied in unserem Leben verantwortlich.

Es hilft, sich am besten täglich neu bewusst zu machen, was passieren muss, damit wir unsere Ziele erreichen. Was muss ich an mir, meinem Verhalten oder meinen Werten ändern? Mit welchen Menschen ist es ratsam, sich zu umgeben? An welchen Plätzen sollte ich mich aufhalten? Welche Ressourcen und Fähigkeiten erfordert mein Vorhaben? Welches Wissen brauche ich zur Erfüllung meiner notwendigen Arbeiten? Welcher Zeiteinsatz ist erforderlich? Welchen Preis kostet mich das Erreichen meiner Ziele? Diese Fragen sind es, die Sie sich beantworten sollten, bevor und während Sie damit beginnen, Ihre guten Vorsätze in die Tat umzusetzen. Ganz besonders die Frage nach dem Preis ist von entscheidender Bedeutung. Der Preis beschreibt nicht eine monetäre Größe, sondern umfasst alles, was an Verzicht und Opfer nötig ist, um Ihr Ziel zu verwirklichen. Es sind sozusagen verschiedene Währungen: Zeit, Geld, vielleicht sogar Freundschaften oder Beziehungen.

Ist Ihnen der Preis zu hoch oder inakzeptabel, werden Sie wahrscheinlich auf der Strecke bleiben, den Kurs korrigieren oder desillusioniert aufgeben und gar nicht erst anfangen.

Sind alle Fragen beantwortet, gibt es eine weitere Voraussetzung, um nicht auf halbem Wege aufzugeben: Unser 100-prozentiger Glaube an uns und unser Vorhaben. Wir müssen voller Zuversicht sein, dass das, was wir tun, auch genau das ist, was zu tun ist, ohne jeden Zweifel. Alles, was diese Welt je gesehen hat, entspringt der Vorstellung. Das Buch, welches vor Ihnen liegt, ist die Idee von zwei Personen, die, weil es ihnen das wert war, ein Team von Autoren geführt haben. Am Anfang gibt es nur leere Seiten, doch ihrer Initiative ist es zu verdanken, dass Sie gerade diese Zeilen lesen können.

► Aller Erfolg liegt im TUN.

Buchstabe für Buchstabe übersetzt steht dieses kleine so entscheidende Wort „Tun" für „Tag und Nacht" und rückwärts gelesen für „Nicht unnötig trödeln". Und erneut von vorne „Trägheit unermüdlich neutralisieren".

Hierzu bedarf es der richtigen Philosophie. Der Amerikaner sagt: „Attitude is everything – a 100 percent." Ersetzt man interessanterweise jeden Buchstaben des Wortes mit der Zahl, an deren Stelle er im Alphabet steht, und bildet daraus eine Summe, so ergibt sich: 100! Rechnen Sie gerne nach.

► A T T I T U D E
1 + 20 + 20 + 9 + 20 + 21 + 4 + 5 = 100

Das Gleiche gilt für eine zweite Eigenschaft derer, die es immer wieder schaffen, sich selbst zu motivieren: die Disziplin. Auch hier hat der Amerikaner vorgesorgt: „Discipline" ergibt ebenso die volle Punktzahl: 100.

► D I S C I P L I N E
4 + 9 + 19 + 3 + 9 + 16 + 12 + 9 + 14 + 5 = 100

Die richtige Einstellung gepaart mit dem Bemühen, ein Rekordhalter Ihrer Disziplin zu werden, wird es auch für Sie möglich machen, Ihre wertvollen Visionen und Ziele mit Leben zu füllen. Erinnern Sie sich noch an den Holzweg und die heiße Luft? Sollten Sie in Ihrem Leben auch mal wieder jemandem begegnen, der Ihnen erzählt, dass das alles gar nicht so funktionieren kann, dann freuen Sie sich ruhig einmal über Kommentare wie „auf dem Holzweg" oder „alles nur heiße Luft". Denn Sie wissen: Holz schwimmt immer oben. Besser also, Sie befinden sich auf dem Holzweg, dann gehen Sie sicher nicht unter. Und zum anderen wissen Sie sicher, wie ein Turbolader im Auto funktioniert – mit gepresster heißer Luft, die richtig eingesetzt, eine wahre Welle der Energie zur Explosion bringt.

Wenn Sie sich selbst treu bleiben, können Sie ein Vorbild für andere sein. Zeigen Sie anderen, wie wir glückreich leben können. Führen Sie mit und gemäß Ihren eigenen Werten und gehen Sie Ihren Weg. Immer und immer wieder.

Weiterführende Literatur

Hartman R (1967) The structure of value. Southern Illinois University Press, Carbondale
Pomeroy L (2005) The new science of axiological psychology. Rodopi, Amsterdam
Will T (2012) Freude trainieren: Lustvoll leben, gesund erfolgreich sein. Das 91 Tage Experiment. Max Winter Verlag, München
Wisemann R (2009) Wie Sie in 60 Sekunden Ihr Leben verändern. Fischer Verlag, Frankfurt a. M.

Zivilcourage hat viele Gesichter 18

SAXA | Sascha A. Lehmann

Hinsehen und handeln – spontan, situativ und selbstlos … Zivilcourage! Sie zeigt sich täglich Hunderte Male, im Kleinen, im Großen, in der Bahn, auf der Straße und doch drängt sie sich zumeist nur dann in die öffentliche Wahrnehmung, wenn sie entweder ausbleibt oder Opfer fordert.

Ein prominentes Beispiel ist Dominik Brunner, der am 12. September 2009 im Alter von 50 Jahren als Helfer mit Zivilcourage am S-Bahnhof in München-Solln Opfer eines brutalen Gewaltverbrechens wurde und noch am selben Tag verstarb.

Im Gedenken an dieses gleichermaßen mutige wie folgenschwere Auftreten wurde Ende 2009 die „Dominik-Brunner-Stiftung" gegründet, die sich das Ziel gesetzt hat, zentrale Werte in unserer Gesellschaft zu stärken und fördern. Dazu zählt sie u. a. Menschlichkeit, Nächstenliebe, soziales Verhalten und Zivilcourage. Diese und weitere Werte und Tugenden sorgen im privaten, im beruflichen sowie im öffentlichen Umfeld für einen Rahmen, der ein respektvolles, angstfreies, lebens- und liebenswertes Miteinander ermöglicht. Dafür sollte jede und jeder eintreten – friedlich, aber bestimmt!

Der Kölner Künstler SAXA, selbst promovierter Mediziner, wurde seitens der Herausgeber gebeten, sich dieses Themas künstlerisch anzunehmen. Abbildung 18.1 zeigt das Ergebnis: eine Recherche zum aktuellen Stand der Sprach- und Sozialwissenschaften, Philosophie und Ethik bezüglich des Begriffes Zivilcourage, die der Wortmaler dann auf seine einzigartige Weise verbildlichte.

SAXA | S. A. Lehmann (✉)
Sömmeringstraße 24 (im Hof), 50823 Köln, Deutschland
E-Mail: atelier@saxa.eu

N. Müller, C. Jäger (Hrsg.), *WERTEorientierte Führung von Familienunternehmen,*
DOI 10.1007/978-3-658-09237-5_18

Abb. 18.1 Portrait „Dominik Brunner", handgeschrieben von SAXA | Dr. Sascha A. Lehmann

Printing: Ten Brink, Meppel, The Netherlands
Binding: Ten Brink, Meppel, The Netherlands